本书获西南石油大学研究生教材建设项目资助

高等院校研究生规划教材

最优化方法及应用案例

（第二版·富媒体）

主　编　钟仪华　付瑞琴　刘建军
副主编　贾堰林　周犁文　闵　超

石油工业出版社

内 容 提 要

本书系统介绍了各类最优化问题的理论和方法,包括:绪论、线性规划、线性规划的对偶理论及其应用、非线性规划、动态规划、多目标优化及应用、现代优化算法、机器学习中的优化算法和综合应用案例。全书以方法为重点,编入了大量的最优化模型应用案例,在考虑到系统性的基础上,尽可能回避有关理论证明,实用性强,并运用富媒体技术介绍相关方法和模型,拓展学生的视野,培养数学素质。

本书以石油高校相关专业硕士研究生为教学对象,也可供相关专业教师和高年级本科学生作为参考书。

图书在版编目(CIP)数据

最优化方法及应用案例:富媒体 / 钟仪华,付瑞琴,刘建军主编. —2 版. —北京 :石油工业出版社,2024.7. —(高等院校研究生规划教材). — ISBN 978-7-5183-6743-6

Ⅰ. O242.23

中国国家版本馆 CIP 数据核字第 2024H1J074 号

出版发行:石油工业出版社
(北京市朝阳区安华里二区 1 号 100011)
网 址:https://www.petropub.com
编辑部:(010)64251610
图书营销中心:(010)64523633

经 销:全国新华书店

排 版:三河市聚拓图文制作有限公司

印 刷:北京中石油彩色印刷有限责任公司

2024 年 7 月第 2 版 2024 年 7 月第 1 次印刷

787 毫米×1092 毫米 开本:1/16 印张:19

字数:478 千字

定价:46.00 元

第二版前言

随着大数据和人工智能等新一代信息技术的发展，人类社会已经进入数字经济或大数据时代。在这个新时代，人们在社会经济活动和科学研究中遇到的问题越来越复杂，最优化除继续在航空航天、地质、工程、物理学、生物学、水文学等自然科学和经济学等社会科学领域有广泛和重要的应用外，在大规模制造与生产、供应链管理、现代交通（如航海、航空和铁路管理）、能源（如石油与电网运营）等领域中也起到了极其重要的作用，特别是在机器学习中的应用越发广泛而深入。

本教材秉承与时俱进、适度修改，确保科学性、正确性的原则，在2013年刘志斌、陈军斌、刘建军等编写的《最优化方法及应用案例》基础上，整合教学改革优秀成果，利用富媒体技术，适度反映和吸收本学科领域的最新研究成果，科学地体现其基础性、宽广性、系统性和前沿性，使教材的深度和广度得当。本次修订对第一版做了如下修改：

(1)增加和变更及删除的内容。

增加1.1节最优化概述、1.2节预备知识，将原第1章的1.1节至1.3节变为1.3节至1.5节；将第2章的2.3.2节变更为旅游路线规划；删去原2.3.3节；增加第3章线性规划的对偶理论及其应用；原第3章变成第4章，原3.1节变成4.1节；原3.2节变成4.2节，并在4.2.1节中增加非精确搜索方法；原第4章变成第5章，原第5章变成第6章，并增加6.3.2节航空公司机组优化排班问题；原第6章变成第7章，删去原6.2节，将原6.3节至6.5节变为7.2节至7.4节，7.5节变成粒子群(PSO)算法；增加第8章机器学习中的优化算法；原第7章及其小节变成第9章及其相应的小节，原7.1节替换为9.1节稠油蒸汽吞吐区块全流程优化模型及应用，原7.2节和7.3节及其小节变成9.2节和9.3节及其相应小节，原7.4节替换为9.4节石油钻机微电网混合储能系统容量优化模型及应用。

(2)修正和完善的内容。

对没有变更的内容进行修改和完善，特别修改公式、符号、不恰当和错误的地方，用2023版的Matlab验证了原代码。

本书除保持第一版教材的科学性、实用性外，还具有如下特色：

(1)适度对近现代最优化的分支进行了拓展，如线性规划的对偶理论、非精确搜索方法、整数规划、随机规划、粒子群(PSO)算法、机器学习中的优化算法等。放弃一些分支的理论深度，强调思想方法和应用。

(2)适度强化对最优化多个分支的理论和思想方法及应用的讲解，如介绍最优化算法的设计原则和技巧、线性规划的对偶理论及其应用、多元函数的Taylor展开式概念等。

(3)突出最优化方法在石油行业的应用案例及全国研究生建模真题分析。

(4)结合新时代的要求，对有关石油优化问题进行深入讨论，融入编者的一些最新科研成果。

(5)利用扩展阅读和视频等富媒体资源，介绍优选法、整数规划、随机规划、旅游路线规划等内容，拓展读者的视野，培养其数学素质。

本书由西南石油大学钟仪华、西安石油大学付瑞琴、中国石油大学(北京)刘建军担任主编；西南石油大学贾堰林、周犁文、闵超担任副主编。具体编写分工如下：第 1 章至第 3 章由钟仪华、贾堰林、付瑞琴编写；第 4 章由付瑞琴编写、周犁文审稿；第 5 章和第 6 章由周犁文编写；第 7 章由刘建军、闵超、贾堰林编写；第 8 章由刘建军编写，其算法通过 Python 3.18 实现；第 9 章 9.1 节由闵超、贾堰林、周犁文编写，9.2 节和 9.3 节由贾堰林修改，9.4 节由付瑞琴编写；全书由钟仪华、贾堰林统稿，Matlab 实现由贾堰林和研究生贺蓝田验证。

本教材建议参考学时为 60 学时，但不同专业研究生可对相关内容作适当取舍。

本书获西南石油大学研究生教材建设项目(2022JCJS029)资助。在编写过程中，得到了石油工业出版社、各参编院校研究生院和理学院的大力支持，在此表示感谢！教材改版过程中，参考和引用了国内外相关专家、学者的专著、教材、文章等资料，在此一并致谢！

由于编者水平有限，教材中难免有许多不当甚至错误之处，敬请广大读者提出宝贵意见。

编者

2024 年 1 月

第一版前言

人类日常生活、社会活动及科学研究中无不涉及最优的问题。例如，怎样利用最少的时间获得更多的知识，怎样最好地利用人类的知识改造自然，如何利用最少的投资获得最大的经济效益；选择最优的方案，选择最佳的旅游路线，设计最优的火箭运行轨迹，设计最佳的钻井井身轨迹，实现最优的油田区块配产等等。从宏观上看，最优化可分为定性和定量两类。定性优化是指不用数量关系表达的最优的“决策”或“策略”，如：怎样最好地利用人类的知识改造自然，一个国家采用什么样的社会制度、体制或政策以获得最快的发展速度等。定量优化是指用数量关系描述的最优化问题，随着数学的深入发展，定量化思想越来越重要，定量最优化理论及应用得到了飞速发展。随着计算机的快速发展，定量最优化理论与方法在应用实践中有了越来越宽阔的舞台。

最优化理论与方法作为应用数学最活跃的分支之一，在社会经济、工程技术领域有着非常广泛的应用。石油行业中的大量技术、工程问题都与“优化”密切相关。目前国内主要石油高校硕士研究生都开设了“最优化方法”课程。

2010 年 5 月 22 日在中国石油大学(北京)召开了本课程的教学和教材研讨会。参加会议的有西南石油大学、西安石油大学、东北石油大学、中国石油大学(华东)、中国石油大学(北京)五校的任课教师。与会人员就目前各版本的教材和讲义中存在的问题进行了深入的讨论，针对石油高校研究生教学的特点，对五校联合编写《最优化方法及应用案例》作为石油高校研究生“最优化方法”课程规划教材达成了共识。会议确定了教材大纲、目录结构及编写分工。初稿出来后，在西南石油大学试用了两届。

本书的最大特点是强调了实际应用案例分析，特别是在“综合应用案例”一章中对有关石油优化问题进行了深入讨论，融入了笔者的一些最新研究成果。本书还在理论方法应用方面做了一些探索，如 Matlab 优化工具箱求解优化模型。本书建议参考学时为 60 学时。但不同专业研究生可对相关内容作适当取舍。

本书由西南石油大学刘志斌、西安石油大学陈军斌、中国石油大学(北京)刘建军担任主编。具体编写分工如下：第一章由刘志斌编写；第二章由刘志斌、西南石油大学钟仪华编写；第三章由陈军斌编写；第四章由中国石油大学(华东)王艳编写；第五章由东北石油大学宋国亮编写；第六章由刘建军编写；第七章由刘志斌、陈军斌、刘建军编写；全书由刘志斌、陈军斌、钟仪华统稿。

本书在编写过程中，得到了各参编院校教务处、研究生院、理学院的大力支持，在此表示感谢！由于编者水平有限，教材中难免还有许多不当甚至错误之处，敬请广大读者提出宝贵意见。

编者

2013 年 6 月

目　录

富媒体资源目录

续表

序号	名称	页码
24	文本 8.6　Python 实现 Momentum 和 Nesterov	253
25	彩图 8.11　AdaGrad 法参数更新轨迹	255
26	文本 8.7　Python 实现 AdaGrad 类	255
27	文本 8.8　迭代轨迹代码	256
28	文本 8.9　Python 实现 RMSProp 类	257
29	文本 8.10　Python 实现 Adam 类	259
30	文本 8.11　调用 tensorflow 线性回归	260

第1章 绪　　论

1.1 最优化概述

1.1.1 最优化的产生和发展

最优化是一个既古老又现代的问题.人类在认识自然的过程中早就涉及各类最优化问题.随着数学的深入发展,定量化思想越来越重要,慢慢地形成了有关最优化的理论;而最优化的理论反过来对实践的巨大推动是随着计算机的大力发展才表现出来的.

人们在日常生活、社会活动及科学研究中无不涉及最优化的问题.例如,怎样最好地利用人类的知识改造自然、怎样利用最少的时间获得更多的知识、如何利用最少的投资获得最大的经济效益、选择最优的方案、选择最佳的旅游路线、设计最优的火箭运行轨迹、设计最佳的钻井井身轨迹,等等.

长期以来,人们对最优化问题一直进行着探讨和研究.从其产生到现在,可以分成以下四个阶段.

1. 古典最优化阶段

1)最优化是一个古老的课题

公元前500年,古希腊在讨论建筑美学时就已发现了长方形长与宽的最佳比例为1.618,称为黄金分割比.它的倒数0.618至今在优选法(文本1.1)中仍得到广泛应用.在微积分出现以前,已有许多学者开始研究用数学方法解决最优化问题.例如阿基米德证明:给定周长,圆所包围的面积为最大,这就是欧洲古代城堡几乎都建成圆形的原因.

文本1.1
优选法

2)多自变量的实值函数优化方法

17世纪,I. 牛顿和G. W. 莱布尼茨在他们所创建的微积分中,提出求解具有多个自变量的实值函数的最大值和最小值的方法,后来又出现了Lagrange乘数法.

3)未知函数的函数极值

之后人们进一步讨论了具有未知函数的函数极值问题,从而形成了变分法.

总之,这一时期的最优化方法可以称为古典最优化方法.

2. 近代最优化阶段

第二次世界大战前后,由于军事上的需要及科学技术和生产的迅速发展,许多实际的最优化问题已经无法用古典方法解决,这就促进了近代最优化方法的产生,其形成和发展过程中有以下几个重要的事件:

1)最速下降法

1847年,法国数学家Cauchy研究了函数值沿什么方向下降最快的问题,提出了最速下降法.

2)线性规划

1939年,苏联数学家康托罗维奇在《生产组织与计划中的数学方法》中提出了线性规划问题. 1947年,美国数学家G. B. 丹齐克提出求解线性规划的单纯形法,由此他们创建了线性规划.

3)非线性规划

1951年,美国数学家库恩(Kuhn)和加拿大数学家塔克(Tucker)提出著名的Kuhn-Tucker条件,由此创建了非线性规划.

4)动态规划

20世纪50年代初,美国数学家R. 贝尔曼等人在研究多阶段决策过程的优化问题时,提出了著名的最优化原理,创立了解决这类过程优化问题的新方法——动态规划. 1957年,R. 贝尔曼出版了该领域的第一本著作*Dynamic Programming*.

5)极大值原理

1956年,苏联学者Л. С. 庞特里亚金提出了极大值原理,其主要理论和严格的数学证明都发表在之后出版的《最优过程的数学理论》一书中.

上述方法后来都形成了完整的体系,成为近代很活跃的学科,对促进运筹学、管理科学、控制论和系统工程等学科的发展起了重要作用.

3. 形成一个新的学科阶段

20世纪40年代以前,最优化这个古老课题并未形成独立的有系统的学科.

20世纪40年代以后,由于生产和科学研究的发展突飞猛进,特别是电子计算机日益广泛使用,使最优化问题的研究不仅成为一种迫切需要,而且有了求解的有力工具. 因此最优化理论和算法迅速发展起来,形成一个新的学科.

4. 现代最优化阶段

自从最优化形成学科以来,其理论和方法不断拓展和深入,大数据和人工智能(简称"数智")时代呼唤现代最优化研究.

1)近代最优化理论和方法继续深入发展

线性规划、混合整数线性规划、非线性规划(特别是凸优化与非凸优化)、组合优化、随机优化等得到进一步的拓展,而且发展了鲁棒优化、在线学习与在线优化等优化模型,发明了高效的算法. 从最初解决线性规划的单纯形法、椭圆法和内点法,发展到如今针对大规模问题(特别是机器学习)的梯度法及其变种加速方法、交替方向法等.

2)数智时代的最优化

最近十年,随着数智时代的到来,最优化在机器学习中的应用越发广泛而深入,机器学习为最优化带来了如下更大的挑战.

(1)新算法的需求更强烈. 随着相关软硬件的发展,可用数据量级不断提高,使得经典算法不再适用,呼唤着新的算法不断产生.

(2)传统优化算法重焕生机. 尽管很多问题的最坏情形算法复杂度早已被证明,但现实中的问题往往并不是最坏情形,通过利用更多的数据信息和模型结构,高效的算法不断被提出,一定程度上在不断打破之前的认知. 同时,随着机器学习与优化的不断交互,越来越多的传统优化算法重新焕发生机,在新的场景下有了新的意义.

(3)机器学习中的最优化. 机器学习研究重点由线性模型演变为复合结构模型，而优化问题也由凸优化变为更为复杂的非凸优化. 如今，如何更好地优化非凸模型已成为一个重要的研究热点，如深度神经网络.

1.1.2 最优化和最优化方法

1. 概念

1)最优化和最优化问题

(1)最优化是用数学理论与方法及计算机技术寻找一种最佳和谐状态的学科. 它研究在有限种或无限种可行方案中挑选最优方案、构造寻求最优解的计算方法和这些计算方法的理论性质及实际计算表现. 它在自然科学、社会科学、管理科学、工程设计、数据科学、机器学习、人工智能、图像和信号处理、金融和经济等领域有十分广泛和重要的应用.

(2)最优化问题(也称为优化问题)泛指定理决策问题，它依据各种不同的研究对象以及人们预期要达到的目的，寻找一个最优控制规律或设计出一个最优控制方案或最优控制系统.

2)最优化方法和最优化理论

(1)最优化方法(也称为运筹学方法)是近几十年形成的，它主要运用数学方法研究各种系统的优化途径及方案，为决策者提供科学决策的依据. 具体指针对最优化问题，搜索达到最优目标方案的方法，包括求解所研究问题的各类算法及收敛性等.

(2)最优化理论指最优化方法的数学理论，它包括所研究问题解的最优性条件、灵敏度分析、解的存在性和一般复杂性等.

2. 研究对象、目的及应用

1)研究对象

各种有组织系统的管理问题及其生产经营活动.

2)研究目的

针对所研究的系统，求得一个合理运用人力、物力和财力的最佳方案，发挥和提高系统的效能及效益，最终达到系统的最优目标.

3)应用

实践表明，随着科学技术的日益进步和生产经营的日益发展，最优化方法已成为现代管理科学的重要理论基础和不可缺少的方法，被人们广泛地应用到空间技术、军事科学、电子工程、通信工程、自动控制、系统识别、资源分配、计算数学、公共管理、经济管理等各领域，发挥着越来越重要的作用.

最优化的应用一般可以分为最优设计、最优计划、最优管理和最优控制等四个方面.

(1) 最优设计.

世界各国工程技术界，尤其是飞机、造船、机械、建筑等部门都已将最优化方法广泛应用于设计中，从各种设计参数的优选到最佳结构形状的选取等，结合有限元方法已使许多设计优化问题得到解决. 一个新的发展方向是最优设计和计算机辅助设计相结合. 电子线路的最优设计是另一个应用最优化方法的重要领域. 配方配比的优选在化工、橡胶、塑料等工业部门都得到成功的应用，并向计算机辅助搜索最佳配方配比方向发展.

(2)最优计划.

现代国民经济或部门经济的计划，以及企业的发展规划和年度生产计划，尤其是农业规划、种植计划、能源规划和其他资源、环境和生态规划的制订，都已开始应用最优化方法.一个重要的发展趋势是帮助领导部门进行各种优化决策.

(3)最优管理.

在日常生产计划的制订、调度和运行中都可应用最优化方法.随着管理信息系统和决策支持系统的建立和使用，最优管理得到迅速的发展.

(4)最优控制.

最优控制主要用于对各种控制系统的优化.例如导弹系统的最优控制，能保证用最少燃料完成飞行任务，用最短时间达到目标；再如飞机、船舶、电力系统等的最优控制，化工、冶金等工厂的最佳工况的控制.计算机接口装置的不断完善和优化方法的进一步发展，为计算机在线生产控制创造了有利条件.最优控制的对象也将从对机械、电气、化工等硬系统的控制转向对生态、环境以至社会经济系统的控制.

3. 最优化方法的内容

最优化方法包括的内容很广泛，如线性规划、非线性规划、动态规划、多目标规划、现代优化、整数规划、几何规划、组合优化、随机规划等.本书将详细介绍前五个方面的内容，而对后四个方面的内容仅简介如下：

1)整数规划

(1)概念与分类.

整数规划是指一类要求问题中的全部或一部分变量为整数的数学规划.它是近三十年来发展起来的规划论的一个分支(视频 1.1).整数规划问题是要求决策变量取整数值的线性规划或非线性规划问题.

一般认为非线性的整数规划(视频 1.2)可分成线性部分和整数部分，因此常常把整数规划作为线性规划的特殊部分.在线性规划问题中，有些最优解可能是分数或小数，但对于某些具体问题，常要求解答必须是整数.例如，所求解是机器的台数、工作的人数或装货的车数等.为了满足整数的要求，看起来似乎只要把已得的非整数解舍入化整就可以了，实际上化整后的数不一定是可行解和最优解，所以应该有特殊的方法来求解整数规划.

在整数规划中，如果所有变量都限制为整数，则称为纯整数规划；如果仅一部分变量限制为整数，则称为混合整数规划.

(2)求解方法.

整数规划是从 1958 年由 R. E. 戈莫里提出割平面法之后形成独立分支的，60 多年来发展出很多方法解决各种问题(视频 1.3).解整数规划最典型的做法是逐步生成一个相关的问题，称它是原问题的衍生问题.对每个衍生问题又伴随一个比它更易于求解的松弛问题(衍生问题称为松弛问题的原问题).通过松弛问题的解来确定它的原问题的归宿，即原问题应被舍弃，还是再生成一个或多个它本身的衍生问题来替代它.随即，再选择一个尚未被舍弃的或替代的原问题的衍生问题，重复以上步骤直至不再剩有未解决的衍生问题为止.目前比较成功又流行的方法是分支定界法和割平面法，它们都是在上述框架下形成的.

(3)0—1 规划.

0—1 规划是特殊的整数规划，其决策变量只取 0 或 1.它在整数规划中占有重要地位.一方面因为许多实际问题，例如指派问题、选地问题、送货问题都可归结为此类规划，另一方面任何有界变量的整数规划都与 0—1 规划等价，用 0—1 规划方法还可以把多种非线性规划问题表示成整数规划问题，所以不少人致力于这个方向的研究.

求解 0—1 规划自然可用分支定界法，但其有效解法是隐枚举法（视频 1.4）. 对各种特殊问题还有一些特殊方法，例如求解指派问题用匈牙利方法就比较方便.

视频 1.1 整数规划问题及其数学模型　**视频 1.2 整数非线性规划**　**视频 1.3 整数线性规划的求解方法**　**视频 1.4 求解 0—1 规划的方法**

（4）应用.

整数规划的应用范围极其广泛，它不仅在工业和工程设计、科学研究方面有许多应用，而且在计算机设计、系统可靠性、编码和经济分析等方面也有新的应用.

2）几何规划

（1）概念.

几何规划是其目标函数和约束条件均由广义多项式构成的非线性规划. 它是非线性规划的一个分支，也是最有效的最优化方法之一. 它最初是由数学家 R.J. 达芬、E.L. 彼得森和 C.M. 查纳等人于 1961 年在研究工程费用极小化问题基础上提出的，直到 1967 年《几何规划》一书出版后才正式定名.

（2）数学基础和求解思想.

几何规划的数学基础是 G.H. 哈代的平均理论，由于几何平均不等式的关键性作用而得名. 几何规划是一类特殊的非线性规划，利用其对偶原理，可以把高度非线性问题的求解转化为具有线性约束的优化问题求解，使计算大为简化.

（3）应用.

几何规划理论研究和算法软件开发及发展都很快，并且在化工、机械、土木、电气、核工程等部门的工程优化设计和企业管理、资源分配、环境保护以及技术经济分析等方面都得到了广泛应用.

3）组合优化

（1）概念.

组合优化（也称组合规划）是在给定有限集的所有具备某些条件的子集中，按某种目标找出一个最优子集的一类数学规划.

（2）研究的问题.

组合优化发展的初期，主要研究一些比较实用的、基本上属于网络极值方面的问题，如广播网的设计、开关电路设计、航船运输路线的计划、工作指派、货物装箱方案等. 自从拟阵概念进入图论领域后，对拟阵中的一些理论问题的研究成为组合优化研究的新课题，并得到应用. 现在应用的主要方面仍是网络上的最优化问题，如最短路问题、最大（小）支撑树问题、最优边无关集问题、最小截集问题、推销员问题等.

（3）组合优化与整数规划.

广义上讲，组合优化与整数规划的领域是一致的，都是在有限个可供选择的方案组成的集合中，选择使目标函数达到极值的最优子集. 组合优化中有许多典型的问题反映整数规划的广泛背景,例如背袋(或装载)问题、固定费用问题、和睦探险队问题(组合学的对集问题)、有效探险队问题(组合学的覆盖问题)、送货问题等.

4)随机规划

(1)概念及应用.

随机规划(视频 1.5)是处理数据带有随机性的一类数学规划. 它与确定性数学规划最大的不同在于其系数中引进了随机变量,这使得随机规划比确定性数学规划更适合解决实际问题.

随机规划是解决含有随机变量的优化问题的有效工具,已有一个世纪的历史,它已经广泛应用在管理科学、运筹学、经济学、统计学、机器学习、计算机科学、最优控制等领域.

(2)分类.

随机规划目前分为三种——期望值规划(视频 1.6)、机会约束规划(视频 1.7)和相关机会规划. 期望值规划模型即在期望约束条件下,使得期望收益达到最大或期望损失达到最小的优化方法,它是第一种随机规划模型,由美国经济学家丹泽在 1955 年提出;康托罗维奇把它应用于制订最优计划. 机会约束规划是由查纳斯(A. Charnes)和库伯(W. W. Cooper)于 1959 年提出的,是在一定的概率意义下达到最优的理论. 相关机会规划是刘宝碇教授于 1997 年提出的,它是一种使事件的机会在随机环境下达到最优的理论.

视频 1.5　随机规划问题及其分类　　**视频 1.6　期望值模型**　　**视频 1.7　机会约束规划**

(3)求解方法.

求解方法大致分两种:一种是转化法,即将随机规划转化成各自的确定性等价类,然后利用已有的确定性规划的求解方法解之;另一种是逼近法,利用随机模拟技术,通过一定的遗传算法程序,得到随机规划问题的近似最优解和目标函数的近似最优值.

1.2　预备知识

1.2.1　范数

1. 概念

定义 1.1　在 n 维向量空间 $\mathbf{R}^n$ 中,定义实函数 $\|\boldsymbol{X}\|$,使其满足以下三个条件:

(1)对任意 $\boldsymbol{X}\in\mathbf{R}^n$ 有 $\|\boldsymbol{X}\|\geqslant 0$,当且仅当 $\boldsymbol{X}=\boldsymbol{O}$ 时 $\|\boldsymbol{X}\|=0$;

(2)对任意 $\boldsymbol{X}\in\mathbf{R}^n$ 及实数 α 有 $\|\alpha\boldsymbol{X}\|=|\alpha|\cdot\|\boldsymbol{X}\|$;

(3)对任意 $\boldsymbol{X},\boldsymbol{Y}\in\mathbf{R}^n$ 有 $\|\boldsymbol{X}+\boldsymbol{Y}\|\leqslant\|\boldsymbol{X}\|+\|\boldsymbol{Y}\|$.

则称函数 $\|\boldsymbol{X}\|$ 为 $\mathbf{R}^n$ 上的向量范数 .

2. 两类比较常见的范数

(1) p 一范数: $\|\boldsymbol{X}\|_p=\left(\sum\limits_{i=1}^{n}|x_i|^p\right)^{\frac{1}{p}}(1\leqslant p<+\infty)$,其中最常用的是 2—范数,即 $\|\boldsymbol{X}\|_2=\left(\sum\limits_{i=1}^{n}|x_i|^2\right)^{\frac{1}{2}}$.

(2)∞－范数：$\|\boldsymbol{X}\|_\infty=\max\limits_{1\leqslant i\leqslant n}|x_i|$.

1.2.2 梯度和 Hessen 阵

1. 梯度

定义 1.2 多元函数 $f(\boldsymbol{X})$在点 $\boldsymbol{X}$ 处一阶导数组成的 n 维向量称为函数 $f(\boldsymbol{X})$在点 $\boldsymbol{X}$ 处的梯度,记为

$$f'(\boldsymbol{X})=\nabla f(\boldsymbol{X})=g(\boldsymbol{X})=\left(\frac{\partial f}{\partial x_1},\frac{\partial f}{\partial x_2},\cdots,\frac{\partial f}{\partial x_n}\right)^{\mathrm{T}}.$$

2. Hesse 矩阵

定义 1.3 多元函数 $f(\boldsymbol{X})$在点 $\boldsymbol{X}$ 处的二阶导数组成的 n 阶方阵称为 Hesse 矩阵,记为

$$f''(\boldsymbol{X})=\nabla^2 f(\boldsymbol{X})=H(\boldsymbol{X})=\begin{pmatrix}\dfrac{\partial^2 f}{\partial x_1\partial x_1} & \dfrac{\partial^2 f}{\partial x_1\partial x_2} & \cdots & \dfrac{\partial^2 f}{\partial x_1\partial x_n}\\ \dfrac{\partial^2 f}{\partial x_2\partial x_1} & \dfrac{\partial^2 f}{\partial x_2\partial x_2} & \cdots & \dfrac{\partial^2 f}{\partial x_2\partial x_n}\\ \vdots & \vdots & & \vdots\\ \dfrac{\partial^2 f}{\partial x_n\partial x_1} & \dfrac{\partial^2 f}{\partial x_n\partial x_2} & \cdots & \dfrac{\partial^2 f}{\partial x_n\partial x_n}\end{pmatrix}.$$

1.2.3 泰勒公式

1. 一元函数的泰勒公式

在一元函数中,当函数 $f(x)$有直到 $n+1$ 阶导数时,有泰勒公式:

$$f(x)=f(x_0)+f'(x_0)(x-x_0)+\frac{f''(x_0)}{2!}(x-x_0)^2+\cdots+\frac{f^{(n)}(x_0)}{n!}(x-x_0)^n+\frac{f^{(n+1)}(\xi)}{(n+1)!}(x-x_0)^{n+1},$$

或 $$f(x)=f(x_0)+f'(x_0)(x-x_0)+\cdots+\frac{f^{(n)}(x_0)}{n!}(x-x_0)^n+o((x-x_0)^n).$$

2. 多元函数的泰勒公式

类似地,在多元函数中也有泰勒公式.

设 $f(\boldsymbol{X})$在开区域 $\Omega=\{\boldsymbol{X}\mid\|\boldsymbol{X}-\boldsymbol{X}^{(0)}\|<\delta\}$上的所有二阶偏导数都连续,则对满足$\|\boldsymbol{h}\|<\delta$的任何 $\boldsymbol{h}$,均存在 $\theta\in(0,1)$,使得

$$f(\boldsymbol{X}^{(0)}+\boldsymbol{h})=f(\boldsymbol{X}^{(0)})+\nabla f(\boldsymbol{X}^{(0)})^{\mathrm{T}}\boldsymbol{h}+\frac{1}{2}\boldsymbol{h}^{\mathrm{T}}\nabla^2 f(\boldsymbol{X}^{(0)}+\theta\boldsymbol{h})\boldsymbol{h},$$

或 $$f(\boldsymbol{x}^{(0)}+\boldsymbol{h})=f(\boldsymbol{x}^{(0)})+\nabla f(\boldsymbol{x}^{(0)})^{\mathrm{T}}\boldsymbol{h}+\frac{1}{2}\boldsymbol{h}^{\mathrm{T}}\nabla^2 f(\boldsymbol{x}^{(0)})\boldsymbol{h}+o(\|\boldsymbol{h}\|^2).$$

1.2.4 凸集、凸函数和凸规划

根据多元函数极值的判别定理只能确定函数的局部最优点，而实际问题中要求全局最优

点，这就涉及函数的凸性和集合的凸性．由一元函数的性质可知，凸函数的局部最优点一定是全局最优点．下面将此结论推广到多元函数．

1. 凸集

1)概念

定义 1.4 设 $D\subseteq \mathbf{R}^n$，$\forall \boldsymbol{X}^{(1)},\boldsymbol{X}^{(2)}\in D$. 如果 $\forall \alpha\in[0,1]$，都有 $\alpha\boldsymbol{X}^{(1)}+(1-\alpha)\boldsymbol{X}^{(2)}\in D$，则称集合 D 为**凸集**，$\alpha\boldsymbol{X}^{(1)}+(1-\alpha)\boldsymbol{X}^{(2)}$ 为 $\boldsymbol{X}^{(1)},\boldsymbol{X}^{(2)}$ 的凸组合. 当 $\alpha\in(0,1)$时，称$\alpha\boldsymbol{X}^{(1)}+(1-\alpha)\boldsymbol{X}^{(2)}$ 为 $\boldsymbol{X}^{(1)},\boldsymbol{X}^{(2)}$ 的严格凸组合．

上述定义也可以等价地叙述为如下定义 1.5.

定义 1.5 设 $D\subseteq \mathbf{R}^n$，$\forall \boldsymbol{X}^{(1)},\boldsymbol{X}^{(2)}\in D$，如果 $\forall \lambda_1\geqslant 0,\lambda_2\geqslant 0$，$\lambda_1+\lambda_2=1$ 都有 $\lambda_1\boldsymbol{X}^{(1)}+\lambda_2\boldsymbol{X}^{(2)}\in D$，则称集合 D 为**凸集**，$\lambda_1\boldsymbol{X}^{(1)}+\lambda_2\boldsymbol{X}^{(2)}$ 为 $\boldsymbol{X}^{(1)},\boldsymbol{X}^{(2)}$ 的凸组合．当 $\lambda_1>0$、$\lambda_2>0$ 且 $\lambda_1+\lambda_2=1$ 时，称 $\lambda_1\boldsymbol{X}^{(1)}+\lambda_2\boldsymbol{X}^{(2)}$ 为 $\boldsymbol{X}^{(1)},\boldsymbol{X}^{(2)}$ 的**严格凸组合**．

例如，三角形、圆、椭圆、椭球、短形、凸多边形、第一象限、第一卦限等都是凸集．

2)性质

(1)$\mathbf{R}^n$ 中任意两个凸集的交集仍然是凸集.

应当注意的是，两个凸集的并集未必是凸集.

(2)S 为凸集的充分必要条件是：对 $\forall \boldsymbol{X}^{(1)},\boldsymbol{X}^{(2)},\cdots,\boldsymbol{X}^{(m)}\in S$($m\geqslant 2$ 且 m 为正整数)及任意非负实数 $\lambda_1,\lambda_2,\cdots,\lambda_m$，当 $\lambda_1+\lambda_2+\cdots+\lambda_m=1$ 时，有 $\lambda_1\boldsymbol{X}^{(1)}+\lambda_2\boldsymbol{X}^{(2)}+\cdots+\lambda_m\boldsymbol{X}^{(m)}\in S$.

(3)凸集分离定理：设 S_1 和 S_2 为两个非空凸集，且 $S_1\cap S_2=\varnothing$，则存在非零向量 $\boldsymbol{P}$，使得 $\inf\{\boldsymbol{P}^{\mathrm{T}}\boldsymbol{X}\mid \boldsymbol{X}\in S_1\}\geqslant\sup\{\boldsymbol{P}^{\mathrm{T}}\boldsymbol{X}\mid \boldsymbol{X}\in S_2\}$.

2. 凸函数

1)概念

定义 1.6 设有凸集 $D\subseteq \mathbf{R}^n$，如果 $\forall \boldsymbol{X}^{(1)},\boldsymbol{X}^{(2)}\in D$ 及 $\forall \alpha\in[0,1]$，恒有

$$f[\alpha\boldsymbol{X}^{(1)}+(1-\alpha)\boldsymbol{X}^{(2)}]\leqslant \alpha f(\boldsymbol{X}^{(1)})+(1-\alpha)f(\boldsymbol{X}^{(2)}),$$

则称 $f(\boldsymbol{X})$为 D 上的**凸函数**．

显然此定义也可叙述为定义 1.7.

定义 1.7 设有凸集 $D\subseteq \mathbf{R}^n$，如果 $\boldsymbol{X}^{(1)},\boldsymbol{X}^{(2)}$ 及 $\forall \alpha,\beta\in[0,1]$且 $\alpha+\beta=1$，恒有

$$f[\alpha\boldsymbol{X}^{(1)}+\beta\boldsymbol{X}^{(2)}]\leqslant \alpha f(\boldsymbol{X}^{(1)})+\beta f(\boldsymbol{X}^{(2)}),$$

则称 $f(\boldsymbol{X})$为 D 上的**凸函数**．

如果上述定义中的$[0,1]$改为$(0,1)$，$\forall \boldsymbol{X}^{(1)},\boldsymbol{X}^{(2)}$ 改为 $\forall \boldsymbol{X}^{(1)}\neq\boldsymbol{X}^{(2)}\in D$，不等式改为严格不等式，则称函数 $f(\boldsymbol{X})$为**严格凸函数**．

例如，函数 $f(x)=2x-3$，$f(x)=|x|$，$f(x)=x^2$ 等都是凸函数．

2)判别方法

(1)一阶条件.

设 $D\subseteq \mathbf{R}^n$ 为非空凸集，$f(\boldsymbol{X})$在 D 上的所有一阶偏导数都连续，则 $f(\boldsymbol{X})$在 D 上为凸(严格凸)函数的充分必要条件为 $\forall \boldsymbol{X},\boldsymbol{Y}\in D$，恒有

$$f(\boldsymbol{Y})\geqslant f(\boldsymbol{X})+(\boldsymbol{Y}-\boldsymbol{X})^{\mathrm{T}}\nabla f(\boldsymbol{X}).$$

当 $\boldsymbol{X}\neq\boldsymbol{Y}$ 时，$f(\boldsymbol{Y})>f(\boldsymbol{X})+(\boldsymbol{Y}-\boldsymbol{X})^{\mathrm{T}}\nabla f(\boldsymbol{X})$.

(2)二阶条件.

设 $D\subseteq\mathbf{R}^n$ 为非空开凸集，$f(\boldsymbol{X})$在 D 上的所有二阶偏导数都连续，则

① $f(\boldsymbol{X})$在 D 上为凸函数的充分必要条件为$\nabla^2 f(\boldsymbol{X})\geqslant 0(\forall \boldsymbol{X}\in D)$；

② 若对$\forall \boldsymbol{X}\in D$ 有$\nabla^2 f(\boldsymbol{X})>0$，则 $f(\boldsymbol{X})$在 D 上为严格凸函数(逆定理不成立).

根据二阶条件知，线性函数 $f(\boldsymbol{X})=\boldsymbol{a}^{\mathrm{T}}\boldsymbol{X}+b$ 由于其 Hesse 矩阵处处为零矩阵，所以是凸函数.

3. 凸规划

1)概念

定义 1.8 设有最优化问题$(P)\min\limits_{\boldsymbol{X}\in D} f(\boldsymbol{X})$，当 D 为凸集，且 $f(\boldsymbol{X})$为凸函数时，称该最优化问题为凸规划.

2)性质

对于一般的最优化(规划)$\begin{cases}\min f(\boldsymbol{X}),\\ \text{s. t. } g_i(\boldsymbol{x})\leqslant 0, i=1,2,\cdots,m\end{cases}$[1]，当 $f(\boldsymbol{X})$、$g_i(\boldsymbol{X})$为凸函数时，有如下性质：

(1)当其可行解集合 $D=\{\boldsymbol{X}\mid g_i(\boldsymbol{X})\leqslant 0, i=1,2,\cdots,m\}$是凸集时，它一定是凸规划；

(2)其最优解集合 $D^*=\{\boldsymbol{X}^*\mid f(\boldsymbol{X}^*)=\min\limits_{\boldsymbol{X}\in D} f(\boldsymbol{X}), \boldsymbol{X}^*\in D\}$是凸集；

(3)其任何局部最优解都是全局最优解.

1.3 最优化问题概述

从宏观上看，最优化可分为定性和定量两类. 定性优化是指不用数量关系表达的最优的“决策”或“策略”，如怎样最好地利用人类的知识改造自然，一个国家采用什么样的社会制度或方针、政策以获得最快的发展等. 定量优化是指用数量关系描述的最优化问题.

本书主要讨论定量优化问题. 从数学上看，定量的最优化问题就是寻找 n 元函数 $f(\boldsymbol{X})$的极值点. 当 f 是普通函数，$\boldsymbol{X}\in\mathbf{R}^n$，这类优化问题称为数学规划(mathematical programming，简称 MP)，变量 $\boldsymbol{X}$ 可能没有限制也可能受有限个等式或不等式约束. 其一般模型可表示成：

$$
\begin{aligned}
&(\mathrm{MP}) && \min f(\boldsymbol{X}) \quad [\max f(\boldsymbol{X})],\\
&\text{s. t.} && g_i(\boldsymbol{X})\leqslant 0 \quad (i=1,2,\cdots,m),\\
& && h_j(\boldsymbol{X})=0 \quad (j=1,2,\cdots,p).
\end{aligned}
$$

其中，$f(\boldsymbol{X})$称为目标函数，$\min f(\boldsymbol{X})[\max f(\boldsymbol{X})]$表示目标函数 $f(\boldsymbol{X})$的最小值(最大值)，$g_i(\boldsymbol{X})\leqslant 0(i=1,2,\cdots,m)$、$h_j(\boldsymbol{X})=0(j=1,2,\cdots,p)$称为约束条件，$g_i(\boldsymbol{X})$、$h_j(\boldsymbol{X})$称为约束函数.

因为 $\min f(\boldsymbol{X})=-\max[-f(\boldsymbol{X})]$，所以最大和最小本质上是相同的，以后仅讨论最小化的问题. 而一个等式约束 $h_j(\boldsymbol{X})=0$ 等价于两个不等式约束 $h_j(\boldsymbol{X})\leqslant 0$ 与$-h_j(\boldsymbol{X})\leqslant 0$，因此上述数学规划问题可以写成统一的形式：

---

[1] s. t. 是 subject to(such that)的缩写，可以翻译成：使得……满足……(约束条件).

$$
\begin{aligned}
&(\mathrm{MP}) && \min f(\boldsymbol{X}),\\
&\text{s. t.} && g_i(\boldsymbol{X}) \leqslant 0 \quad (i=1,2,\cdots,m).
\end{aligned}
$$

或

$$
\begin{aligned}
&(\mathrm{MP}) && \min f(\boldsymbol{X}),\\
&\text{s. t.} && \boldsymbol{X} \in D,\\
& && D=\{\boldsymbol{X} \mid g_i(\boldsymbol{X}) \leqslant 0 \quad (i=1,2,\cdots,m)\}.
\end{aligned}
$$

根据变量 $\boldsymbol{X}$ 有无约束条件可分为约束规划问题和无约束规划问题. 如果目标函数 $f(\boldsymbol{X})$ 与约束函数 $g_i(\boldsymbol{X})$都是线性函数,则相应的优化问题称为线性规划,否则称为非线性规划.

1.4 最优化模型的建立

本节首先一般性地介绍最优化技术,然后再通过例子说明怎样从实际问题中形成最优化数学模型.

1.4.1 一般性描述

由于日常生活与科学研究中经常出现最优化问题,为解决这些问题,不仅形成了最优化理论,而且与之配套形成了一个新的科学分支——最优化技术. 这一技术的本质就是将实际问题抽象成数学模型,并用最优化的有关理论求解其数学模型.

比如有多种工作要安排,先做哪些工作、后做哪些工作,每种工作人力、物力、技术手段如何使用,每种工作进行的时间如何,要达到什么样的指标,安排在什么位置进行等,都要具体安排. 安排得好,效率就高;否则,就要误工. 再比如,制造一种产品,用什么原料、采用什么规格,什么工艺、什么工序,什么时间生产,生产多少,等等,采用不同方式对产品质量、产值都有影响. 一座建筑或一个结构,当主要的要求确定之后,用什么结构形式,什么材料、什么规格,在保证满足相同技术要求情况下,方案不同,投资则会有很大区别. 某一物资,产地和销地都很多,可以安排不同运输方案,运费也将有很大变化. 城市、工厂、农村总的平面布局,及各个小的单位的平面布局等都有很多不同方案,用不同方案就会有不同效果. 又如在企业的管理、经济发展的规划、军事行动的指挥等方面也都有最优化工作者的用武之地.

许多问题一般都有很多种可供选用的方案. 要对这些方案作出选择,首先要确定一个鉴别好坏的标准. 有了一个标准,就要求在这个标准衡量下,在技术条件允许的范围内找出一个或几个最好的方案,这就是最优化技术所研究的内容.

不过,在多数情况下,人们凭借经验已经有了一个较好的方案,这个方案已为长期实践所确认,它虽然不一定是最优的,但采用它所取得的效果还是较令人满意的,所以很长时期以来,很多部门都认为最优化技术并不是非搞不可的. 但随着生产的发展、科学的进步,一方面经验不够用了,另一方面方案的好坏所产生的不同后果也显著地被人们认识了. 这时,用科学的方法来讨论最优化问题引起了人们的广泛注意. 逐渐地,最优化这一课题不但吸引了一批数学工作者,更吸引了其他各领域各部门工作者的注意和研究. 于是最优化技术有了专门术语,出现了专门杂志,编写了专门书籍,成立了专门组织. 就这样,最优化技术从实践中产生,又在实践中得到不断发展.

特别是近几十年来,由于科学技术发展的需要,电子计算机这一有力计算工具的出现和更新升级为最优化技术的发展提供了有效的手段,使最优化技术获得了十分迅速的发展. 就其应用来说,它几乎已深入到各个生产科研领域.

最优化理论的发展也很快.凸规划及有关理论,对偶理论,有关解的特性的理论,与计算方法直接有关的如收敛性、收敛速度等方面的研究,都有一些颇为出色的工作.最优化计算方法的进展更是惹人注目.最优化计算方法之所以能发展得这样快,是与最优化技术的特点分不开的.因为最优化问题一旦被描述为数学问题之后,最迫切需要解决的问题就是求出解,如果不能求出解,则前功尽弃.因此,如果计算方法方面的工作多,那成果也就多.现在最优化计算方法方面的论文不仅出现在与最优化技术密切相关的杂志中,还出现在其他科技方面的专门杂志中.

广大科技工作者除从事最优化技术的理论、算法、应用等方面的专门研究外,还大力地进行推广应用工作.这推动了理论研究工作的发展,使理论研究工作有了方向.相信在未来的科技和生产中,最优化技术一定会得到更大的发展.

1.4.2 最优化建模

最优化技术工作一般被分为两个方面:一是由实际的生产或科技问题建立最优化数学模型;二是对所形成的数学问题做数学加工及求解.有关最优化的数学理论及计算方法,目前有许多参考文献,但从实际问题抽象出数学模型却是一件十分重要而又困难的工作.

所谓建立数学模型是指在对实际问题深入研究的基础上,利用有关数学的知识和概念,对自然规律的真实描述(数学描述)或模拟.当然这种描述或模拟是为解决问题而进行的.每一问题并非只有唯一的数学描述,一种抽象的数学模型也可用于解决不同的实际问题.没有这部分工作,最优化技术将成为无源之水、无本之木.下面介绍两个简单例子,希望能使大家了解最优化技术与实际问题的密切联系,同时还试图给大家关于根据实际问题建立数学模型的启示.

1. 线性规划模型

某工厂生产A、B、C三种产品,每件产品所消耗的材料、工时以及能够获取的利润如表1.1所示.

表1.1 某工厂产品信息表

产品	利润(元/件)	材料(kg/件)	工时(h/件)
A	7	4	4
B	3	4	2
C	6	5	3

已知该厂每天的材料消耗不得超过600kg,工时不得超过1400h.问每天生产A、B、C三种产品各多少件可使利润更大?

设x_1为生产A产品的件数,x_2为生产B产品的件数,x_3为生产C产品的件数,则有如下模型:

$$\max(7x_1+3x_2+6x_3),$$
$$\text{s.t.}\begin{cases}4x_1+4x_2+5x_3\leqslant 600,\\4x_1+2x_2+3x_3\leqslant 1400,\\x_1,x_2,x_3\geqslant 0.\end{cases}$$

将这一模型进一步推广到更一般的情形,则得到著名的资源分配问题,这是线性规划模型最早的成功应用实例.

2. 非线性规划模型

传送能量的最优化问题. 在能量传输系统中,传输网上有 n 个电站向 m 个负载输送电能. 要求确定一个最经济的传送方案,既能满足用户所需的能量,又能使各电站产生能量所需成本的总和为最低.

令 P_i 为第 i 个电站产生的能量,kW;$F_i(P_i)$ 为第 i 个电站产生能量 P_i 所需的成本,万元;$L(P_1,P_2,\cdots,P_n)$ 为传输过程中所造成的能量损耗,kW;D 为用户对能量的总需求量,kW.

则要求各电站产生能量所需成本的总和 S(万元)为最低就是目标函数,用户对能量的总需求量被满足就是其约束条件,因此建立的数学模型为:

$$\min S=\sum_{i=1}^{n}F_i(P_i),$$

$$\text{s. t.}\sum_{i=1}^{n}P_i-L(P_1,P_2,\cdots,P_n)\geqslant D.$$

1.5 最优解及算法概述

1.5.1 最优解的基本概念

为不失普遍性,现讨论

$$(\text{MP})\quad \min_{x\in D}f(\boldsymbol{X}).$$

其中,$D=\{\boldsymbol{X}\mid g_i(\boldsymbol{X})\leqslant 0\quad(i=1,\cdots,m)\}$.

定义 1.9 称 $D\subset\mathbf{R}^n$ 为(MP)的可行域(容许域),并称 $\boldsymbol{X}\in D$ 为(MP)的可行解(容许解).

定义 1.10 若存在 $\boldsymbol{X}^*\in D$,并对 $\forall\boldsymbol{X}\in D$ 有 $f(\boldsymbol{X}^*)\leqslant f(\boldsymbol{X})$,则称为 $\boldsymbol{X}^*$ 为(MP)的全局最优解(全局极小点). $\boldsymbol{X}^*$ 组成的集合称为(MP)的最优解集.

定义 1.11 若存在 $\boldsymbol{X}^*\in D$ 与 $\boldsymbol{X}^*$ 的 ε 邻域,有

$$N_\varepsilon(\boldsymbol{X}^*)=\{\boldsymbol{X}\mid\|\boldsymbol{X}-\boldsymbol{X}^*\|\leqslant\varepsilon,\varepsilon>0\},$$

并对 $\forall\boldsymbol{X}\in D\cap N_\varepsilon(\boldsymbol{X}^*)$ 有 $f(\boldsymbol{X}^*)\leqslant f(\boldsymbol{X})$,则称 $\boldsymbol{X}^*$ 为(MP)的局部最优解(局部极小值点).

显然,(MP)的任意全局最优解必为其局部最优解.

定义 1.12 设 $\boldsymbol{X}\in D,h\in\mathbf{R}^n$,若 $\exists\delta>0$,对 $\forall\alpha\in(0,\delta)$ 都有向量 $\boldsymbol{X}+\alpha h$ 均在 D 内部,则称 h 为点 $\boldsymbol{X}$ 处的一个可行方向(容许方向).

1.5.2 最优解算法概述

前述数学规划问题,不仅包含许多重要的理论分析,而且包括许多在实际应用中有着十分重要意义的数值求解方法. 虽然从不同的问题和不同的角度出发,人们提出了许多各具特色的数值方法,但作为算法,它们却有着一些重要的共同点. 在此将简单介绍一些(MP)问题最优解算法的基本概念及设计准则或技巧.

求解 $\min\limits_{X\in D} f(\boldsymbol{X})$ 的一种算法，通常是指一种产生点列 $\{\boldsymbol{X}^{(1)},\boldsymbol{X}^{(2)},\cdots,\boldsymbol{X}^{(n)},\cdots\}$ 的程序. 该程序能从某个初始点 $\boldsymbol{X}^{(1)}\in D$ 出发，依次产生 $\boldsymbol{X}^{(2)},\boldsymbol{X}^{(3)},\cdots$，并使该点列或该点列的子列收敛于式 $\min\limits_{X\in D} f(\boldsymbol{X})$ 的最优解 $\boldsymbol{X}^*$. 在实际使用时，一种算法常表现为 $D\rightarrow D$ 的一种映射 F，F 常常满足以下两点要求：

$$\boldsymbol{X}^{(k+1)}=F(\boldsymbol{X}^{(k)}); \tag{1.1}$$

$$f(\boldsymbol{X}^{(k+1)})<f(\boldsymbol{X}^{(k)}). \tag{1.2}$$

式(1.1)实际上常表现为 $\boldsymbol{X}^{(k+1)}=\boldsymbol{X}^{(k)}+\lambda_k P_k$. 因此通常构造映射 F 的关键就在于设计一种能从 $\boldsymbol{X}^{(k)}$ 出发、确定方向 P_k 与步长 λ_k 的方法，要求 $\boldsymbol{X}^{(k+1)}$ 满足式(1.2)并使整个序列(或子列)具有收敛性.

不难看出，这里所说的算法实际上是一种迭代过程. 因此，一种用于数学规划的算法还必须包括这种迭代过程的终止准则，即在一定的精度要求下以某一近似值代替最优解 $\boldsymbol{X}^*$ 的原则. 常见的终止准则为如下 4 个不等式之一：

$$\|\boldsymbol{X}^{(k+1)}-\boldsymbol{X}^{(k)}\|<\varepsilon; \tag{1.3}$$

$$\frac{\|\boldsymbol{X}^{(k+1)}-\boldsymbol{X}^{(k)}\|}{\|\boldsymbol{X}^{(k)}\|}<\varepsilon; \tag{1.4}$$

$$|f(\boldsymbol{X}^{(k+1)})-f(\boldsymbol{X}^{(k)})|<\varepsilon; \tag{1.5}$$

$$\frac{|f(\boldsymbol{X}^{(k+1)})-f(\boldsymbol{X}^{(k)})|}{|f(\boldsymbol{X}^{(k)})|}<\varepsilon. \tag{1.6}$$

即事先给定 $\varepsilon>0$ 与正整数 k，若 4 个不等式之一成立，则可迭代终止，并认为 $\boldsymbol{X}^*\approx\boldsymbol{X}^{(k+1)}$.

以上仅仅是一种算法所包含的最基本的内容，作为一种较为理想的数学规划算法还应具备：

(1)通用性，即它能解决一类符合算法基本要求的问题，而不再对问题有其他苛求.

(2)稳定性，即它不应对问题中参数、迭代初始点位置等表现出较高的灵敏度. 否则，算法的迭代效果将随过程出现大的差异.

(3)工作量较小，即算法不能占用过多的计算时间和有过分烦琐的计算准备.

(4)较快的收敛性，即算法产生的序列 $\{f(\boldsymbol{X}^{(k)})\}$ 的下降速度或 $\boldsymbol{X}^{(k)}\rightarrow\boldsymbol{X}^*$ 的速度较快. 为了度量这种速度，下面给出 $\boldsymbol{X}^{(k)}\rightarrow\boldsymbol{X}^*$ 的速度的定义.

定义 1.13 设 $\boldsymbol{X}^{(k)}$ 收敛于 $\boldsymbol{X}^*$，当 $k\rightarrow\infty$ 时如下渐近关系成立：

$$\lim_{k\rightarrow\infty}\frac{\|\boldsymbol{X}^{(k+1)}-\boldsymbol{X}^*\|}{\|\boldsymbol{X}^{(k)}-\boldsymbol{X}^*\|^p}=\alpha.$$

其中，常数 $\alpha>0$，$p>0$，则称迭代过程是 p 阶收敛的. 特别地，$p=1$ 时称为线性收敛，$p>1$ 时称为超线性收敛，$p=2$ 时称为平方收敛.

另外，在设计最优化算法时，人们常常将复杂的最优化问题转化为一系列简单的最优化问题，即其最优解容易计算或者有显式表达式的最优化问题来逐步求解，常用的技巧包括泰勒(Taylor)展开和对偶. 对于一个非线性的目标或者约束函数，可以通过其泰勒展开用简单的线性或者二次函数来逼近,从而得到一个简化的问题,通过设计此简化问题的解法,最终获得原问题的解.此外,每个最优化问题都有对应的对偶问题,通过求解其易求的对偶问题或同时求解原问题和对偶问题,可以简化原问题的求解,从而设计更有效的算法.

练习题1

1.建立优化模型应考虑哪些要素?

2.讨论优化模型最优解的存在性、迭代算法的收敛性及停止准则.

第2章 线性规划

线性规划(linear programming,简称 LP)是最优化问题的特殊情形,其模型中目标函数和约束条件函数均为决策变量的线性函数.由于其线性特性,使得线性规划的求解算法相对于非线性规划更成熟且简单.自 20 世纪 50 年代以来,人们持续不断地对线性规划的理论和应用进行了研究,涌现出一大批新算法,如内点法、椭球算法、线性规划等大规模计算方法.线性规划的应用范围不断扩大,其研究成果还直接推动了其他数学规划问题的算法研究.因此本章仅围绕线性规划模型的建立、线性规划求解算法的原理以及线性规划的应用若干主题展开讨论.在讨论应用线性规划解决实际问题的范例时,本书推崇使用数学软件作为求解手段,把问题讨论的重点集中在建立描述问题的线性规划模型上.

2.1 线性规划模型的建立及相关概念

2.1.1 模型的建立

在模型的建立上,线性规划和非线性规划可以遵循相同的方法和步骤,把它们分开讨论的主要原因是它们在求解算法上存在很大的差异.建立一个问题的线性规划模型,在充分理解问题的基础上,一般可遵循以下三个步骤.

(1)确定决策变量.对于一个决策问题,首先要明确待决策的内容或对象,然后设法将其变量化以确定决策变量.小型的线性规划问题可以只有较少的决策变量,大型问题则可能有上百个乃至成千上万个决策变量;有些问题的决策变量显而易见,有些则需要转化才能设出.

(2)确定目标函数.决策人面临着决策问题时,有一个进行方案抉择的标准,即目标.在确定决策变量后,将决策目标表示为决策变量的函数并根据实际问题求其最小或最大,即得目标函数.线性规划模型中的目标函数应是决策变量的线性函数.

(3)确定约束条件.决策问题的约束条件,指在决策过程中决策变量受到一定条件的限制,或达到一些平凡意义下最低限度的要求.它们的数学表现形式往往是决策变量的等式或不等式,线性规划中则体现为决策变量的线性等式或线性不等式.例如,在生产经营的管理中,对资源(人力、物力、财力等)的使用常常是受到限制的,其资源使用量一般要受一定总量(上限)的限制或被要求满足最低使用量(下限)的要求.

下面,将运用上述方法和步骤讨论一些优化问题的模型建立.

[**例 2.1**](生产合理安排问题)某厂计划在下一个生产周期内生产甲、乙两种产品,需要消耗 R_1,R_2,R_3 三种资源(如钢材、煤炭或设备台时等),已知每件产品对这三种资源的消耗、这三种资源可供使用的资源量及每单位产品可获得的利润如表 2.1 所示.问应如何安排生产计划,使得既能充分利用现有资源,又使总利润最大?试建立问题的数学模型.

表 2.1　产品与各资源关系、利润表

资源	单件消耗		可供使用的资源量
	甲	乙	
R_1	5	2	170
R_2	2	3	100
R_3	1	5	150
单件利润	10	18	—

解:(1)确定决策变量.本问题中,决策内容是"如何安排生产计划",具体指在下一个生产周期,两种产品各应安排多大的产量.因此,可令下一个生产周期产品甲和乙的产量 x_1,x_2 作为本问题的决策变量.

(2)确定目标函数.问题的目标很清楚,即"使总利润最大".由题设总利润值 z 可表示为决策变量的线性函数,即 $z=10x_1+18x_2$.

(3)确定约束条件.由于 R_1,R_2,R_3 的资源量都是有限的,故决策变量 x_1,x_2 必须满足下列约束条件:

$$\begin{cases}5x_1+2x_2\leqslant 170 & (\text{对资源 } R_1 \text{ 的限制}),\\ 2x_1+3x_2\leqslant 100 & (\text{对资源 } R_2 \text{ 的限制}),\\ x_1+5x_2\leqslant 150 & (\text{对资源 } R_3 \text{ 的限制}).\end{cases}$$

另外,产量不会取负值,所以 $x_1\geqslant 0,x_2\geqslant 0$.

因此,本例的数学模型可归纳为如下线性规划问题:

$$\max z=10x_1+18x_2,$$
$$\text{s.t.}\begin{cases}5x_1+2x_2\leqslant 170,\\ 2x_1+3x_2\leqslant 100,\\ x_1+5x_2\leqslant 150,\\ x_1,x_2\geqslant 0.\end{cases}$$

[**例 2.2**](合理下料问题)用长度为 500cm 的条材,截成长度为 98cm 和 78cm 两种毛坯,要求共截出长 98cm 的毛坯 1000 根、78cm 长的毛坯 2000 根,应怎样截才能使所用的原材料最少?试建立问题的数学模型.

解:设定本问题的决策变量不像例 2.1 中的问题那样直接,需要做一些简单分析.

考虑长度为 500cm 的条材截成长为 98cm 和 78cm 两种毛坯的各种方案状态,如表 2.2 所示.有了这个方案表,描述问题就容易了.

表 2.2　各种截法方案表

方案序号	98 厘米的毛坯数(根)	78 厘米的毛坯数(根)	剩余(cm)
1	0	6	32
2	1	5	12
3	2	3	70
4	3	2	50
5	4	1	30
6	5	0	10

设决策变量 x_i $(1 \leqslant i \leqslant 6)$ 表示第 i 个方案所用的条材数. 显然,目标函数可表示为

$$z = x_1 + x_2 + x_3 + x_4 + x_5 + x_6.$$

约束条件就是要保证截出 1000 根 98cm 和 2000 根 78cm 的毛坯,即

$$\begin{cases} x_2 + 2x_3 + 3x_4 + 4x_5 + 5x_6 = 1000, \\ 6x_1 + 5x_2 + 3x_3 + 2x_4 + x_5 = 2000, \end{cases}$$

且由实际问题,决策变量应取非负整数值.

因此,问题的数学模型可描述为如下最小化整数线性规划问题:

$$\min z = x_1 + x_2 + x_3 + x_4 + x_5 + x_6,$$

$$\text{s. t.} \begin{cases} x_2 + 2x_3 + 3x_4 + 4x_5 + 5x_6 = 1000, \\ 6x_1 + 5x_2 + 3x_3 + 2x_4 + x_5 = 2000, \\ x_1, x_2, x_3, x_4, x_5, x_6 \geqslant 0 \text{ 且取整数值}. \end{cases}$$

[**例 2.3**](0—1 背包问题)一个旅行者要在背包里装一些最有用的旅行物品. 背包容积为 a,携带物品总质量最多为 b. 现有物品 m 件,第 j 件物品体积为 a_j,质量为 b_j $(j=1,2,\cdots,m)$. 为了比较物品的有用程度,假设第 j 件物品的价值为 c_j $(j=1,2,\cdots,m)$. 若每件物品只能整件携带,每件物品都能放入背包中,并且不考虑物品放入背包后相互的间隙. 问旅行者应当携带哪几件物品才能使携带物品的总价值最大? 试建立问题的数学模型.

解:在有决策方案之前,每一件物品都有被选择和不被选择两种可能,为此,设 x_j 为第 j 种物品装入的数量,则对应于 m 件物品引入 m 个 0—1 变量:

$$x_j = \begin{cases} 1 & (\text{携带第 } j \text{ 件物品}), \\ 0 & (\text{不携带第 } j \text{ 件物品}) \end{cases} \qquad j = 1, 2, \cdots, m.$$

于是,目标函数即所携带物品的总价值表示为 $z = \sum_{j=1}^{m} c_j x_j$.

约束条件方面,所携带物品的总体积不得超过 a,总质量不得超过 b. 因此,问题的数学模型可表述如下:

$$\max z = \sum_{j=1}^{m} c_j x_j,$$

$$\text{s. t.} \begin{cases} \sum_{j=1}^{m} a_j x_j \leqslant a, \\ \sum_{j=1}^{m} b_j x_j \leqslant b, \\ x_j = 0 \text{ 或 } 1 \qquad (j = 1, 2, \cdots, m). \end{cases}$$

这个模型中的决策变量只取 0、1 两个整数值,称作 0—1 整数规划,简称 0—1 规划.

0—1 变量的引入是本例建模的关键. 0—1 变量除了便于表述状态外,在表达互斥的约束条件上也有其独到的作用,感兴趣的读者可参考相关文献.

与 0—1 背包问题相关的另一个问题是背包问题. 其问题描述中物品可以部分装入,模型上除变量取值改为[0,1]区间外,其余完全相同,即:

$$\max z = \sum_{j=1}^{m} c_j x_j,$$

$$
\text{s. t.}\begin{cases}\sum_{j=1}^{m} a_j x_j \leqslant a,\\ \sum_{j=1}^{m} b_j x_j \leqslant b,\\ x_j \in [0,1] \qquad (j=1,2,\cdots,m).\end{cases}
$$

这两个看似非常相似的优化模型，在求解算法上却存在很大的差异. 后者（背包问题）可以采用效率很高的“贪心算法”求解，而前者（0－1 背包问题）的求解则只能采用效率低得多的“动态规划”算法.

[**例 2.4**]（运输问题）某公司有 3 个生产同类产品的工厂（简称产地 A_i，$i=1,2,3$），生产的产品由 4 个销售点（简称销地 B_j，$j=1,2,3,4$）销售，各工厂的生产量（用 a_i 表示）、各销售点的销售量（用 b_j 表示）以及各工厂到各销售点的单位产品运价（用 c_{ij} 表示）如表 2.3 所示. 问该公司应如何调运产品，在满足各销售点的需要量的前提下，使总的运费为最小？

表 2.3　产量、销量与单位产品运价关系表　　万元

单位运价 销地 / 产地	B_1	B_2	B_3	B_4	产量 a_i
A_1	3	11	3	10	7
A_2	1	9	2	8	4
A_3	7	4	10	5	9
销量 b_j	3	6	5	6	—

解：(1)确定决策变量. 本问题中，决策内容是“如何制订调运方案”，具体指在一个产地和一个销地间各应安排多大的运量. 因此，可令从产地 A_i 到销地 B_j 的运量 x_{ij} ($i=1,2,3$; $j=1,2,3,4$)作为本问题的决策变量.

(2)确定目标函数. 问题的目标很清楚，即“使总的运费为最小”. 由题设总运费 z 可表示为决策变量的线性函数，即 $z=\sum_{i=1}^{3}\sum_{j=1}^{4} c_{ij}x_{ij}$.

(3)确定约束条件. 由表 2.3 可知，运输问题的总产量等于其总销量，即 $\sum_{i=1}^{3} a_i=\sum_{j=1}^{4} b_j$ ，所以该运输问题为产销平衡运输问题. 对于平衡运输问题，第一个约束条件是由各产地运往某一销地的物品数量之和等于该销地的销量，即 $\sum_{i=1}^{3} x_{ij}=b_j\ (j=1,2,3,4)$ ；第二个约束条件是由某一产地运往各销地的物品数量之和等于该产地的产量，即 $\sum_{j=1}^{4} x_{ij}=a_i\ (i=1,2,3)$ ；第三个约束条件是决策变量的非负条件，即 $x_{ij}\geqslant 0\ (i=1,2,3, j=1,2,3,4)$.

因此，问题的数学模型可表述如下：

$$
\min z=\sum_{i=1}^{3}\sum_{j=1}^{4} c_{ij}x_{ij},
$$

$$
\text{s.t.}\begin{cases}
\sum_{i=1}^{3} x_{ij} = b_j & (j=1,2,3,4), \\
\sum_{j=1}^{4} x_{ij} = a_i & (i=1,2,3), \\
x_{ij} \geqslant 0 & (i=1,2,3;j=1,2,3,4).
\end{cases}
$$

[**例 2.5**](分派或指派问题)有一份中文说明书,需译成英、日、德、俄四种文字,分别计作E、J、G、R. 现有甲、乙、丙、丁四人,他们将中文说明书翻译成不同语种说明书所需时间如表 2.4 所示. 若要求每一项翻译任务只分配给一个人去完成,每个人只接受一项任务. 应指派何人去完成何工作所需总时间最少?

表 2.4　四人翻译所需时间表　　h

人员＼任务	E	J	G	R
甲	2	15	13	4
乙	10	4	14	15
丙	9	14	16	13
丁	7	8	11	9

一般地,称表 2.4 为效率矩阵或者系数矩阵,其元素 $c_{ij}>0(i,j=1,2,\cdots,n)$表示指派第 i 人去完成第 j 项任务所需的时间,或者称为完成任务的工作效率(或时间、成本等).

解:(1)确定决策变量. 本问题中,决策内容是"指派哪个人去完成哪项翻译任务",具体指派第 i 人去完成第 j 项翻译任务. 因此,引入 16 个 0−1 变量 x_{ij} 作为本问题的决策变量:

$$
x_{ij}=\begin{cases}
1 & (\text{指派第 } i \text{ 人去完成第 } j \text{ 项翻译任务}), \\
0 & (\text{不指派第 } i \text{ 人去完成第 } j \text{ 项翻译任务})
\end{cases} \quad (i,j=1,2,3,4).
$$

(2)确定目标函数. 问题的目标很清楚,即"4 个人完成任务所需的时间最少(或效率最高)". 由题设总时间 z 可表示为决策变量的线性函数,即 $z=\sum_{i=1}^{4}\sum_{j=1}^{4} c_{ij}x_{ij}$.

(3)确定约束条件. 第一个约束条件是第 j 项任务只能由 1 人去完成,即 $\sum_{i=1}^{4} x_{ij}=1(j=1,2,3,4)$; 第二个约束条件是第 i 人只能完成 1 项任务,即 $\sum_{j=1}^{4} x_{ij}=1(i=1,2,3,4)$.

因此,问题的数学模型可表述如下:

$$
\min z=\sum_{i=1}^{4}\sum_{j=1}^{4} c_{ij}x_{ij},
$$

$$
\text{s.t.}\begin{cases}
\sum_{i=1}^{4} x_{ij}=1 & (j=1,2,3,4), \\
\sum_{j=1}^{4} x_{ij}=1 & (i=1,2,3,4), \\
x_{ij}=0 \text{ 或 } 1 & (i,j=1,2,3,4).
\end{cases}
$$

2.1.2 模型及其分类

1. 一般形式

由 2.1.1 可知,每一个线性规划问题都可用一组决策变量$(x_1,x_2,\cdots,x_n)^{\mathrm{T}}$表示某一方案.这组决策变量的值就代表一个具体方案,一般这些变量的取值是非负连续的.有各种资源 b_i 和使用有关资源的技术数据 a_{ij}、创造新价值的数据 c_j $(i=1,2,\cdots,m;j=1,2,\cdots,n)$,它们的对应关系可用表 2.5 表示.

表 2.5 线性规划问题的对应关系

活动	决策变量				资源
	x_1	x_2	$\cdots$	x_n	
1	a_{11}	a_{12}	$\cdots$	a_{1n}	b_1
2	a_{21}	a_{22}	$\cdots$	a_{2n}	b_2
$\vdots$	$\vdots$	$\vdots$	$\vdots$	$\vdots$	$\vdots$
m	a_{m1}	a_{m2}	$\cdots$	a_{mn}	b_m
价值系数	c_1	c_2	$\cdots$	c_n	

存在可以量化的约束条件,这些约束条件可以用一组线性等式或线性不等式来表示;要有一个达到目标的要求,它可用决策变量的线性函数(称为目标函数)来表示,按问题的不同,要求目标函数实现最大化或最小化.

因此线性规划问题建立的一般数学模型形式如下:

目标函数

$$\max(\min z)=c_1x_1+c_2x_2+\cdots+c_nx_n, \tag{2.1}$$

约束条件

$$\begin{cases} a_{11}x_1+a_{12}x_2+\cdots+a_{1n}x_n \leqslant (=,\geqslant) b_1, \\ a_{21}x_1+a_{22}x_2+\cdots+a_{2n}x_n \leqslant (=,\geqslant) b_2, \\ \quad\cdots\cdots \\ a_{m1}x_1+a_{m2}x_2+\cdots+a_{mn}x_n \leqslant (=,\geqslant) b_m, \end{cases} \tag{2.2}$$

$$x_1,x_2,\cdots,x_n \geqslant 0. \tag{2.3}$$

2. 标准形式

由于目标函数和约束条件形式上的差异,线性规划模型可以有多种表现形式.为了便于讨论和制订统一的算法,规定线性规划模型的标准形式如下:

$$\min z=\sum_{j=1}^{n}c_jx_j, \tag{2.4}$$

$$\text{s.t.}\begin{cases} \sum_{j=1}^{n}a_{ij}x_j=b_i \quad (i=1,2,\cdots,m), & (2.5) \\ x_j \geqslant 0 \qquad (j=1,2,\cdots,n). & (2.6) \end{cases}$$

在该标准形式中,目标函数为求最小值(也可以规定为求最大值),除变量取值约束外,约束条件全为等式,且等式约束右端常数项全为非负值,即 $b_i \geqslant 0(i=1,2,\cdots,m)$,决策变量也均取非负值.

对非标准形式的线性规划模型,可分别通过下列方法转化为标准形式.

(1)当目标函数为求最大值时,有

$$\max z=\sum_{j=1}^{n}c_jx_j,$$

令 $z'=-z$,即转化为:

$$\min z'=-\sum_{j=1}^{n}c_jx_j.$$

(2)当约束条件的右端常数项 $b_i<0$ 时,只需将等式或不等式两端同乘以(−1),则右端常数项必大于零.

(3)当约束条件为不等式约束时(变量取值约束除外),若不等式约束取"≤",如 $6x_1+2x_2\leqslant 24$,可令:

$$x_3=24-(6x_1+2x_2),$$

则

$$6x_1+2x_2+x_3=24, x_3\geqslant 0.$$

同理,当约束条件取"≥"时,如 $10x_1+12x_2\geqslant 18$,可令:

$$x_4=(10x_1+12x_2)-18,$$

则

$$10x_1+12x_2-x_4=18, x_4\geqslant 0.$$

x_3 和 x_4 是新加上去的变量,取值均为非负,其中 x_3 称为松弛变量,x_4 称为剩余变量,有时不加区分统称为松弛变量.松弛变量或剩余变量在实际问题中分别表示未被充分利用的资源数和超出的资源数,均未转化为价值和利润,所以引进模型后它们在目标函数中的价值分量均为零.

(4)当决策变量的取值约束为 $x\leqslant 0$ 时,令 $x'=-x$,有 $x'\geqslant 0$.

(5)当决策变量 x 的取值无任何约束时,令 $x=x'-x''$,其中 $x'\geqslant 0, x''\geqslant 0$,则由 x' 和 x'' 表示的 x 不受任何取值约束.

线性规划问题的标准形(简写为 LP)可表示为如下矩阵形式:

$$\min z=\boldsymbol{C}^{\mathrm{T}}\boldsymbol{X},$$

$$\text{s. t.}\begin{cases}\boldsymbol{AX}=\boldsymbol{b},\\ \boldsymbol{X}\geqslant 0.\end{cases}$$

其中,$\boldsymbol{C}=(c_1,c_2,\cdots,c_n)^{\mathrm{T}}$ 称为价值向量;$\boldsymbol{X}=(x_1,x_2,\cdots,x_n)^{\mathrm{T}}$ 称为决策向量;

$$\boldsymbol{A}=\begin{bmatrix}a_{11} & a_{12} & \cdots & a_{1n}\\ a_{21} & a_{22} & \cdots & a_{2n}\\ \vdots & \vdots & & \vdots\\ a_{m1} & a_{m2} & \cdots & a_{mn}\end{bmatrix}=[\boldsymbol{P}_1,\boldsymbol{P}_2,\cdots,\boldsymbol{P}_n]$$ 称为约束条件系数矩阵;

$\boldsymbol{b}=(b_1,b_2,\cdots,b_n)^{\mathrm{T}}$ 称为约束条件常数向量.

3. 线性规划的分类

线性规划模型按其决策变量的取值或约束条件的系数矩阵有无特殊性划分为一般线性规划(如例 2.1)、整数线性规划(简称整数规划)和运输问题(如例 2.4).整数线性规划是指对其全部或一部分决策变量的取值要求为整数而又不具备某种性质、不能自动产生整数解的线性规划,它包括纯整数规划(所有变量都限制为非负整数,如例 2.2)、混合整数规划(只有部分变量限制为非负整数)、0—1 整数线性规划(简称 0—1 规划,变量都限制为 0 或 1,如例 2.3). 运输问题是指其模型的系数矩阵 **A** 具有某种特殊性质,能自动产生整数解. 指派问题的线性规划(如例 2.5)既可看成特殊的 0—1 规划,也可看成特殊的运输问题.

2.1.3 解的相关概念

1. 基本概念

定义 2.1 在线性规划问题中,凡是满足其全部约束条件(包括变量取值约束)的一组决策变量的取值称作该线性规划问题的可行解.

定义 2.2 线性规划问题中,可行解的集合称为该问题的可行域.

定义 2.3 在线性规划问题的可行域中,使目标函数值达到最优(最大或最小)的可行解称为该问题的最优解. 相应的目标函数值称为最优值.

定义 2.4 对点 $\boldsymbol{X}\in D$,若不存在 $\boldsymbol{X}_1\in D,\boldsymbol{X}_2\in D$ 及实数 α,使

$$\boldsymbol{X}=\alpha\boldsymbol{X}_1+(1-\alpha)\boldsymbol{X}_2,$$

则称 $\boldsymbol{X}$ 是凸集 D 的顶点. 凸集的顶点一定不会是凸集中任何两个点连线间的点.

2. 与算法有关的概念

对于一般线性规划,其求解算法一般采用图解法(只有两个决策变量)、单纯形法和内点法;对于纯整数规划和混合整数规划,其求解算法一般采用分支定界法;对 0—1 规划,常采用隐枚举法;解决指派问题的线性规划的有效方法是匈牙利法;解决运输问题的线性规划的有效方法是表上作业法. 这些算法涉及如下概念:

(1)无穷多解. 图解法中,此情况出现在目标函数等值直线向优化方向平移时,最后与可行域边界的一条边重合. 此时,除该直线段的两个端点(即可行域的两个顶点)外,直线段上所有点的目标函数值都达到最优化.

(2)无界解. 图解法中,此情况出现在可行域为无界区域,且目标函数等值直线向优化方向平移时,始终无法脱离可行域. 发生这种情况往往是建模时遗漏了某些约束条件所致.

(3)无解. 当可行域为空集时,问题不存在可行解. 发生此情况是因为模型中出现了相互矛盾的约束条件.

定义 2.5 设 $\boldsymbol{A}=(\boldsymbol{B},\boldsymbol{N})$ 为约束方程组式(2.5)的 $m\times n$ 阶系数矩阵(设 $n>m$),其秩为 m,$\boldsymbol{B}$ 是矩阵 $\boldsymbol{A}$ 中的一个 $m\times m$ 阶的满秩子矩阵,称 $\boldsymbol{B}$ 是线性规划问题的一个基矩阵,$\boldsymbol{N}$ 是非基矩阵. 为不失一般性,设

$$\boldsymbol{B}=\begin{bmatrix} a_{11} & \cdots & a_{1m} \\ \vdots & & \vdots \\ a_{m1} & \cdots & a_{mm}\end{bmatrix}=[\boldsymbol{P}_1,\boldsymbol{P}_2,\cdots,\boldsymbol{P}_m],$$

$\boldsymbol{B}$ 中的每一个列向量 $\boldsymbol{P}_j(j=1,2,\cdots,m)$ 称为基向量,与基向量 $\boldsymbol{P}_j$ 对应的变量 x_j 称为基变量. 线性规划中除基变量以外的变量称为非基变量. $\boldsymbol{C}=\begin{bmatrix}\boldsymbol{C}_{\mathrm{B}}\\ \boldsymbol{C}_{\mathrm{N}}\end{bmatrix}$,其中 $\boldsymbol{C}_{\mathrm{B}}$ 是 $\boldsymbol{C}$ 中与基变量对应的分量组成的 m 维列向量,$\boldsymbol{C}_{\mathrm{N}}$ 是 $\boldsymbol{C}$ 中与非基变量对应的分量组成的 $n-m$ 维列向量.

定义 2.6 在约束方程组式(2.5)中,令所有非基变量 $x_{m+1}=x_{m+2}=\cdots=x_n=0$,又因

为有 $|\boldsymbol{B}| \neq 0$,由克莱姆法则,m 个约束方程解出 m 个基变量的唯一解 $\boldsymbol{X}_B=(x_1,x_2,\cdots,x_m)^T$.将这个解加上非基变量的 0 值,有 $\boldsymbol{X}=(x_1,x_2,\cdots,x_m,0,\cdots,0)^T$,称 $\boldsymbol{X}$ 为线性规划问题的基解.

显然在基解中变量取非零值的个数不大于方程数 m,故基解的总数不超过 C_n^m 个.

定义 2.7 满足约束条件式(2.6)的基解称为基可行解.

定义 2.8 对应于基可行解的基称为可行基.

定义 2.9 两个基可行解称为相邻的基可行解,当且仅当它们之间变换且仅变换一个基变量.

定义 2.10 定义 $D^0=\{\boldsymbol{X}\in\mathbf{R}^n \mid \boldsymbol{AX}=\boldsymbol{b},\boldsymbol{X}>0\}$为可行域的相对内部.

定义 2.11 若 $\boldsymbol{X}\in D^0$,则称 $\boldsymbol{X}$ 为线性规划的内点可行解.

定义 2.12 设 $\boldsymbol{X}^{(k)}=(x_1^{(k)},x_2^{(k)},\cdots,x_n^{(k)})^T>0$,则称

$$\boldsymbol{Y}=D_k^{-1}\boldsymbol{X},\boldsymbol{X}\in\mathbf{R}^n,D_k=\mathrm{diag}[\boldsymbol{X}^{(k)}]$$

为仿射尺度变换.

定义 2.13 在整数规划问题的分支定界法中,一个部分问题,如果它没有被探明,也没有被划分,就称为一个活问题.

定义 2.14 在 0—1 规划的隐枚举法中,称已被确定取值的变量为固定变量,余下的变量称为自由变量.

定义 2.15 在运输问题的表上作业法中,凡是能排成:

$$x_{i_1j_1},x_{i_1j_2},x_{i_2j_2},x_{i_2j_3},\cdots,x_{i_sj_s},x_{i_sj_1},$$

或

$$x_{i_1j_1},x_{i_2j_1},x_{i_2j_2},x_{i_3j_2},\cdots,x_{i_sj_s},x_{i_1j_s}$$

$$(i_1,i_2,\cdots,i_s \text{ 互不相同,且 } 1\leqslant i_k\leqslant m,k=1,2,\cdots,s;$$

$$j_1,j_2,\cdots,j_s \text{ 互不相同,且 } 1\leqslant j_l\leqslant n,l=1,2,\cdots,s)$$

的变量的结合称为一个闭回路.

定义 2.16 把出现在闭回路中的变量称为这个闭回路的顶点.

定义 2.17 将指派(分派)问题的目标函数的系数,排成如下矩阵形式:

$$\boldsymbol{C}=\begin{bmatrix} c_{11} & c_{12} & \cdots & c_{1n} \\ \vdots & & & \vdots \\ c_{n1} & c_{n2} & \cdots & c_{nn} \end{bmatrix}=(c_{ij})_{n\times n},$$

则称 $\boldsymbol{C}$ 为指派(分派)问题的效率矩阵或系数矩阵.

2.2 算法原理与实例

2.2.1 图解法

对于只有两个变量的线性规划问题,可以采用在平面上作图的方法求解,称为图解法.图解法简单、直观,它对于理解线性规划问题的实质和求解的基本原理也是有帮助的.

下面通过例子说明图解法及可能的结果.

[**例 2.6**]用图解法求解例 2.1.

$$\max z = 10x_1 + 18x_2, \tag{a}$$

$$\text{s. t.} \begin{cases} 5x_1 + 2x_2 \leqslant 170, \\ 2x_1 + 3x_2 \leqslant 100, \\ x_1 + 5x_2 \leqslant 150, \\ x_1, x_2 \geqslant 0. \end{cases} \quad \begin{matrix} \\ (b) \\ \\ (c) \end{matrix}$$

解：

(1)在平面直角坐标系上画出可行域(图 2.1).

在 x_1Ox_2 坐标平面上作直线：

$$l_1: 5x_1 + 2x_2 = 170, l_2: 2x_1 + 3x_2 = 100, l_3: x_1 + 5x_2 = 150.$$

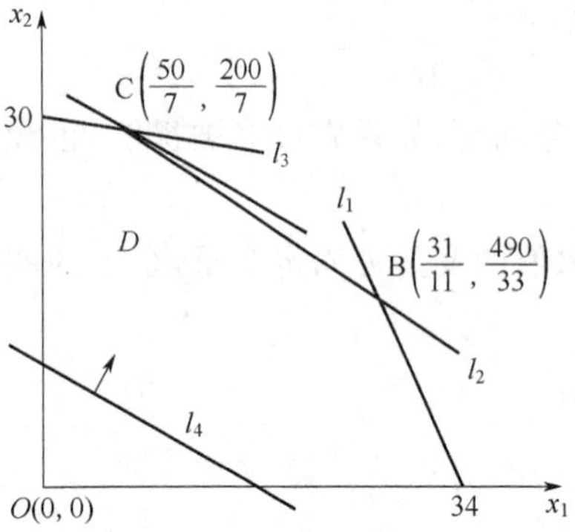

图 2.1　可行域

约束条件(b)和(c)确定的可行域 D 则由直线 l_1、l_2 和 l_3 及两坐标轴的正半轴围成. 从图上可以看出这一问题的可行解有无穷多个.

(2)画出目标函数等值直线.

将目标函数写成：

$$10x_1 + 18x_2 = k \qquad (k \text{ 为任意常数}).$$

当 k 取不同的值时，表示一组平行直线，称该直线为目标函数的等值直线. 例如，当 $k = 180$ 时，可以画出直线 l_4，该直线上任一点处的目标函数值均为 180.

(3)沿等值线法线方向平移等值直线以求得最优解.

当等值直线沿其正法线方向$(10,18)^{\mathrm{T}}$向右上方平移时，k 值由小变大，即目标函数值呈增大趋势(反之则呈减小趋势). 由图 2.1 可知，当等值线平移到可行域顶点 C 时，k 值达到最大，此时如果继续向右上平移，等值线将离开可行域. 因此 C 点是使目标函数达到最大值的可行点，即最优解. C 点的坐标(x_1^*, x_2^*)可通过联立直线 l_2、l_3 的方程求得，或者直接由图上读出.

例 2.1 的最优解为

$$x_1^* = 50/7 \approx 7.14, \quad x_2^* = 200/7 \approx 28.57.$$

最优值为

$$z^* = 10 \times \frac{50}{7} + 18 \times \frac{200}{7} = \frac{4100}{7} \approx 585.71.$$

由例 2.6 可以看出，线性规划问题的最优解出现在可行域(凸多边形)的一个顶点上. 例 2.6 恰有唯一最优解，对于一般线性规划问题，其解的结果还可能出现以下几种情况：无穷多最优解、无界解、无解(无可行解).

图解法虽然直观、简单，但仅适用于只有两个决策变量的线性规划问题. 本书讨论它的目的不在于将它作为求解线性规划问题的有效手段，而是希望从求解过程中寻找一些规律，以启发并设计出能求解一般线性规划问题的算法.

从上述图解法中，可以得到如下启示：

(1)求解线性规划问题时，解的情况有：唯一最优解、无穷多最优解、无界解、无解(无可行解).

(2)若线性规划问题的可行域存在，则可行域是一个凸集(凸多边形区域即为平面凸集).

(3)若线性规划问题的最优解存在,则最优解或最优解之一必可在可行域凸集的某个顶点处取得.

(4)求解思路:既然线性规划的最优解出现在可行域的顶点,那么求解过程可描述为考察可行域顶点的过程.首先找出可行域凸集的任一顶点,计算在该顶点处的目标值;比较其相邻顶点的目标值是否更优,若否,则该顶点就是最优解或最优解之一;否则转到这个目标值更优的相邻顶点上;重复上述过程,直到找不出比当前顶点更优的顶点为止.

求解线性规划的单纯形法正是依据这种思想设计的.

2.2.2 单纯形法

单纯形法(Simplex Method)是求解线性规划问题的通用方法,它是 1947 年由美国数学家 Geofe B. Dantzig 提出的.

1. 理论依据

定理 2.1 若线性规划问题存在可行解,则问题的可行域是凸集.

定理 2.2 线性规划问题的基可行解 $\boldsymbol{X}$ 对应线性规划问题可行域(凸集)的顶点.

定理 2.3 若线性规划问题有最优解,则一定存在一个基可行解是最优解.

上述定理中本书只证明定理 2.1,其他证明省略,有兴趣的读者可参看相关文献.

证明:对标准形式线性规划模型:

$$\min z = \boldsymbol{C}^{\mathrm{T}}\boldsymbol{X},$$

$$\text{s. t.} \begin{cases} \boldsymbol{AX} = \boldsymbol{b}, \\ \boldsymbol{X} \geqslant 0. \end{cases}$$

设该模型有可行解,令 $\boldsymbol{X}_1,\boldsymbol{X}_2$ 为其任意可行解,有

$$\boldsymbol{X}_1 \geqslant 0, \boldsymbol{X}_2 \geqslant 0 \text{ 且 } \boldsymbol{AX}_1 = \boldsymbol{b}, \boldsymbol{AX}_2 = \boldsymbol{b}.$$

任取实数 $\alpha(0<\alpha<1)$,令

$$\boldsymbol{X} = \alpha\boldsymbol{X}_1 + (1-\alpha)\boldsymbol{X}_2,$$

显然有 $\boldsymbol{X}\geqslant 0$,且有

$$\boldsymbol{AX} = \boldsymbol{A}[\alpha\boldsymbol{X}_1 + (1-\alpha)\boldsymbol{X}_2] = \alpha(\boldsymbol{AX}_1) + (1-\alpha)(\boldsymbol{AX}_2) = \alpha\boldsymbol{b} + (1-\alpha)\boldsymbol{b} = \boldsymbol{b},$$

即 $\boldsymbol{X}$ 满足模型的全部约束条件,所以 $\boldsymbol{X}$ 为其可行解.由凸集的定义可知该线性规划问题若存在可行解,则问题的可行域必为凸集.

证毕.

这几个定理从理论上肯定了在图解法中观察到的现象,并且将图解法在可行域顶点上寻找最优解的求解思路一般化为在线性规划问题的基可行解集中寻找最优解.

2. 基本思想

单纯形法的基本思想:先找出一个基可行解,判断其是否为最优解,如否,则按照一定法则转换到另一改进的(相邻的)基可行解,并使目标值改进;如此反复,直到与其相邻的基可行解都无法再改善目标值为止.因基可行解的个数有限,故经有限次转换必能得出问题的最优解.如果问题无最优解也可用此法判别.

3. 计算步骤

由定理 2.3 可知,如果线性规划问题存在最优解,一定有一个基可行解是最优解.因此,可按照单纯形法的基本思想设计迭代步骤如下:

1)将线性规划化成标准形式,确定初始基可行解

对标准形的线性规划模型式(2.4)至式(2.6)改写成如下向量形式:

$$\min z=\sum_{j=1}^{n} c_j x_j,$$

$$\text{s.t.}\begin{cases}\sum_{j=1}^{n} \boldsymbol{P}_j x_j=\boldsymbol{b}, & (2.7)\\ x_j \geqslant 0 \quad (j=1,2,\cdots,n). & (2.8)\end{cases}$$

令 $\boldsymbol{P}_j^{(0)}=\boldsymbol{P}_j(j=1,2,\cdots,n)$,$\boldsymbol{b}^{(0)}=\boldsymbol{b}$,设约束条件式(2.7)的系数矩阵中存在一个基为单位矩阵.为论述方便,也不失一般性,设其位于系数矩阵的前 m 列:

$$(\boldsymbol{P}_1^{(0)},\boldsymbol{P}_2^{(0)},\cdots,\boldsymbol{P}_m^{(0)})=\begin{bmatrix}1 & 0 & \cdots & 0\\ 0 & 1 & \cdots & 0\\ \vdots & \vdots & & \vdots\\ 0 & 0 & \cdots & 1\end{bmatrix}. \tag{2.9}$$

若不存在这样一个现成的单位矩阵,则总可以设法产生出来且不改变问题的解空间(具体方法稍后阐述).

$\boldsymbol{P}_1^{(0)},\boldsymbol{P}_2^{(0)},\cdots,\boldsymbol{P}_m^{(0)}$ 为基向量,其对应的变量 $x_1,x_2,\cdots,x_m$ 为基变量,其他变量 x_{m+1},$x_{m+2},\cdots,x_n$ 为非基变量.其对应的基解为

$$\begin{aligned}\boldsymbol{X}^{(0)}&=(x_1^{(0)},x_2^{(0)},\cdots,x_m^{(0)},x_{m+1}^{(0)},\cdots,x_n^{(0)})^{\mathrm{T}}=(b_1^{(0)},b_2^{(0)},\cdots,b_m^{(0)},0,\cdots,0)^{\mathrm{T}}\\ &=(b_1,b_2,\cdots,b_m,0,\cdots,0)^{\mathrm{T}}.\end{aligned}$$

因有 $\boldsymbol{b}\geqslant 0$,故 $\boldsymbol{X}^{(0)}$ 满足约束式(2.8),是一个基可行解.

2)最优性检验

假设已经求得线性规划的一个基可行解 $\boldsymbol{X}^{(k)}$,不妨设:

$$\begin{cases}x_1=b_1^{(k)}-a_{1(m+1)}^{(k)}x_{m+1}-\cdots-a_{1n}^{(k)}x_n,\\ x_2=b_2^{(k)}-a_{2(m+1)}^{(k)}x_{m+1}-\cdots-a_{2n}^{(k)}x_n,\\ \quad\cdots\cdots\\ x_m=b_m^{(k)}-a_{m(m+1)}^{(k)}x_{m+1}-\cdots-a_{mn}^{(k)}x_n.\end{cases} \tag{2.10}$$

令所有非基变量 $x_{m+1}=x_{m+2}=\cdots=x_n=0$,则得:

$$\boldsymbol{X}^{(k)}=(b_1^{(k)},b_2^{(k)},\cdots,b_m^{(k)},0,\cdots,0)^{\mathrm{T}}.$$

将式(2.10)代入目标函数得:

$$z=\sum_{i=1}^{m} c_i b_i^{(k)}+\sum_{j=m+1}^{n}\left(c_j-\sum_{i=1}^{n} c_i a_{ij}^{(k)}\right)x_j, \tag{2.11}$$

令 $z_0=\sum_{i=1}^{m} c_i b_i^{(k)}$,$\sigma_j=c_j-z_j=c_j-\sum_{i=1}^{m} c_i a_{ij}^{(k)}$,则

$$z=z_0+\sum_{j=m+1}^{n}\sigma_j x_j. \tag{2.12}$$

在式(2.12)中,非基变量的系数 σ_j 称为各非基变量 $x_j(j=m+1,\cdots,n)$ 的检验数.

定理 2.4 在最小化问题中,对于某个基可行解 $\boldsymbol{X}^{(k)}$,当所有的 $\sigma_j\geqslant 0$ 时,则它为最优解;当所有的 $\sigma_j\geqslant 0$,又对某个非基变量 x_k 有 $\sigma_k=0$,则该线性规划问题有无穷多最优解;当所有

非基变量 $\sigma_j>0$ 时，线性规划问题具有唯一最优解；如果存在某个 $\sigma_j<0$，且 $\boldsymbol{P}_j^{(k)}=a_{ij}^{(k)}\leqslant 0$，则线性规划有无界解. 若基可行解不存在，即约束条件有矛盾，则问题无解.

注：关于线性规划无可行解情形的判断将在介绍完"人工变量法"后加以说明.

3）基变换

若初始基可行解存在，且不是最优解，则可以初始基可行解作为起点，根据最优性条件和可行性条件，引入非基变量取代某一基变量，则将其转换为相邻且目标函数值更优的另一个基可行解. 下面讨论如何将一个基可行解 $\boldsymbol{X}^{(k)}$ 转换为另一个与其相邻的基可行解 $\boldsymbol{X}^{(k+1)}$.

(1)换入（进基）变量的确定.

由式(2.12)可知，当某些非基变量的检验数 $\sigma_j<0$ 时，如果 x_j 增加，则目标函数值可以减少. 当两个或以上 $\sigma_j<0$ 时，那么选哪个非基变量作为换入（进基）变量呢？为了使目标函数值减少最快，一般选择 $\sigma_j<0$ 中的最小者，即：

$$\sigma_j=\min\{\sigma_l \mid \sigma_l<0\}.$$

σ_j 所对应的变量 x_j 为换入（进基）变量（就是下一个基的基变量）.

(2)换出（出基）变量的确定.

设 $\boldsymbol{X}^{(k)}=(x_1^{(k)},x_2^{(k)},\cdots,x_m^{(k)},0,\cdots,0)^{\mathrm{T}}$ 是一个基可行解，由(1)确定出了其非基变量 x_j 为换入（进基）变量. 因为基变量个数总是为 m，所以换入一个变量之后还必须换出一个变量. 确定换出变量的原则是保持可行性，即确定常数 θ，使经过一次变换后的可行解：

$$\boldsymbol{X}^{(k+1)}=(x_1^{(k)}-\theta a_{1j}^{(k)},x_2^{(k)}-\theta a_{2j}^{(k)},\cdots,x_m^{(k)}-\theta a_{mj}^{(k)},0,\cdots,\theta,\cdots,0)^{\mathrm{T}}$$

是基可行解，其中 θ 是 $\boldsymbol{X}^{(k+1)}$ 的第 $j\,(m+1\leqslant j\leqslant n)$ 个分量的值，即

$$x_i^{(k+1)}=x_i^{(k)}-\theta a_{i,j}^{(k)}\begin{cases}=0 & (i=l,1\leqslant i\leqslant m),\\ \geqslant 0 & (i\neq l,1\leqslant i\leqslant m).\end{cases}$$

具体实现是按"最小比例原则"进行，也称 θ 原则.

若 $\min\limits_i\left\{\dfrac{b_i^{(k)}}{a_{ij}^{(k)}}\,\middle|\,a_{ij}^{(k)}>0\right\}=\dfrac{b_l^{(k)}}{a_{lj}^{(k)}}=\theta_l$ 时，则选基变量 x_l 为换出变量.

(3)旋转运算（迭代运算）.

在确定了换入（进基）变量 x_j 与换出变量 x_l 之后，要把 x_j 与 x_l 的位置对换，即重新排列约束方程组式(2.7)中的系数列，将其第 $l\,(1\leqslant l\leqslant m)$ 列与第 $j\,(m+1\leqslant j\leqslant n)$ 列交换，所得系数矩阵的前 m 列构成如下子矩阵：

$$[\boldsymbol{P}_1^{(k+1)}\boldsymbol{P}_2^{(k+1)}\cdots\boldsymbol{P}_{l-1}^{(k+1)}\boldsymbol{P}_l^{(k+1)}\boldsymbol{P}_{l+1}^{(k+1)}\cdots\boldsymbol{P}_m^{(k+1)}]=[\boldsymbol{P}_1^{(k)}\boldsymbol{P}_2^{(k)}\cdots\boldsymbol{P}_{l-1}^{(k)}\boldsymbol{P}_j^{(k)}\boldsymbol{P}_{l+1}^{(k)}\cdots\boldsymbol{P}_m^{(k)}].$$

因 $a_{ij}^{(k)}>0$，故上述矩阵的行列式不为零，$\boldsymbol{P}_1^{(k+1)},\boldsymbol{P}_2^{(k+1)},\cdots,\boldsymbol{P}_m^{(k+1)}$ 是一组基向量.

对约束方程组式(2.7)的系数矩阵的增广矩阵进行初等行变换，目的是将基向量 $\boldsymbol{P}_l^{(k+1)}$ 变成其第 l 个分量为 1，其余分量全都为 0，称 $a_{lj}^{(k)}$ 为旋转主元. 这样，基向量 $\boldsymbol{P}_1^{(k+1)},\boldsymbol{P}_2^{(k+1)},\cdots,\boldsymbol{P}_m^{(k+1)}$ 对应的基仍为单位矩阵，常数列 $\boldsymbol{b}^{(k+1)}$ 中各分量正是基可行解中各基变量的取值.

综合以上讨论，单纯形法的计算步骤可归结如下：

步骤 1：找出初始可行基 $\boldsymbol{B}$，写出初始基可行解 $\boldsymbol{X}=\begin{bmatrix}\boldsymbol{X}_{\mathrm{B}}\\ \boldsymbol{X}_{\mathrm{N}}\end{bmatrix}=\begin{bmatrix}\boldsymbol{B}^{-1}\boldsymbol{b}\\ 0\end{bmatrix}$，以及当前的目标函数值 $z=\boldsymbol{C}_{\mathrm{B}}^{\mathrm{T}}\boldsymbol{X}_{\mathrm{B}}=\boldsymbol{C}_{\mathrm{B}}^{\mathrm{T}}\boldsymbol{B}^{-1}\boldsymbol{b}$，计算所有检验数 $\sigma_j\,(j=1,2,\cdots,n)$，$\sigma_{\mathrm{N}}=\boldsymbol{C}_{\mathrm{N}}^{\mathrm{T}}-\boldsymbol{C}_{\mathrm{B}}^{\mathrm{T}}\boldsymbol{B}^{-1}\boldsymbol{N}$.

步骤 2：考察所有检验数 $\sigma_j(j=1,2,\cdots,n)$，若所有检验数 $\sigma_j\geqslant 0$，则当前基可行解为最优解，停止计算，否则转步骤 3.

步骤 3：如果存在某个 $\sigma_j<0$，且 $\boldsymbol{P}_j^{(k)}=a_{ij}^{(k)}\leqslant 0$，则此问题没有有限最优解，停止计算，否则转步骤 4.

步骤 4：根据 $\sigma_j=\min\{\sigma_l\,|\,\sigma_l<0\}$ 确定 x_j 为换入（进基）变量（即为新基的基变量），再根据 $\min\limits_i\left\{\dfrac{b_i^{(k)}}{a_{ij}^{(k)}}\middle|a_{ij}^{(k)}>0\right\}=\dfrac{b_l^{(k)}}{a_{lj}^{(k)}}=\theta_l$ 确定 x_l 为换出（出基）变量，转步骤 5.

步骤 5：以 $a_{lj}^{(k)}$ 为主元进行基变换，转步骤 2.

4. 计算框图

大家知道，对这种重复的、有判别要求的计算，计算机最能胜任. 图 2.2 是可以作为编写计算机程序依据的单纯形法的计算框图.

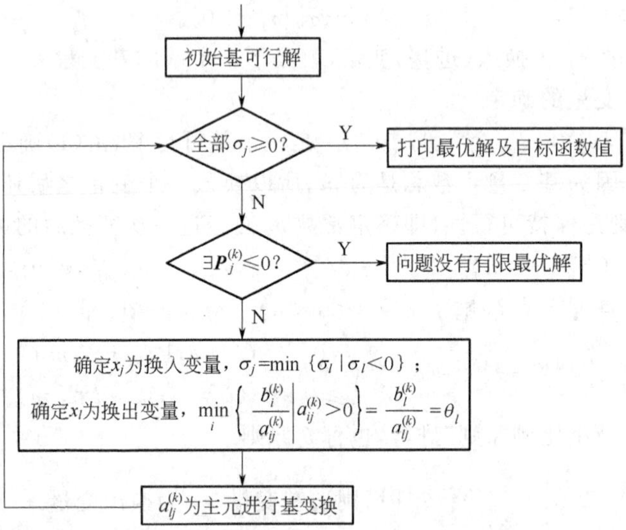

图 2.2　单纯形法的计算框图

为帮助理解单纯形迭代法的计算过程，这里以一个实例用手工操作的方式演示单纯形法的迭代过程. 为了直观地显示操作过程，设计初始单纯形表见表 2.6.

表 2.6　初始单纯形表

	$c_j\rightarrow$		c_1	$\cdots$	c_m	c_{m+1}	$\cdots$	c_n
$\boldsymbol{C}_B$	基	$\boldsymbol{b}$	x_1	$\cdots$	x_m	x_{m+1}	$\cdots$	x_n
c_1	x_1	b_1	1		0	$a_{1(m+1)}$	$\cdots$	a_{1n}
c_2	x_2	b_2	0		0	$a_{2(m+1)}$	$\cdots$	a_{2n}
$\vdots$	$\vdots$	$\vdots$	$\vdots$		$\vdots$	$\vdots$		$\vdots$
c_m	x_m	b_m	0		1	$a_{m(m+1)}$	$\cdots$	a_{mn}
	$\sigma_j=c_j-z_j$		0	$\cdots$	0	$c_{m+1}-\sum\limits_{i=1}^m c_i a_{i(m+1)}$	$\cdots$	$c_n-\sum\limits_{i=1}^m c_i a_{in}$

表 2.6 中变量按下标顺序排列，约束方程组系数列与变量对应排列. 为表述方便，表 2.6 中仍将前 m 个变量 $x_1, x_2, \cdots, x_m$ 作为基变量，但在实际操作时基变量及其排列取决于它们对应的系数列按顺序正好组成单位矩阵.

［**例 2.7**］ 用单纯形法求解例 2.1.

$$\max z = 10x_1 + 18x_2,$$

$$\text{s.t.}\begin{cases} 5x_1 + 2x_2 \leqslant 170, \\ 2x_1 + 3x_2 \leqslant 100, \\ x_1 + 5x_2 \leqslant 150, \\ x_1, x_2 \geqslant 0. \end{cases}$$

解：引入松弛变量 x_3, x_4, x_5，将模型化为标准形式：

$$\min z' = -10x_1 - 18x_2 + 0x_3 + 0x_4 + 0x_5,$$

$$\text{s.t.}\begin{cases} 5x_1 + 2x_2 + x_3 = 170, \\ 2x_1 + 3x_2 + x_4 = 100, \\ x_1 + 5x_2 + x_5 = 150, \\ x_1, x_2, x_3, x_4, x_5 \geqslant 0. \end{cases}$$

添加的松弛变量 x_3, x_4, x_5 在约束方程组中其系数列正好构成一个 3 阶单位阵，它们可以作为初始基变量，初始基可行解为

$$\boldsymbol{X} = (0, 0, 170, 100, 150)^{\mathrm{T}}.$$

列出初始单纯形表，见表 2.7.

两个非基变量的检验数小于 0，说明表中基可行解不是最优解. 下一步的换基操作须先确定换入的非基变量和换出的基变量. 因检验数 $\sigma_2 < \sigma_1 < 0$，故确定 x_2 为换入非基变量；以 x_2 的系数列的正分量对应去除常数列，最小比值所在行对应的基变量作为换出的基变量.

$$\theta = \min\left\{\frac{170}{2}, \frac{100}{3}, \frac{150}{5}\right\} = 30 = \frac{150}{5}.$$

因此确定 5 为主元素（表 2.7 中以方括号括起），意味着将以非基变量 x_2 去置换基变量 x_5，采取的做法是对约束方程组的系数增广矩阵实施初等行变换，将 x_2 的系数列 $(2,3,5)^{\mathrm{T}}$ 变换成 x_5 的系数列 $(0,0,1)^{\mathrm{T}}$，变换之后重新计算检验数. 变换结果见表 2.8.

表 2.7　例 2.7 的初始单纯形表

$c_j \to$			-10	-18	0	0	0
$\boldsymbol{C}_{\mathrm{B}}$	基	$\boldsymbol{b}$	x_1	x_2	x_3	x_4	x_5
0	x_3	170	5	2	1	0	0
0	x_4	100	2	3	0	1	0
0	x_5	150	1	[5]	0	0	1
$c_j - z_j$			-10	-18	0	0	0

表 2.8　x_2 置换 x_5 的变换结果

$c_j \to$			-10	-18	0	0	0
$\boldsymbol{C}_B$	基	$\boldsymbol{b}$	x_1	x_2	x_3	x_4	x_5
0	x_3	110	$\frac{23}{5}$	0	1	0	$-\frac{2}{5}$
0	x_4	10	$\left[\frac{7}{5}\right]$	0	0	1	$-\frac{3}{5}$
-18	x_2	30	$\frac{1}{5}$	1	0	0	$\frac{1}{5}$
$c_j - z_j$			$-\frac{32}{5}$	0	0	0	$\frac{18}{5}$

检验数 $\sigma_1 = -\frac{32}{5} < 0$，当前基可行解仍然不是最优解. 继续换基，确定 $\frac{7}{5}$ 为主元素，即以非基变量 x_1 置换基变量 x_4. 变换结果见表 2.9.

表 2.9　x_1 置换 x_4 的变换结果

$c_j \to$			-10	-18	0	0	0
$\boldsymbol{C}_B$	基	$\boldsymbol{b}$	x_1	x_2	x_3	x_4	x_5
0	x_3	$\frac{540}{7}$	0	0	1	$-\frac{23}{7}$	$\frac{11}{7}$
-10	x_1	$\frac{50}{7}$	1	0	0	$\frac{5}{7}$	$-\frac{3}{7}$
-18	x_2	$\frac{200}{7}$	0	1	0	$-\frac{1}{7}$	$\frac{2}{7}$
$c_j - z_j$			0	0	0	$\frac{32}{7}$	$\frac{6}{7}$

此时，两个非基变量的检验数都大于 0，$\sigma_4 = \frac{32}{7}$，$\sigma_5 = \frac{6}{7}$，表明已求得最优解：$\boldsymbol{X}^* = \left(\frac{50}{7}, \frac{200}{7}, \frac{540}{7}, 0, 0\right)^{\mathrm{T}}$. 去除添加的松弛变量，原问题的最优解为：$x_1^* = \frac{50}{7}$，$x_2^* = \frac{200}{7}$，与图解法所得结果完全吻合.

5. 初始基可行解的确定

在例 2.7 中，模型化成标准形式时添加的 3 个松弛变量 x_3, x_4, x_5 正好成为单纯形法迭代的初始基变量，从而使迭代过程得以顺利开始，这种情况具有特殊性. 请看下面模型：

$$\max z = -3x_1 + x_3,$$

$$\text{s. t.} \begin{cases} x_1 + x_2 + x_3 \leqslant 4, \\ -2x_1 + x_2 - x_3 \geqslant 1, \\ 3x_2 + x_3 = 9, \\ x_1, x_2, x_3 \geqslant 0. \end{cases}$$

将其化成标准形式：

$$\min z' = 3x_1 + 0x_2 - x_3 + 0x_4 + 0x_5,$$

$$\text{s.t.}\begin{cases}x_1+x_2+x_3+x_4=4,\\-2x_1+x_2-x_3-x_5=1,\\3x_2+x_3=9,\\x_1,x_2,\cdots,x_5\geqslant 0.\end{cases}$$

约束方程组的系数矩阵中此时没有一个现成的单位子矩阵作为基.

在前面讨论单纯形法时有个假设前提:约束方程组系数矩阵 $\boldsymbol{A}_{m\times n}(m<n)$ 中存在一个 m 阶单位子矩阵,而对应的决策变量即可作为初始基变量从而确定迭代起点. 这个假设理论上总是可行的,即使没有现成的,也可以在不改变问题解空间的前提下"变出"这个 m 阶单位矩阵.

因为 $r(\boldsymbol{A})=m(m<n)$,将 $\boldsymbol{A}$ 表示为分块阵$[\boldsymbol{B}\mid\boldsymbol{N}]$,其中 $\boldsymbol{B}$ 为 m 阶可逆矩阵(总可以通过重排 $\boldsymbol{A}$ 的列向量达成).

将约束方程组$[\boldsymbol{B}\mid\boldsymbol{N}]\boldsymbol{X}=\boldsymbol{b}$ 两端左乘 $\boldsymbol{B}^{-1}$ 不改变问题的解空间,约束方程组变为:

$$\boldsymbol{B}^{-1}[\boldsymbol{B}\mid\boldsymbol{N}]\boldsymbol{X}=\boldsymbol{B}^{-1}\boldsymbol{b},$$

即

$$[\boldsymbol{I}_m\mid\boldsymbol{B}^{-1}\boldsymbol{N}]\boldsymbol{X}=\boldsymbol{B}^{-1}\boldsymbol{b}.$$

$\boldsymbol{I}_m$ 即为假设中的 m 阶单位矩阵.

但是,若以此为据设计算法,其效率是很低的,因此必须另辟蹊径.

"人工变量法"是以单纯形法为基础,以高效率寻找初始基可行解为目的而设计的线性规划求解算法. 人工变量法又可分为"大 M 法"和"两阶段法". 下面通过实例加以阐述.

[**例 2.8**]求解如下线性规划问题:

$$\min z'=3x_1+0x_2-x_3+0x_4+0x_5,$$

$$\text{s.t.}\begin{cases}x_1+x_2+x_3+x_4=4,\\-2x_1+x_2-x_3-x_5=1,\\3x_2+x_3=9,\\x_j\geqslant 0\quad(j=1,2,\cdots,5).\end{cases}$$

解:(1)大 M 法.

在上述标准形式模型中,添加两列单位向量 $\boldsymbol{P}_6,\boldsymbol{P}_7$,连同约束方程组中的系数列 $\boldsymbol{P}_4$ 构成单位矩阵

$$\begin{matrix}\boldsymbol{P}_4 & \boldsymbol{P}_6 & \boldsymbol{P}_7\end{matrix}$$
$$\begin{bmatrix}1&0&0\\0&1&0\\0&0&1\end{bmatrix}.$$

$\boldsymbol{P}_6,\boldsymbol{P}_7$ 是人为添加上去的,它相当于在模型的后两个约束方程中添加变量 x_6、x_7,称它们为人工变量. 于是有

$$\begin{cases}x_1+x_2+x_3+x_4=4,\\-2x_1+x_2-x_3-x_5+x_6=1,\\3x_2+x_3+x_7=9.\end{cases}$$

这样,形式上"凑齐"了初始基变量 x_4,x_6,x_7,但随之也产生了新问题:在没有添加变量 x_6,x_7 前约束条件已是等式,那么 x_6,x_7 只有取 0 值才不会破坏原来的等式关系,于是它们无异于常量. 若允许它们取非 0 值,将导致约束条件等式不成立. 处理这个矛盾可以采取将矛盾转移的方式:只要有人工变量取非 0 值,就会导致永远达不到所追求的优化目标. 这种思想

可以通过在目标函数中配合人工变量设置“惩罚因子”加以实现. 目标函数写成

$$\min z' = 3x_1 + 0x_2 - x_3 + 0x_4 + 0x_5 + Mx_6 + Mx_7.$$

在人工变量仍取非负值前提下,M 为一个充分大的正数. 于是,模型变为如下形式:

$$\min z' = 3x_1 + 0x_2 - x_3 + 0x_4 + 0x_5 + Mx_6 + Mx_7,$$

$$\text{s. t.}\begin{cases} x_1 + x_2 + x_3 + x_4 = 4, \\ -2x_1 + x_2 - x_3 - x_5 + x_6 = 1, \\ 3x_2 + x_3 + x_7 = 9, \\ x_j \geqslant 0 \quad (j = 1, 2, \cdots, 7). \end{cases}$$

之后,可以用单纯形迭代法求解. 求解过程中 M 可当成一个数学符号参与运算,检验数中若包含 M,检验数的符号由 M 系数的符号决定. 求解过程见表 2.10.

表 2.10 大 M 法求解例 2.8 的过程

$c_j \to$			3	0	−1	0	0	M	M
$\boldsymbol{C}_B$	基	$\boldsymbol{b}$	x_1	x_2	x_3	x_4	x_5	x_6	x_7
0	x_4	4	1	1	1	1	0	0	0
M	x_6	1	−2	[1]	−1	0	−1	1	0
M	x_7	9	0	3	1	0	0	0	1
$c_j - z_j$			$2M+3$	$-4M$	−1	0	M	0	0
0	x_4	3	3	0	2	1	1	−1	0
0	x_2	1	−2	1	−1	0	−1	1	0
M	x_7	6	[6]	0	4	0	3	−3	1
$c_j - z_j$			$-6M+3$	0	$-4M-1$	0	$-3M$	$4M$	0
0	x_4	0	0	0	0	1	$-\frac{1}{2}$	$\frac{1}{2}$	$-\frac{1}{2}$
0	x_2	3	0	1	$\frac{1}{3}$	0	0	0	$\frac{1}{3}$
3	x_1	1	1	0	$\left[\frac{2}{3}\right]$	0	$\frac{1}{2}$	$-\frac{1}{2}$	$\frac{1}{6}$
$c_j - z_j$			0	0	−3	0	$\frac{3}{2}$	$M+\frac{3}{2}$	$M-\frac{1}{2}$
0	x_4	0	0	0	0	1	$-\frac{1}{2}$	$\frac{1}{2}$	$-\frac{1}{2}$
0	x_2	$\frac{5}{2}$	$-\frac{1}{2}$	1	0	0	$-\frac{1}{4}$	$\frac{1}{4}$	$\frac{1}{4}$
−1	x_3	$\frac{3}{2}$	$\frac{3}{2}$	0	1	0	$\frac{3}{4}$	$-\frac{3}{4}$	$\frac{1}{4}$
$c_j - z_j$			$\frac{9}{2}$	0	0	0	$\frac{3}{4}$	$M-\frac{3}{4}$	$M+\frac{1}{4}$

至此,无负的检验数且基变量中不含人工变量(即人工变量在基可行解中取 0 值),求得原问题的最优解:$x_1^* = 0, x_2^* = \frac{5}{2}, x_3^* = \frac{3}{2}$.

(2)两阶段法.

大 M 法的设计思想十分巧妙,但在浮点运算的计算机上,无法恰当地表示“充分大”的数,只能以机器字长允许的最大整常数表示 M. 然而，当模型中 a_{ij}，c_j 等参数值与代表 M 的常数值比较接近时，会导致对检验数符号判断的错误. 为了解决这个问题，可以对添加人工变量后的线性规划问题分两个阶段来计算，称两阶段法.

第一阶段求解一个目标最小化的线性规划问题，其约束条件与原问题相同，目标函数仅包含人工变量且价值分量取正数(一般取 1). 若该问题求得最优解且基变量中不含人工变量，相应的基可行解满足原问题的约束条件但人工变量取 0 值，此时的基变量可作为第二阶段的初始基变量(从而克服了原问题在单纯形迭代时确定初始基变量所遇到的困难).

第二阶段即在原问题中去掉人工变量，以第一阶段最后的基变量为初始基变量开始迭代. 操作上可直接在第一阶段的最终单纯形表基础上继续进行，只需在表中除去人工变量列、恢复目标价值向量为原问题添加人工变量之前的状况即可.

两阶段法继承了大 M 法的思想，但巧妙地回避了对 M 的处理，算法的复杂性却几乎没有增加，不失为一种两全其美的好算法.

[**例 2.9**]用两阶段法重解例 2.8.

解：第一阶段用单纯形法求解线性规划问题：

$$\min \omega = x_6 + x_7,$$

$$\text{s.t.}\begin{cases} x_1 + x_2 + x_3 + x_4 = 4, \\ -2x_1 + x_2 - x_3 - x_5 + x_6 = 1, \\ 3x_2 + x_3 + x_7 = 9, \\ x_j \geqslant 0 \quad (j = 1, 2, \cdots, 7). \end{cases}$$

求解过程见表 2.11.

表 2.11　两阶段法的第一阶段求解例 2.8 的过程

	$c_j \to$		0	0	0	0	0	1	1
$\boldsymbol{C}_B$	基	$\boldsymbol{b}$	x_1	x_2	x_3	x_4	x_5	x_6	x_7
0	x_4	4	1	1	1	1	0	0	0
1	x_6	1	-2	[1]	-1	0	-1	1	0
1	x_7	9	0	3	1	0	0	0	1
	$c_j - z_j$		2	-4	0	0	1	0	0
0	x_4	3	3	0	2	1	1	-1	0
0	x_2	1	-2	1	-1	0	-1	1	0
1	x_7	6	[6]	0	4	0	3	-3	1
	$c_j - z_j$		-6	0	-4	0	-3	4	0
0	x_4	0	0	0	0	1	$-\frac{1}{2}$	$\frac{1}{2}$	$-\frac{1}{2}$
0	x_2	3	0	1	$\frac{1}{3}$	0	0	0	$\frac{1}{3}$
0	x_1	1	1	0	$\frac{2}{3}$	0	$\frac{1}{2}$	$-\frac{1}{2}$	$\frac{1}{6}$
	$c_j - z_j$		0	0	0	0	0	1	1

第一阶段求得最优解，此时基变量为 x_4,x_2,x_1，不包含人工变量.

第二阶段以第一阶段的最终单纯形表为基础，除去人工变量 x_6、x_7 及其系数列，恢复目标价值向量为 $\boldsymbol{C}=(3,0,-1,0,0)^{\mathrm{T}}$ 继续进行单纯形迭代，见表 2.12.

表 2.12　两阶段法的第二阶段求解例 2.8 的过程

$c_j\rightarrow$			3	0	-1	0	0
$\boldsymbol{C}_{\mathrm{B}}$	基	$\boldsymbol{b}$	x_1	x_2	x_3	x_4	x_5
0	x_4	0	0	0	0	1	$-\frac{1}{2}$
0	x_2	3	0	1	$\frac{1}{3}$	0	0
3	x_1	1	1	0	$\left[\frac{2}{3}\right]$	0	$\frac{1}{2}$
c_j-z_j			0	0	-3	0	$-\frac{3}{2}$
0	x_4	0	0	0	0	1	$-\frac{1}{2}$
0	x_2	$\frac{5}{2}$	$-\frac{1}{2}$	1	0	0	$-\frac{1}{4}$
-1	x_3	$\frac{3}{2}$	$\frac{3}{2}$	0	1	0	$\frac{3}{4}$
c_j-z_j			$\frac{9}{2}$	0	0	0	$\frac{3}{4}$

至此，求得原问题的最优解：$x_1^*=0,x_2^*=\dfrac{5}{2},x_3^*=\dfrac{3}{2}$.

6. 单纯形法中的几个问题的说明

1)目标函数最大化时解的最优性判别

当优化目标为求最大时(有些书中就规定求目标函数值的最大为标准形式)，可以有三种变通处理方式：(1)将目标函数转换为求最小(例 2.7)；(2)迭代时以所有检验数 $\sigma_j\leqslant 0$ 作为当前基可行解达到最优的判别标志；(3)将检验数 σ_j 的计算公式由 $c_j-\sum\limits_{i=1}^{m}c_ia_{ij}$ 变为 $\sum\limits_{i=1}^{m}c_ia_{ij}-c_j$，而判断最优的准则仍为 $\sigma_j\geqslant 0$.

2)退化

按最小比值 θ 来确定换出的基变量时，有时可能出现两个以上相同的最小比值，从而使迭代后的基可行解中出现一个或多个基变量等于零的退化解. 出现退化解的原因是模型中存在多余的约束，使多个基可行解对应同一顶点. 当存在退化解时，就有可能出现迭代计算的循环，尽管可能性极其微小. 为避免出现计算的循环，1974 年勃兰特(Bland)提出了一个简便有效的规则：(1)当存在多个 $\sigma_j<0$ 时，始终选取下标值为最小的变量作为换入变量；(2)当计算 θ 值出现两个以上相同的最小比值时，始终选取下标值为最小的变量作为换出变量.

3)无可行解的判别

前述的单纯形迭代中，阐述了用单纯形法求解时如何判别问题结局属唯一最优解、无穷多最优解还是无界解，没有涉及无可行解的判断. 当线性规划问题模型中引入人工变量后，无论用大 M 法还是两阶段法，初始单纯形表中的基解因含非零人工变量，故实质上是非可行解. 当求解结果(两阶段法时指第一阶段)出现所有 $\sigma_j \geqslant 0$、而基变量中仍含有非零的人工变量时，即表明问题无可行解.

2.2.3 内点法

单纯形法的设计思想非常经典，但在分析其算法复杂性时，发现其时间复杂性为问题规模的指数阶. 作为计算机程序的算法，指数阶复杂性的算法被认为是“坏”的算法，这也成为阻碍线性规划方法广泛应用的“瓶颈”. 在此后为寻找一个求解线性规划问题“好”的(多项式阶复杂性)算法过程中，出现了哈奇扬(Khachiyan)算法或“椭球法”和卡玛卡(Karmarkar)算法，又称“投影尺度法”. 卡玛卡算法在大型问题的应用中，显示出能与单纯形法竞争的潜力. 但由于该算法不能直接用于通常形式的线性规划问题，必须先把问题转化为其所要求的那种“标准形式”，所以下面介绍改进的内点法——原仿射尺度法，它可以直接求解标准形式的线性规划问题.

1. 理论依据

定理 2.5 在仿射尺度变换 $\boldsymbol{Y}=\boldsymbol{D}_k^{-1}\boldsymbol{X}$ 下，$\mathbf{R}^n$ 的正卦限中的点仍变为正卦限中的点，但其分量值发生变化. 特别地，$\boldsymbol{X}^{(k)}$ 的像点为 $\boldsymbol{Y}^{(k)}=(1,1,\cdots,1)^{\mathrm{T}}=\boldsymbol{e}(\in\mathbf{R}^n)$.

定理 2.6 设 $\boldsymbol{A}=(a_{ij})_{m\times n}$ 为行满秩矩阵，则向量 $\boldsymbol{g}(\in\mathbf{R}^n)$ 在 $\boldsymbol{A}$ 的零空间 $\boldsymbol{N}=\{\boldsymbol{X}\in\mathbf{R}^n \mid \boldsymbol{AX}=0\}$ 上的正交投影为 $\boldsymbol{p}=[\boldsymbol{I}_n-\boldsymbol{A}^{\mathrm{T}}(\boldsymbol{AA}^{\mathrm{T}})^{-1}\boldsymbol{A}]\boldsymbol{g}$.

2. 基本思想

原仿射尺度法的基本思想是：先找出一个内点可行解 $\boldsymbol{X}^{(0)}$；从该点出发，在可行域的内部寻求一个使目标函数值下降的可行方向，沿该方向移动到一个新的内点可行解 $\boldsymbol{X}^{(1)}$. 如此逐步移动，当移动到与最优解充分接近时，迭代停止.

3. 计算步骤

在原仿射尺度法的基本思想中，关键的问题是：对于任一迭代点 $\boldsymbol{X}^{(k)}$，如何求得一个适当的移动方向 $\boldsymbol{d}^{(k)}$，使 $\boldsymbol{X}^{(k)}+\alpha_k\boldsymbol{d}^{(k)}$ 是一个改进的内点可行解. 利用仿射尺度变换 $\boldsymbol{Y}=\boldsymbol{D}_k^{-1}\boldsymbol{X}$ 的逆变换 $\boldsymbol{X}=\boldsymbol{D}_k\boldsymbol{Y}$ 可将原 LP 问题变换为：

$$
\begin{aligned}
&\min \boldsymbol{C}^{\mathrm{T}}\boldsymbol{D}_k\boldsymbol{Y},\\
&\text{s.t.}\begin{cases}\boldsymbol{AD}_k\boldsymbol{Y}=\boldsymbol{b},\\ \boldsymbol{Y}\geqslant 0.\end{cases}
\end{aligned}
$$

对上述问题，依据定理 2.5 和定理 2.6，从迭代点 $\boldsymbol{Y}^{(k)}$ 出发，采用 $-\boldsymbol{C}_k=-\boldsymbol{D}_k\boldsymbol{C}$ 在矩阵 $\boldsymbol{A}_k=\boldsymbol{AD}_k$ 的零空间 $\boldsymbol{N}_k=\{\boldsymbol{X}\in\mathbf{R}^n \mid \boldsymbol{A}_k\boldsymbol{X}=0\}$ 中的正交投影 $\hat{\boldsymbol{d}}^{(k)}$ 作为移动方向，必能保证 $\boldsymbol{Y}^{(k+1)}$ 满足 $\boldsymbol{A}_k\boldsymbol{Y}^{(k+1)}=\boldsymbol{b}$. 至于条件 $\boldsymbol{Y}^{(k+1)}>0$，则通过移动步长 α_k，使 $\boldsymbol{Y}^{(k+1)}=\boldsymbol{Y}^{(k)}+\alpha_k\hat{\boldsymbol{d}}^{(k)}$. 最后再进行仿射尺度变换，即得原问题改进的新迭代点 $\boldsymbol{X}^{(k+1)}=\boldsymbol{X}^{(k)}+\alpha_k\boldsymbol{d}^{(k)}$，其中 $\boldsymbol{d}^{(k)}=\boldsymbol{D}_k\hat{\boldsymbol{d}}^{(k)}=-\boldsymbol{D}_k^2(\boldsymbol{w}^{(k)})^{\mathrm{T}}$，$\boldsymbol{w}^{(k)}=\boldsymbol{C}^{\mathrm{T}}-\boldsymbol{u}^{(k)}\boldsymbol{A}$，$\boldsymbol{u}^{(k)}=\boldsymbol{C}^{\mathrm{T}}\boldsymbol{D}_k^2\boldsymbol{A}^{\mathrm{T}}(\boldsymbol{AD}_k^2\boldsymbol{A}^{\mathrm{T}})^{-1}$ 为原空间中的移动方向，$\alpha_k=\gamma\min\left\{\dfrac{x_i^{(k)}}{-d_i^{(k)}} \mid d_i^{(k)}<0\right\}$ 为步长系数，$0<\gamma<1$，一般取 γ 接近 1.

综合以上讨论，原仿射尺度的内点法的计算步骤可归结如下.

步骤 1：给出 LP 的一个内点可行解 $\boldsymbol{X}^{(0)}$，并设定精度参数 $\delta(>0)$ 和 $\varepsilon(>0)$. 令 $k=0$.

步骤 2：令 $\boldsymbol{D}_k=\mathrm{diag}(\boldsymbol{X}^{(k)})$. 计算对偶估计 $\boldsymbol{u}^{(k)}=\boldsymbol{C}^{\mathrm{T}}\boldsymbol{D}_k^2\boldsymbol{A}^{\mathrm{T}}(\boldsymbol{A}\boldsymbol{D}_k^2\boldsymbol{A}^{\mathrm{T}})^{-1}$ 和 $\boldsymbol{w}^{(k)}=\boldsymbol{C}^{\mathrm{T}}-\boldsymbol{u}^{(k)}\boldsymbol{A}$.

步骤 3：检查 $|\boldsymbol{w}^{(k)}\boldsymbol{X}^{(k)}|<\delta$ 是否成立？若不成立，转下步；若成立，检查 $\boldsymbol{w}^{(k)}$. 若 $\boldsymbol{w}^{(k)}\geqslant 0$ 或满足 $\dfrac{\max\{|w_i^{(k)}|\,|w_i^{(k)}<0\}}{\max\{|c_i|\,|w_i^{(k)}<0\}+1}<\varepsilon$，则停止迭代，$\boldsymbol{X}^{(k)}$ 为 LP 的近似最优解. 否则转下步.

步骤 4：计算移动方向 $\boldsymbol{d}^{(k)}=-\boldsymbol{D}_k^2(\boldsymbol{w}^{(k)})^{\mathrm{T}}$，并检查 $\boldsymbol{d}^{(k)}$. 若 $\boldsymbol{d}^{(k)}\geqslant 0$，停止迭代. 这时，若 $\boldsymbol{d}^{(k)}\neq 0$，判定原问题目标函数无下界；若 $\boldsymbol{d}^{(k)}=0$，判定原问题目标函数取常数值，$\boldsymbol{X}^{(k)}$ 为 LP 的近似最优解. 否则转下步.

步骤 5：计算步长系数 $\alpha_k=\gamma\min\left\{\dfrac{x^{(k)}}{-d_i^{(k)}}\middle|d_i^{(k)}<0\right\}$，并实现转移 $\boldsymbol{X}^{(k+1)}=\boldsymbol{X}^{(k)}+\alpha_k\boldsymbol{d}^{(k)}$. 然后设置 $k\leftarrow k+1$，返回步骤 2.

4. 计算框图

内点法的计算框图见图 2.3.

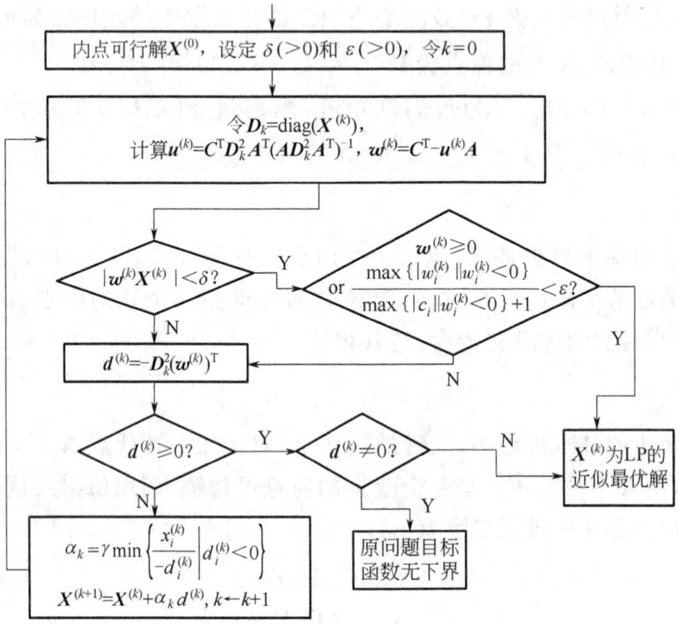

图 2.3　内点法的计算框图

[例 2.10]用原仿射尺度算法求解如下问题：

$$\min z=x_2-x_3,$$

$$\text{s.t.}\begin{cases}2x_1-x_2+2x_3=2,\\x_1+2x_2=5,\\x_j\geqslant 0\qquad(j=1,2,3).\end{cases}$$

解：$\boldsymbol{A}=\begin{bmatrix}2&-1&2\\1&2&0\end{bmatrix}$，$\boldsymbol{C}=(0,1,-1)^{\mathrm{T}}$，易知 $\boldsymbol{X}^{(0)}=(1,2,1)^{\mathrm{T}}$ 为一内点可行解.

第一次迭代：

$$\boldsymbol{D}_0=\mathrm{diag}(1,2,1),\boldsymbol{u}^{(0)}=\boldsymbol{C}^{\mathrm{T}}\boldsymbol{D}_0^2\boldsymbol{A}^{\mathrm{T}}(\boldsymbol{A}\boldsymbol{D}_0^2\boldsymbol{A}^{\mathrm{T}})^{-1}=\left(-\frac{9}{28},\frac{5}{14}\right);$$

$$w^{(0)}=C^{T}-u^{(0)}A=\left(\frac{2}{7},-\frac{1}{28},-\frac{5}{14}\right),|w^{(0)}X^{(0)}|=0.14286;$$

$$d^{(0)}=-D_0^2(w^{(0)})^{T}=\left(-\frac{2}{7},\frac{1}{7},\frac{5}{14}\right)^{T}.$$

取 $\gamma=0.99$,则:

$$\alpha_0=\gamma\min\left\{\frac{x_i^{(0)}}{-d_i^{(0)}}\Big|d_i^{(0)}<0\right\}=3.465,$$

$$X^{(1)}=X^{(0)}+\alpha_0 d^{(0)}=(0.01,2.495,2.2375)^{T}.$$

第二次迭代:

$$D_1=\mathrm{diag}(0.01,2.495,2.2375),u^{(1)}=(-0.499991,0.250008),$$

$$w^{(1)}=(0.749974,-0.000006,-0.000019),|w^{(1)}X^{(1)}|=0.00744,$$

$$\frac{\max\{|w_i^{(1)}|\,|w_i^{(1)}<0\}}{\max\{|c_i|\,|w_i^{(1)}<0\}+1}=0.0000095.$$

若选取 $\delta=0.01$,$\varepsilon=0.0001$,则最优性停止条件已经满足,$X^{(1)}$ 便可作为近似最优解.若认为精度不够,则继续迭代.如再移动一次,可得:

$$X^{(2)}=(0.0001,2.499949,2.249875)^{T}.$$

这是更好的近似最优解.事实上,点列 $\{X^{(k)}\}$ 的极限为 $X^{*}=(0,2.5,2.25)^{T}$,这便是问题的精确最优解.

5. 初始内点可行解的确定

原仿射尺度法需要先给出一个初始内点可行解.对于简单问题可通过观察验算找出;对于不易得出初始内点可行解的问题,可利用大 M 法来确定.它是把原问题的求解转化为求解如下线性规划问题(称为大 M 问题):

$$\min C^{T}X+Mx_a,$$
$$\text{s.t.}\begin{cases}AX+(b-Ae)x_a=b,\\ X\geqslant 0,x_a\geqslant 0.\end{cases}\tag{2.13}$$

其中 x_a 是人工变量,M 一个足够大的正数.目标函数中的项 Mx_a 表示对人工变量取正值的惩罚.M 的取值大小根据实例的具体情况确定.式(2.13)有明显的内点可行解 $\begin{pmatrix}X^{(0)}\\ x_a\end{pmatrix}=\begin{pmatrix}e\\ 1\end{pmatrix}$,从而可以启动原仿射尺度法.解结果有如下三种可能情形:

(1)大 M 问题有最优解 $\begin{pmatrix}X^{*}\\ x_a^{*}\end{pmatrix}$,且 $x_a^{*}=0$,这时 X^{*} 便是原问题的最优解.

(2)大 M 问题有最优解 $\begin{pmatrix}X^{*}\\ x_a^{*}\end{pmatrix}$,但 $x_a^{*}>0$,这时原问题无可行解.

(3)大 M 问题目标函数无下界,这时原问题目标函数也无下界.

6. 线性规划问题的计算机求解

在 20 世纪 80 年代产生的复杂性为多项式阶的求解线性规划的计算机算法,使决策者可以借助计算机求解各种大型和超大型线性规划问题,为线性规划方法的广泛应用提供了保障.作为优化方法应用者的工程技术人员,在学习线性规划时,应该将主要精力集中于学习如何运用最优化思想分析问题，以及如何将实际应用问题抽象和归纳、建立正确描述问题的线性规划模型上，而不应该也不必要花大量的精力去编写线性规划求解算法的计算机程序. 应该充分利用一些现成的计算机软件作为求解线性规划的手段.

现在已经出现了很多能够用于求解线性规划问题的计算机软件产品，其中 Matlab 是最具代表性的一个. 下面以 Matlab R2023a 为背景，介绍如何在 Matlab 中求解线性规划.

Matlab R2023a 中用于求解线性规划的函数名为 linprog. 该函数针对以矩阵形式描述的如下"标准形式"的线性规划问题：

$$
\min \boldsymbol{f}^{\mathrm{T}}\boldsymbol{X},
\quad \text{s. t.}\begin{cases}\boldsymbol{AX} \leqslant \boldsymbol{b}, \\ \boldsymbol{Aeq}\boldsymbol{X} = \boldsymbol{beq}, \\ \boldsymbol{lb} \leqslant \boldsymbol{X} \leqslant \boldsymbol{ub}.\end{cases} \tag{2.14}
$$

在该标准形式中，目标函数求最小；约束条件严格地分为三类：不等式约束（且取"≤"不等号）、等式约束以及变量取值范围约束.

其中，$\boldsymbol{X}$，$\boldsymbol{f}$，$\boldsymbol{A}$，$\boldsymbol{b}$，$\boldsymbol{Aeq}$，$\boldsymbol{beq}$，$\boldsymbol{lb}$，$\boldsymbol{ub}$ 均为向量或矩阵，其含义如下：$\boldsymbol{X}$ 为决策向量；$\boldsymbol{f}$ 为价值向量；$\boldsymbol{A}$ 为不等式约束的系数矩阵；$\boldsymbol{b}$ 为不等式约束右端常数向量；$\boldsymbol{Aeq}$ 为等式约束的系数矩阵；$\boldsymbol{beq}$ 为等式约束右端常数向量；$\boldsymbol{lb}$，$\boldsymbol{ub}$ 为变量取值范围的下限向量及上限向量. 这些也是在调用函数 linprog 时要传递的参数.

调用函数 linprog 的常用语法如下：

```
(1)x=linprog(f,A,b,Aeq,beq,lb,ub);
(2)[x,fval]=linprog(f,A,b,Aeq,beq,lb,ub).
```

语法(1)与(2)的差异在于前者只返回问题的最优解向量"x"，而后者除最优解向量外还返回最优目标函数值"fval". 还有几种传递或返回更多信息的调用方式，读者可以查阅相关技术资料，或在 Matlab 软件的帮助文档中查找.

调用时须注意以下几点：

(1)Matlab 提供了一种机制，允许调用某个函数时提供的参数个数少于定义该函数时所定义的参数个数. 因此，在传递调用参数时必须按语法指定的顺序对应传递，若缺少某些参数，除非其位于参数表的尾部，否则调用时必须以空数组"[]"形式占位.

(2)若问题的模型为目标函数求最大，须先将目标函数转换为求最小.

(3)代码中所使用的标点分隔符（如逗号、分号、括号等）必须是半角字符.

另外，linprog 函数的调用及数据准备既可以在 Matlab 命令窗口中逐行进行，也可以将其作为一条代码写入 Matlab 命令文件或函数文件中执行. 推荐以命令文件或函数文件方式使用函数 linprog. 对于命令文件或函数文件，读者可查阅相关技术资料.

下面以一个简单的例子示范函数 linprog 的使用.

[**例 2.11**]用 Matlab 软件求解例 2.1.

$$
\max z = 10x_1 + 18x_2,
\quad \text{s. t.}\begin{cases}5x_1 + 2x_2 \leqslant 170, \\ 2x_1 + 3x_2 \leqslant 100, \\ x_1 + 5x_2 \leqslant 150, \\ x_1, x_2 \geqslant 0.\end{cases}
$$

重新表达为：

$$\min(-10,-18)\begin{bmatrix}x_1\\x_2\end{bmatrix},$$

$$\text{s. t.}\begin{cases}\begin{bmatrix}5&2\\2&3\\1&5\end{bmatrix}\begin{bmatrix}x_1\\x_2\end{bmatrix}\leqslant\begin{bmatrix}170\\100\\150\end{bmatrix},\\ \begin{bmatrix}x_1\\x_2\end{bmatrix}\geqslant\begin{bmatrix}0\\0\end{bmatrix}.\end{cases}$$

调用代码：

```
f=[-10;-18];                                %价值向量 f
A=[5,2;2,3;1,5];                            %不等式约束系数矩阵 A,[]中的分号“;”为行分隔符
b=[170;100;150];                            %不等式约束右端常数向量 b
lb=[0;0];                                   %变量取值下限向量 lb
[x,fval]=linprog(f,A,b,[],[],lb);           %以语法(2)调用函数 linprog.注意两个空数组的占位作用
```

输出结果：

```
x=
    7.1429
    28.5714
fval=
    -585.7143
```

即问题的最优解为 $x_1=7.1429, x_2=28.5714$，最优目标函数值为：$-fval=585.7143$. 与前面求出的结果完全吻合.

解决了计算问题，便可以在解决实际问题中将精力集中于建立问题的线性规划模型上.

2.2.4 分支定界法

前面讨论的算法一般适用于对决策变量没有特殊要求的线性规划问题的求解. 如果线性规划是整数规划时，采用先不考虑决策变量取整数条件的限制，利用前三种方法求解问题，得到没有整数条件限制问题的最优解；然后，使用四舍五入或去尾的方法得到的解，并不一定是整数规划的最优解. 下面介绍可以有效地求解纯整数规划和混合整数规划的分支定界法.

1. 理论依据

将要求解的最小整数规划问题称为(I_0)，将不考虑整数条件的线性规划问题称为该整数规划的松弛问题，记为(L_0).

(L_0)和(I_0)的解有如下关系：如果(L_0)没有可行解，则(I_0)也没有可行解；如果(L_0)有最优解，并符合(I_0)的整数条件，则(L_0)的最优解即为(I_0)的最优解；如果(L_0)有最优解，并不符合(I_0)的整数条件，则(L_0)的最优目标函数值必是(I_0)的最优目标函数值 z^* 的下界 $\underline{z}$，而(I_0)的任意可行解的目标函数值将是 z^* 的一个上界 $\overline{z}$，即 $\underline{z}\leqslant z^*\leqslant\overline{z}$.

2. 基本思想

从解问题(L_0)开始，若其最优解不符合(I_0)的整数条件，则有$\underline{z} \leqslant z^* \leqslant \bar{z}$；然后将($L_0$)的可行域分成子区域(称为分支)，逐步增大上界$\bar{z}$ 和减小下界$\underline{z}$，最终求到z^*.

3. 计算步骤

基本思想中关键的就是分支定界过程，下面以求解纯整数规划问题(I_0)加以说明.

先求(I_0)的松弛问题(L_0)，设求得其最优解为$\boldsymbol{X}^{(0)}$，若它为非整数解，则有某基分量$\boldsymbol{x}_s^{(0)}$非整数. 由于(I_0)的解的分量$\boldsymbol{x}_s$的值不可能满足$[\boldsymbol{x}_s^{(0)}] < \boldsymbol{x}_s < [\boldsymbol{x}_s^{(0)}]+1$，故可添加约束$\boldsymbol{x}_s \leqslant [\boldsymbol{x}_s^{(0)}]$或$\boldsymbol{x}_s \geqslant [\boldsymbol{x}_s^{(0)}]+1$，将($I_0$)的可行域划分成两个子域，相应地将($I_0$)划分成两个部分问题：

$$\min z = \boldsymbol{C}^{\mathrm{T}}\boldsymbol{X};\qquad (I_1)\ \text{s. t.}\begin{cases}\boldsymbol{AX}=\boldsymbol{b},\\ \boldsymbol{x}_s \leqslant [\boldsymbol{x}_s^{(0)}],\\ \boldsymbol{X} \geqslant 0,\text{取整数};\end{cases}$$

$$\min z = \boldsymbol{C}^{\mathrm{T}}\boldsymbol{X},\qquad (I_2)\ \text{s. t.}\begin{cases}\boldsymbol{AX}=\boldsymbol{b},\\ \boldsymbol{x}_s \geqslant [\boldsymbol{x}_s^{(0)}]+1,\\ \boldsymbol{X} \geqslant 0,\text{取整数}.\end{cases}$$

然后对每一个部分问题进行探查. 如对(I_1)，求解它的对应松弛问题(L_1)，若出现下列情况之一，则称问题(I_1)已被探明，或者说这一支已被了解清楚，不用再划分了.

(1)(L_1)无可行解.

(2)(L_1)有最优整数解$\boldsymbol{X}^{(1)}$. 这时$\boldsymbol{X}^{(1)}$是原问题(I_0)的一个可行解，记录下$\boldsymbol{X}^{(1)}$和其对应的目标函数值$z^{(1)}$，分别称为“现有最好解”和“现有最小值”. 若已经有了现有最好解和现有最小值(计算开始时，可令现有最好解为$\varnothing$，令现有最小值为∞)，则比较$z^{(1)}$和现有最小值，若$z^{(1)}$比现有最小值小，则将现有最好解修改为$\boldsymbol{X}^{(1)}$，将现有最小值修改为$z^{(1)}$.

(3)(L_1)有最优解$\boldsymbol{X}^{(1)}$，且对应的目标函数值$z^{(1)}$不比现有最小值小.

当(L_1)的最优解$\boldsymbol{X}^{(1)}$为非整数解，且对应的目标函数值$z^{(1)}$比现有最小值小时，则应按同样的方法对(I_1)进行划分.

计算开始时，只有原问题(I_0)是活问题. 只要有活问题，就应选取一个活问题进行探查，探查结果或者被探明，或者再划分为两个新的活问题. 如此反复进行探查和划分，直到没有活问题为止. 最后得到的现有最好解和现有最小值便是原问题的最优解和最优值.

综合以上讨论，分支定界法的计算步骤可归结如下：

步骤 1：令原问题(I_0)为活问题，现有最好解为$\boldsymbol{X}_{\mathrm{copt}}=\varnothing$，现有最小值为$z_{\mathrm{copt}}-\infty$. 解($I_0$)的松弛问题($L_0$). 若($L_0$)有可行解，但目标函数在可行域$D$上无下界，则原问题($I_0$)无最优解，停止计算. 否则转下步.

步骤 2：检查是否有活问题. 若没有，转步骤 5；若有，选取一个活问题(I_k)，并转下步.

步骤 3：检查对应松弛问题(L_k)的求解结果，有如下四种情形：

(1)若(L_k)无可行解，则(I_k)已探明(称此情形为不可行了解)，返回步骤 2.

(2)若(L_k)的最优值$z^{(k)}$大于等于现有最小值z_{copt}，则(I_k)已探明(称此情形为界限值了解)，返回步骤 2.

(3)若$z^{(k)}$小于现有最小值z_{copt}，且(L_k)的最优解$\boldsymbol{X}^{(k)}$是整数解，则(I_k)已探明(称此情形为部分最优了解). 此时，将现有最好解$\boldsymbol{X}_{\mathrm{copt}}$和现有最小值$z_{\mathrm{copt}}$分别修改为$\boldsymbol{X}^{(k)}$和$z^{(k)}$；并且检查每个活问题($I_j$)，若对应($L_j$)的最优值$z^{(j)} \geqslant z^{(k)}$，则把($I_j$)改为已探明(这一做法称

作“剪支”)，然后返回步骤 2.

(4)若 $z^{(k)}$ 小于现有最小值 z_{copt}，且 $\boldsymbol{X}^{(k)}$ 是非整数解，则转步骤 4.

步骤 4：选取 $\boldsymbol{X}^{(k)}$ 的一个非整数基分量 $\boldsymbol{x}_s^{(k)}$. 用添加约束 $x_s \leqslant [x_s^{(k)}]$ 或 $x_s \geqslant [x_s^{(k)}]+1$ 的办法把(I_k)划分成两个新的部分问题. 令这两个新的部分问题为活问题，并解出它们对应的松弛问题. 然后返回步骤 2.

步骤 5：查看现有最好解 $\boldsymbol{X}_{\text{copt}}$ 和现有最小值 z_{copt}，若它们分别为 $\varnothing$ 和 ∞，则原问题无可行解；否则，现有最好解和现有最小值就是原问题的最优解和最优值，计算结束.

4. 计算框图

计算框图见图 2.4.

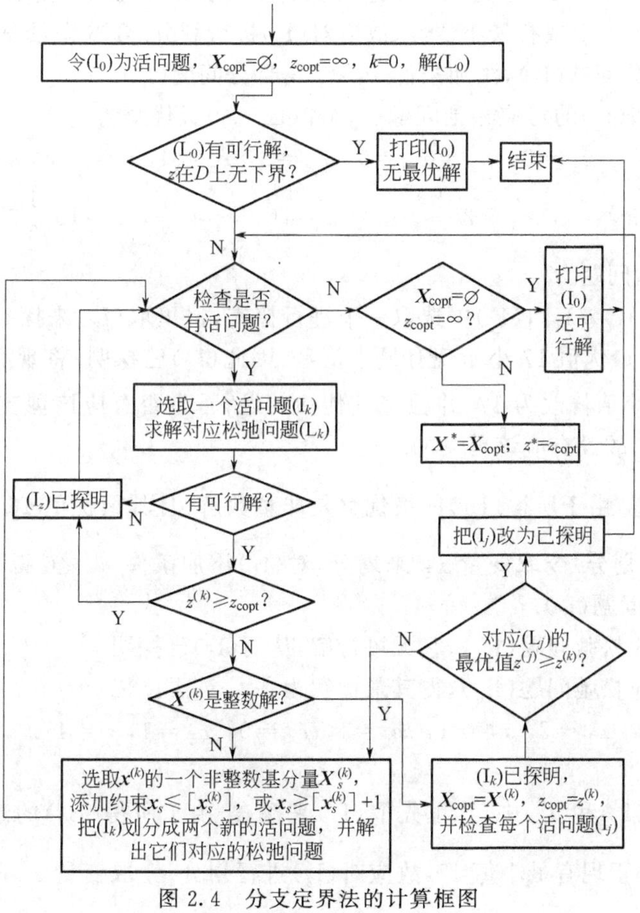

图 2.4　分支定界法的计算框图

[**例 2.12**]用分支定界法求解如下整数规划问题：

$$\min z = 3x_1 + 7x_2 + 4x_3,$$

$$\text{s.t.}\begin{cases} 2x_1 + x_2 + 3x_3 - x_4 = 8, \\ x_1 + 3x_2 + x_3 - x_5 = 5, \\ x_i \geqslant 0 \text{ 且为取整数} \quad (i=1,2,\cdots,5). \end{cases}$$

解：仅原问题(I_0)是活问题. 现有最好解为 $\varnothing$，现有最小值为 ∞. 解(I_0)的松弛问题(L_0)，

得最优解为 $x_1=3\frac{4}{5}, x_2=\frac{2}{5}, x_3=x_4=x_5=0, z=14\frac{1}{5}$. 该解为非整数，因此应对($\mathrm{I}_0$)进行划分. 对($\mathrm{I}_0$)添加约束条件 $x_1\leqslant 3$，得一部分问题，记为(I_1)；对(I_0)添加约束条件 $x_1\geqslant 4$，得另一部分问题，记为(I_2).

分别求解(I_1)和(I_2)的对应松弛问题(L_1)和(L_2)，得最优解为

$$x_1=x_4=x_5=0,\ x_2=\frac{1}{2},\ x_3=\frac{1}{2},\ z=14\frac{1}{2},$$

和

$$x_1=4,\ x_2=\frac{1}{3},\ x_3=x_5=0,\ x_4=\frac{1}{3},\ z=14\frac{1}{3}.$$

则(I_1)和(I_2)都是活问题.

从现有活问题(I_1)和(I_2)中选取一个进行探查. 今取(I_1)来探查，由于(L_1)的最优解非整数解，且最优值 14.5 小于现有最小值∞，故应对(I_1)进行划分. 今取变量 x_2 来划分，对(I_1)添加条件 $x_2\leqslant 0$ 得部分问题(I_3)，添加条件 $x_2\geqslant 1$ 得部分问题(I_4).

分别求解(I_3)和(I_4)的对应松弛问题(L_3)和(L_4)，得最优解为

$$x_1=3,\ x_2=x_5=0,\ x_3=2,\ x_4=4,\ z=17,$$

和

$$x_2=1,\ x_3=2\frac{1}{3},\ x_1=x_4=0,\ x_5=\frac{1}{3},\ z=16\frac{1}{3}.$$

则(I_3)和(I_4)都是活问题.

在现有活问题(I_2)，(I_3)，(I_4)中选取一个进行探查，这里取(I_3)来探查，由于所得(L_3)的最优解是整数解，且最优值 17 小于现有最小值∞，因此(I_3)已探明. 将现有最好解修改为$(3,0,2,4,0)^{\mathrm{T}}$，现有最小值修改为 17；并检查其他活问题，看是否有应该剪支的. 今(L_2)和(L_4)的最优值都小于 17，故没有应该剪支的.

再取(I_4)来探查，由于所得(L_4)的最优解是非整数解，且其最优值 $16\frac{1}{3}$小于现有最小值 17，故应对(I_4)进行划分. 今取变量 x_5 来划分，对(I_4)添加条件 $x_5\leqslant 0$ 得部分问题(I_5)，添加条件 $x_5\geqslant 1$ 得部分问题(I_6).

求解(I_5)的对应松弛问题(L_5)，它无可行解，从而(I_5)已探明.

求解(I_6)的对应松弛问题(L_6)，得其最优解为

$$x_1=2,\ x_2=1,\ x_3=1,\ x_4=0,\ x_5=1,\ z=17.$$

则(I_6)是活问题.

在现有活问题(I_2)和(I_6)中，这里先取(I_2)来探查. 由于所得(L_2)的最优解是非整数解，且其最优值 $14\frac{1}{3}$小于现有最小值 17，故应对(I_2)进行划分. 今取变量 x_2 来划分，对(I_2)添加条件 $x_2\leqslant 0$ 得部分问题(I_7)，添加条件 $x_2\geqslant 1$ 得部分问题(I_8).

分别求解(I_7)和(I_8)的对应松弛问题(L_7)和(L_8)，得最优解为

$$x_1=5,\ x_2=0,\ x_3=0,\ x_4=2,\ x_5=0,\ z=15,$$

和

$$x_1=4,\ x_2=1,\ x_3=0,\ x_4=1,\ x_5=2,\ z=19.$$

则(I_7)和(I_8)都是活问题.

从现有活问题(I_6)，(I_7)，(I_8)中选取一个进行探查. 这里先取(I_7)来探查，由于所得(L_7)的最优解是整数解，且最优值 15 小于现有最小值 17，因此(I_7)已探明. 将现有最好解修改为$(5,0,0,2,0)^{\mathrm{T}}$，现有最小值修改为 15，并检查其他活问题，看是否有应该剪支的. 由于(L_6)的最优值

17 大于 15，于是(I_6)已探明. 由于(L_8)的最优值 19 大于 15，于是(I_8)已探明. 至此，活问题已全部探明. 计算结束，得原问题的最优解为 $\boldsymbol{X}^*=(5,0,0,2,0)^{\mathrm{T}}$，最优值为 $z^*=15$.

5. 分支定界法计算中的说明

1)对于同一个问题可以设计不同的探查与划分过程

关于探查策略，尚无严格的统一准则. 一般采用如下两条原则之一：(1)选取对应松弛问题的最优值最小的活问题先探查. (2)取最后形成的活问题先探查. 关于划分策略，通常可根据对各变量重要性的了解来确定划分策略.

2)分支定界法也适用于求解混合整数规划问题

只需注意到用以划分部分问题的变量必须是整数变量，连续变量不能用来划分部分问题，其他步骤和规则与前述相同.

6. 整数规划问题的计算机求解

在分支定界法的每一步中，涉及求解活问题对应的松弛问题时，只需要利用线性规划问题的计算机求解方法求出其最优解和其对应的目标函数值，其余步骤不变.

2.2.5 隐枚举法

0－1 规划是特殊的整数规划，它当然可以利用分支定界法求解，在 Matlab 中求解 0－1 规划的函数使用的算法就是分支定界法. 由于 0－1 规划的特殊性，对其求解存在更简便的方法，称为隐枚举法.

1. 理论依据

要应用隐枚举法，0－1 规划模型必须是如下标准形式：

$$\min z=c_0+\sum_{j=1}^{n}c_jx_j \qquad (c_j\geqslant 0),$$

$$\text{s.t.}\begin{cases}\sum_{j=1}^{n}a_{ij}x_j\leqslant b_i & (i=1,2,\cdots,m),\\ x_j=0\text{ 或 }1 & (j=1,2,\cdots,n).\end{cases} \tag{2.15}$$

这是可以办到的. 因为若原问题的目标函数表达式中变量 x_j 的系数 $c_j<0$，则可通过变量代换 $x_j=1-x_j'$(x_j' 也是 0 或 1)，用 x_j' 取代 x_j，即可化为式(2.15)的目标函数形式；一个等式约束相当于"≤"和"≥"的两个不等式约束，而对"≥"的不等式约束，两端同乘以－1 即可变成式(2.15)的不等式约束形式.

对于一个活问题(v_k)，记它的固定变量的指标集为 W_k，自由变量的指标集为 F_k，并记

$$W_k^+=\{j\mid j\in W_k,\text{且 }x_j=1\},W_k^-=\{j\mid j\in W_k,\text{且 }x_j=0\}.$$

这时，式(2.15)的不等式约束化为

$$\sum_{j\in F_k}a_{ij}x_j\leqslant b_i-\sum_{j\in W_k^+}a_{ij}. \tag{2.16}$$

可以得出如下结论：

(1)如果

$$\sum_{j\in F_k}\min\{0,a_{ij}\}>b_i-\sum_{j\in W_k^+}a_{ij}, \tag{2.17}$$

则(v_k)无可行解.

(2)如果$b_i-\sum_{j\in W_k^+}a_{ij}\geqslant 0(i=1,2,\cdots,m)$,则自由变量全部为0的组合是问题$(v_k)$的最优解.若对应目标函数值$c_0+\sum_{j\in W_k^+}c_j$小于现有最小值,则将现有最好解和现有最小值修改成该部分问题的最优解和最优值;若$c_0+\sum_{j\in W_k^+}c_j$大于等于现有最小值,则无须再验算是否满足(v_k)的线性约束,更无须再划分(v_k).

2. 基本思想

在0—1规划问题的求解过程中,始终保持0—1限制.对于一个活问题,逐次取一个变量,确定它取0或1来划分部分问题(即把相应的可行解集合分为两个子集).对于一个部分问题的探查,先不考虑线性约束,直接根据目标函数表达式来确定使目标函数达到最优值的各自由变量的值,从而得出n个变量的一个0—1组合.然后验算该0—1组合是否满足线性约束.若满足,则得出该部分问题的最优解和最优值,它们分别是原问题的可行解和原问题最优值的一个上界.若该0—1组合不满足线性约束,且该部分问题属未探明的,则添加一个固定变量(即从自由变量中选取一个,令它取0或1)用以划分该问题,得出两个新的部分问题.只要还存在活问题,就如此继续进行,直到没有活问题为止.

3. 计算步骤

基本思想中关键的就是理解部分问题的“探明”含义?所谓探明,指如下三种情况:

(1)对部分问题对应的固定变量组,无论怎样配置自由变量的值,都不可能得出满足线性约束的0—1组合,即该部分问题无可行解.这种情况称为不可行了解.

(2)该固定变量组的取值使目标函数可能达到的最优值(对自由变量的各种取法而言)不比现有最小值小,这时无须再验算是否满足线性约束,更无须再划分.这种情况称为界限值了解.

(3)已得出该部分问题的最优解,且对应目标函数值比现有最小值小.这种情况称为部分最优了解.这时,将现有最好解和现有最小值修改成该部分问题的最优解和最优值.

具体计算步骤如下:

步骤1:令全部x_j都是自由变量且取0值,即$\boldsymbol{X}_0=0$,检验该解是否可行.若可行,已得最优解;若不可行,转步骤2.

步骤2:将某一变量转为固定变量,令其取值为1或0,使问题分成两个部分问题.令一个部分问题的自由变量都取0值,加上固定变量取值,组成此部分问题的解.

步骤3:计算此解的目标函数值z_k,与现有最小值z_{copt}比较.如前者大,则不必检验其是否可行而停止计算,若部分问题都检验过,转步骤7,否则转步骤6;如前者小,转步骤4.

步骤4:检验解是否可行.如可行,已得一个可行解,并分别修改现有最好解和现有最小值为$\boldsymbol{X}_k$和z_k,停止分支.若部分问题都检验过,转步骤7,否则转步骤6.如不可行,转步骤5.

步骤5:如果有$\sum_{j\in F_k}\min\{0,a_{ij}\}>b_i-\sum_{j\in W_k^+}a_{ij}$,则$(v_k)$称为不可行解了解,不再往下分支.否则,若部分问题都检验过,转步骤7,否则转步骤6.

步骤6:定出尚未检验过的另一个部分问题的解,进行步骤3至步骤5,若所有部分问题都检验过了，计算停止，这时现有最好解和现有最小值就是原问题的最优解和最优值；否则转步骤 7.

步骤 7：检查有无自由变量. 若有，转步骤 2；若没有，计算停止. 现有最好解和现有最小值就是原问题的最优解和最优值.

4. 计算框图

计算框图见图 2.5.

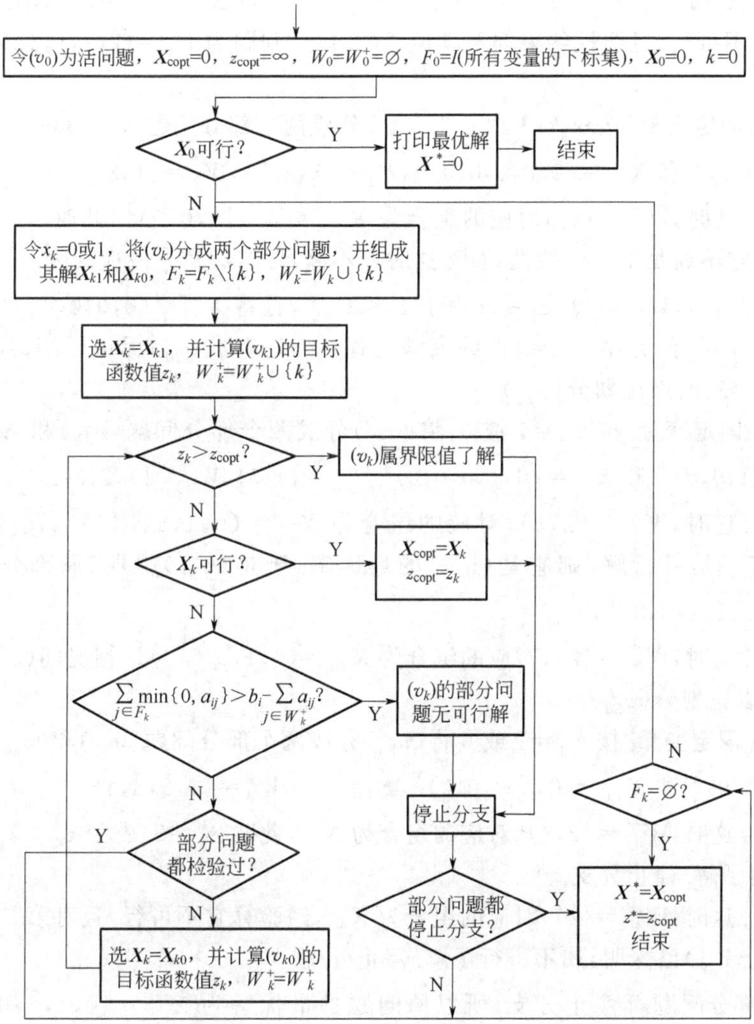

图 2.5　隐枚举法的计算框图

[例 2.13]求解线性规划问题：

$$\min z = 8x_1 + 2x_2 + 4x_3 + 7x_4 + 5x_5,$$

$$\text{s.t.}\begin{cases} -3x_1 - 3x_2 + x_3 + 2x_4 + 3x_5 \leqslant -2, \\ -5x_1 - 3x_2 - 2x_3 - x_4 + x_5 \leqslant -4, \\ x_i = 0 \text{ 或 } 1 \quad (j=1,2,\cdots,5). \end{cases}$$

解：原问题符合式(2.15)的形式，记为(v_0). 这时 $W_0 = W_0^+ = \varnothing$，$F_0 = I = \{1,2,3,4,5\}$，

为使 z 最小,取 $\boldsymbol{X}_{copt}=0=(0,0,0,0,0)^{T}$,$z_{copt}=\infty$. 由于 $\boldsymbol{X}_0=0$ 不满足问题中的线性约束,则 $\boldsymbol{X}_0=0$ 不可行. 取 x_1 为固定变量. 按 $x_1=1$ 或 0 将(v_0)分成两个部分问题(v_{11})和(v_{10}),并组成其解 $\boldsymbol{X}_{11}=(1,0,0,0,0)^{T}$ 和 $\boldsymbol{X}_{10}=(0,0,0,0,0)^{T}$,$F_1=\{2,3,4,5\}$,$W_1=\{1\}$.

探查(v_{11}). 这时,$W_1^{+}=\{1\}$,$z_1=8$. 由于 $z_1<z_{copt}$,且将 $\boldsymbol{X}_{11}=(1,0,0,0,0)^{T}$ 代入线性约束验算可知,它可行,因此它是(v_{11})的最优解. 于是(v_{11})探明,属部分最优了解,得 $\boldsymbol{X}_{copt}=\boldsymbol{X}_{11}=(1,0,0,0,0)^{T}$,$z_{copt}=8$.

探查(v_{10}). 这时 $W_1^{+}=\varnothing$,$z_1=0$. 由于 $z_1<z_{copt}$,且将 $\boldsymbol{X}_{10}=(0,0,0,0,0)^{T}$ 代入线性约束验算可知,它不可行,且线性约束都不满足式(2.17),则因为 $F_1=\{2,3,4,5\}\neq\varnothing$,所以应划分$(v_{10})$.

选取 x_2 为固定变量. 按 $x_2=1$ 或 0 将(v_{10})分成两个部分问题(v_{21})和(v_{20}),并组成其解 $\boldsymbol{X}_{21}=(0,1,0,0,0)^{T}$ 和 $\boldsymbol{X}_{20}=(0,0,0,0,0)^{T}$,$F_2=\{3,4,5\}$,$W_2=\{1,2\}$.

探查(v_{21}). 这时,$W_2^{+}=\{2\}$,对应的组合为 $\boldsymbol{X}_{21}=(0,1,0,0,0)^{T}$,此时 $z_2=2$. 由于 $z_2<z_{copt}$. 验算可知它不满足第二个线性约束,这时也不满足式(2.17),故应划分.

探查(v_{20}). 这时,$W_2^{+}=\varnothing$,$z_1=0$. 由于 $z_1<z_{copt}$,且将 $\boldsymbol{X}_{20}=(0,0,0,0,0)^{T}$ 代入线性约束验算可知,它不可行,且第二个线性约束满足式(2.17),则(v_{20})无可行解,停止分支. 因为 $F_2=\{3,4,5\}\neq\varnothing$,所以应划分$(v_{21})$.

选取 x_3 为固定变量. 按 $x_3=1$ 或 0,将(v_{21})分成两个部分问题(v_{31})和(v_{30}),并组成其解 $\boldsymbol{X}_{31}=(0,1,1,0,0)^{T}$ 和 $\boldsymbol{X}_{30}=(0,1,0,0,0)^{T}$,$F_3=\{4,5\}$,$W_3=\{1,2,3\}$.

探查(v_{31}). 这时,$W_3^{+}=\{2,3\}$,对应的组合为 $\boldsymbol{X}_{31}=(0,1,1,0,0)^{T}$,此时 $z_3=6$. 由于 $z_3<z_{copt}$,且 $\boldsymbol{X}_{31}$ 是可行解,则它是(v_{31})的最优解. 于是(v_{31})探明,属部分最优了解,得 $\boldsymbol{X}_{copt}=\boldsymbol{X}_{31}=(0,1,1,0,0)^{T}$,$z_{copt}=6$.

探查(v_{30}). 这时,$W_3^{+}=\{2\}$,对应的组合为 $\boldsymbol{X}_{30}=(0,1,0,0,0)^{T}$. 情况同$(v_{21})$,因为 $F_3=\{4,5\}\neq\varnothing$,所以应划分$(v_{30})$.

选取 x_4 为固定变量. 按 $x_4=1$ 或 0 将(v_{30})分成两个部分问题(v_{41})和(v_{40}),并组成其解 $\boldsymbol{X}_{41}=(0,1,0,1,0)^{T}$ 和 $\boldsymbol{X}_{40}=(0,1,0,0,0)^{T}$,$F_4=\{5\}$,$W_3=\{1,2,3,4\}$.

探查(v_{41}). 这时,$W_4^{+}=\{2,4\}$,对应的组合为 $\boldsymbol{X}_{41}$,此时 $z_4=9$. 由于 $z_4>z_{copt}$,则(v_{41})已探明,属界限值了解. 停止分支.

探查(v_{40}). 这时,$W_4^{+}=\{2\}$,对应的组合为 $\boldsymbol{X}_{40}$,经验算它不可行,且对第二个线性约束满足式(2.17),则(v_{40})已探明,属不可行了解. 停止分支.

由于所有部分问题都停止分支,所以原问题的最优解为 $\boldsymbol{X}^{*}=(0,1,1,0,0)^{T}$,最优值为$z^{*}=6$.

5. 隐枚举法计算中的说明

例 2.12 的求解过程,是按自然顺序选取固定变量进行划分和选取活问题进行探查. 实际上可以人为地编排顺序,所以这里也有一个划分策略和探查策略的问题. 一般应优先选取在约束不等式中系数全为负数的变量来分支.

6. 0—1 规划问题的计算机求解

Bintprog 函数是 Matlab R2014 之前主要的求解 0—1 规划的函数. 在之后的版本中,官方建议使用 intlinprog 函数代替. 因此,这里介绍如何使用 intlinprog 函数求解 0—1 规划问题.

它求解问题的标准模型为：

$$\min \boldsymbol{f}^{\mathrm{T}}\boldsymbol{X},$$
$$\text{s. t.}\begin{cases}\boldsymbol{AX} \leqslant \boldsymbol{b},\\ \boldsymbol{AeqX} = \boldsymbol{beq},\\ x_j = 0 \text{ 或 } 1 \quad (j=0,1,\cdots,n).\end{cases} \tag{2.18}$$

式(2.18)中符号的含义与式(2.14)的含义相同. 调用函数 intlinprog 的常用语法如下：

```
(1)x=intlinprog(f,intcon,A,b,Aeq,beq,lb,ub);
(2)[x,fval]=intlinprog(f,intcon,A,b,Aeq,beq,lb,ub);
```

其中，intcon 中的值指示决策变量“x”中应取整数值的分量. 在 0—1 规划中，其为所有决策变量. 事实上，intlinprog 是 Matlab R2014a 引入的函数，可用于求解混合整数线性规划问题. 其他详细信息，读者可查阅相关技术资料.

[**例 2.14**]用 Matlab 求解例 2.13.

解：重新表达 0—1 规划为：

$$\min(8,2,4,7,5)\begin{bmatrix}x_1\\x_2\\x_3\\x_4\\x_5\end{bmatrix},$$

$$\text{s. t.}\begin{cases}\begin{bmatrix}-3 & -3 & 1 & 2 & 3\\ -5 & -3 & -2 & -1 & 1\end{bmatrix}\begin{bmatrix}x_1\\x_2\\x_3\\x_4\\x_5\end{bmatrix} \leqslant \begin{bmatrix}-2\\-4\end{bmatrix},\\ x_j = 0 \text{ 或 } 1 \quad (j=1,2,\cdots,5).\end{cases}$$

调用代码：

```
f=[8;2;4;7;5];                                %价值向量 f
intcon={1,2,3,4,5};                           %取 0—1 整数值的决策变量的所在位置，也可为[1:5]
A=[-3,-3,1,2,3;-5,-3,-2,-1,1];                %不等式约束系数矩阵 A，[]中的分号“;”%为行分隔符
b=[-2;-4];                                    %不等式约束右端常数向量 b
lb=zeros(5,1);                                %生成 5×1 的 0 向量，变量取值下限向量
ub=ones(5,1);                                 %生成 5×1 的 1 向量，变量取值上限向量
[x,fval]=intlinprog(f,intcon,A,b,[],[],       %以语法(2)调用函数 intlinprog. 注意两个空数组的占位
lb,ub);                                       作用
```

输出结果：

```
x=

     0

     1
```

```
          1
          0
          0
fval=
          6
```

问题的最优解为 $x_1=0, x_2=1, x_3=1, x_4=0, x_5=0$，最优目标函数值为 $fval=6$，与前面求出的结果完全吻合.

2.2.6 表上作业法

表上作业法是求解如下运输问题(称为平衡运输问题)的一种简便而有效的方法，其求解工作在运输表上进行.

$$\min z=\sum_{i=1}^{m}\sum_{j=1}^{n}c_{ij}x_{ij},$$

$$\text{s.t.}\begin{cases}\sum_{j=1}^{n}x_{ij}=a_i & (i=1,2,\cdots,m),\\ \sum_{i=1}^{m}x_{ij}=b_j & (j=1,2,\cdots,n),\\ x_{ij}\geqslant 0 & (i=1,2,\cdots,m;j=1,2,\cdots,n).\end{cases} \tag{2.19}$$

其中常数项 $a_i\geqslant 0(i=1,2,\cdots,m)$，$b_j\geqslant 0(j=1,2,\cdots,n)$；$\sum_{i=1}^{m}a_i=\sum_{j=1}^{n}b_j$.

1. 理论依据

定理 2.7 任何平衡运输问题都有最优解，且必在基可行解中找到.

定理 2.8 式(2.19)中约束方程组的系数矩阵 $\boldsymbol{A}$ 和增广矩阵 $\overline{\boldsymbol{A}}$ 的秩相等，等于 $m+n-1$.

定理 2.9 $m+n-1$ 个变量 $x_{i_1j_1},x_{i_2j_2},\cdots,x_{i_sj_s}(s=m+n-1)$ 构成基变量的充分必要条件是它不包含任何闭回路.

定理 2.10 式(2.19)中所有 a_i 和 b_j 都是整数，则该运输问题的每一个基可行解都必为整数解.

2. 基本思想

先按某种规则找出初始解；再对现行解作最优性检验；若这个解不是最优解，就在运输表上对它进行调整改进，得出一个新解；再判别，再改进；直至得到运输问题的最优解为止.

3. 计算步骤

表上作业法是单纯形法在求解运输问题时的一种简化方法，其实质是单纯形法，只是具体计算和术语有所不同.

在表上作业法的基本思想中，包括如下三大步骤：

(1)确定初始基可行解.

确定初始基可行解的方法很多，这里只介绍最小元素法，它可概括如下：

① 先确定表上运价最小的格子所对应的变量的值. 若有几个格子同时达到最小运价，则

可任取一个.令该变量取尽可能大的值,把此值填入该变量的对应位置并画圈.画圈格子的对应变量是基变量.

② 在画圈格子所在行或列的应取 0 值的变量处填×号.当画圈格子所在行和列的其余变量都应取 0 时,则或者只对行打×,或者只对列打×.画×格子的对应变量是非基变量.

③ 对表的剩余部分(即尚未画圈和打×的部分)重复①、② 的步骤.当表的剩余部分仅是一行或一列时,确定其最小运价对应变量的值后,不管其余元素是否取 0 值,都不能打×,而应作为剩余部分处理.

(2)解的最优性检验.

得到运输问题的初始基可行解后就要判别这个解是否为最优解,判别的方法是计算非基变量即×格的检验数.因运输问题的目标函数是要求实现最小化,所以当所有非基变量的检验数都大于等于 0 时为最优解.下面介绍常用的位势法.

设 $x_{i_1j_1},x_{i_2j_2},\cdots,x_{i_sj_s}(s=m+n-1)$是一组基可行解,现在引进 $m+n$ 个未知量 $u_1,\cdots,u_m,v_1,\cdots,v_n$,由上述基可行解可构造如下方程组:

$$\begin{cases}u_{i_1}+v_{j_1}=c_{i_1j_1},\\ u_{i_2}+v_{j_2}=c_{i_2j_2},\\ \cdots\cdots\\ u_{i_s}+v_{j_s}=c_{i_sj_s}.\end{cases} \tag{2.20}$$

其中 c_{ij} 为变量 x_{ij} 对应的单位运价.方程组式(2.20)共有 $m+n$ 个未知数和 $m+n-1$ 个方程,其解存在且恰有一个自由变量.称 $u_1,\cdots,u_m$ 为行位势,$v_1,\cdots,v_n$ 为列位势.

定理 2.11 设已给了一组基可行解,则对每一个非基变量 x_{ij},它所对应的检验数为

$$\sigma_{ij}=c_{ij}-(u_i+v_j), \tag{2.21}$$

如果非基变量(即×格处)的检验数为 0 时,则运输问题存在无穷多个最优解;否则,只有唯一最优解.

(3)解的改进.

当计算完所有的×格检验数时,如果检验数还有小于 0 的,则表明还未达到最优解,这时常用闭回路法改进解.它可概括如下:

① 选取最小检验数所对应的非基变量为进基变量,即

$$\min\{\sigma_{ij}<0\,|\,x_{ij}\text{ 为非基变量}\}=\sigma_{kl}, \tag{2.22}$$

确定 x_{kl} 为进基变量(若有几个检验数同时最小,可任选其中之一).从它出发,寻求一条以基变量为其余顶点的闭回路,并将此闭回路的顶点依次编号.

② 将其中偶序顶点的基变量值的最小者取作调整量 θ,并将该基变量选取为离基变量(若有几个偶序顶点同时达到最小值,则在其中任取一个).

③ 将该闭回路上奇序顶点的值加 θ,偶序顶点的值减 θ.闭回路之外的 x_{ij} 值一概不变.经此调整后所得的一组新值$\{x'_{ij}\}$便是一个改进的新解.为清楚起见,应将$\{x'_{ij}\}$值列入新表.在新表中,进基变量 x_{kl} 的值 x'_{kl} 应加圈,离基变量处则无圈,其余基变量的值不管是否取零值都应继续加圈.

综上所述,表上作业法的具体步骤可归纳如下:

步骤 1:找出初始基可行解,即在 $m\times n$ 产销平衡表上给出 $m+n-1$ 个有数字的格,这些有数字的格不能构成闭合回路,且行和等于产量,列和等于销量.

步骤 2:求各非基变量的检验数,即在表上求出空格的检验数,判别是否达到最优解.如果达到最优解,则停止计算,否则转下一步.

步骤 3:确定换入变量和换出变量,找出新的基可行解,在表上用闭回路法进行调整.

步骤 4:重复步骤 2 和步骤 3,直到求得最优解为止.

4. 计算框图

计算框图见图 2.6.

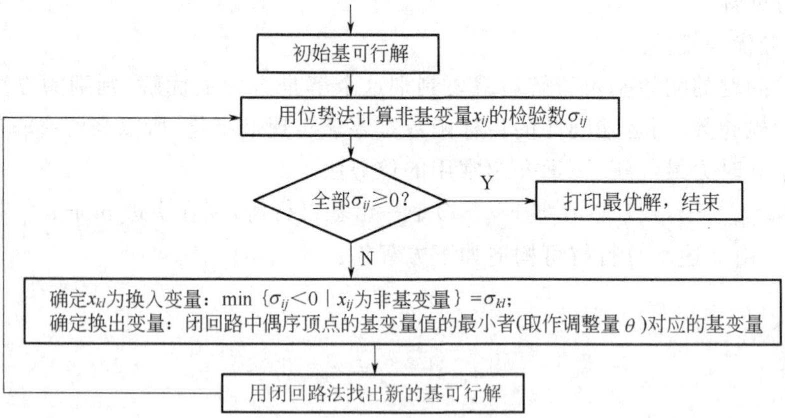

图 2.6　表上作业法的计算框图

[**例 2.15**]求解例 2.4 的运输问题.

解:用最小元素法得初始调运方案见表 2.13.

表 2.13　初始调运方案表

	B_1	B_2	B_3	B_4	
A_1	× 3	× 11	④ 3	③ 10	7
A_2	③ 1	× 9	① 2	× 8	4
A_3	× 7	⑥ 4	× 10	③ 5	9
	3	6	5	6	

对表 2.13 用位势法求检验数,得表 2.14.

表 2.14　位势法求检验数结果

	2 B_1	9 B_2	3 B_3	10 B_4	
0　A_1	1 3	2 11	④ 3	③ 10	7
−1　A_2	③ 1	1 9	① 2	−1 8	4
−5　A_3	10 7	⑥ 4	12 10	③ 5	9
	3	6	5	6	

对表 2.14 用闭回路法进行调整,得新方案,见表 2.15.

表 2.15 闭回路法调整得新方案表

	3 B_1	9 B_2	3 B_3	10 B_4	
0 A_1	0 3	2 11	⑤ 3	② 10	7
−2 A_2	③ 1	2 9	1 2	① 8	4
−5 A_3	9 7	⑥ 4	12 10	③ 5	9
	3	6	5	6	

对新方案求检验数,仍见表 2.15,由于表中所有检验数都大于等于 0,所以表 2.15 给出的解:$x_{13}=5,x_{14}=2,x_{21}=3,x_{24}=1,x_{32}=6,x_{34}=3$,其余 $x_{ij}=0$ 为最优解,这时得到的总运费的最小值为 85.

5. 运输问题计算中的几个说明

1)关于表上作业法

当运输问题中某部分产地的产量和,与某一部分销地的销量和相等时,在迭代过程中有可能在某个格填入一个运量时需同时划去运输表的一行和一列,这时就出现了退化.为了使表上作业法的迭代工作继续,这时应在同时划去的一行或一列中的某个格中填入数字 0,表示这个格中的变量是取值为 0 的基变量,使迭代过程中的基可行解的分量恰好为 $m+n-1$ 个.

2)关于产销不平衡的运输问题

为了使用表上作业法,需将产销不平衡运输问题化为产销平衡运输问题来解决,有兴趣的读者参看相关参考书.

2.2.7 匈牙利法

分派问题(指派问题)既是 0−1 规划问题,也是特殊的运输问题,它当然可以用解 0−1 规划的隐枚举法或解运输问题的表上作业法来求解.但本节利用分派问题的特点,介绍一种更简便的算法——匈牙利法,该方法是求解如下问题的常用方法:

$$\min z=\sum_{i=1}^{n}\sum_{j=1}^{n}c_{ij}x_{ij},$$

$$\text{s.t.}\begin{cases}\sum_{i=1}^{n}x_{ij}=1 & (j=1,2,\cdots,n),\\ \sum_{j=1}^{n}x_{ij}=1 & (i=1,2,\cdots,n),\\ x_{ij}=0\text{ 或 }1 & (i,j=1,2,\cdots,n).\end{cases}\tag{2.23}$$

1. 理论依据

定理 2.12 对分派问题式(2.23)的系数矩阵 $\boldsymbol{C}=(c_{ij})_{n\times n}$ 的任何一行或一列加上或减去一个常数,所得矩阵 $\boldsymbol{C}'=(c'_{ij})_{n\times n}$ 对应的分派问题具有与原分派问题相同的最优解.

2. 基本思想

从系数矩阵 $\boldsymbol{C}$ 的各行减去该行的最小元素,然后从所得矩阵的各列减去该列的最小元素,得一新的系数矩阵 $\boldsymbol{C}'$. $\boldsymbol{C}'$ 的每行、每列都至少有一个 0(零)元素,如果能从它中找出 n 个位于不同行、不同列的 0 元素,就令这些元素对应的 $x_{ij}=1$,其余 $x_{ij}=0$,则得到原分派问题的最优解;否则对 $\boldsymbol{C}'$ 作变换得新矩阵 $\boldsymbol{C}''$,并找其位于不同行、不同列的 0 元素,若能找到 n 个,则得最优解. 否则,重复上述做法,直到得出 n 个位于不同行、不同列的 0 元素为止.

3. 计算步骤

在匈牙利法的基本思想中,关键是找出 $\boldsymbol{C}'$ 的 0 元素和对其作变换,使其能够得出 n 个位于不同行、不同列的 0 元素. 下面介绍它们具体的做法.

(1)找出 $\boldsymbol{C}'$ 的位于不同行、不同列的 0 元素的方法.

如果 n 较小,可由观察、试探得出;如果 n 较大,则须按如下法则进行:从含 0 元素最少的行开始,括出(用[])一个 0 元素(若有多个 0 元素,选列标最小者),然后划去与它同行或同列的其他 0 元素,记为 $\varnothing$. 对剩余部分做同样处理,直到做完各行. 所有括出的 0 元素便位于不同行、不同列.

(2)对 $\boldsymbol{C}'$ 作变换的方法.

首先,对 $\boldsymbol{C}'$ 作出能覆盖所有 0 元素的最少条数的直线集合. 具体做法如下:

① 对没有括号[]的行作标记(如在右侧打√号);

② 对有标记的行中所有 0 元素所在的列作标记(如在下端打√号);

③ 对有标记的列中带括号[]元素所在的行作标记;

④ 重复②、③两步,直到得不出新标记的行、列;

⑤ 对无标记的行画横线,对有标记的列画纵线,这些直线的全体便是能覆盖所有 0 元素的最少条数的直线集合.

其次,从 $\boldsymbol{C}'$ 没有被直线覆盖的部分找出最小元素,并在未画直线的行减去此最小元素,在画直线的列加上此最小元素,便得新矩阵 $\boldsymbol{C}''$.

然后,再对 $\boldsymbol{C}''$ 寻找不同行、不同列的 0 元素. 若已有 n 个位于不同行、不同列的 0 元素,则已求得最优分派. 否则,重复上述做法,直到得出 n 个位于不同行、不同列的 0 元素为止.

综上可知,匈牙利法的具体步骤如下:

步骤 1:变换系数矩阵,使每行、每列都出现 0 元素.

步骤 2:对新系数矩阵找不同行、不同列的 0 元素. 如果恰有 n 个,则这些元素的行、列下标数偶便构成原问题的最小分派,求解过程结束;否则,转下一步.

步骤 3:作出覆盖所有 0 元素的最少直线集合,转下一步.

步骤 4:变换矩阵,以得出新的 0 元素. 转步骤 2.

4. 计算框图

计算框图见图 2.7.

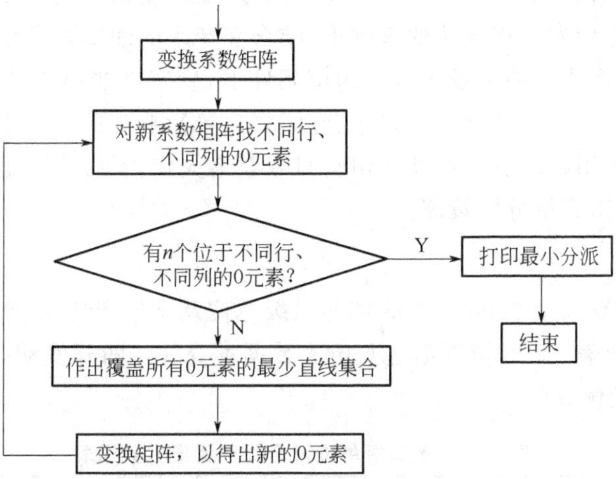
变换系数矩阵
对新系数矩阵找不同行、不同列的0元素
有n个位于不同行、不同列的0元素?
Y
打印最小分派
结束
N
作出覆盖所有0元素的最少直线集合
变换矩阵，以得出新的0元素

图 2.7　匈牙利法的计算框图

[**例 2.16**]求解例 2.5 中的分派问题.

解:按步骤 1,对例 2.5 的系数矩阵 $\boldsymbol{C}$ 进行变换,得到新矩阵 $\boldsymbol{C}'$:

$$\boldsymbol{C}=\begin{bmatrix}2 & 15 & 13 & 4\\10 & 4 & 14 & 15\\9 & 14 & 16 & 13\\7 & 8 & 11 & 9\end{bmatrix}\rightarrow\begin{bmatrix}0 & 13 & 7 & 0\\6 & 0 & 6 & 9\\0 & 5 & 3 & 2\\0 & 1 & 0 & 0\end{bmatrix}=\boldsymbol{C}'.$$

按步骤 2,得到: $\begin{bmatrix}\varnothing & 13 & 7 & [0]\\6 & [0] & 6 & 9\\ [0] & 5 & 3 & 2\\ \varnothing & 1 & [0] & \varnothing\end{bmatrix}$,其中带括号[]的元素有 4 个,它们正好对应最小分派:$x_{14}=1,x_{22}=1,x_{31}=1,x_{43}=1$,其余 $x_{ij}=0$,即分派甲译俄文、乙译日文、丙译英文、丁译德文,便可使得总用时最少,为 $z^*=c_{14}+c_{22}+c_{31}+c_{43}=28(\mathrm{h})$.

5. 分派问题计算中的几个说明

1)目标函数求最大化的问题

对于这种情形,首先找出最大问题的系数矩阵中的最大元素 M,用 M 减去每个元素,则可将最大问题转变为系数矩阵元素均非负的最小问题,然后就可用匈牙利法求其最小解,它即为原问题的最大解.

2)系数矩阵不是方阵的分派问题

对于这种情形,可添上元素全为 0 的行或列,把系数矩阵补充成方阵,然后用匈牙利法求解即可.

2.3 应用案例

2.3.1 油田开发规划

油田开发规划是指在油田开发进入递减期后,为了延缓产量递减、成本上升,保持产量相对稳定而采取的相应措施.而产量分配优化是油田开发规划研究的主要内容之一,它是在油田、区块或单井地质评价和工程评价的基础上,结合多年来的油田开发数据,在现有的勘探、开发技术水平以及各生产要素的可投入量等约束条件下,确定出油田或区块实现最大经济效益时的产量或产量组合.模型的建立是否科学合理,将直接影响油田开发战略决策的准确性和科学性.为了合理开采油田、降低成本、使油田自身效益最大化,有必要根据油田自身动态变化规律制订科学合理的油田产量分配策略.

1. 问题描述

国内某中后期开发油田2000—2005年各二级单位及全局产量、操作成本、工作量、投资的历史数据见表2.16至表2.18,请根据这些历史数据本身反映的开发动态变化规律,对规划年2006年的产量进行最优分配.

表2.16 各二级单位及全局产量历史数据表 万吨

单位 \ 时间(年)	2000	2001	2002	2003	2004	2005
一厂	70.64	71.30	72.65	72.05	73.68	71.18
二厂	27.36	26.26	25.81	25.71	29.32	28.38
三厂	163.5	163.04	161.02	160.16	161.07	158.38
四厂	34.09	31.86	30.60	27.22	26.07	26.32
五厂	61.77	65.26	66.20	66.19	66.57	65.20
六厂	26.20	26.32	27.05	28.03	29.20	27.61
全局	383.56	384.04	383.33	379.36	385.91	377.07

表2.17 各二级单位及全局操作成本和工作量历史数据表

时间(年)	一厂		二厂		三厂		四厂		五厂		六厂		全局	
	成本(万元)	工作量(口)	成本(万元)	工作量(口)	成本(万元)	工作量(口)	成本(万元)	工作量(口)	成本(万元)	工作量(口)	成本(万元)	工作量(口)	成本(万元)	工作量(口)
2000	21668	318	9043	131	61553	752	10159	132	17394	297	11313	132	131130	1762
2001	24730	329	8206	136	62036	790	12054	138	17687	334	11518	151	136231	1878
2002	20115	341	9775	132	62631	828	8942	137	17670	353	12328	153	131461	1944
2003	21557	371	10100	131	61413	884	6965	139	19082	371	11881	172	130998	2068
2004	22421	381	14352	140	64835	896	7656	137	20590	371	11828	190	141682	2115
2005	24882	404	12841	147	71741	906	9356	153	25848	404	13039	212	157707	2226

表2.18 各二级单位及全局的总投资历史数据表 万元

单位 \ 时间(年)	2000	2001	2002	2003	2004	2005
一厂	135680	142708	143457	149517	150872	147911
二厂	53201	51657	53594	55761	65467	62611
三厂	325437	331814	336004	345638	345638	349493
四厂	65179	64772	60893	55307	53105	55513

续表

单位 \ 时间(年)	2000	2001	2002	2003	2004	2005
五厂	117089	125671	130063	136635	136646	140189
六厂	53599	55069	58252	61662	62734	61459
全局	750185	771691	782263	804520	814462	817176

2. 问题分析

油田产量分配优化是产量优化的第一类问题，它是将全油田的产量最优地分配到各采油厂或将采油厂的产量最优地分配到各作业区(或区块)，这些分配都在一定约束水平条件下，按给定的目标进行最优化分配，并得到各厂产量的最优分配.

为使问题简化，仅用线性规划讨论将油田分公司的产量最优地分配到各个采油厂的优化问题，并假设油田有 n 个采油厂，以年为单位. 关于如何将采油厂的产量最优地分配到各作业区(或区块)可类似处理.

3. 模型建立及求解

1)决策变量

取各采油厂的产油量为决策变量，因其他开发指标可由产油量确定，并设 x_j 为第 j 厂在规划年的产油量，$j=1,2,\cdots,n$；万吨.

2)目标函数

油田开采系统追求的目标是多种多样的，如生产成本最低、投资最省、产量最大等，为说明起见，本文仅考虑全油田的利润最大这一目标，则目标函数为：

$$\max F(x)=a\sum_{j=1}^{n}x_j-\sum_{j=1}^{n}c_jx_j.$$

式中，a 为规划年的单位油价(万元/万吨)；c_j 为第 j 个采油厂在规划年的单位产量的操作成本(万元)：

$$\begin{aligned}c_j&=\frac{\text{第 } j \text{ 个采油厂在规划年的总操作成本(万元)}}{\text{第 } j \text{ 个采油厂在规划年的总产油量(万吨)}}\\&\approx\frac{\text{第 } j \text{ 个采油厂在规划年以前的总操作成本(万元)}}{\text{第 } j \text{ 个采油厂在规划年以前的总产油量(万吨)}}.\end{aligned}\tag{2.24}$$

这样近似估计 c_j，尽管粗糙，但在实际中足以满足精度要求.

3)约束条件

(1)关于产油量.

中国石油天然气集团有限公司(以下简称集团公司)必须综合考虑国家对原油的需求量、石油地下储量和油田开采技术、开发规律等因素，同油田磋商出最低的产油量 d_1，从而产油量的约束应满足下式：

$$\sum_{j=1}^{n}x_j\geq d_1.$$

(2)关于投资.

投资的多少决定着油田的产出. 本文中的总投资指的是用于油田的生产、经营和管理的一切费用，即总投资＝完全成本＋新井的投资＋措施费用＋折旧费＋管理费用＋销售费用＋财务费用.集团公司为了满足国家对原油的需求量,必须与油田分公司进行讨论,确定出最大的投资 d_2,从而投资的约束应满足下式:

$$\sum_{j=1}^{n} a_{2j} x_j \leqslant d_2,$$

其中
$$a_{2j} \approx \frac{\text{第 } j \text{ 个采油厂在规划年以前的总投资(万元)}}{\text{第 } j \text{ 个采油厂在规划年以前的总产油量(万吨)}}. \tag{2.25}$$

(3)关于工作量.

油田分公司在集团公司商定的投资下,根据油田的地质储量、油田的自身开采规律、开采技术确定出既能完成集团公司的生产任务、又能使油田效益最大的最少工作量 d_3,从而工作量的约束应满足下式:

$$\sum_{j=1}^{n} a_{3j} x_j \geqslant d_3,$$

其中
$$a_{3j} \approx \frac{\text{第 } j \text{ 个采油厂在规划年以前的总工作量(口)}}{\text{第 } j \text{ 个采油厂在规划年以前的总产油量(万吨)}}. \tag{2.26}$$

其他约束,如耗电量约束、措施约束等类似处理.

4)建立的一般模型

通过以上分析,假设总的约束条件有 m 个,则对规划年的产量分配有如下线性规划模型:

$$\max F(\boldsymbol{x}) = a\sum_{j=1}^{n} x_j - \sum_{j=1}^{n} c_j x_j, \tag{2.27}$$

$$\text{s.t.} \begin{cases} \boldsymbol{A}\boldsymbol{x} \leqslant \boldsymbol{d}, \\ \boldsymbol{x} \geqslant 0. \end{cases}$$

其中
$$\boldsymbol{x} = (x_1, x_2, \cdots, x_n)^{\mathrm{T}},$$

$$\boldsymbol{A} = \begin{bmatrix} -1 & -1 & -1 & \cdots & -1 \\ a_{21} & a_{22} & a_{23} & \cdots & a_{2n} \\ -a_{31} & -a_{32} & -a_{33} & \cdots & -a_{3n} \\ \vdots & \vdots & \vdots & & \vdots \\ a_{m1} & a_{m2} & a_{m3} & \cdots & a_{mn} \end{bmatrix}_{m\times n}, \boldsymbol{d} = (-d_1, d_2, -d_3, \cdots, d_m)^{\mathrm{T}}.$$

4. 实例应用

1)计算并确定目标系数、资源的单位消耗系数及资源约束水平

由表 2.16、表 2.17 和式(2.24),可计算出规划年即 2006 年的目标系数 c_j;由表 2.16 至表 2.18 和式(2.25),可计算出规划年即 2006 年的资源的单位消耗系数 a_{2j};由表 2.16、表 2.17 和式(2.24)、式(2.26),可计算出规划年即 2006 年的资源的单位消耗系数 a_{3j} $(j=1, 2, \cdots, 6)$,见表 2.19.

表 2.19 目标系数及资源单位消耗系数

系数	$j=1$	$j=2$	$j=3$	$j=4$	$j=5$	$j=6$
c_j(元/吨)	313.73	394.97	397.25	312.97	302.33	437.36
a_{2j}(元/吨)	2016.56	2102.01	2103.07	2013.90	2010.00	2145.70
a_{3j}(口/万吨)	4.97	5.02	5.23	4.75	5.44	6.14

根据表 2.16 至表 2.18 中全局(油田分公司)的历史产油量、投资和工作量信息以及国家对原油的需求、油田的技术水平,集团公司和油田分公司确定出 2006 年的资源约束水平见表 2.20.

表 2.20　资源约束水平值

d_1(万吨)	d_2(万元)	d_3(口)
350	750000	1600

2)确定约束条件

根据实际问题,油田各采油厂单位产油量的效益、技术和生产能力,确定出决策变量的约束条件,即 $\boldsymbol{x} \geqslant \boldsymbol{lb} = (66,22,152,30,60,20)^{\mathrm{T}}$.

3)建立的模型

于是得到该油田 2006 年的产量分配模型如下:

$$\max F(\boldsymbol{x}) = \boldsymbol{c}^{\mathrm{T}} \boldsymbol{x},$$
$$\text{s.t.} \begin{cases} \boldsymbol{Ax} \leqslant \boldsymbol{d}, \\ \boldsymbol{x} \geqslant \boldsymbol{lb}. \end{cases}$$

其中,$\boldsymbol{c} = (a-313.73, a-394.97, a-397.25, a-312.97, a-302.33, a-437.36)^{\mathrm{T}}$,

$$\boldsymbol{A} = \begin{bmatrix} -1 & -1 & -1 & -1 & -1 & -1 \\ 2016.56 & 2102.01 & 2103.07 & 2013.90 & 2010.00 & 1245.70 \\ -4.97 & -5.02 & -5.23 & -4.75 & -5.44 & -6.14 \end{bmatrix}, \boldsymbol{x} = \begin{bmatrix} x_1 \\ x_2 \\ x_3 \\ x_4 \\ x_5 \\ x_6 \end{bmatrix}, \boldsymbol{d} = \begin{bmatrix} -350 \\ 750000 \\ -1600 \end{bmatrix}.$$

4)模型求解

首先将模型标准化,得到

$$\min f(\boldsymbol{x}) = -\boldsymbol{c}^{\mathrm{T}} \boldsymbol{x},$$
$$\text{s.t.} \begin{cases} \boldsymbol{Ax} \leqslant \boldsymbol{d}, \\ \boldsymbol{x} \geqslant \boldsymbol{lb}. \end{cases}$$

然后在 Matlab 命令窗口中调入如下代码,即可求其解.

```
>>a=3200;minus_c=[313.73-a;394.97-a;397.25-a;312.97-a;302.33-a;437.36-a];
A=[-1 -1 -1 -1 -1 -1 ;2016.56 2102.01 2103.07 2013.90 2010 1245.70;-4.97 -5.02 -5.23
   -4.75 -5.44 -6.14];
d=[-350; 750000;-1600];lb=[66;22;152;30;60;20];
[x,fval]=linprog(minus_c,A,d,[],[],lb)
Optimization terminated.

x=66.0000
   22.0000
   152.0000
   30.0000
   60.0000
   56.1766
fval=-1.0329e+006
```

即当规划年的原油价格 $a=3200$ 元/吨时，最优分配到各采油厂的年产油量分别为：$x_1=66$ 万吨，$x_2=22$ 万吨，$x_3=152$ 万吨，$x_4=30$ 万吨，$x_5=60.000$ 万吨，$x_6=56.1766$ 万吨，这时全油田最大的利润为 1.0329×10^6 万元.

2.3.2 旅游路线规划

本部分摘选自 2015 年钟仪华指导的西南石油大学陈琳、刘浩生、罗仕明获得的全国研究生数学建模竞赛一等奖论文(文本 2.1)，并做了小修改. 事实上，下面建立的三个模型中第一个是整数非线性 0—1 规划模型、第二个和第三个模型都是 0—1 规划模型.

文本 2.1 2015 年全国研究生数学建模竞赛 F 题一等奖优秀论文

1. 问题描述

旅游活动正在成为全球经济发展的重要动力之一. 它加速国际资金流转和信息、技术管理的传播，创造高效率消费行为模式、需求和价值等. 随着我国国民经济的快速发展，人们生活水平得到很大提升，越来越多的人积极参与有益于身心健康的旅游活动. 依据 2015 全国研究生数学建模竞赛 F 题所给的信息和要求，在如下 9 个条件下，研究问题.

(1)出行方式：完全自驾游方式和乘高铁或飞机到省会城市再租车自驾到景点的方式；(2)外出旅游时间：每年不超过 30 天，每次不超过 15 天；(3)外出旅游的次数：每年不超过 4 次；(4)景区的游览时间：依据个人旅游偏好确定了在每个景区最少的游览时间；(5)行车时间：基于安全考虑，行车时间限定于每天 7:00—19:00，每天开车时间不超过 8h；(6)每天的行程安排：若安排全天游览则开车时间控制在 3h 内，若安排半天景点游览，开车时间控制在 5h 内；(7)行车速度：在高速公路上的行车平均速度为 90km/h，在普通公路上的行车平均速度为 40km/h；(8)停留时间：该旅游爱好者计划在每一个省会城市至少停留 24h，以安排专门时间去游览城市特色建筑和体验当地风土人情(不安排景区浏览)；(9)景区开放时间：统一为 8:00—18:00.

问题：已知各景区到相邻城市的道路和行车时间参考信息，国家高速公路相关信息，各省会城市之间高速公路路网相关信息. 请在高速优先的策略下，设计自驾旅游合适的行车线路方法，建立数学模型，并以旅游爱好者的常住地在西安市为例，规划设计旅游线路，试确定游遍 201 个 5A 级景区至少需要几年？并给出每一次旅游的具体行程.

2. 问题分析

由于已知各景区到相邻城市的道路和行车时间、国家高速公路相关信息、各省会城市之间高速公路路网相关信息，所以可以从中得到各景点之间的行驶时间和旅游时间. 依据在行车线路的设计上采用高速优先的策略，首先可给旅行者制订到一个省旅行的景点旅行最佳路线；然后利用每次旅行时间不超过 15 天，可为旅行者制订各省市的旅游先后顺序；最后利用旅游者每年有不超过 30 天的外出旅游时间，每年外出旅游的次数不超过 4 次，制订每年的旅行次数和每次的旅游省市，这样便能确定游遍 201 个 5A 级景区至少需要的年数.

3. 模型建立和求解

1)旅游网络图的建立

对于一个图论组合优化问题，首先需要确定图中的顶点、边、边上的权值. 在本问题中，将各景点以及各省会城市所在位置作为图中的顶点，共 232 个点；将各省会城市之间的高速公路和各省会城市到景点的公路及景点之间的公路作为图中的边；将边上的权重分为以下几类：各景点的至少游览时间，景点与景点之间的行车时间，如果边的一个连接点为省会城市所在点，则权重除以上两个时间外还包括在该省会城市的停留时间 24h. 为了得到最佳的旅行方案，要先对建立的网络图进行区块划分. 按照旅游者的心理，一般是追求一次性旅游多个景点，因此利用聚类的思想将较为接近的景点聚为一类. 利用经纬度给出各点地理坐标，令网络图中景点 A 的地理坐标为(x, y)，若 A 所在省会地点坐标为(x_0, y_0)，除去 A 点所在省会的其他省会地点的地理坐标为(x_i, y_i)，$i \neq 0$，其中 i 为除去 A 点所在省会的其他省会地点的标号. 如果 A 点的坐标满足式(2.28)，则将 A 点归到以第 i 省会地点为中心的一类景点：

$$\sqrt{(x - x_i)^2 + (y - y_i)^2} - \sqrt{(x - x_0)^2 + (y - y_0)^2} \leqslant \varphi, \tag{2.28}$$

式中，φ 为聚类阈值. 按照这种邻近聚类的思想，便可形成以省会地点为中心的子区块的旅游子区块网络图.

通过旅游网络图进行聚类处理后，可获得分块网络加权图. 在该图中，可先对每一个区块的旅游景点规划进行讨论，得出花最少时间游完每个区块的最佳旅游路线；然后再对整个网络图进行旅游规划，则可得到游遍整个 5A 景点的旅游规划方案.

2)基于旅行商问题的各区块内景点的最佳旅游路线规划模型

(1)区块内景点间连线的时间权值的确定.

由于景点与景点之间的路包括高速公路和普通公路，为了使行驶时间方便计算，则将高速公路转化为普通公路. 在高速公路上的速度为 90km/h，普通公路上的速度为 40km/h，则转化方法是：1km 的高速公路等价于 2.25km 普通公路. 利用此转化方法，景点与景点间的路都为普通公路. 令 d_{ij} 表示第 i 景点到第 j 景点的距离，$i, j \in \{1, 2, \cdots, n\}$，其中 n 为该区块景点个数，则各个景点间的行车时间 t_{ij} 为

$$t_{ij} = \frac{d_{ij}}{v}. \tag{2.29}$$

式中，v 为普通公路上的行车平均速度，为 40km/h. 考虑到各个景点的至少游览时间不同，有的为半天，有的为一天，还有的为两天，因此将时间转化成按 h 为基本单位，令 t_j 为第 j 景区的至少游览时间，则 t_j 取值为 4h、8h 或 16h. 故第 i 个景点与第 j 个景点连线的时间权值 w_{ij} 为

$$w_{ij} = t_{ij} + t_j; i, j \in \{1, 2, \cdots, n\}. \tag{2.30}$$

式中，n 为该区块网络中的景点个数.

(2)区块内的旅游路线规划模型.

为了寻找最佳旅游路径，首先考虑寻找每个区块的最佳景点旅游路线，然后再寻找整个旅游网络的最佳旅游路线. 若某区块的景点，加上省会所在点，则局部的旅游网络图就是由这些点构成的网络图. 因此，建立基于旅行商问题(traveling salesman problem，TSP)的各区块的最佳旅游路线规划，即寻找从该省会所在点为起点的一个最小哈密尔顿圈，模型如下：

① 决策变量的确定：设 x_{ij} 表示旅游者从第 i 个景点是否到第 j 个景点，即

$$x_{ij} = \begin{cases} 1(\text{旅游者从第 } i \text{ 个景点到第 } j \text{ 个景点}), \\ 0(\text{旅游者从第 } i \text{ 个景点不到第 } j \text{ 个景点}). \end{cases} \tag{2.31}$$

设 y_j 为是否选择第 j 个景点进行游览，即

$$y_j = \begin{cases} 1(\text{旅游者选择游览第 } j \text{ 个景点}), \\ 0(\text{旅游者不选择游览第 } j \text{ 个景点}). \end{cases} \tag{2.32}$$

总共有 n 个景点，则 $i,j\in\{1,2,\cdots,n\}$.

② 目标函数的确定：由于旅游者想花最少的时间旅游完所有的景点，则将目标确定为时间最少. 令 w_{ij} 为该省景点 i 与 j 间的时间权值，则目标函数为：

$$Z=\sum_{i=1}^{n}\sum_{j=1}^{n}w_{ij}x_{ij}. \tag{2.33}$$

③ 约束条件的确定：由于旅行对时间约束比较严格，因此确定以下 7 个约束.

约束条件一：每个景点旅行一次. 每个景点只出去一次，也只进来一次，则

$$\sum_{i=1}^{n}x_{ij}=1,\ \sum_{j=1}^{n}x_{ij}=1. \tag{2.34}$$

约束条件二：在旅行过程中不形成回路. 由于在任意景点子集中不形成回路，令 S 为景点子集. 即

$$\sum_{i\in S}\sum_{j\in S}x_{ij}\leqslant |S|-1,\ 2\leqslant |S|\leqslant n-1, S\subset\{1,2,\cdots,n\}. \tag{2.35}$$

式中，$|S|$ 为集合 S 中的元素个数.

约束条件三：每次旅游时间的约束. 由于旅游者要求每次旅游时间不超过 15 天，也就是说共有 180h 可以利用，即

$$\sum_{i=1}^{n}\sum_{j=1}^{n}(t_{ij}+t_j)x_{ij}\leqslant 180. \tag{2.36}$$

式中，t_{ij} 为行车时间，t_j 为第 j 景区的至少游览时间.

约束条件四：行车时间点和景区开放时间约束. 每天行车时间只能在 7 点至 19 点，景区每天开放时间为 8 点至 18 点. 基于假设，旅游者每天都是 7 点开始出发，到景点后，如果景点开放则立即游览；若到达之后还未到 8 点，则距 8 点的时间间隔忽略不计. 而在游览景点结束后，若时间还有剩余，但是剩余时间又不足以使得旅游者到达下一个景点并游览，则此距离 18 点的剩余时间也作为游览该景点的时间. 这样便只需保证每天的行车时间为 7 点至 19 点. 若 $x_{ij}=1$，则一定会经过第 j 个景点，令 y_j 为是否选择第 j 个景点进行游览，即

$$7+\sum_{i}\sum_{j}y_jx_{ij}t_{ij}+\sum_{i}\sum_{j}y_jx_{ij}t_j\leqslant 19. \tag{2.37}$$

约束条件五：每天开车时间约束. 每天开车时间不超过 8h，即

$$\sum_{i}\sum_{j}y_jx_{ij}t_{ij}\leqslant 8. \tag{2.38}$$

约束条件六：全天游览的开车时间和半天游览的开车时间约束. 若旅游者将要旅行的景点至少需要游览时间为全天，要求开车时间不超过 3h. 若旅游者将要旅行的景点至少需要游览时间为半天，要求开车时间不超过 5h，即：

若 $\sum_{i}\sum_{j}y_jx_{ij}t_j=8$，则 $\sum_{i}\sum_{j}y_jx_{ij}t_{ij}\leqslant 3$；

若 $\sum_{i}\sum_{j}y_jx_{ij}t_j=4$，则 $\sum_{i}\sum_{j}y_jx_{ij}t_{ij}\leqslant 5$.

为了计算方便，将此约束转化为

$$\sum_{i}\sum_{j}y_jx_{ij}t_{ij}\leqslant -\frac{1}{2}\sum_{i}\sum_{j}y_jx_{ij}t_j+7. \tag{2.39}$$

约束条件七：决策变量 x_{ij} 和 y_j 只能取 0 或 1，即

$$x_{ij}\in\{0,1\};y_j\in\{0,1\};i,j\in\{1,2,\cdots,n\}. \tag{2.40}$$

综上所述，建立的基于TSP问题的各个省内景点的最佳旅游路线规划模型为：

$$\min Z=\sum_{i=1}^{n}\sum_{j=1}^{n}w_{ij}x_{ij},$$

$$\text{s.t.}\quad\begin{cases}\sum\limits_{i=1}^{n}x_{ij}=1,\\ \sum\limits_{j=1}^{n}x_{ij}=1,\\ \sum\limits_{i\in S}\sum\limits_{j\in S}x_{ij}\leqslant|S|-1,2\leqslant|S|\leqslant n-1,S\subset\{1,2,\cdots,n\},\\ \sum\limits_{i=1}^{n}\sum\limits_{j=1}^{n}(t_{ij}+t_j)x_{ij}\leqslant 180,\\ 7+\sum\limits_{i}\sum\limits_{j}y_jx_{ij}t_{ij}+\sum\limits_{i}\sum\limits_{j}y_jx_{ij}t_j\leqslant 19,\\ \sum\limits_{i}\sum\limits_{j}y_jx_{ij}t_{ij}\leqslant 8,\\ \sum\limits_{i}\sum\limits_{j}y_jx_{ij}t_{ij}\leqslant-\dfrac{1}{2}\sum\limits_{i}\sum\limits_{j}y_jx_{ij}t_j+7,\\ x_{ij},y_j\in\{0,1\};i,j\in\{1,2,\cdots,n\}.\end{cases}\tag{2.41}$$

式中，w_{ij}为边上的时间权值，包括行车时间和至少游览时间. 利用此模型可以规划出每个区块内的最佳旅游路线.

注意：(1)如果考虑到每次旅行的时间必须不超过15天，即白天共有180h可以利用. 令该省旅游最小时间为$Z_{\min}$，旅行者常住地点到该省的行车时间为T，并且在每个省的省会有停留时间24h. 若$Z_{\min}+2T+24\geqslant 180$，则旅行者不可能一次性将该区块的所有景点都游览. 故利用贪心的原则，可以将剩余的景点归到距它较近的下一个区块. 利用此模型再对下一个区块进行旅游路线的规划. (2)式(2.41)为实际整数非线性规划模型.

3)基于多旅行商问题的改进寻求各省最佳旅游路线模型

(1)区块间连线的时间权值的确定.

由前面的分析，可以得到第k个区块内的旅游路线和在该区块的具体旅游时间Z_k. 假设共有m个区块，即有m个省会城市，$k=1,2,\cdots,m$. 构造出各区块所构成的旅游网络图，如图2.8所示.

图2.8中的权值W_{lk}表示时间权值，其确定如下：

首先，利用若干省会城市之间高速公路路网相关信息，令D_{lk}表示第l地到第k地的距离，$l,k\in\{1,2,\cdots,m\}$，其中m为总的区块个数，则两省会城市间的行车时间T_{lk}为

$$T_{lk}=\frac{D_{lk}}{v}.\tag{2.42}$$

由题目假设可知，在高速公路上的车辆平均行驶速度为90km/h，即v取90.

然后，根据以下三种时间来确定时间权值. 包括区块内的景

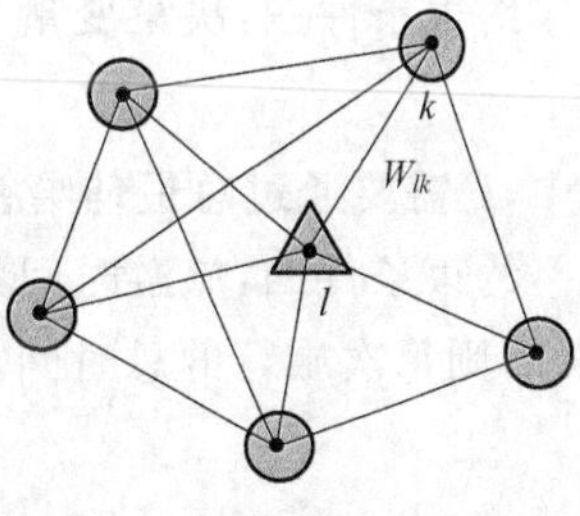

图2.8　各区块的旅游网络图

点旅游时间、省与省之间的高速行驶时间以及在省会城市的停留时间、在省会城市的停留时间为 24h(只利用白天的 12h). 令旅游者在第 k 省的景点旅游最小总时间为 Z_k,第 l 省到第 k 省的高速行驶时间为 T_{lk}. 因此,时间权值 W_{lk} 为

$$W_{lk}=Z_k+T_{lk}+12;k,l\in\{1,2,\cdots,m\}. \tag{2.43}$$

(2)各区块的旅游路线规划的改进多旅行商问题模型.

一般来讲,泛化的多旅行商问题(MTSP)定义为:给定一个 n 个结点的城市集合,让 m 个旅行商各自从一个城市出发,每位旅行商访问其中一定数量的城市,最后回到其出发城市,要求每个城市至少被一位旅行商访问一次并且只能一次,问题的目标是求得访问 m 条环路代价最小访问次序,其中代价可以是距离、时间、费用等,问题中称旅行商出发的城市称为中心城市,其他城市称为访问城市. 而 MTSP 又分为四种类型,其中有一种是 m 个旅行商从同一个城市出发访问其中一定数量的城市,即只有一个中心城市,使得每个城市必须被某一个旅行商访问而且只能访问一次,最后回到出发城市.

由于旅行者不可能一次性游览所有省,于是就有多次往返,每一次往返就构成一个哈密尔顿圈. 总共构成多个哈密尔顿圈,则可以将此问题转化为 MTSP;并且每次旅游出行时间不超过 15 天,故建立以下改进的 MTSP 优化模型.

① 决策变量的确定:假设 $X_{lk}^{(p)}$ 为旅游者第 p 次旅行是否从第 l 省到第 k 省,即决策变量为

$$X_{lk}^{(p)}=\begin{cases}1(\text{旅游者第 } p \text{ 次旅行从第 } l \text{ 省到第 } k \text{ 省}),\\0(\text{旅游者第 } p \text{ 次旅行不从第 } l \text{ 省到第 } k \text{ 省}).\end{cases} \tag{2.44}$$

② 目标函数的确定:在满足限制条件下,总的旅行时间越少越好,即每次旅行的最小时间之和最小. 由式(2.43)可知各边上的时间权值为 W_{lk},以 p 次旅行的总时间 $T(p)$ 为目标函数,即

$$T(p)=\min\sum_{k=1}^{m}\sum_{l=1}^{m}W_{lk}X_{lk}^{(p)}. \tag{2.45}$$

③ 约束条件的确定:由于整个旅行要求较多,因此各区块的旅行约束有以下 5 种,即:

约束条件一:每个省只经过一次. 旅行者到每个省只出去一次,也只进来一次,即

$$\sum_{k=1}^{m}X_{lk}^{(p)}=1,\sum_{l=1}^{m}X_{lk}^{(p)}=1. \tag{2.46}$$

约束条件二:在旅行过程中不形成回路. 由于在任意区块子集中不形成回路,令 S 为区块子集,即

$$\sum_{l\in S}\sum_{k\in S}X_{lk}^{(p)}\leqslant|S|-1,2\leqslant|S|\leqslant m-1,S\subset\{1,2,\cdots,m\}, \tag{2.47}$$

式中,$|S|$ 为集合 S 中的元素个数.

约束条件三:决策变量 $X_{lk}^{(p)}$ 只能取 0 或 1,即

$$X_{lk}^{(p)}\in\{0,1\};l,k\in\{1,2,\cdots,m\}, \tag{2.48}$$

式中,k 需要通过总最佳哈密尔顿圈的个数来确定.

约束条件四:旅游时间约束. 每次旅行,旅游者游览总时间不超过 15 天,此处应该理解为 180h,则每次旅行的总时间需要满足以下条件:

$$\sum_{k=1}^{m}\sum_{l=1}^{m}W_{lk}X_{lk}^{(p)}\leqslant 180. \tag{2.49}$$

约束条件五：路线约束.旅行者若第 p 次旅行从第 l 省到第 k 省，则第 q 次（$q \neq p$）旅行一定不可能从第 l 省到第 k 省，即

若 $$X_{lk}^{(p)}=1, \text{则 } X_{lk}^{(q)}=0. \tag{2.50}$$

上式也可以理解为不可能两次都到同一个省，为了方便计算，将此约束变形为

$$X_{lk}^{(p)}+X_{lk}^{(q)} \leqslant 1 \quad (q \neq p). \tag{2.51}$$

综上所述，得到以下改进的 MTSP 模型：

$$\min T(p)=\min \sum_{k=1}^{m} \sum_{l=1}^{m} W_{lk} X_{lk}^{(p)},$$

$$\text{s.t.} \begin{cases} \sum_{k=1}^{m} X_{lk}^{(p)}=1, \sum_{l=1}^{m} X_{lk}^{(p)}=1; \\ \sum_{l \in S} \sum_{k \in S} X_{lk}^{(p)} \leqslant |S|-1, 2 \leqslant |S| \leqslant m-1, S \subset \{1,2,\cdots,m\}; \\ X_{lk}^{(p)} \in \{0,1\}; l, k \in \{1,2,\cdots,m\}; \\ \sum_{k=1}^{m} \sum_{l=1}^{m} W_{lk} X_{lk}^{(p)} \leqslant 180; \\ X_{lk}^{(p)}+X_{lk}^{(q)} \leqslant 1 \quad (q \neq p). \end{cases} \tag{2.52}$$

通过以上的分析，可以得到 r 个最佳哈密尔顿圈以及每个最佳哈密尔顿圈的总时间 C_s，$s=1,2,\cdots,r$.此处每一个圈就表示一次旅行，由于旅游者要求每一年最多旅行 4 次，并且每年最多旅行时间为 30 天（每天按 12h 计算）.对于这 r 个最佳哈密尔顿圈的时间，建立以下优化模型，规划出旅游总年数和每年每次的旅游路线.

4）旅游总年数的规划模型

利用规划旅游路线等价于从 r 个最佳哈密尔顿圈分堆组合成满足条件约束的组合方案，因而问题可以转化为：对于 r 个最佳哈密尔顿圈的时间，如何进行分堆，使得每个堆的时间个数不超过 4，并且每堆内的总时间尽量接近 30 天（每天按 12h 计算）.设第 s 个旅行路线的时间值为 C_s，$s=1,2,\cdots,r$.

（1）决策变量的确定：设游遍所有 201 个 5A 级景区所需要的至少总年数为 u，$1 \leqslant u \leqslant r$. Y_{sh} 为是否将第 s 个旅行路线归为第 h 年旅行：若 $Y_{sh}=1$，则将第 s 个旅行路线归为第 h 年旅行；若 $Y_{sh}=0$，则将第 s 个旅行路线不归为第 h 年旅行.

（2）目标函数的确定：既要追求游遍所有 201 个 5A 级景区的年数尽可能的少，又要每年旅行的时间尽量接近 30 天，即 360h.因此考虑如下两个目标：

目标函数一：游遍所有景区的年数尽量少，则目标为

$$\min u.$$

目标函数二：每年旅行的时间尽量接近 30 天，则目标为

$$\min \left(360-\sum_{s=1}^{r} C_s Y_{sh}\right).$$

为了便于求解，将多目标转化为单目标；为了避免量纲和数量级的差异，做以下处理，得到目标为：

$$\min \left(\frac{u}{r}+\frac{360-\sum_{s=1}^{r} C_s Y_{sh}}{360}\right). \tag{2.53}$$

(3)约束条件的确定:由于每个旅行路线只能归为某一年旅行,并且每年的旅游路线最多4条(也就是最多4次旅行),每年旅行时间不超过30天,所以将约束表示为:

$$\sum_{h=1}^{u} Y_{sh} = 1(s=1,2,\cdots,r); \tag{2.54}$$

$$\sum_{s=1}^{r} Y_{sh} \leqslant 4; \tag{2.55}$$

$$\sum_{s=1}^{r} C_s Y_{sh} \leqslant 360. \tag{2.56}$$

综上所述,建立的最少旅游年数的优化模型为:

$$\min\left(\frac{u}{r} + \frac{360 - \sum_{s=1}^{r} C_s Y_{sh}}{360}\right),$$

$$\text{s. t.} \quad \begin{cases} \sum_{h=1}^{u} Y_{sh} = 1(s=1,2,\cdots,r); \\ \sum_{s=1}^{r} C_s Y_{sh} \leqslant 360, Y_{sh} \in \{0,1\}; \\ \sum_{s=1}^{r} Y_{sh} \leqslant 4; \\ 1 \leqslant u \leqslant r. \end{cases} \tag{2.57}$$

5)模型的求解与结果

(1)求解步骤.

步骤1:数据处理.由于题目中关于景点、城市和省会城市的距离信息太少,故先在百度上查找了上述地点的地理信息(经纬度)并进行编号,以西安市为起点和终点,编号为1,景点编号为2~202,其他省会城市编号为203~232,共232个点.再通过假设地球为球形,由几何关系,求出任意两点之间的距离,得到距离矩阵

$$d = R\arccos\left[\cos(x_1 - x_2)\cos y_1 \cos y_2 + \sin y_1 \sin y_2\right], \tag{2.58}$$

式中,(x_1, y_1)、(x_2, y_2)为两个点的地理坐标,$R=6370\text{km}$为地球半径.

步骤2:对题目中给出的201个5A景点按省进行预分块,共分成31个区块,处理原则为尽量选择省会城市周围的景点构成一个区块,获得各个区块内景点的编号.

步骤3:在每一个小区块内选择相应的省会城市作为该区块的起点和终点,中间点由该小区块内各景点的序号组成,构成一个向量,方便调用距离矩阵中的距离信息.在模型中已经将省会城市与省会城市之间统一为高速公路($v=90\text{km/h}$),而省会城市与景点、景点与景点之间都转化为普通公路($v=40\text{km/h}$),故在区块内部的距离和时间是等价的,前面所述的时间赋权矩阵与此处的距离赋权矩阵是相似的,计算得到的最短距离便对应着最短的时间.

步骤4:针对改进的TSP模型,根据求解TSP模型的模拟退火算法,提出了改进的模拟退火优化方法以寻找每个区块内的最优线路.由于该问题是在TSP中增加了如下附加条件——基于安全考虑,行车时间限定于每天7:00至19:00之间,每天开车时间不超过8h;在每天的行程安排上,若安排全天游览则开车时间控制在3h内,安排半天景点游览,开车时间控制在5h内;在高速公路上的行车平均速度为90km/h,在普通公路上的行车平均速度为40km/h;

该旅游爱好者计划在每一个省会城市至少停留 24h，以安排专门时间去游览城市特色建筑和体验当地风土人情(不安排景区浏览)；景区开放时间统一为 8:00 至 18:00，所以建立了解决此问题的改进的 TSP 模型. 故在用模拟退火算法寻优时，提出了对应的改进方法，即在原求解 TSP 模型的模拟退火算法的每次循环中，都增加了对附加条件进行判断的方法. 如果满足条件，则继续执行；若不满足条件，则跳入下一次循环. 由聚类分析以省会城市为中心共得到了 31 个区块，在外循环中调取元胞数组中的景点序列得到对应的距离矩阵，再由改进的模拟退火算法在每个区块内进行寻找判断并得到一个时间最优的结果，共需调取 31 次，便可得到每个区块内的最优景点游玩顺序、最优时间和最优路程.

步骤 5：针对改进的 MTSP 模型，根据求解 MTSP 模型的模拟退火算法，提出了改进的模拟退火优化方法以寻找各区块间的最优线路. 先采用元胞数组的方法，从时间矩阵中挑出对应各个区块(省会城市)间加权图的时间子矩阵，并加以修改；然后利用改进的求解 MTSP 的模拟退火算法，求出从出发地到各省会城市并游完它所含景点，再回到出发地形成的哈密尔顿圈的游览总时间；其次对这些哈密尔顿圈的时间进行判定，若有一个尽量接近了 15 天，则将其标记为一个最佳哈密尔顿圈，其路线就可作为一次旅游规划路线；否则就增加一个区块进行游览，再利用模拟退火算法对各个区块进行最优组合，规划每次旅行的区块，使它们的旅游总时间不超过 15 天且尽量接近 15 天；依此方法，就可求出游完所有景点的 r 个最佳哈密尔顿圈以及每个最佳哈密尔顿圈的总时间 C_s.

步骤 6：利用分堆和穷举的方法，二次寻优求出游遍所有 201 个 5A 景点至少需要的年数和每一次的具体行程. 主要根据题目中给出的一次出游最多 15 天，一年最多四次且不超过 30 天，确定所需的最少时间.

(2)算法流程.

该问题的算法流程图见图 2.9.

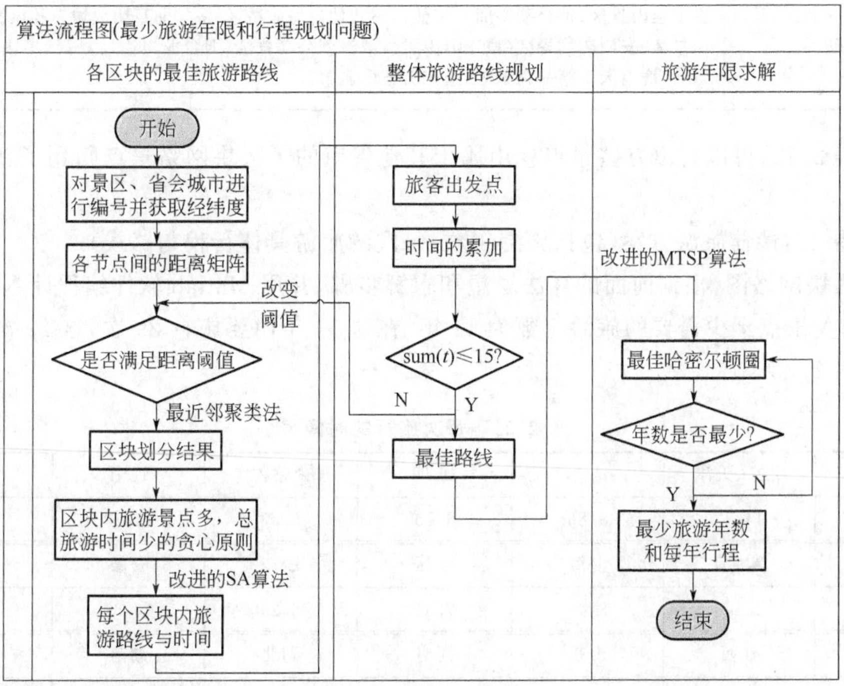

图 2.9 算法流程图

(3)求解及结果.

在求解此最少旅游年限和具体旅游路线规划问题时,利用 Matlab R2023a 编程求解,其运行环境见表 2.21.

表 2.21　运行环境说明表

硬件环境	操作系统	Windows 11
	主频	2.79GHz
	内存	2GB
软件环境	软件	Matlab R2023a
	重要算法	模拟退火算法

① 结果一:聚类后区块网络划分结果.

按照邻近聚类的思想,便可形成以省会地点为聚类中心重新划分的旅游子区块网络图和表.表 2.22 以河北、辽宁、山东及它们周边的景点为例,说明聚类前后各个景点的分区块变化情况,表中阴影所示景点是聚类后从其他区块增加到这几个区块中的一个区块内的景点,其余各区块划分的景点的结果表请见文本 2.1.

表 2.22　聚类后区块网络划分表

聚类的景点区块	各区块类的景点
河北	承德避暑山庄及周围寺庙景区、保定安新白洋淀景区、大同云冈石窟(位于山西省)、保定涞水县野三坡景区、石家庄平山县西柏坡景区、忻州五台山风景名胜区(位于山西省)
辽宁	沈阳植物园、大连老虎滩海洋公园、大连金石滩景区、秦皇岛山海关景区(位于河北省)、本溪市本溪水洞景区
山东	泰安泰山景区、烟台蓬莱阁—三仙山—八仙过海旅游区、济宁曲阜明故城三孔旅游区、青岛崂山景区、安阳殷墟景区(位于河南省)、威海刘公岛景区、烟台龙口南山景区、枣庄台儿庄古城景区、济南天下第一泉景区、山东沂蒙山旅游区

通过表 2.22,可以看出有些景点就由属于其他省市的子区块网络景点归到了新的子区块网络.

② 结果二:最佳旅游方案(包括旅游年数、每次的旅游具体行程与路线).

基于区块网络图,根据前面的算法思想和求解步骤,并用 Matlab 软件编程计算,得到要游遍 201 个 5A 景点至少需要的旅游年数为 11 年.在这 11 年内要旅行 29 次,这 29 次每次旅游的时间见表 2.23.

表 2.23　每次旅行的时间表　　天

地点	北京、天津	河北	山西	内蒙古	辽宁	吉林
旅行时间	14.77	8.86	6.40	6.07	11.23	12.93
地点	黑龙江	上海	江苏	浙江	安徽	福建
旅行时间	10.46	8.42	7.65	8.26	10.38	12.79
地点	江西	山东	河南	湖北	湖南	广东
旅行时间	8.56	9.24	9.25	8.88	8.55	9.63

续表

地点	广西	海南	重庆	四川	贵州	云南
旅行时间	9.61	11.38	11.60	10.65	9.48	10.26
地点	西藏	陕西	甘肃、青海	宁夏	新疆	
旅行时间	8.82	7.00	14.90	7.41	12.83	

表 2.23 中,“北京、天津,14.77”表示的含义为从西安市到北京区块游览所有景点后,再去天津区块游览所有景点,最后回到西安市的一次旅行;此次旅行总花费的时间至少为 14.77 天(满足每次旅行不超过 15 天的要求);其他的含义类似.

对此 29 次旅行进行最佳组合,得到 11 年中每一年需要旅行的省市区块以及时间,见表 2.24.

表 2.24 在 11 年中每一年需要旅行的省市区块以及时间表 天

旅行年(次数)	每次旅行区块中心	每次旅行时间	年旅行时间
第 1 年(共旅行 3 次)	河北	8.861126	26.323
	陕西	7	
	黑龙江	10.46226	
第 2 年(共旅行 3 次)	重庆	11.59852	27.833
	西藏	8.824141	
	宁夏	7.410648	
第 3 年(共旅行 3 次)	辽宁	11.22798	28.350
	江苏	7.645123	
	贵州	9.477157	
第 4 年(共旅行 3 次)	安徽	10.37741	25.335
	山西	6.404182	
	湖南	8.553476	
第 5 年(共旅行 3 次)	海南	11.38121	25.873
	内蒙古	6.074435	
	上海	8.417673	
第 6 年(共旅行 3 次)	江西	8.555224	27.046
	山东	9.24474	
	河南	9.245615	
第 7 年(共旅行 3 次)	浙江	8.260276	26.749
	广西	9.608268	
	湖北	8.880868	
第 8 年(共旅行 2 次)	北京 天津	14.77	27.697
	吉林	12.92692	
第 9 年(共旅行 3 次)	新疆	12.82986	23.090
	云南	10.26048	
第 10 年(共旅行 2 次)	四川	10.65347	20.289
	广东	9.634719	

续表

旅行年(次数)	每次旅行区块中心	每次旅行时间	年旅行时间
第11年 (共旅行2次)	福建	12.78878	27.208
	甘肃 青海	14.42	

下面以常住陕西西安市的旅游者,去河北省及其景点旅游的具体旅行方案(包括每天旅行方案)为例,示意说明每一次旅游的具体行程,见表2.25.

表2.25 每次旅行的具体行程表(以游览河北省区块的景点为例)

每天的具体行程				总时间,h
第1天	西安	7.08h / 637km	石家庄(河北省会)	7.08
第2天	石家庄	1.4h / 56km	西柏坡(8h)	9.4
第3天	西柏坡	1.85h / 74km	五台山(8h)	9.85
第4天	五台山	1.47h / 132km	大同云冈石窟(4h)	5.47
第5天	大同云冈石窟	2.28h / 206km	野三坡(8h)	10.28
第6天	野三坡	2.35h / 212km	承德避暑山庄(8h)	10.35
第7天	承德避暑山庄	2.6h / 234km	白洋淀(8h)	10.6
第8天	白洋淀	1.68h / 152km	石家庄(河北省会)	1.68
第9天	石家庄	7.08h / 637km	西安	7.08

注:"$\frac{*}{*}$"表示行车时间和里程."(·)"表示在该景点的游览时间.

练习题2

1.用单纯形法求解下列线性规划问题:

(1)
$$\min z = x_1 - x_2 + x_3,$$
$$\text{s.t.}\begin{cases} x_1 + x_2 - 2x_3 \leqslant 2, \\ 2x_1 + x_2 + x_3 \leqslant 3, \\ -x_1 + x_3 \leqslant 4, \\ x_1, x_2, x_3 \geqslant 0. \end{cases}$$

(2)

$$\min z = 4 - x_2 + x_3,$$

$$\text{s. t.}\begin{cases} x_1 - 2x_2 + x_3 = 2, \\ x_2 - 2x_3 + x_4 = 2, \\ x_2 + x_3 + x_5 = 5, \\ x_i \geqslant 0 (i = 1,2,\cdots,5). \end{cases}$$

2. 分别用大 M 法、两阶段法和 Matlab 软件求解下列线性规划问题：

(1)

$$\min z = 4x_1 + x_2,$$

$$\text{s. t.}\begin{cases} 3x_1 + x_2 = 3, \\ 9x_1 + 3x_2 \geqslant 6, \\ x_1 + 2x_2 \leqslant 3, \\ x_1, x_2 \geqslant 0. \end{cases}$$

(2)

$$\min z = 10x_1 + 15x_2 + 12x_3,$$

$$\text{s. t.}\begin{cases} 5x_1 + 3x_2 + x_3 \leqslant 9, \\ -5x_1 + 6x_2 + 15x_3 \leqslant 15, \\ 2x_1 + x_2 + x_3 \geqslant 5, \\ x_1, x_2, x_3 \geqslant 0. \end{cases}$$

3. 用内点法和 Matlab 软件求解下列线性规划问题：

$$\min z = 2x_1 + x_2 + x_3,$$

$$\text{s. t.}\begin{cases} x_1 + 2x_2 + 2x_3 = 6, \\ 2x_1 + x_2 = 5, \\ x_1, x_2, x_3 \geqslant 0. \end{cases}$$

4. 用分支定界法求解下列问题：

(1)

$$\max z = 5x_1 + 8x_2,$$

$$\text{s. t.}\begin{cases} x_1 + x_2 \leqslant 6, \\ 5x_1 + 9x_2 \leqslant 45, \\ x_1, x_2 \geqslant 0 \text{ 且均为整数}. \end{cases}$$

(2)

$$\max z = 7x_1 + 9x_2,$$

$$\text{s. t.}\begin{cases} -x_1 + 3x_2 \leqslant 6, \\ 7x_1 + x_2 \leqslant 35, \\ x_1, x_2 \geqslant 0 \text{ 且 } x_1 \text{ 为整数}. \end{cases}$$

5. 用隐枚举法和 Matlab 软件求解下列问题：

(1)

$$\min z = 4x_1 + 3x_2 + 2x_3,$$

$$\text{s. t.}\begin{cases} 2x_1 - 5x_2 + 3x_3 \leqslant 4, \\ 4x_1 + x_2 + 3x_3 \geqslant 3, \\ x_2 + x_3 \geqslant 1, \\ x_j = 0 \text{ 或 } 1 \quad (j = 1,2,3). \end{cases}$$

(2)
$$\max z = 3x_1 + 2x_2 - 5x_3 - 2x_4 + 3x_5,$$
$$\text{s.t.}\begin{cases} x_1 + x_2 + x_3 + 2x_4 + x_5 \leqslant 4, \\ 7x_1 + 3x_3 - 4x_4 + 3x_5 \leqslant 8, \\ 11x_1 - 6x_2 + 3x_4 - 3x_5 \geqslant 1, \\ x_j = 0 \text{ 或 } 1 \quad (j = 1,2,\cdots,5). \end{cases}$$

6. 某地区有 A、B、C 三个化肥厂，供应本地甲、乙、丙、丁四个产粮区. 已知各化肥厂可供应化肥的数量和各产粮区对化肥的需要量，以及各厂到各区每吨化肥的运价如表 2.26 所示. 试制订一个使总运费最少的化肥调拨方案.

表 2.26　各厂、各区需求量及单位运价表

产粮区 / 运价(元/吨) / 化肥厂	甲	乙	丙	丁	各厂供应量(万吨)
A	5	8	7	3	7
B	4	9	10	7	8
C	8	4	2	9	3
各区需要量(万吨)	6	6	3	3	

7. 求解下列不平衡运输问题（各数据表中，方框内的数字为单位价格 c_{ij}，框外右侧的一列数为各发点的供应量 a_i，框底下一行数是各收点的需求量 b_j）：

(1)

5	1	7	10
6	4	6	80
3	2	5	15
75	20	50	

要求收点 3 的需求必须正好满足.

(2)

5	1	0	20
3	2	4	10
7	5	2	15
9	6	0	15
5	10	15	

要求收点 1 的需求必须由发点 4 供应.

8. 一公司经理要分派 4 位推销员去 4 个地区推销某种商品. 推销员各有不同的经验和能力，因而他们在不同地区能获得的利润不同，其获利估计值如表 2.27 所示. 公司经理应怎样分派才使总利润最大？

表 2.27　各推销员去各地区的获利估计表

推销员 \ 地区	1	2	3	4
1	35	27	28	37
2	28	34	29	40
3	35	24	32	33
4	24	32	25	28

第 3 章 线性规划的对偶理论及其应用

在线性规划中，任何线性规划问题都具有对偶性，即任何一个线性规划问题都存在与它相对应的另外一个线性规划问题. 如果把前一个线性规划问题称为原问题，后一个相对应的线性规划问题就称为它的对偶问题，互为对偶的原问题和对偶问题是相对的. 线性规划的对偶理论是专门研究原问题与对偶问题之间的关系及其解性质的理论，是线性规划理论的重要组成部分. 当原问题不能直接求解或不易直接求解时，可以通过求解其对偶问题来得到原问题的解. 在线性规划中，对偶理论有很重要的应用，如根据对偶理论，提出另一个求解线性规划问题的方法——对偶单纯形法；应用对偶理论，可以分析经济管理中有重要意义的影子价格；此外，在灵敏度分析以及运输问题的算法中也有应用. 本章简要介绍线性规划对偶问题的模型、概念、性质、解法和应用.

3.1 对偶问题模型的建立及其概念

3.1.1 对偶问题模型的建立

1. 问题描述

下面从一个实际问题引出对偶问题. 例 2.1 讨论了一个工厂制订生产计划的线性规划问题. 下面思考如何解决例 3.1 的问题.

[**例 3.1**]某公司看中了例 2.1 中厂家所拥有的 3 种资源 R_1、R_2 和 R_3，欲出价收购(可能用于生产附加值更高的产品). 如果你是该公司的决策者，对这 3 种资源的收购报价是多少？

分析：如果你是该公司的决策者，那么需要考虑如何给这 3 种资源确定一个合理的收购价格，才能使工厂的决策者同意把资源卖给公司. 显然，公司决策者在确定收购价格时，考虑的原则是：一是收购资源的费用最低；二是定价又不能太低，要使工厂愿意接受. 所以，合理的定价应在保证对方工厂的收入不低于他们自己生产获得的利润前提下，自己公司的支出尽可能小.

解：(1)确定决策变量. 对 3 种资源报价 y_1, y_2, y_3 作为本问题的决策变量.

(2)确定目标函数. 问题的目标很清楚——“收购价最小”.

(3)确定约束条件. 资源的报价至少应该高于原生产产品的利润，这样原厂家才可能卖.

因此，问题的数学模型可表述如下：

$$\min w = 170y_1 + 100y_2 + 150y_3,$$

$$\text{s.t.}\begin{cases}5y_1 + 2y_2 + y_3 \geqslant 10,\\ 2y_1 + 3y_2 + 5y_3 \geqslant 18,\\ y_1, y_2, y_3 \geqslant 0.\end{cases}$$

这一规划问题就是原问题的对偶问题. 事实上，这两个问题是有内在联系的，它们的最优目标值是相同的，对决策者这两个方案都是最优方案.

这个对偶问题有它相应的意义，但有一些对偶问题很难从直观上给予解释. 下面从数学理论上提出线性规划的对偶问题.

2. 线性规划和其对偶问题的数学模型

已知线性规划问题的模型为

$$\max z = \boldsymbol{C}^{\mathrm{T}}\boldsymbol{X},$$
$$\text{s. t.}\begin{cases}\boldsymbol{AX} \leqslant \boldsymbol{b}, \\ \boldsymbol{X} \geqslant 0.\end{cases}$$

当该线性规划问题得到最优解时，其非基变量和松弛变量的检验数 $\boldsymbol{C}_{\mathrm{N}}^{\mathrm{T}} - \boldsymbol{C}_{\mathrm{B}}^{\mathrm{T}}\boldsymbol{B}^{-1}\boldsymbol{N}$ 和 $-\boldsymbol{C}_{\mathrm{B}}^{\mathrm{T}}\boldsymbol{B}^{-1}$ 满足

$$\begin{aligned}&\boldsymbol{C}_{\mathrm{N}}^{\mathrm{T}} - \boldsymbol{C}_{\mathrm{B}}^{\mathrm{T}}\boldsymbol{B}^{-1}\boldsymbol{N} \leqslant 0, \\ &-\boldsymbol{C}_{\mathrm{B}}^{\mathrm{T}}\boldsymbol{B}^{-1} \leqslant 0.\end{aligned} \tag{3.1}$$

令 $\boldsymbol{Y} = \boldsymbol{C}_{\mathrm{B}}^{\mathrm{T}}\boldsymbol{B}^{-1}$，则由式(3.1)可以得到：$\boldsymbol{Y} \geqslant 0$.

因为所有变量的检验数(包括基变量和非基变量)都可表示为 $\boldsymbol{C}^{\mathrm{T}} - \boldsymbol{C}_{\mathrm{B}}^{\mathrm{T}}\boldsymbol{B}^{-1}\boldsymbol{A} \leqslant 0$，则 $\boldsymbol{C}^{\mathrm{T}} - \boldsymbol{YA} \leqslant 0$，即 $\boldsymbol{YA} \geqslant \boldsymbol{C}^{\mathrm{T}}$. 又由 $\boldsymbol{Y} = \boldsymbol{C}_{\mathrm{B}}^{\mathrm{T}}\boldsymbol{B}^{-1}$，得 $\boldsymbol{Yb} = \boldsymbol{C}_{\mathrm{B}}^{\mathrm{T}}\boldsymbol{B}^{-1}\boldsymbol{b} = \boldsymbol{C}_{\mathrm{B}}^{\mathrm{T}}\boldsymbol{X}_{\mathrm{B}} = z$.

由于 $\boldsymbol{Y}$ 的上界为无穷大，所以 $\boldsymbol{Yb}$ 最优值只存在最小值. 归纳起来，可以得到另一个线性规划问题，即原问题的对偶问题的模型：

$$\begin{aligned}&\min w = \boldsymbol{Yb}, \\ &\text{s. t.}\begin{cases}\boldsymbol{YA} \geqslant \boldsymbol{C}^{\mathrm{T}}, \\ \boldsymbol{Y} \geqslant 0.\end{cases}\end{aligned} \tag{3.2}$$

3.1.2 对偶问题的概念

原问题与对偶问题是两个基本的概念，如何根据原问题写出其对偶问题是对偶理论的基本问题之一. 它们可依据如下原问题与对偶问题的对偶关系构建.

1. 对称型对偶关系

对称型对偶关系具有以下两点特征：(1)目标函数求最大值，约束条件是≤；目标函数求最小值，约束条件是≥；(2)所有变量为非负. 因此对称型对偶关系的标准形式如下：

原问题(LP)：

$$\max z = c_1x_1 + c_2x_2 + \cdots + c_nx_n,$$
$$\text{s. t.}\begin{cases}a_{11}x_1 + a_{12}x_2 + \cdots + a_{1n}x_n \leqslant b_1, \\ a_{21}x_1 + a_{22}x_2 + \cdots + a_{2n}x_n \leqslant b_2, \\ \cdots \\ a_{m1}x_1 + a_{m2}x_2 + \cdots + a_{mn}x_n \leqslant b_m, \\ x_1, x_2, \cdots, x_n \geqslant 0.\end{cases}$$

或用矩阵表示为

$$\begin{aligned}&\max z = \boldsymbol{C}^{\mathrm{T}}\boldsymbol{X}, \\ &\text{s. t.}\begin{cases}\boldsymbol{AX} \leqslant \boldsymbol{b}, \\ \boldsymbol{X} \geqslant 0.\end{cases}\end{aligned} \tag{3.3}$$

对偶问题(DP)：

$$\min w = b_1 y_1 + b_2 y_2 + \cdots + b_m y_m,$$

$$\text{s. t.} \begin{cases} a_{11} y_1 + a_{21} y_2 + \cdots + a_{m1} y_m \geqslant c_1, \\ a_{12} y_1 + a_{22} y_2 + \cdots + a_{m2} y_m \geqslant c_2, \\ \cdots \\ a_{1n} y_1 + a_{2n} y_2 + \cdots + a_{mn} y_m \geqslant c_n, \\ y_1, y_2, \cdots, y_m \geqslant 0. \end{cases}$$

或用矩阵表示为

$$\min z = \boldsymbol{Yb},$$

$$\text{s. t.} \begin{cases} \boldsymbol{YA} \geqslant \boldsymbol{C}^{\mathrm{T}}, \\ \boldsymbol{Y} \geqslant 0. \end{cases} \tag{3.4}$$

这一对对偶问题由于结构的对称性(约束类型和变量取值)，所以称为对称型对偶关系.

对称型对偶关系的变换规则可归纳如下：

(1)原问题求目标函数最大化，对偶问题求目标函数最小化；

(2)原问题的约束条件是≤，对偶问题的约束条件是≥；

(3)原问题约束条件的右端项是对偶问题目标函数的系数，对偶问题约束条件的右端项是原问题目标函数的系数；

(4)原问题约束条件的个数等于对偶变量个数，对偶问题约束条件的个数等于原问题变量个数.

根据原问题与对偶问题的变换关系，可以写出一个线性规划问题的对偶问题.

[**例 3.2**]写出下列线性规划问题的对偶问题.

$$\max z = x_1 + 2x_2 - 3x_3 + 4x_4,$$

$$\text{s. t.} \begin{cases} x_1 + 2x_2 + 2x_3 - 3x_4 \leqslant 25, \\ 2x_1 + x_2 - 3x_3 + 2x_4 \leqslant 15, \\ x_1, x_2, x_3, x_4 \geqslant 0. \end{cases}$$

解：根据原问题与对偶问题的变换关系，其对偶问题为

$$\min w = 25y_1 + 15y_2,$$

$$\text{s. t.} \begin{cases} y_1 + 2y_2 \geqslant 1, \\ 2y_1 + y_2 \geqslant 2, \\ 2y_1 - 3y_2 \geqslant -3, \\ -3y_1 + 2y_2 \geqslant 4, \\ y_1, y_2 \geqslant 0. \end{cases}$$

2. 非对称型对偶关系

非对称型对偶关系不具有对称型对偶关系的特征，即线性规划的约束条件不仅含有不等式，还含有等式；变量还有非正或无约束的形式.

对于非对称型线性规划问题，可以将它转换为对称型，然后再按照对称型的变换规则，写

出它的对偶问题.

[**例 3.3**]写出下列线性规划的对偶问题.

$$\min z = 7x_1 + 4x_2 - 3x_3,$$

$$\text{s. t.}\begin{cases} -4x_1 + 2x_2 - 6x_3 \leqslant 24, \\ -3x_1 - 6x_2 - 4x_3 \geqslant 15, \\ 5x_2 + 3x_3 = 30, \\ x_1 \leqslant 0, x_2 \text{ 无约束}, x_3 \geqslant 0. \end{cases}$$

解:令 $x_1' = -x_1, x_2 = x_2' - x_2''$ 且 $x_2', x_2'' \geqslant 0$,并将所有约束写成≥的形式,即

$$\min z = -7x_1' + 4x_2' - 4x_2'' - 3x_3,$$

$$\text{s. t.}\begin{cases} -4x_1' - 2x_2' + 2x_2'' + 6x_3 \geqslant -24, \\ 3x_1' - 6x_2' + 6x_2'' - 4x_3 \geqslant 15, \\ 5x_2' - 5x_2'' + 3x_3 \geqslant 30, \\ -5x_2' + 5x_2'' - 3x_3 \geqslant -30, \\ x_1', x_2', x_2'', x_3 \geqslant 0. \end{cases}$$

再令对偶变量为 y_1', y_2, y_3', y_3'',写出对偶问题为:

$$\max w = -24y_1' + 15y_2 + 30y_3' - 30y_3'',$$

$$\text{s. t.}\begin{cases} -4y_1' + 3y_2 \leqslant -7, \\ -2y_1' - 6y_2 + 5y_3' - 5y_3'' \leqslant 4, & (3.5) \\ 2y_1' + 6y_2 - 5y_3' + 5y_3'' \leqslant -4, & (3.6) \\ 6y_1' - 4y_2 + 3y_3' - 3y_3'' \leqslant -3, \\ y_1', y_2, y_3', y_3'' \geqslant 0. \end{cases}$$

再令 $y_1 = -y_1', y_3 = y_3' - y_3''$,并将式(3.5)、式(3.6)两个约束合并成等式约束,得

$$\max w = 24y_1 + 15y_2 + 30y_3,$$

$$\text{s. t.}\begin{cases} 4y_1 + 3y_2 \leqslant -7, \\ 2y_1 - 6y_2 + 5y_3 = 4, \\ -6y_1 - 4y_2 + 3y_3 \leqslant -3, \\ y_1 \leqslant 0, y_2 \geqslant 0, y_3 \text{ 无约束}. \end{cases}$$

对于非对称型对偶问题,关键在于处理等式约束和无约束变量,从例 3.2 可以看出,等式约束和无约束变量之间的关系:

(1)原问题的等式约束条件,对应于对偶问题的无约束变量;

(2)对偶问题的等式约束条件,对应于原问题的无约束变量.

一般地,原问题与对偶问题的对偶变换规则可以归纳为表 3.1,根据这些规则直接写出一般线性规划问题的对偶问题.

表 3.1　线性规划问题的原问题与对偶问题关系对照表

原问题(对偶问题)	对偶问题(原问题)
目标函数最大 $\max z$	目标函数最小 $\min w$
变量 $\begin{cases} n\text{ 个} \\ \geqslant 0 \\ \leqslant 0 \\ \text{无约束} \end{cases}$	$\left.\begin{matrix} n\text{ 个} \\ \geqslant \\ \leqslant \\ = \end{matrix}\right\}$ 约束条件
约束条件 $\begin{cases} m\text{ 个} \\ \leqslant \\ \geqslant \\ = \end{cases}$	$\left.\begin{matrix} m\text{ 个} \\ \geqslant 0 \\ \leqslant 0 \\ \text{无约束} \end{matrix}\right\}$ 变量
第 j 个约束条件的右端项 目标函数中第 j 个变量的系数	目标函数中第 i 个变量的系数 第 i 个约束条件的右端项

3.2　对偶关系的性质及应用

3.2.1　关系性质

下面以原问题式(3.3)和其对偶问题式(3.4)为例讨论原问题与对偶问题间关系的一些重要性质.对于其他互为对偶的线性规划问题,也有相应的性质.

1. 对称性

定理 3.1　一个线性规划问题的对偶问题的对偶是原问题.

证明: 将对偶问题式(3.4)的两边同乘(−1),得

$$-\min w=-\boldsymbol{Yb},\ -\boldsymbol{YA}\leqslant-\boldsymbol{C}^{\mathrm{T}},\boldsymbol{Y}\geqslant 0.$$

由于 $\min w=-\max(-w)$,则有

$$\max(-w)=-\boldsymbol{Yb},\ -\boldsymbol{YA}\leqslant-\boldsymbol{C}^{\mathrm{T}},\boldsymbol{Y}\geqslant 0.$$

根据对偶变换关系,上式问题的对偶问题为

$$\min(-w')=-\boldsymbol{C}^{\mathrm{T}}\boldsymbol{X},\ -\boldsymbol{AX}\geqslant-\boldsymbol{b},\boldsymbol{X}\geqslant 0.$$

又由于 $\min(-w')=-\max w'$,所以

$$\max w'=\max z=\boldsymbol{C}^{\mathrm{T}}\boldsymbol{X},\boldsymbol{AX}\leqslant\boldsymbol{b},\boldsymbol{X}\geqslant 0,$$

即为原问题式(3.3).

2. 弱对偶性

定理 3.2　如果 $\boldsymbol{X}$、$\boldsymbol{Y}$ 分别是原问题和对偶问题的可行解,则必有 $\boldsymbol{C}^{\mathrm{T}}\boldsymbol{X}\leqslant\boldsymbol{Yb}$.

证明: 因为 $\boldsymbol{X}$、$\boldsymbol{Y}$ 分别是原问题和对偶问题的可行解,所以有

$$\boldsymbol{AX}\leqslant\boldsymbol{b},\boldsymbol{X}\geqslant 0;\boldsymbol{YAX}\leqslant\boldsymbol{Yb};$$

和

$$\boldsymbol{YA}\geqslant\boldsymbol{C}^{\mathrm{T}},\boldsymbol{Y}\geqslant 0;\boldsymbol{YAX}\geqslant\boldsymbol{C}^{\mathrm{T}}\boldsymbol{X};$$

所以必有

$$\boldsymbol{C}^{\mathrm{T}}\boldsymbol{X}\leqslant\boldsymbol{Yb}.$$

3. 最优性

定理 3.3　如果 $\boldsymbol{X}^*$、$\boldsymbol{Y}^*$ 分别是原问题和对偶问题的可行解,且 $\boldsymbol{C}^{\mathrm{T}}\boldsymbol{X}^*=\boldsymbol{Y}^*\boldsymbol{b}$,那么 $\boldsymbol{X}^*$、

$\boldsymbol{Y}^*$ 分别是原问题和对偶问题的最优解.

证明:根据定理 3.2,对于原问题任一个可行解 $\boldsymbol{X}$,有 $\boldsymbol{C}^{\mathrm{T}}\boldsymbol{X}\leqslant\boldsymbol{Y}^*\boldsymbol{b}$,而 $\boldsymbol{C}^{\mathrm{T}}\boldsymbol{X}^*=\boldsymbol{Y}^*\boldsymbol{b}$,则 $\boldsymbol{C}^{\mathrm{T}}\boldsymbol{X}\leqslant\boldsymbol{Y}^*\boldsymbol{b}=\boldsymbol{C}^{\mathrm{T}}\boldsymbol{X}^*$. 所以,$\boldsymbol{X}^*$ 是原问题目标函数值最大的可行解,$\boldsymbol{X}^*$ 是原问题的最优解.

同理,根据定理 3.2,对于对偶问题任一个可行解 $\boldsymbol{Y}$,有 $\boldsymbol{C}^{\mathrm{T}}\boldsymbol{X}^*\leqslant\boldsymbol{Y}\boldsymbol{b}$,又已知,$\boldsymbol{C}^{\mathrm{T}}\boldsymbol{X}^*=\boldsymbol{Y}^*\boldsymbol{b}$,则 $\boldsymbol{Y}^*\boldsymbol{b}=\boldsymbol{C}^{\mathrm{T}}\boldsymbol{X}^*\leqslant\boldsymbol{Y}\boldsymbol{b}$,所以 $\boldsymbol{Y}^*$ 是对偶问题目标函数值最小的可行解,$\boldsymbol{Y}^*$ 是对偶问题的最优解.

4. 无界性

定理 3.4 如果原问题(对偶问题)为无界解,则其对偶问题(原问题)无可行解.

证明:用反证法证明. 假设其对偶问题有可行解 $\boldsymbol{Y}$,则根据定理 3.2 的弱对偶性,有 $\boldsymbol{C}^{\mathrm{T}}\boldsymbol{X}\leqslant\boldsymbol{Y}\boldsymbol{b}$. 显然,这与原问题有无界解矛盾,所以其对偶问题无可行解.

注意:这个性质的逆命题不一定成立,即原问题(对偶问题)为无可行解,其对偶问题(原问题)可能有无界解,也可能无可行解.

5. 强对偶性

定理 3.5 如果原问题有最优解,那么对偶问题也有最优解,且它们的目标函数值相等. 或者说,如果原问题和对偶问题都有可行解,则它们都是最优解,且目标函数值相等.

证明:设原问题的最优解为 $\boldsymbol{X}^*$,根据定理 3.3 的最优性条件,对应于基矩阵 $\boldsymbol{B}$ 必然有

$$\boldsymbol{C}^{\mathrm{T}}-\boldsymbol{C}_{\mathrm{B}}^{\mathrm{T}}\boldsymbol{B}^{-1}\boldsymbol{A}\leqslant 0,-\boldsymbol{C}_{\mathrm{B}}^{\mathrm{T}}\boldsymbol{B}^{-1}\leqslant 0;$$

令 $\boldsymbol{Y}=\boldsymbol{C}_{\mathrm{B}}^{\mathrm{T}}\boldsymbol{B}^{-1}$,则有 $\boldsymbol{C}^{\mathrm{T}}-\boldsymbol{Y}\boldsymbol{A}\leqslant 0,\boldsymbol{Y}\geqslant 0;\boldsymbol{Y}\boldsymbol{A}\geqslant\boldsymbol{C}^{\mathrm{T}},\boldsymbol{Y}\geqslant 0$,

可见 $\boldsymbol{Y}$ 是对偶问题的一个可行解,对应的目标函数值 w 为 $w=\boldsymbol{Y}\boldsymbol{b}=\boldsymbol{C}_{\mathrm{B}}^{\mathrm{T}}\boldsymbol{B}^{-1}\boldsymbol{b}$.

已知 $\boldsymbol{X}^*$ 是原问题的最优解,目标函数值 z 为

$$z=\boldsymbol{C}^{\mathrm{T}}\boldsymbol{X}^*=\boldsymbol{C}_{\mathrm{B}}^{\mathrm{T}}\boldsymbol{B}^{-1}\boldsymbol{b}.$$

所以可得 $\boldsymbol{C}^{\mathrm{T}}\boldsymbol{X}^*=\boldsymbol{Y}\boldsymbol{b}$,根据定理 3.3,$\boldsymbol{Y}$ 也是最优解,且目标值相等.

6. 互补松弛性

定理 3.6 如果 $\boldsymbol{X}^*$、$\boldsymbol{Y}^*$ 分别是原问题和对偶问题的可行解,则它们为最优解的充分必要条件是 $\boldsymbol{Y}_s\boldsymbol{X}^*=0,\boldsymbol{Y}^*\boldsymbol{X}_s=0$.

证明:必要性. 在原问题和对偶问题中分别引入松弛变量 $\boldsymbol{X}_s$ 和 $\boldsymbol{Y}_s$,则有

$$\boldsymbol{A}\boldsymbol{X}+\boldsymbol{X}_s=\boldsymbol{b},\boldsymbol{Y}\boldsymbol{A}-\boldsymbol{Y}_s=\boldsymbol{C}^{\mathrm{T}},$$

若 $\boldsymbol{X}^*$、$\boldsymbol{Y}^*$ 为原问题和对偶问题的最优解,根据对偶性质 $\boldsymbol{C}^{\mathrm{T}}\boldsymbol{X}^*=\boldsymbol{Y}^*\boldsymbol{b}$,则有

$$\boldsymbol{Y}^*(\boldsymbol{A}\boldsymbol{X}^*+\boldsymbol{X}_s)=\boldsymbol{Y}^*\boldsymbol{b},(\boldsymbol{Y}^*\boldsymbol{A}-\boldsymbol{Y}_s)\boldsymbol{X}^*=\boldsymbol{C}^{\mathrm{T}}\boldsymbol{X}^*.$$

整理后 $\boldsymbol{Y}^*\boldsymbol{X}_s+\boldsymbol{Y}_s\boldsymbol{X}^*=0$,于是必有 $\boldsymbol{Y}_s\boldsymbol{X}^*=0,\boldsymbol{Y}^*\boldsymbol{X}_s=0$.

证明其充分性. 如果 $\boldsymbol{Y}_s\boldsymbol{X}^*=0,\boldsymbol{Y}^*\boldsymbol{X}_s=0$,则有

$$(\boldsymbol{Y}^*\boldsymbol{A}-\boldsymbol{C}^{\mathrm{T}})\boldsymbol{X}^*=0,\boldsymbol{Y}^*(\boldsymbol{A}\boldsymbol{X}^*-\boldsymbol{b})=0$$

从而

$$\boldsymbol{Y}^*\boldsymbol{b}=\boldsymbol{Y}^*\boldsymbol{A}\boldsymbol{X}^*=\boldsymbol{C}^{\mathrm{T}}\boldsymbol{X}^*,$$

所以 $\boldsymbol{X}^*$、$\boldsymbol{Y}^*$ 为最优解.

注意:

(1)互补松弛性质说明了线性规划达到最优时,原问题与对偶问题存在下列关系:

① 如果原问题的某一约束为紧约束(松弛变量为零),该约束对应的对偶变量大于或等于零;

② 如果原问题的某一约束为松约束(松弛变量大于零),该约束对应的对偶变量必为零;

③ 如果原问题的某一变量大于零,该变量对应的对偶约束必为紧约束;

④ 如果原问题的某一变量等于零,该变量对应的对偶约束可能为紧约束,也可能为松约束.

(2)已知一个问题的最优解时,可以利用互补松弛性质求另一个问题的最优解.

3.2.2 关系性质的应用

1. 求解原问题或对偶问题

利用对偶问题的基本性质,可以判断或求解原问题和对偶问题的解的情况.

[**例 3.4**]已知原问题及其对偶问题为

$$\max z = x_1 + 2x_2,$$

$$\text{s.t.}\begin{cases} -x_1 + x_2 + x_3 \leqslant 2, \\ -2x_1 + x_2 - x_3 \leqslant 1, \\ x_j \geqslant 0 (j=1,2,3); \end{cases}$$

和

$$\min w = 2y_1 + y_2,$$

$$\text{s.t.}\begin{cases} -y_1 - 2y_2 \geqslant 1, \\ y_1 + y_2 \geqslant 2, \\ y_1 - y_2 \geqslant 0, \\ y_1, y_2 \geqslant 0. \end{cases}$$

试用对偶理论证明原问题无界.

证明:显然,在原问题中,$\boldsymbol{X}=(0,0,0)^{\mathrm{T}}$ 是原问题的一个可行解,说明原问题有可行解;而对偶问题的第一个约束条件 $-y_1-2y_2 \geqslant 1$ 明显不能成立,对偶问题不可行,所以根据定理 3.2 知,原问题无界.

[**例 3.5**]已知线性规划问题

$$\min w = 2x_1 + 3x_2 + 5x_3 + 2x_4 + 3x_5,$$

$$\text{s.t.}\begin{cases} x_1 + x_2 + 2x_3 + x_4 + 3x_5 \geqslant 4, \\ 2x_1 - x_2 + 3x_3 + x_4 + x_5 \geqslant 3, \\ x_j \geqslant 0 (j=1,2,\cdots,5). \end{cases}$$

其对偶问题的最优解为 $y_1^* = \frac{4}{5}, y_2^* = \frac{3}{5}, z=5$. 试用对偶理论找出原问题的最优解.

解:其对偶问题为

$$\max z = 4y_1 + 3y_2,$$

$$\text{s.t.}\begin{cases} y_1 + 2y_2 \leqslant 2, & \\ y_1 - y_2 \leqslant 3, & (3.7)\\ 2y_1 + 3y_2 \leqslant 5, & (3.8)\\ y_1 + y_2 \leqslant 2, & (3.9)\\ 3y_1 + y_2 \leqslant 3, & \\ y_j \geqslant 0 (j=1,2,\cdots,5). & \end{cases}$$

由于 $y_1^* = \frac{4}{5}, y_2^* = \frac{3}{5}$ 大于 0，根据互补松弛性，原问题的约束条件应取等式；再将 $y_1^* = \frac{4}{5}$，$y_2^* = \frac{3}{5}$ 代入对偶问题的约束条件中，可以看出，式(3.7)、式(3.8)、式(3.9)为松约束（严格不等式），所以对应的原问题 $x_2^* = x_3^* = x_4^* = 0$，则有 $\begin{cases} x_1 + 3x_5 = 4 \\ 2x_1 + x_5 = 3 \end{cases}$，故 $x_1^* = 1, x_5^* = 1$，即 $\boldsymbol{X}^* = (1,0,0,0,1)^{\mathrm{T}}$.

2. 在经济上的应用

1）影子价格

由强对偶性知，如果原问题和对偶问题都有可行解，则它们都是最优解，且目标函数值相等，即 $z = \boldsymbol{C}^{\mathrm{T}}\boldsymbol{X}^* = \boldsymbol{Y}^*\boldsymbol{b} = y_1^* b_1 + \cdots + y_i^* b_i + \cdots + y_m^* b_m$，故 $\frac{\partial z}{\partial b_i} = y_i^* (i=1,2,\cdots,m)$，它表明：在其他条件不变的情况下，第 i 种单位资源的变化将引起目标函数最优值的变化，即最优对偶变量的值等于第 i 种单位资源在实现最大利益时的一种估算.

定义 3.1 影子价格是一种边际价格，指在资源得到最优利用的条件下，每增加一个单位时目标函数 z 的增加量.

注意：

(1)资源的影子价格是一种机会成本，它是未知的、依赖于企业的资源状况.

(2)在生产过程中，当某种资源未得到充分利用时，那么该资源的影子价格为零；否则，当某种资源消耗完毕，那么该资源的影子价格非零.

(3)在经济上，线性规划问题求解的本质是确定资源的最优分配方案，对偶问题的求解则是确定资源的恰当估价.

2）资源管控

根据互补松弛性和影子价格的定义，可知互补松弛性的经济意义如下：

(1)如果某资源在系统内的影子价格大于零，则该资源必是紧缺资源，对应的约束为紧约束.

(2)如果某资源在系统内有剩余，资源约束为松约束，其影子价格等于零.

(3)对于影子价格大于零的资源，增加该资源可使目标值增大.

因此企业可根据互补松弛性的经济意义，对其资源进行管控和挖潜，提高企业的经营效益.

3.3 对偶单纯形法

3.3.1 理论依据和基本思想

1. 理论依据

定理 3.7 (1)在单纯形法迭代的每一步中,在得到原问题的一个基可行解的同时,其检验数的相反数构成对偶问题的一个基解;原问题的目标函数值都小于等于其对偶问题的目标函数值.(2)在单纯形法迭代的某一步,若原问题是可行解,其对偶问题也是可行解,则这两个可行解分别是两个问题的最优解.

证明:设 $\boldsymbol{B}$ 是原问题的一个可行基,引入松弛变量 $\boldsymbol{X}_S$ 和剩余变量 $\boldsymbol{Y}_S$ 后,原问题和对偶问题可改写为:

$$\max z = \boldsymbol{C}_B^T\boldsymbol{X}_B + \boldsymbol{C}_N^T\boldsymbol{X}_N,$$
$$\text{s. t.}\begin{cases}\boldsymbol{B}\boldsymbol{X}_B + \boldsymbol{N}\boldsymbol{X}_N + \boldsymbol{X}_S = \boldsymbol{b},\\ \boldsymbol{X}_B, \boldsymbol{X}_N, \boldsymbol{X}_S \geqslant 0.\end{cases}$$

和

$$\min w = \boldsymbol{Y}\boldsymbol{b},$$
$$\text{s. t.}\begin{cases}\boldsymbol{Y}\boldsymbol{B} - \boldsymbol{Y}_{S1} = \boldsymbol{C}_B^T,\\ \boldsymbol{Y}\boldsymbol{N} - \boldsymbol{Y}_{S2} = \boldsymbol{C}_N^T,\\ \boldsymbol{Y}, \boldsymbol{Y}_{S1}, \boldsymbol{Y}_{S2} \geqslant 0.\end{cases}$$

若求得原问题的一个解为 $\boldsymbol{X}_B=\boldsymbol{B}^{-1}\boldsymbol{b}$,其相应的检验数为 $\boldsymbol{C}_N^T-\boldsymbol{C}_B^T\boldsymbol{B}^{-1}\boldsymbol{N}$ 和 $-\boldsymbol{C}_B^T\boldsymbol{B}^{-1}$,显然,其对偶变量对应于原问题松弛变量检验数的相反数;

再将 $\boldsymbol{Y}=\boldsymbol{C}_B^T\boldsymbol{B}^{-1}$ 代入对偶约束中,有 $\boldsymbol{Y}_{S1}=0$, $-\boldsymbol{Y}_{S2}=\boldsymbol{C}_N^T-\boldsymbol{C}_B^T\boldsymbol{B}^{-1}\boldsymbol{N}$,其对应关系如表 3.2 所示.

表 3.2 原问题和对偶问题的可行解及其松弛变量和剩余变量的关系表

$\boldsymbol{X}_B$	$\boldsymbol{X}_N$	$\boldsymbol{X}_S$
0	$\boldsymbol{C}_N^T-\boldsymbol{C}_B^T\boldsymbol{B}^{-1}\boldsymbol{N}$	$-\boldsymbol{C}_B^T\boldsymbol{B}^{-1}$
$\boldsymbol{Y}_{S1}$	$-\boldsymbol{Y}_{S2}$	$-\boldsymbol{Y}$

2. 基本思想

前文介绍的单纯形法,有时也称为原始单纯形法.它是在保持原问题为可行解(这时其对偶问题可能为非可行解)的基础上,通过迭代,使原问题从一个基可行解迭代到另一个基可行解,并向最优解靠近.根据定理 3.7,对偶问题也由非可行解向可行解靠近(也就是对于最大化线性规划问题的单纯形表中检验数逐步变为负数),当对偶问题的解为可行解时,原问题就得到了最优解,对偶问题也得到最优解.因此,对偶单纯形法的基本思想如下:

对偶单纯形法是在迭代过程中保持对偶问题的可行性(即始终保持所有的检验数为负数),同时取消单纯形表 b 列元素非负限制(也就是原问题一般为非可行解),通过迭代,使原问题在非可行解的基础上逐步向可行解靠近.当原问题达到了可行解,也就得到了最优解.

3.3.2 方法步骤

与原始单纯形法的计算步骤类似，关键是确定换出变量和进基变量.

1. 换出变量的确定

由 3.3.1 节，对偶单纯形法实际上是根据对偶对称性，从另一个角度考虑，将原问题的基变量的值作为其对偶问题的某一解的非基变量的检验数. 由于对偶问题是求最小值，所以当这个检验数中还有负数时，继续迭代，当检验数全部为正数（原问题得到可行解），也就得到了最优解. 因此，找出最小的负检验数，即基变量 $\boldsymbol{B}^{-1}\boldsymbol{b}$ 中最小的负数，它所对应的基变量 x_l 为换出变量.

2. 进基变量的确定

进基变量使用 θ 规则确定，应注意以下两点：

(1)由于主元素 a_{lk} 是从第 l 行的 a_{lj} 中产生的，而 $b_l'=\dfrac{b_l}{a_{lk}}$ 又必须为正数，所以 θ 规则中 a_{lj} 必须小于零.

(2)检验数行元素与主元行元素的比值必须取最小值，这样才能保持对偶问题始终有可行解.

设基变量 x_l 为换出变量，非基变量 x_k 为换入变量，在换基后，检验数行的各个检验数为 $\sigma_j-\dfrac{a_{lj}}{a_{lk}}\sigma_k, j=1,2,\cdots,n$. 将第 l 行除以主元素 a_{lk}，得到

$$\frac{b_l}{a_{lk}},0,\cdots,0,\frac{1}{a_{lk}},0,\cdots,0,\frac{a_{l(m+1)}}{a_{lk}},\cdots,1,\cdots,\frac{a_{ln}}{a_{lk}}. \tag{3.10}$$

因为非基变量 x_k 换基后将变成基变量，其检验数为零，所以将变化后的主元行元素乘以 $(-\sigma_k)$ 加到检验数行，即可得到 $\sigma_j'=\sigma_j-\dfrac{a_{lj}}{a_{lk}}\sigma_k, j=1,2,\cdots,n$.

由于要求 $\sigma_j'=\sigma_j-\dfrac{a_{lj}}{a_{lk}}\sigma_k\leqslant 0, j=1,2,\cdots,n$，因为 $a_{lj}<0,\sigma_k<0,\sigma_j<0, j=1,2,\cdots,n$，当 $a_{lk}\geqslant 0$ 时，σ_j' 自然满足要求；当 $a_{lk}\leqslant 0$ 时，要使 $\sigma_j'<0$，就必须使 $\sigma_j'=\sigma_j-\dfrac{a_{lj}}{a_{lk}}\sigma_k=a_{lj}\left(\dfrac{\sigma_j}{a_{lj}}-\dfrac{\sigma_k}{a_{lk}}\right)<0$，而 $a_{lj}<0$，所以 $\dfrac{\sigma_j}{a_{lj}}-\dfrac{\sigma_k}{a_{lk}}$ 必须大于零，即 $\dfrac{\sigma_j}{a_{lj}}\geqslant\dfrac{\sigma_k}{a_{lk}}$，故

$$\theta=\min_j\left\{\frac{c_j-z_j}{a_{lj}}\,\middle|\,a_{lj}<0\right\}=\frac{c_k-z_k}{a_{lk}}. \tag{3.11}$$

3. 计算步骤

步骤 1：建立初始单纯形表，并进行最优性检验. 检查 $\boldsymbol{b}$ 列的值，如果全都为正数，检验数都为负数，则已取得最优解，停止计算；如果检验数全部为负数，$\boldsymbol{b}$ 列中至少有一个负分量，则转入步骤 2.

步骤 2：确定换出变量. 若不满足最优性条件，找出最小的负检验数，即基变量 $\boldsymbol{B}^{-1}\boldsymbol{b}$ 中最小的负数，它所对应的基变量 x_l 为换出变量，即

$$\min_i\{(\boldsymbol{B}^{-1}b)_i \mid (\boldsymbol{B}^{-1}b)_i<0\}=(\boldsymbol{B}^{-1}b)_l$$

对应的基变量 x_l 为换出变量.

步骤 3:确定进基变量. 在单纯形表中,检查 x_l 所在行的各个系数 a_{lj}, $j=1,2,\cdots,n$. 如果所有的 $a_{lj}\geqslant 0$,则无可行解,停止计算;否则按照 θ 规则,求出最小比值 $\theta=\min\limits_j\left\{\dfrac{c_j-z_j}{a_{lj}}\mid a_{lj}<0\right\}=\dfrac{c_k-z_k}{a_{lk}}$,则选择最小比值对应的列对应的非基变量 x_k 为换入变量.

步骤 4:进基变换. 以 x_k 所在的列为主列,以 a_{lk} 为主元素,按照一般单纯形法在表中进行迭代运算,得到新的单纯形表,然后转步骤 1.

[**例 3.6**]用对偶单纯形法求解

$$\min w=2x_1+3x_2+4x_3,$$

$$\text{s.t.}\begin{cases}x_1+2x_2+x_3\geqslant 3,\\2x_1-x_2+3x_3\geqslant 4,\\x_1,x_2,x_3\geqslant 0.\end{cases}$$

解:先将其化为标准形式,为此引入剩余变量 x_4、x_5,并将约束等式两边乘以 -1,得到初始可行基,即

$$\max z=-2x_1-3x_2-4x_3,$$

$$\text{s.t.}\begin{cases}-x_1-2x_2-x_3+x_4=-3,\\-2x_1+x_2-3x_3+x_5=-4,\\x_j\geqslant 0(j=1,2,\cdots,5).\end{cases}$$

建立的初始单纯形表如表 3.3 所示.

表 3.3　例 3.6 的初始单纯形表

c_j			-2	-3	-4	0	0
$\boldsymbol{C}_B$	$\boldsymbol{X}_B$	$\boldsymbol{b}$	x_1	x_2	x_3	x_4	x_5
0	x_4	-3	-1	-2	-1	1	0
0	x_5	-4	[-2]	1	-3	0	1
c_j-z_j			-2	-3	-4	0	0

从表 3.3 可以看出:检验数行检验数全部为负数,$\boldsymbol{b}$ 列数值为负,说明对偶问题有可行解,原问题是非可行解,需要迭代计算.

确定换出变量,$\boldsymbol{b}$ 列有两个负数,一般选取负数最小者对应的基变量为换出变量,即 $\min\{-3,-4\}=-4$ 对应的基变量 x_5 为换出变量;

确定换入变量,按照 θ 规则,即

$$\theta=\min_j\left\{\frac{c_j-z_j}{a_{lj}}\mid a_{lj}<0\right\}=\min_j\left\{\frac{-2}{-2},\frac{-4}{-3}\right\}=1.$$

对应的非基变量 x_1 为换入变量,主元行为第 2 行,主元列为第 1 列,以 -2 为主元素按照

单纯形法进行迭代计算,得到表 3.4.

表 3.4　x_1 置换 x_5 的变换结果

c_j			−2	−3	−4	0	0
$\boldsymbol{C}_B$	$\boldsymbol{X}_B$	$\boldsymbol{b}$	x_1	x_2	x_3	x_4	x_5
0	x_4	−1	0	−5/2	1/2	1	−1/2
−2	x_1	2	1	−1/2	3/2	0	−1/2
c_j-z_j			0	−4	−1	0	−1

从表 3.4 中可以看出:检验数行所有检验数仍为负数,在 $\boldsymbol{b}$ 列中仍有负分量,所以还需要进行迭代运算,重复上述迭代,得到表 3.5.

表 3.5　x_2 置换 x_4 的变换结果

c_j			−2	−3	−4	0	0
$\boldsymbol{C}_B$	$\boldsymbol{X}_B$	$\boldsymbol{b}$	x_1	x_2	x_3	x_4	x_5
−3	x_2	2/5	0	1	−1/5	−2/5	1/5
−2	x_1	11/5	1	0	7/5	−1/5	−2/5
c_j-z_j			0	0	−9/5	−8/5	−1/5

从表 3.5 看出:$\boldsymbol{b}$ 列数值全为正数,检验数也全为负数,原问题得到最优解为 $\boldsymbol{X}^*=\left(\frac{11}{5},\frac{2}{5},0,0,0\right)^{\mathrm{T}}$.

根据对偶原理,对偶问题的最优解为 $\boldsymbol{Y}^*=\left(\frac{8}{5},\frac{1}{5}\right)$.

4. 使用说明

1)解决的问题

对偶单纯形法并不只是求解对偶问题的单纯形法,根据对偶原理,它也是用来求解线性规划问题的一种方法.

2)适用条件

使用对偶单纯形法,当约束条件为"≥"时,不需要引入人工变量,简化了计算;但使用对偶单纯形法是有条件的,它要求初始单纯形表中其对偶问题应有可行解(也就是单纯形表中检验数必须全为负数),单纯形表中 $\boldsymbol{b}$ 列中至少有一个负值.

文本 3.1　对偶单纯形法的 Matlab 源程序代码

3)应用范围

对偶单纯形法一般不单独使用,主要用在灵敏度分析以及整数规划等内容中.

对偶单纯形法的 Matlab 源程序代码见文本 3.1.

3.4 应用案例——灵敏度分析

3.4.1 问题描述和分析

1. 问题描述

在第 2 章讨论线性规划问题时，均假设数学模型中的原始数据是不变的常数，如约束条件系数 a_{ij}、目标函数价值系数 c_j 和资源限量 b_i 等，并在此基础上求最优解. 但实际上，这些数据并非一成不变，因为这些数据往往都是一些估计值或预测值，不可能很精确. 如在生产计划模型中，当市场行情(原材料价格、未来需求量等)发生变化后就会引起价值系数 c_j 变化；随着生产技术的提高，约束条件系数 a_{ij} 也会发生变化；资源限量 b_i 也会随着市场供应状况而发生变化等. 这样，就提出了如下问题：

(1)这些数据发生变化后，对已求得的线性规划问题的最优解有什么影响？

(2)这些数据在什么范围变化时，已求得的线性规划问题的最优解或最优基保持不变？这就是灵敏度分析所要讨论的问题.

2. 问题分析

对于系数变化后的线性规划问题，可以看成是一个新的线性规划问题，利用单纯形法从头计算求解，但这样做既麻烦，也没有必要. 灵敏度分析是解决系数变化后的线性规划问题的有效方法.

3.4.2 灵敏度分析

1. 灵敏度分析的概念及方法

定义 3.2 灵敏度分析指的是研究与分析一个模型的状态或输出变化对系统参数或周围条件变化的敏感程度的方法.

在灵敏度分析中，对系数变化后的线性规划问题采取最简便的计算方法，即在最优单纯形表基础上，计算这些系数应在什么范围内变化时，原问题的最优解保持不变，并计算当这些系数超出范围后新的最优解. 具体分析计算时，只要将个别变化的系数，经过一定的计算后直接填入最优单纯形表中，并进行检查和分析，再按照表 3.6 中不同解的情况判别最优解会不会发生变化，并计算出新的最优解.

表 3.6 不同解情况对应的灵敏度分析方法

原问题	对偶问题	结论或继续计算的步骤
可行解	可行解	单纯形表中的解仍为最优解
可行解	非可行解	用一般单纯形法继续迭代求解
非可行解	可行解	用对偶单纯形法继续迭代求解
非可行解	非可行解	引进人工变量，编制新单纯形表，继续求解

2. 灵敏度分析的应用

1)资源数量变化的分析

设第 r 种资源数量 b_r 变化为 $b_r'=b_r+\Delta b_r$,并假设其它资源数量不变,则

$$X_B'=B^{-1}(b+\Delta b)=B^{-1}b+B^{-1}\Delta b=B^{-1}b+B^{-1}[0\ \cdots\ \Delta b_r\ \cdots\ 0]^T=\begin{bmatrix}b_1+a_{1r}\cdot\Delta b_r\\ \vdots\\ b_i+a_{ir}\cdot\Delta b_r\\ \vdots\\ b_m+a_{mr}\cdot\Delta b_r\end{bmatrix}.$$

其中 $B^{-1}b=(b_1,b_2,\cdots,b_m)^T$,$a_{ir}$ 为最优基逆矩阵 B^{-1} 中第 r 列第 i 个元素.

由此可见,某一资源数量发生的变化 Δb_r,使得 X_B'的可行性有两种可能:可行解($X_B'\geqslant 0$)和非可行解.

(1)如果 Δb_r 在一定范围内变化,使得 $X_B'\geqslant 0$ 仍为可行解.由于 Δb_r 变化不影响检验数,最优单纯形表中检验数不变,最优基不变,所以 X_B'仍为最优解(根据对偶理论),但 X_B'最优解的值发生变化为新的最优解.

(2)如果 Δb_r 超出一定的范围,使得 X_B'变为不可行解,即 $X_B'\geqslant 0$ 不成立.由于在最优单纯形表中,原问题的解不可行,对偶问题的解可行,则应使用对偶单纯形法继续迭代求出新的最优解,显然,最优基、最优解都发生改变.

那么,Δb_r 变化范围应为多大,才能使得最优基保持不变,X_B'仍为最优解,但 X_B'的值要发生变化.

为保持最优基不变,则必须 $X_B'\geqslant 0$,即 $b_i+a_{ir}\cdot\Delta b_r\geqslant 0$,$i=1,2,\cdots,m$,由此可以导出,当 $a_{ir}<0$ 时,有 $\Delta b_r\leqslant -b_i/a_{ir}$;当 $a_{ir}>0$ 时,有 $\Delta b_r\geqslant -b_i/a_{ir}$,因此,$\Delta b_r$ 的允许变化范围为

$$\max_i\left\{-\frac{b_i}{a_{ir}}\middle|a_{ir}>0\right\}\leqslant\Delta b_r\leqslant\min_i\left\{-\frac{b_i}{a_{ir}}\middle|a_{ir}<0\right\}.\tag{3.12}$$

式(3.12)的使用方法:先在最优单纯形表中找出最优基 B 的逆矩阵 B^{-1},再将 B^{-1} 的第 r 列中的正分量放在不等式左边,负分量放在不等式右边,即可求出 Δb_r 的变化范围.

[**例 3.7**]美佳公司利用公司资源生产两种家电产品时,其线性规划问题

$$\max z=2x_1+x_2,$$
$$\text{s. t.}\begin{cases}5x_2\leqslant 15,\\ 6x_1+2x_2\leqslant 24,\\ x_1+x_2\leqslant 5,\\ x_1,x_2\geqslant 0.\end{cases}$$

中第二个约束条件 b_2 的变化范围 Δb_2.

解:在其最优单纯形表中,最优基 B 的逆矩阵 $B^{-1}=\begin{bmatrix}1 & 5/4 & -15/2\\ 0 & 1/4 & -1/2\\ 0 & -1/4 & 3/2\end{bmatrix}$,

最优单纯形表中 b 列元素为 $B^{-1}b=\begin{bmatrix}15/2\\ 7/2\\ 3/2\end{bmatrix}$,代入式(3.12),得到 $\max\left\{-\frac{15/2}{5/4},-\frac{7/2}{1/4}\right\}\leqslant$

$\Delta b_2 \leqslant \min\left\{-\dfrac{3/2}{-1/4}\right\}$，即 $\max\{-6,-14\} \leqslant \Delta b_2 \leqslant \min\{6\}$.

所以 Δb_2 变化范围为 $[-6,6]$，或 b_2 变化范围为 $[18,30]$.

2）目标函数中价值系数 c_j 的变化分析

从非基变量检验数公式（或称最优性判别条件）$\sigma_j = c_j - \boldsymbol{C}_{\mathrm{B}}^{\mathrm{T}}\boldsymbol{B}^{-1}\boldsymbol{P}_j$ 可以看出：目标函数系数 c_j 的变化会引起检验数 σ_j 的变化，即引起原问题最优解或最优基的变化. 那么要保持原规划问题最优解或最优基不变，价值系数 c_j 应在什么范围变化；如果价值系数 c_j 超出了变化范围，原问题的最优解又如何计算？

由于价值系数 c_j 对应非基变量和基变量两种情况，分别讨论：

（1）非基变量 x_j 的价值系数 c_j 的变化.

非基变量 x_j 的检验数 σ_j 为 $\sigma_j = c_j - \boldsymbol{C}_{\mathrm{B}}^{\mathrm{T}}\boldsymbol{B}^{-1}\boldsymbol{P}_j$，如果非基变量 x_j 的价值系数 c_j 改变为 $c_j' = c_j + \Delta c_j$，则变化后的检验数 σ_j' 应为 $\sigma_j' = c_j + \Delta c_j - \boldsymbol{C}_{\mathrm{B}}^{\mathrm{T}}\boldsymbol{B}^{-1}\boldsymbol{P}_j$.

要保持原最优解不变，则必须 $\sigma_j' = c_j + \Delta c_j - \boldsymbol{C}_{\mathrm{B}}^{\mathrm{T}}\boldsymbol{B}^{-1}\boldsymbol{P}_j \leqslant 0$，即 $\sigma_j' = \sigma_j + \Delta c_j \leqslant 0$，于是 $\Delta c_j \leqslant -\sigma_j$，其中 σ_j 为最优表中非基变量的检验数.

如果非基变量价值系数 c_j 的变化超出了原问题对应的非基变量检验数的相反数，这时，原问题的解可行（但不是最优解），对偶问题的解不可行，应该应用一般单纯形法继续迭代求出最优解.

［例 3.8］已知线性规划问题

$$\max z = -x_1 + 2x_2 + x_3,$$

$$\text{s.t.}\begin{cases} x_1 + x_2 + x_3 \leqslant 6, \\ 2x_1 - x_2 \leqslant 4, \\ x_j \geqslant 0 (j = 1,2,3). \end{cases}$$

其最优单纯形表如表 3.7 所示.

表 3.7　例 3.8 的最优单纯形表

c_j			-1	2	1	0	0
$\boldsymbol{C}_{\mathrm{B}}$	$\boldsymbol{X}_{\mathrm{B}}$	$\boldsymbol{b}$	x_1	x_2	x_3	x_4	x_5
2	x_2	6	1	1	1	1	0
0	x_5	10	3	0	1	1	1
$\sigma_j = c_j - z_j$			-3	0	-1	-2	0

求：① 非基变量 x_1 系数 c_1 的变化范围；②当系数 c_1 变为 4 时，求新的最优解.

解：① 从表 3.7 可以知道 $\sigma_1 = -3$，要保持最优解不变，则必须 $\Delta c_1 \leqslant -\sigma_1 = 3$，$c_1' = c_1 + \Delta c_1 \leqslant -1 + 3 = 2$，即 c_1' 小于 2 时，最优解不变.

② 当 c_1 变为 4 时，显然，$c_1' = 4$ 已超出 2 的变化范围，最优解要变，求最优解可在最优单纯形表基础上进行.

首先，求出新的检验数 σ_1'，即

$$\sigma_1' = c_1' - \boldsymbol{C}_{\mathrm{B}}^{\mathrm{T}}\boldsymbol{B}^{-1}\boldsymbol{p}_1 = 4 - (2,0)\begin{bmatrix}1 & 0\\ 1 & 1\end{bmatrix}\begin{bmatrix}1\\ 3\end{bmatrix} = 2 > 0.$$

最优性已不满足，用新的检验数 $\sigma_1' = 2$ 代替 $\sigma_1 = -3$，其余数据不变，继续用一般单纯形法

迭代.

由于$\sigma_1'=2$,应选择相应的变量x_1换入,根据θ规则可知,应选择基变量x_5换出,如表3.8所示.

表3.8 基变量x_5换出表

c_j			4	2	1	0	0
$\boldsymbol{C}_{\mathrm{B}}$	$\boldsymbol{X}_{\mathrm{B}}$	$\boldsymbol{b}$	x_1	x_2	x_3	x_4	x_5
2	x_2	6	1	1	1	1	0
0	x_5	10	[3]	0	1	1	1
$\sigma_j=c_j-z_j$			2	0	−1	−2	0
2	x_2	8/3	0	1	2/3	2/3	−1/3
4	x_1	10/3	1	0	1/3	1/3	1/3
$\sigma_j=c_j-z_j$			0	0	−5/3	−8/3	−2/3

由表3.8可知,新的最优解为$\boldsymbol{X}^*=(10/3,8/3,0,0,0)^{\mathrm{T}}$,$Z^*=56/3$.

(2)基变量x_j的价值系数c_j的变化.

设某个基变量x_r的价值系数由c_r变为$c_r'=c_r+\Delta c_r$,则$\sigma_j'=c_j-\boldsymbol{C'}_{\mathrm{B}}^{\mathrm{T}}\boldsymbol{B}^{-1}\boldsymbol{p}_j$,其中$\boldsymbol{C'}_{\mathrm{B}}^{\mathrm{T}}=\boldsymbol{C}_{\mathrm{B}}^{\mathrm{T}}+\Delta\boldsymbol{C}_{\mathrm{B}}^{\mathrm{T}}$,$\boldsymbol{C}_{\mathrm{B}}^{\mathrm{T}}=(c_1,c_2,\cdots,c_r\cdots,c_m)$,$\Delta\boldsymbol{C}_{\mathrm{B}}^{\mathrm{T}}=(0,0,\cdots,\Delta c_r,\cdots,0)$,则:

$$\begin{aligned}\sigma_j'&=c_j-\boldsymbol{C'}_{\mathrm{B}}^{\mathrm{T}}\boldsymbol{B}^{-1}\boldsymbol{p}_j=c_j-(\boldsymbol{C}_{\mathrm{B}}^{\mathrm{T}}+\Delta\boldsymbol{C}_{\mathrm{B}}^{\mathrm{T}})\boldsymbol{B}^{-1}\boldsymbol{p}_j=c_j-\boldsymbol{C}_{\mathrm{B}}^{\mathrm{T}}\boldsymbol{B}^{-1}\boldsymbol{P}_j-\Delta\boldsymbol{C}_{\mathrm{B}}^{\mathrm{T}}\boldsymbol{B}^{-1}\boldsymbol{p}_j\\&=\sigma_j-(0,0,\cdots,\Delta c_r,\cdots,0)\boldsymbol{B}^{-1}\boldsymbol{p}_j=\sigma_j-\Delta c_r\cdot a_{rj}\leqslant 0.\end{aligned}$$

要保持最优解不变,则必须满足$\sigma_j'=\sigma_j-\Delta c_r\cdot a_{rj}\leqslant 0,j=m+1,\cdots,n$.

由此可以导出:当$a_{rj}<0$时,有$\Delta c_r\leqslant\sigma_j/a_{rj}$;当$a_{rj}>0$时,有$\Delta c_r\geqslant\sigma_j/a_{rj}$.

因此Δc_r的允许变化范围为:

$$\max_j\left\{\frac{\sigma_j}{a_{rj}}\middle|a_{rj}>0\right\}\leqslant\Delta c_r\leqslant\min_j\left\{\frac{\sigma_j}{a_{rj}}\middle|a_{rj}<0\right\}.\tag{3.13}$$

式(3.13)的具体使用:先在最优单纯形表中找出基变量x_r所在行的元素$a_{rj}(j=1,2,\cdots,n)$,再将其中的正分量放在不等式左边,负分量放在不等式右边,注意正、负分量只取与非基变量所在列相对应的分量,即可求出Δc_r的变化范围.

[例3.9]在例3.8中,基变量价值系数c_2在什么范围变化,最优解不变.

解:从表3.7可知:非基变量的检验数有$\sigma_1=-3,\sigma_3=-1,\sigma_4=-2$,在表3.7中,基变量$x_2$所在行与非基变量所在列对应的正分量为$a_{11}=a_{13}=a_{14}=1$,代入上式,得$\max\left\{\frac{-3}{1},\frac{-1}{1},\frac{-2}{1}\right\}\leqslant\Delta c_2$,$\Delta c_2\geqslant-1$,即基变量价值系数$c_2$改变量$\Delta c_2\geqslant-1$(即$c_2'=c_2+\Delta c_2=2-1=1$)时,最优解不变.

3)技术系数a_{ij}的变化分析

(1)新增新变量.

设新增变量为x_{n+1},对应的价值系数为c_{n+1},系数列向量$\boldsymbol{p}_{n+1}=(a_{1(n+1)},a_{2(n+1)},\cdots,a_{m(n+1)})^{\mathrm{T}}$,则在原最优单纯形表中应增的系数列向量为$\boldsymbol{p}_{n+1}'=\boldsymbol{B}^{-1}\boldsymbol{p}_{n+1}=(a_{1(n+1)}',a_{2(n+1)}',\cdots,a_{m(n+1)}')^{\mathrm{T}}$,其中$\boldsymbol{B}^{-1}$为最优单纯形表中的最优基$\boldsymbol{B}$的逆矩阵.

在最优单纯形表中检验数为$\sigma_{n+1}=c_{n+1}-\boldsymbol{C}_{\mathrm{B}}^{\mathrm{T}}\boldsymbol{B}^{-1}\boldsymbol{p}_j$.在得到的新的单纯形表中,如果

$\sigma_{n+1} \leqslant 0$，则原问题最优解不变；如果不满足最优性条件，则应按一般单纯形法继续迭代求解.

(2)系数列向量发生变化.

系数列向量变化包括非基变量 x_j 的系数列向量和基变量 x_j 的系数列向量变化.

当非基变量系数列向量发生变化时，会影响对应的检验数，即影响最优性. 如果检验数小于等于零，最优解不变；如果检验数大于零，应按一般单纯形法继续迭代计算.

当基变量系数列向量发生变化时，最优基 $\boldsymbol{B}$ 和最优基的逆矩阵 $\boldsymbol{B}^{-1}$ 都受影响，即对最优解和最优性产生影响，需要按原问题和对偶问题不同的解的情况，应用不同的方法求解.

① 非基变量 x_j 的系数列向量：

当非基变量 x_j 的系数列向量 $\boldsymbol{p}_j$ 变为 $\boldsymbol{p}_j'$，计算在最优单纯形表中对应 x_j 的系数列向量 $\overline{\boldsymbol{p}}_j'$，即 $\overline{\boldsymbol{p}}_j' = \boldsymbol{B}^{-1} \cdot \boldsymbol{p}_j'$.

非基变量 x_j 的检验数为 $\overline{\sigma}_j'$ 为 $\overline{\sigma}_j' = c_j - \boldsymbol{C}_{\mathrm{B}}^{\mathrm{T}} \boldsymbol{B}^{-1} \cdot \boldsymbol{p}_j'$. 如果检验数 $\overline{\sigma}_j' \leqslant 0$，最优解不变；如果检验数 $\overline{\sigma}_j' > 0$，应按一般单纯形法继续迭代计算.

② 基变量 x_j 的系数列向量：

当基变量 x_j 的系数列向量 $\boldsymbol{p}_j$ 变为 $\boldsymbol{p}_j'$，计算在最优单纯形表中对应 x_j 的系数列向量 $\overline{\boldsymbol{p}}_j'$，即 $\overline{\boldsymbol{p}}_j' = \boldsymbol{B}^{-1} \cdot \boldsymbol{p}_j'$.

原基变量 x_j 的检验数 $\overline{\sigma}_j'$ 为 $\overline{\sigma}_j' = c_j - \boldsymbol{C}_{\mathrm{B}}^{\mathrm{T}} \boldsymbol{B}^{-1} \cdot \boldsymbol{p}_j'$，再将系数列向量 $\overline{\boldsymbol{p}}_j'$ 和相应的检验数 $\overline{\sigma}_j'$ 填入最优单纯形表中. 一般地，原基变量 x_j 的系数列向量 $\overline{\boldsymbol{p}}_j'$ 不再是单位列向量，检验数 $\overline{\sigma}_j'$ 也不再为零. 因此，还必须运用矩阵的初等行变换将系数列向量 $\overline{\boldsymbol{p}}_j'$ 变成单位向量，检验数 $\overline{\sigma}_j'$ 也必须变换为零.

经过上述变换后，原问题和对偶问题的解可能会出现以下几种情况：原问题和对偶问题的解都是可行解，都是最优解；原问题的解可行和对偶问题为非可行解，按一般单纯形法求解；原问题的解不可行和对偶问题为可行解，按对偶单纯形法求解；原问题和对偶问题的解都不可行，可改写约束条件，添加人工变量构造一个单位阵，将原问题解变为可行解，再按一般单纯形法求解.

(3)增加约束条件.

若在原问题中增加一新的约束条件，首先应将已经求出的原问题的最优解，代入新增加的约束条件中，如果满足，则原问题的最优解仍为新问题的最优解；如果不满足，则应将新的约束条件加入最优单纯形表中，继续求解. 分以下几种情况：

① 若增加约束条件为"$\leqslant$"形式，则在最优单纯形表中增加一行一列，一行为新增的约束条件，一列为新增的约束条件化为等式约束条件添加的松弛变量所在列. 并以松弛变量为新的基变量，该松弛变量(基变量)所在列应是一个单位向量，即最下面的一个元素为 1，其余元素为零；增加一行后，可能会破坏原最优基(原最优基中单位列向量出现了非零元素)，需要初等行变换将原单位阵恢复.

检查最优性条件，若原问题可行(对偶问题可行性不变)，得到最优解；若原问题不可行，按对偶单纯形法继续迭代.

② 若增加约束条件为"$\geqslant$"形式，引入剩余变量后将不等式化为等式，再用(−1)乘以方程的两边，并以剩余变量为基变量，在最优单纯形表中增加一行一列，该剩余变量(基变量)所在列应是一个单位向量，即最下面的一个元素为 1，其余元素为零；增加一行后，可能会破坏原最优基(原最优基中单位列向量出现了非零元素)，需要初等行变换将原单位阵恢复.

由于原问题不可行，再按对偶单纯形法继续迭代.

③ 若增加约束条件为“=”形式，引入人工变量，并以人工变量为新增基变量，在最优表中增加一行一列，该人工变量(基变量)所在列应是一个单位向量，即最下面的一个元素为1，其余元素为零；增加一行后，可能会破坏原最优基(原最优基中单位列向量出现了非零元素)，需要初等行变换将原单位阵恢复.

检查最优性条件，若原问题可行(对偶问题可行性不变)，得到最优解；若原问题不可行，按对偶单纯形法继续迭代.

[**例 3.10**]已知线性规划问题

$$\max z=-x_1-x_2+4x_3,$$
$$\text{s.t.}\begin{cases}x_1+x_2+2x_3\leqslant 9,\\ x_1+x_2-x_3\leqslant 2,\\ -x_1+x_2+x_3\leqslant 4,\\ x_j\geqslant 0(j=1,2,3).\end{cases}$$

的最优单纯形表为表 3.9. 现增加一个约束条件：$-3x_1+x_2+6x_3\leqslant 17$，求新问题的最优解.

表 3.9 例 3.10 的最优单纯形表

c_j			-1	-1	4	0	0	0
$\boldsymbol{C}_B$	$\boldsymbol{X}_B$	$\boldsymbol{b}$	x_1	x_2	x_3	x_4	x_5	x_6
-1	x_1	1/3	1	$-1/3$	0	1/3	0	$-2/3$
0	x_5	6	0	2	0	0	1	1
4	x_3	13/3	0	2/3	1	1/3	0	1/3
$\sigma_j=c_j-z_j$			0	-4	0	-1	0	-2

解：原问题的最优解为 $\boldsymbol{X}^*=(1/3,0,13/3,0,6,0)^{\mathrm{T}}$. 将最优解代入新增的约束条件，可见 $-3\times\dfrac{1}{3}+0+6\times\dfrac{13}{3}=25$ 不满足约束条件. 所以，引入松弛变量 x_7 后，新增的约束条件变为 $-3x_1+x_2+6x_3+x_7=17$，加入原问题的最优单纯形表 3.9 中，变为表 3.10.

表 3.10 引入松弛变量后的最优单纯形表

c_j			-1	-1	4	0	0	0	0
$\boldsymbol{C}_B$	$\boldsymbol{X}_B$	$\boldsymbol{b}$	x_1	x_2	x_3	x_4	x_5	x_6	x_7
-1	x_1	1/3	1	$-1/3$	0	1/3	0	$-2/3$	0
0	x_5	6	0	2	0	0	1	1	0
4	x_3	13/3	0	2/3	1	1/3	0	1/3	0
0	x_7	17	-3	1	6	0	0	0	1
$\sigma_j=c_j-z_j$			0	-4	0	-1	0	-2	0

第 1 行乘以 3 加到第 4 行，将第 3 行乘以(−6)加到第 4 行，使 x_1,x_5,x_3,x_7 的系数列向量构成单位阵，见表 3.11，并用对偶单纯形法求解新问题.

表 3.11　变形后的最优单纯形表

c_j			−1	−1	4	0	0	0	0
$\boldsymbol{C}_B$	$\boldsymbol{X}_B$	$\boldsymbol{b}$	x_1	x_2	x_3	x_4	x_5	x_6	x_7
−1	x_1	1/3	1	−1/3	0	1/3	0	−2/3	0
0	x_5	6	0	2	0	0	1	1	0
4	x_3	13/3	0	2/3	1	1/3	0	1/3	0
0	x_7	−8	0	−4	0	−1	0	[−4]	1
$\sigma_j=c_j-z_j$			0	−4	0	−1	0	−2	0
−1	x_1	5/3	1	1/3	0	1/2	0	0	−1/6
0	x_5	4	0	1	0	−1/4	1	0	1/4
4	x_3	11/3	0	1/3	1	1/4	0	0	1/12
0	x_6	2	0	1	0	1/4	0	1	−1/4
$\sigma_j=c_j-z_j$			0	−2	0	−1/2	0	0	−1/2

所以新问题的最优解为 $\boldsymbol{X}^*=\left(\frac{5}{3},0,\frac{11}{3},0,4,2,0\right)^{\mathrm{T}}$.

练 习 题 3

1. 写出下列线性规划问题的对偶问题.

(1)
$$\min z=2x_1+3x_2-5x_3+x_4,$$
$$\text{s.t.}\begin{cases}x_1+x_2-3x_3+x_4\geqslant 5,\\2x_1+2x_3-x_4\leqslant 4,\\x_2+x_3+x_4=6,\\x_1\leqslant 0;x_2,x_3\geqslant 0;x_4\text{ 无约束}.\end{cases}$$

(2)
$$\max z=2x_1+3x_2,$$
$$\text{s.t.}\begin{cases}x_1+2x_2\leqslant 3,\\-2x_1+x_2\geqslant -5,\\-x_1+3x_2=1,\\x_1\geqslant 0,x_2\text{ 无约束}.\end{cases}$$

(3)
$$\min z=2x_1+2x_2+4x_3,$$
$$\text{s.t.}\begin{cases}x_1+3x_2+4x_3\geqslant 2,\\2x_1+x_2+3x_3\leqslant 3,\\x_1+4x_2+3x_3=2,\\x_1,x_2\geqslant 0,x_3\text{ 无约束}.\end{cases}$$

2. 讨论对偶问题单纯形法与原始单纯形法有什么异同?

3. 已知线性规划问题如下,其对偶问题的最优解为 $y_1^*=4,y_2^*=1$,试用互补松紧性定理，求原问题的最优解.

$$\max z = 2x_1 + x_2 + 5x_3 + 6x_4,$$
$$\text{s.t.}\begin{cases}2x_1 + x_3 + x_4 \leqslant 8,\\ 2x_1 + 2x_2 + x_3 + 2x_4 \leqslant 12,\\ x_j \geqslant 0(j=1,\cdots,4).\end{cases}$$

4. 用对偶单纯形法求下述线性规划问题.

(1)
$$\min w = 2x_1 + 3x_2 + 4x_3,$$
$$\text{s.t.}\begin{cases}x_1 + 2x_2 + x_3 \geqslant 3,\\ 2x_1 - x_2 + 3x_3 \geqslant 4,\\ x_j \geqslant 0(j=1,2,3).\end{cases}$$

(2)
$$\max z = -x_1 - 4x_2 - 3x_4,$$
$$\text{s.t.}\begin{cases}x_1 + 2x_2 - x_3 + x_4 \geqslant 3,\\ -2x_1 - x_2 + 4x_3 + x_4 \geqslant 2,\\ x_j \geqslant 0(j=1,2,3,4).\end{cases}$$

第 4 章　非线性规划

非线性规划的理论是在线性规划的基础上发展起来的. 1951 年,库恩(H. W. Kuhn)和塔克(A. W. Tucker)等人提出了非线性规划的最优性条件,为它的发展奠定了基础. 后来随着电子计算机的普遍使用,非线性规划的理论和方法有了很大的发展,其应用的领域也越来越广泛,特别是在军事、经济、管理、生产过程自动化、工程设计和产品优化设计等方面都有着重要的应用.

一般来说,求解非线性规划问题要比求解线性规划问题困难得多,而且也不像线性规划那样有统一的数学模型和如单纯形法这一通用解法. 非线性规划的各种算法大都有自己特定的适用范围,都有一定的局限性,到目前为止还没有适合于各种非线性规划问题的一般算法. 这正是需要人们进一步研究的课题.

4.1　非线性规划模型的建立及相关概念

4.1.1　非线性规划的实例及数学模型

[例 4.1](投资问题)假定国家的下一个五年计划内用于发展某种工业的总投资为 b 亿元,可供选择兴建的项目共有 n 个. 已知第 j 个项目的投资为 a_j 亿元,可得收益为 c_j 亿元,问应如何进行投资才能使盈利率(即单位投资可得到的收益)最高?

解:令决策变量为 x_j,则 x_j 应满足条件 $x_j(x_j-1)=0(j=1,2,\cdots,n)$,同时 x_j 应满足约束条件

$$\sum_{j=1}^{n} a_j x_j \leqslant b,$$

目标函数是要求盈利率 $f(x_1,x_2,\cdots,x_n)=\dfrac{\sum\limits_{j=1}^{n} c_j x_j}{\sum\limits_{j=1}^{n} a_j x_j}$ 最大.

因此,问题的数学模型为:

$$\max f(x_1,x_2,\cdots,x_n)=\frac{\sum\limits_{j=1}^{n} c_j x_j}{\sum\limits_{j=1}^{n} a_j x_j},$$

$$\text{s.t.} \sum_{j=1}^{n} a_j x_j \leqslant b,$$

$$x_j(1-x_j)=0 \qquad (j=1,2,\cdots,n).$$

[例 4.2](厂址选择问题)设有 n 个市场,第 j 个市场位置为(p_j,q_j),它对某种货物的需要量为 $b_j(j=1,2,\cdots,n)$. 现计划建立 m 个仓库,第 i 个仓库的存储容量为 $a_i(i=1,2,\cdots,$

m). 试确定仓库的位置，使各仓库对各市场的运输量与路程乘积之和最小.

解：设第 i 个仓库的位置为 $(x_i, y_i)(i=1,2,\cdots,m)$，第 i 个仓库到第 j 个市场的货物供应量为 $z_{ij}(i=1,2,\cdots,m; j=1,2,\cdots,n)$，则第 i 个仓库到第 j 个市场的距离为

$$d_{ij}=\sqrt{(x_i-p_j)^2+(y_i-q_j)^2};$$

目标函数为

$$\sum_{i=1}^{m}\sum_{j=1}^{n} z_{ij} d_{ij}=\sum_{i=1}^{m}\sum_{j=1}^{n} z_{ij}\sqrt{(x_i-p_j)^2+(y_i-q_j)^2};$$

约束条件为：

(1)每个仓库向各市场提供的货物量之和不能超过它的存储容量；

(2)每个市场从各仓库得到的货物量之和应等于它的需要量；

(3)运输量不能为负数.

因此，问题的数学模型为：

$$(\text{NP})\quad \begin{aligned} &\min \sum_{i=1}^{m}\sum_{j=1}^{n} z_{ij}\sqrt{(x_i-p_j)^2+(y_i-q_j)^2},\\ &\text{s. t.} \sum_{j=1}^{n} z_{ij}\leqslant a_i \quad (i=1,2,\cdots,m),\\ &\sum_{i=1}^{m} z_{ij}\leqslant b_j \quad (j=1,2,\cdots,n),\\ &z_{ij}\geqslant 0 \quad (i=1,2,\cdots,m; j=1,2,\cdots,n). \end{aligned}$$

4.1.2 非线性规划的问题和相关概念

由以上几个实例可以看出，虽然它们各有不同的实际意义，但是却有一些共同的特点：都是求一个目标函数在一组约束条件下的极值问题，而且在目标函数或者约束条件中，至少有一个是变量的非线性函数，这种问题称为非线性规划问题. 非线性规划问题一般可以写作：

$$\begin{aligned} &\min f(\boldsymbol{X}),\\ &\text{s. t.}\ g_i(\boldsymbol{X})\geqslant 0 \quad (i=1,2,\cdots,m),\\ &h_j(\boldsymbol{X})=0 \quad (j=1,2,\cdots,l). \end{aligned}$$

式中 $\boldsymbol{X}=(x_1,x_2,\cdots,x_n)^{\mathrm{T}}\in\mathbf{R}^n$ 是 n 维向量，f、$g_i(i=1,2,\cdots,m)$、$h_j(j=1,2,\cdots,l)$ 都是 $\mathbf{R}^n\to\mathbf{R}^1$ 的映射(即自变量是 n 维向量，因变量是实数的函数关系)，且其中至少存在一个非线性映射.

与线性规划类似，把满足约束条件的解称为可行解. 若记

$$D=\{\boldsymbol{X}\mid g_i(\boldsymbol{X})\geqslant 0, i=1,2,\cdots,m, h_j(\boldsymbol{X})=0, j=1,2,\cdots,l\},$$

则称 D 为可行域. 因此上述模型可简记为：

$$\begin{cases}\min f(\boldsymbol{X}),\\ \text{s. t.}\ \boldsymbol{X}\in D.\end{cases}$$

当一个非线性规划问题的自变量 $\boldsymbol{X}$ 没有任何约束，或者说可行域是整个 n 维向量空间，即 $D=\mathbf{R}^n$，则称这样的非线性规划问题为无约束问题

$$\min f(\boldsymbol{X}) \text{ 或 } \min_{\boldsymbol{X}\in\mathbf{R}^n} f(\boldsymbol{X}).$$

有约束问题与无约束问题是非线性规划的两大类问题，它们在处理方法上有明显的不同.

对于一个实际问题，在把它归结成非线性规划问题时，一般要注意如下几点：

(1)确定供选方案：首先要收集同问题有关的资料和数据，在全面熟悉问题的基础上，确认什么是问题的可供选择的方案，并用一组变量来表示它们.

(2)提出追求目标：经过资料分析，根据实际需要和可能，提出要追求最小化或最大化的目标. 并且运用各种科学和技术原理，把它表示成数学关系式.

(3)给出价值标准：在提出要追求的目标之后，要确立所考虑目标的“好”或“坏”的价值标准，并用某种数量形式来描述它.

(4)寻求限制条件：由于所追求的目标一般都要在一定的条件下取得最小化或最大化效果，因此还需要寻找出问题的所有限制条件，这些条件通常用变量之间的一些不等式或等式来表示.

下面给出非线性规划问题的最优解的概念.

定义 4.1 设可行域 $D\subset\mathbf{R}^n$，$f:\mathbf{R}^n\to\mathbf{R}^1$，若存在 $\boldsymbol{X}^*\in D$，对于 $\forall\boldsymbol{X}\in D$ 满足 $f(\boldsymbol{X}^*)\leqslant f(\boldsymbol{X})$，则称 $\boldsymbol{X}^*$ 是非线性规划问题的全局最优解，相应地称 $f(\boldsymbol{X}^*)$ 为全局最优值.

定义 4.2 设可行域 $D\subset\mathbf{R}^n$，$f:\mathbf{R}^n\to\mathbf{R}^1$，若存在 $\boldsymbol{X}^*\in D$，且存在 $\boldsymbol{X}^*$ 的一个邻域 $N_\delta(\boldsymbol{X}^*)=\{\boldsymbol{X}\in\mathbf{R}^n\mid\|\boldsymbol{X}-\boldsymbol{X}^*\|<\delta\}$（$\delta>0$ 为实数），使得对 $\forall\boldsymbol{X}\in N_\delta(\boldsymbol{X}^*)\cap D$ 都有 $f(\boldsymbol{X}^*)\leqslant f(\boldsymbol{X})$，则称 $\boldsymbol{X}^*$ 是非线性规划问题的局部最优解，$f(\boldsymbol{X}^*)$ 是局部最优值.

上述定义类似于高等数学中的最小值和极小值的概念，从最优解的定义可以看出：$\boldsymbol{X}^*$ 是全局最优解是针对整个可行域 D 而言，$f(\boldsymbol{X}^*)$ 在点 $\boldsymbol{X}^*$ 处取得最小值；$\boldsymbol{X}^*$ 是局部最优解是指在可行域 D 中以 $\boldsymbol{X}^*$ 为中心的一个邻域中，$f(\boldsymbol{X}^*)$ 在点 $\boldsymbol{X}^*$ 处取得最小值，易见局部最优解不一定是全局最优解，但全局最优解必为局部最优解.

一般而言，求解非线性规划的方法虽然很多，但是所求出的最优解一般都是局部最优解，很少能求出全局最优解，当然在实际中还是有一些途径可以求出一个近似的全局最优解的.

注意：线性规划与非线性规划的区别在于如果线性规划的最优解存在，其最优解只能在其可行域的边界上达到(特别是在可行域的顶点上达到)；而非线性规划的最优解(如果最优解存在)则可能在其可行域的任意一点达到.

4.1.3 求解非线性规划的基本迭代格式

由于线性规划的目标函数为线性函数，可行域为凸集，因而求出的最优解就是整个可行域上的全局最优解. 非线性规划却不然，有时求出的某个解虽是一部分可行域上的极值点，但并不一定是整个可行域上的全局最优解.

对于非线性规划模型(NP)，可以采用迭代方法求它的最优解. 迭代方法的基本思想是：从一个选定的初始点 $\boldsymbol{X}^{(0)}\in\mathbf{R}^n$ 出发，按照某一特定的迭代规则产生一个点列 $\{\boldsymbol{X}^{(k)}\}$，使得当 $\{\boldsymbol{X}^{(k)}\}$ 是有穷点列时，其最后一个点是(NP)的最优解；当 $\{\boldsymbol{X}^{(k)}\}$ 是无穷点列时，它有极限点，并且其极限点是(NP)的最优解.

设 $\boldsymbol{X}^{(k)}\in\mathbf{R}^n$ 是某迭代方法的第 k 轮迭代点，$\boldsymbol{X}^{(k+1)}\in\mathbf{R}^n$ 是第 $k+1$ 轮迭代点，记

$$\boldsymbol{X}^{(k+1)}=\boldsymbol{X}^{(k)}+\alpha_k\boldsymbol{P}_k. \tag{4.1}$$

式中，$\alpha_k\in\mathbf{R}^1$，$\boldsymbol{P}_k\in\mathbf{R}^n$，$\|\boldsymbol{P}_k\|=1$，显然 $\boldsymbol{P}_k$ 是由点 $\boldsymbol{X}^{(k)}$ 与点 $\boldsymbol{X}^{(k+1)}$ 确定的方向. 式(4.1)就是求解非线性规划模型(NP)的基本迭代格式.

通常，把式(4.1)中的 $\boldsymbol{P}_k$ 称为第 k 轮搜索方向，α_k 为沿 $\boldsymbol{P}_k$ 方向的步长，使用迭代方法求解(NP)的关键在于，如何构造每一轮的搜索方向和确定适当的步长.

设 $\overline{\boldsymbol{X}}\in\mathbf{R}^n$，$\boldsymbol{P}\in\mathbf{R}^n$ 且 $\boldsymbol{P}\neq 0$，存在 $\delta>0$，使

$$f(\overline{\boldsymbol{X}}+\alpha\boldsymbol{P})<f(\overline{\boldsymbol{X}}),\forall\alpha\in(0,\delta),$$

称向量 $\boldsymbol{P}$ 是 f 在点 $\overline{\boldsymbol{X}}$ 处的下降方向.

设 $\overline{\boldsymbol{X}}\in\mathbf{R}^n$,$\boldsymbol{P}\in\mathbf{R}^n$ 且 $\boldsymbol{P}\neq 0$,若存在 $\alpha>0$,使

$$\overline{\boldsymbol{X}}+\alpha\boldsymbol{P}\in D,$$

称向量 $\boldsymbol{P}$ 是点 $\overline{\boldsymbol{X}}$ 处关于 D 的可行方向.

一个向量 $\boldsymbol{P}$,若既是函数 f 在点 $\overline{\boldsymbol{X}}$ 处的下降方向,又是该点关于区域 D 的可行方向,则称之为函数 f 在点 $\overline{\boldsymbol{X}}$ 处关于 D 的可行下降方向.

现在,给出用式(4.1)求解(NP)的一般步骤如下:

步骤 1:选取初始点 $\boldsymbol{X}^{(0)}$,令 $k=0$.

步骤 2:构造搜索方向,依照一定规则,构造 f 在点 $\boldsymbol{X}^{(k)}$ 处关于 D 的可行下降方向作为搜索方向 $\boldsymbol{P}_k$.

步骤 3:寻求搜索步长.以 $\boldsymbol{X}^{(k)}$ 为起点沿搜索方向 $\boldsymbol{P}_k$ 寻求适当的步长 α_k,使目标函数值有某种意义的下降.

步骤 4:求出下一个迭代点.按下面迭代格式求出

$$\boldsymbol{X}^{(k+1)}=\boldsymbol{X}^{(k)}+\alpha_k\boldsymbol{P}_k.$$

若 $\boldsymbol{X}^{(k+1)}$ 已满足某种终止条件,停止迭代.

步骤 5:以 $\boldsymbol{X}^{(k+1)}$ 代替 $\boldsymbol{X}^{(k)}$,回到步骤 2.

非线性规划模型(NP)的基本程序框图见图 4.1.

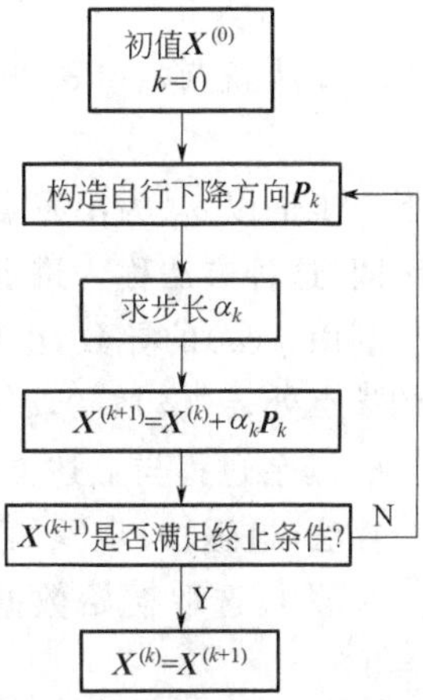

图 4.1　(NP)的基本程序框图

4.2　算法原理与实例

4.2.1　一维线性搜索

线性搜索是多变量函数最优化方法的基础,在多变量函数最优化中,迭代格式为

$$\boldsymbol{X}_{k+1}=\boldsymbol{X}_k+\alpha_k\boldsymbol{P}_k,\tag{4.2}$$

其关键是构造搜索方向 $\boldsymbol{P}_k$ 和步长因子 α_k,设

$$\varphi(\alpha)=f(\boldsymbol{X}_k+\alpha_k\boldsymbol{P}_k).\tag{4.3}$$

从 $\boldsymbol{X}_k$ 出发,沿搜索方向 $\boldsymbol{P}_k$,确定步长因子 α_k,使:

$$\varphi(\alpha_k)<\varphi(0),$$

的问题就是关于 α 的线性搜索问题.

理想的方法是使目标函数沿方向 $\boldsymbol{P}_k$ 达到极小,即使得

$$f(\boldsymbol{X}_k+\alpha_k\boldsymbol{P}_k)=\min_{\alpha>0}f(\boldsymbol{X}_k+\alpha\boldsymbol{P}_k),\tag{4.4}$$

即由最优性条件选取 $\alpha_k>0$ 使得 $\varphi'(\alpha_k)=0$,也即 $\nabla f(\boldsymbol{X}_k+\alpha_k\boldsymbol{P}_k)^{\mathrm{T}}\boldsymbol{P}_k=0$.

故
$$\alpha_k=\min\{\alpha>0\mid\nabla f(\boldsymbol{X}_k+\alpha_k\boldsymbol{P}_k)^{\mathrm{T}}\boldsymbol{P}_k=0\}.\tag{4.5}$$

这样的线性搜索称为精确线性搜索,所得到的 α_k 称为精确步长因子.需要指出的是,使用精确线性搜索算法时可以在多数情况下得到优化问题的解,但通常需要很大计算量,在实际应用中较少使用.另一个想法不要求是最小值点,而是仅仅要求满足某些不等式性质.这种线性搜索方法被称为非精确线性搜索算法.由于非精确线性搜索算法结构简单,在实际应用中较为常见.下面简单介绍这两种线性搜索算法.

一般地，线性搜索算法分成两个阶段．第一阶段确定包含理想的步长因子（或问题最优解）的搜索区间；第二阶段采用某种分割技术或插值方法缩小这个区间．

1．搜索区间求取方法

确定初始搜索区间的一种简单方法称为进退法，其基本思想是从一点出发，按一定步长，试图确定出函数值呈现"高—低—高"的三点，即 $\varphi(a)\geqslant\varphi(c)\leqslant\varphi(b)$，这里 $a\leqslant c\leqslant b$．具体地说，就是给出初始点 $\alpha_0>0$，初始步长 $h_0>0$，若

$$\varphi(\alpha_0+h_0)\leqslant\varphi(\alpha_0),$$

则下一步从新点 $\alpha_1=\alpha_0+h_0$ 出发，加大步长，再向前搜索，直到目标函数上升为止．若

$$\varphi(\alpha_0+h_0)>\varphi(\alpha_0),$$

则下一步仍以 α_0 为出发点，沿反方向同样搜索，直到目标函数上升就停止．这样便得到一个搜索区间．这种方法称为进退法．

利用 $\varphi(\alpha)$ 的导数，也可以类似地确定搜索区间．我们知道，在包含极小点 α^* 的区间 $[a,b]$ 的端点处，$\varphi'(a)\leqslant 0$，$\varphi'(b)\geqslant 0$．给定步长 $h\geqslant 0$，取初始点 $\alpha_0>0$．若 $\varphi'(\alpha_0)\geqslant 0$，则取 $\alpha_1=\alpha_0-h$．其余过程与上述方法类似．

算法（进退法）步骤如下：

步骤 1：选取初始数据．$\alpha_0\in[0,\infty)$，$h_0>0$，加倍系数 $t>1$（一般取 $t=2$），计算 $\varphi(\alpha_0)$，$k:=0$．

步骤 2：比较目标函数值．令 $\alpha_{k+1}=\alpha_k+h_k$，计算 $\varphi_{k+1}=\varphi(\alpha_{k+1})$，若 $\varphi_{k+1}<\varphi_k$，转步骤 3，否则转步骤 4．

步骤 3：加大搜索步长，令 $h_{k+1}:=th_k$，$\alpha:=\alpha_k$，$a_k:=\alpha_{k+1}$，$\varphi_k:=\varphi_{k+1}$，$k:=k+1$，转步骤 2．

步骤 4：反向搜索．若 $k=0$，转换搜索方向，令 $h_k:=-h_k$，$\alpha:=\alpha_{k+1}$，转步骤 2；否则停止迭代，令

$$a=\min\{\alpha,\alpha_{k+1}\},b=\max\{\alpha,\alpha_{k+1}\},$$

输出 $[a,b]$，停止．

进退法程序框图见图 4.2．

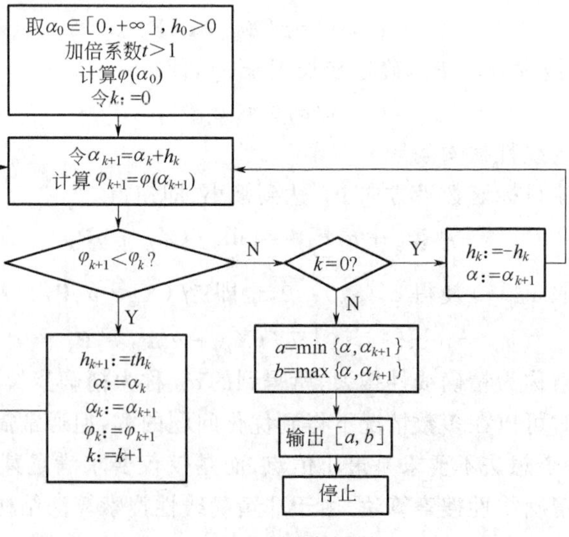

图 4.2　进退法程序框图

线性搜索方法根据是否采用导数信息，分为无导数方法和导数方法. 由于没有利用导数信息，无导数方法一般没有导数方法有效. 下面首先介绍典型的无导数方法——黄金分割法和 Fibonacci 法，然后介绍采用导数信息的二分法.

2. 线性搜索方法

1)精确搜索方法

对于精确搜索方法主要介绍其中最有典型代表的黄金分割法(0.618 法)和 Fibonacci(斐波那契)法，二者都是分割方法. 其基本思想是通过取试探点和进行函数值的比较，使包含极小点的搜索区间不断缩短，当间长度缩短到一定程度时，区间上各点的函数均接近极小值，从而各点可以看作为极小点的近似. 这类方法仅需计算函数值，不涉及导数，又称直接法. 它们用途很广，尤其适用于非光滑及导数表达式复杂或写不出的种种情形. 注意，这些方法要求所考虑区间上的目标函数是单峰函数，如果这个条件不满足，则可以将所考虑的区间分成若干个小区间，在每个小区间上函数是单峰的. 这样，在每个小区间上求极小点，然后选取其中的最小点.

(1)黄金分割法(0.618 法).

设包含极小点 α^* 的初始搜索区间为 $[a,b]$，设

$$\varphi(\alpha)=f(\boldsymbol{X}_k+\alpha\boldsymbol{P}_k), \tag{4.6}$$

在 $[a,b]$ 上为凸函数. 0.618 法的基本思想是在搜索区间 $[a,b]$ 上选取两个对称点 λ、μ，且 $\lambda<\mu$，通过比较这两点处的函数值 $\varphi(\lambda)$ 和 $\varphi(\mu)$ 的大小来决定删除左半区间 $[a,\lambda]$，还是删除右半区间 $[\mu,b]$. 删除后的新区间长度是原区间长度的 0.618 倍. 新区间包含原区间中两个对称点中的一点，只要再选一个对称点，并利用这两个新对称点处的函数值继续比较. 重复这个过程，最后确定出极小点 α^*.

记 $a_0=a$，$b_0=b$，区间 $[a_0,b_0]$ 经 k 次缩短后变为 $[a_k,b_k]$. 要求两个试探点 λ_k 和 μ_k 满足下列条件：

$$b_k-\lambda_k=\mu_k-a_k, \tag{4.7}$$

$$b_{k+1}-a_{k+1}=\tau(b_k-a_k), \tag{4.8}$$

$$\lambda_k=a_k+(1-\tau)(b_k-a_k). \tag{4.9}$$

由式(4.7)和式(4.9)得到

$$\mu_k=a_k+\tau(b_k-a_k). \tag{4.10}$$

计算 $\varphi(\lambda_k)$ 和 $\varphi(\mu_k)$. 如果 $\varphi(\lambda_k)\leqslant\varphi(\mu_k)$，则删掉右半区间 $(\mu_k,b_k]$，保留 $[a_k,\mu_k]$，从而新的搜索区间为

$$[a_{k+1},b_{k+1}]=[a_k,\mu_k]. \tag{4.11}$$

为进一步缩短区间，需取试探点 λ_{k+1}，μ_{k+1}. 由式(4.10)得到：

$$\begin{aligned}\mu_{k+1}&=a_{k+1}+\tau(b_{k+1}-a_{k+1})\\&=a_k+\tau(\mu_k-a_k)\\&=a_k+\tau[a_k+\tau(b_k-a_k)-a_k]\\&=a_k+\tau^2(b_k-a_k),\end{aligned} \tag{4.12}$$

若令

$$\tau^2=1-\tau, \tag{4.13}$$

则

$$\mu_{k+1}=a_k+(1-\tau)(b_k-a_k)=\lambda_k. \tag{4.14}$$

这样，新的试探点 μ_{k+1} 不需要重新计算，只要取 λ_k 就行了，从而在每次迭代中(第一次迭代除外)，只需选取一个试探点即可.

类似地，在$\varphi(\lambda_k)>\varphi(\mu_k)$的情形，新的试探点$\lambda_{k+1}=\mu_k$，它也不需要重新计算. 在这种情形，删去左半区间$[a_k,\lambda_k)$，保留$[\lambda_k,b_k]$，这时新的搜索区间为：

$$[a_{k+1},b_{k+1}]=[\lambda_k,b_k],$$

令

$$\lambda_k=\mu_k,$$

$$\mu_{k+1}=a_{k+1}+\tau(b_{k+1}-a_{k+1}),$$

然后再比较$\varphi(\lambda_{k+1})$和$\varphi(\mu_{k+1})$. 重复上述过程，直到$b_{k+1}-a_{k+1}\leqslant\varepsilon$.

搜索区间长度缩短率τ究竟是多少呢？求解式(4.13)得

$$\tau=\frac{-1\pm\sqrt{5}}{2}.$$

由于$\tau>0$，故取

$$\tau=\frac{\sqrt{5}-1}{2}\approx 0.618,$$

这样式(4.9)和式(4.10)可分别写成：

$$\lambda_k=a_k+0.382(b_k-a_k),$$
$$\mu_k=a_k+0.618(b_k-a_k).$$

0.618 法计算步骤如下：

步骤 1：选取初始数据. 确定初始搜索区间$[a_1,b_1]$和精度要求$\delta>0$. 计算最初两个试探点λ_1,μ_1：

$$\lambda_1=a_1+0.382(b_1-a_1),$$
$$\mu_1=a_1+0.618(b_1-a_1),$$

计算$\varphi(\lambda_1)$和$\varphi(\mu_1)$，令$k=1$.

步骤 2：比较目标函数值. 若$\varphi(\lambda_k)>\varphi(\mu_k)$，转入步骤 3；否则转入步骤 4.

步骤 3：若$b_k-\lambda_k\leqslant\delta$，则停止计算，输出$\mu_k$；否则，令

$$a_{k+1}:=\lambda_k,b_{k+1}:=b_k,\lambda_{k+1}:=\mu_k,$$
$$\varphi(\lambda_{k+1}):=\varphi(\mu_k),\mu_{k+1}:=a_{k+1}+0.618(b_{k+1}-a_{k+1}),$$

计算$\varphi(\mu_{k+1})$，转入步骤 2.

步骤 4：若$\mu_k-a_k\leqslant\delta$，则停止计算，输出λ_k；否则，令

$$a_{k+1}:=a_k,b_{k+1}:=\mu_k,\mu_{k+1}:=\lambda_k,$$
$$\varphi(\mu_{k+1}):=\varphi(\lambda_k),\lambda_{k+1}=a_{k+1}+0.382(b_{k+1}-a_{k+1}),$$

计算$\varphi(\lambda_{k+1})$，转入步骤 2.

0.618 法程序框图见图 4.3.

(2)Fibonacci 法.

另一种与 0.618 法相类似的分割方法称 Fibonacci 法. 它与 0.618 法的主要区别之一在于：搜索区间长度的缩短率不是采用 0.618 而是采用 Fibonacci 数. Fibonacci 数列满足：

$$F_0=F_1=1,$$

$$F_{k+1}=F_k+F_{k-1}\qquad(k=1,2,\cdots). \tag{4.15}$$

Fibonacci 法中的计算公式为：

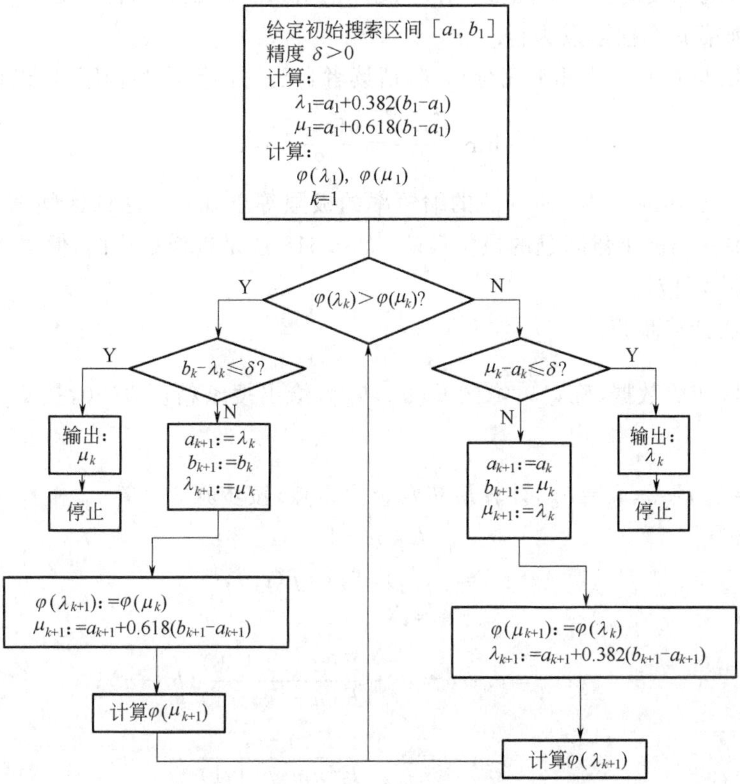

图 4.3　0.618 法程序框图

$$\lambda_k = a_k + \left(1 - \frac{F_{n-k}}{F_{n-k+1}}\right)(b_k - a_k) = a_k + \frac{F_{n-k+1} - F_{n-k}}{F_{n-k+1}}(b_k - a_k),$$

$$= a_k + \frac{F_{n-k-1}}{F_{n-k+1}}(b_k - a_k) \quad (k = 1, \cdots, n-1), \tag{4.16}$$

$$\mu_k = a_k + \frac{F_{n-k}}{F_{n-k+1}}(b_k - a_k) \quad (k = 1, \cdots, n-1). \tag{4.17}$$

显然,这里$\frac{F_{n-k}}{F_{n-k+1}}$相当于黄金分割法的式(4.9)和式(4.10)中的τ,每次缩短率满足:

$$b_{k+1} - a_{k+1} = \frac{F_{n-k}}{F_{n-k+1}}(b_k - a_k). \tag{4.18}$$

式中,n 是计算函数值的次数,即要求经过 n 次计算函数值后,最后区间的长度不超过δ,即

$$b_n - a_n \leqslant \delta.$$

由于

$$b_n - a_n = \frac{F_1}{F_2}(b_{n-1} - a_{n-1}) = \frac{F_1}{F_2} \cdot \frac{F_2}{F_3} \cdot \cdots \cdot \frac{F_{n-1}}{F_n}(b_1 - a_1) = \frac{F_1}{F_n}(b_1 - a_1)$$

$$= \frac{1}{F_n}(b_1 - a_1), \tag{4.19}$$

故有

$$\frac{1}{F_n}(b_1 - a_1) \leqslant \delta,$$

从而

$$F_n \geqslant \frac{b_1 - a_1}{\delta}. \tag{4.20}$$

给出最终区间长度的上界 δ，由式(4.20)求出 Fibonacci 数 F_n，再根据 F_n 确定出 n，从而搜索一直进行到第 n 个搜索点为止.

Fibonacci 法与 0.618 法几乎完全相同，请读者自己写出算法和程序. 可以证明

$$\lim_{k\to\infty}\frac{F_{k-1}}{F_k}=\frac{\sqrt{5}-1}{2}=\tau \tag{4.21}$$

这表明，当 $n\to\infty$ 时，Fibonacci 法的缩短率的极限等于 0.618 法的区间缩短率. Fibonacci 法是分割方法求一维极小化问题的最优策略，而 0.618 法是近似最优的，但由于 0.618 法简单易行，因而得到广泛应用.

Fibonacci 法计算步骤：

步骤 1：选取初始数据，确定单峰区间 $[a_0,b_0]$，给出搜索精度 $\delta>0$，按 $F_n\geqslant\frac{b_0-a_0}{\delta}$ 确定搜索次数 n.

步骤 2：$k=1,a=a_0,b=b_0$，计算最初两个搜索点，按步骤 3 计算 t_1 和 t_2.

步骤 3：while $\quad k<n-1,$

$$f_1=f(t_1),f_2=f(t_2),$$

if $\quad f_1<f_2,$

$$b=t_2;t_2=t_1;t_1=a+\frac{F(n-1-k)}{F(n-k+1)}(b-a);$$

else $\quad a=t_1;t_1=t_2;t_2=a+\frac{F(n-k)}{F(n-k+1)}(b-a).$

$$k=k+1,$$

end

步骤 4：当进行至 $k=n-1$ 时，有

$$t_1=t_2=\frac{1}{2}(a+b),$$

这就无法借比较函数值 $f(t_1)$ 和 $f(t_2)$ 的大小确定最终区间，为此取

$$\begin{cases}t_2=\frac{1}{2}(a+b),\\ t_1=a+\left(\frac{1}{2}+\delta\right)(b-a).\end{cases}$$

式中，δ 为任意小的数. 在 t_1 和 t_2 这两点中，以函数值较小者为近似极小点，相应的函数值为近似极小值. 并得最终区间 $[a,t_1]$ 或 $[t_2,b]$.

Fibonacci 法程序框图见图 4.4.

(3)二分法

二分法是求解精确一维搜索最简单的一种方法，其基本思想是通过计算函数导数值来缩短搜索区间. 设初始区间为 $[a_1,b_1]$，第 k 步时的搜索区间为 $[a_k,b_k]$，满足

$$\varphi'(a_k)\leqslant 0,\varphi'(b_k)\geqslant 0.$$

取中点 $c_k=\frac{1}{2}(a_k+b_k)$，若 $\varphi'(c_k)\geqslant 0$，则令 $a_{k+1}=a_k,b_{k+1}=c_k$；若 $\varphi'(c_k)\leqslant 0$，则令 $a_{k+1}=c_k,b_{k+1}=b_k$，从而得到新的搜索区间 $[a_{k+1},b_{k+1}]$. 依次进行，直到搜索区间的长度小于预定的容限为止. 二分法每次迭代都将区间缩短一半，故二分法的收敛速度也是线性的，收

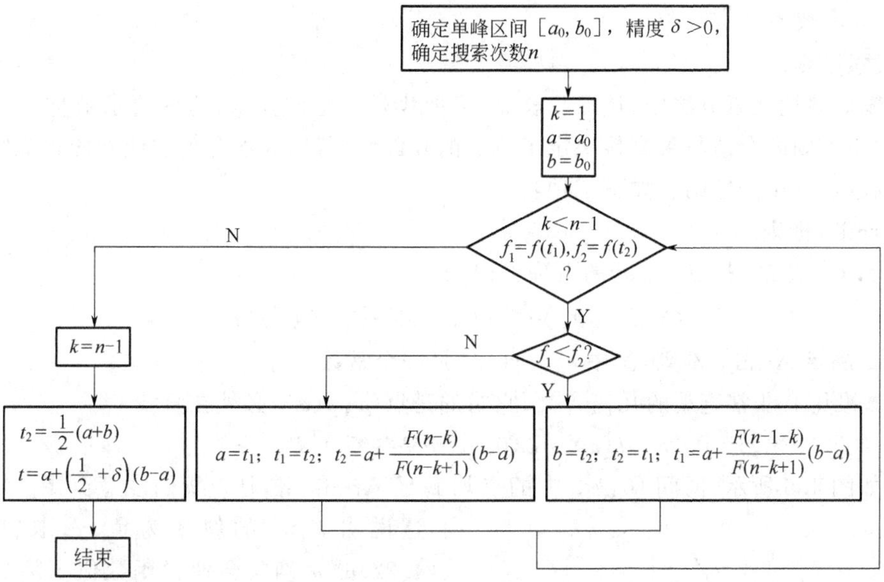

图 4.4 Fibonacci 法程序框图

敛比为$\frac{1}{2}$.

二分法计算步骤：

步骤 1：给定初始搜索区间$[a_1, b_1]$以及控制误差 $\varepsilon>0$，令 $k=1$.

步骤 2：如果 $b_k-a_k<\varepsilon$，则可取最优解为 $\alpha^*=\frac{a_k+b_k}{2}$，迭代停止. 否则，转入步骤 3.

步骤 3：计算 $c_k=\frac{1}{2}(a_k+b_k)$和 $\varphi'(c_k)$；如果 $\varphi'(c_k)\geqslant 0$，转入步骤 4；否则，转入步骤 5；

步骤 4：令 $a_{k+1}=a_k, b_{k+1}=c_k$.

步骤 5：令 $a_{k+1}=c_k, b_{k+1}=b_k$.

步骤 6：令 $k=k+1$，转入步骤 2.

二分法程序框图见图 4.5.

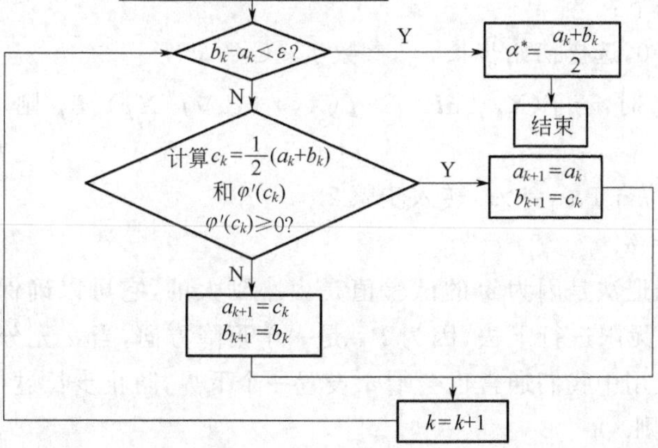

图 4.5 二分法程序框图

2)非精确搜索方法

(1)搜索准则.

在非精确线性搜索方法中,选取步长 α_k 需要满足一定的要求,这些要求被称为线搜索准则.线性搜索准则的合适与否直接决定了算法的收敛性,若选取不合适的线性搜索准则会导致算法无法收敛.常用的准则有如下三种:

① Armijo 准则.

定理 4.1 设 $\boldsymbol{P}_k$ 是点 $\boldsymbol{X}_k$ 处的下降方向,若

$$f(\boldsymbol{X}_k+\alpha\boldsymbol{P}_k)\leqslant f(\boldsymbol{X}_k)+c\alpha\nabla f(\boldsymbol{X}_k)^{\mathrm{T}}\boldsymbol{P}_k, \tag{4.22}$$

则称步长 α 满足 Armijo 准则,其中 $c_1\in(0,1)$ 是一个常数.

Amijo 准则有非常直观的几何含义,它指的是点 $(\alpha,\phi(\alpha))$ 必须在直线

$$l(\alpha)=\phi(0)+c\alpha\nabla f(\boldsymbol{X}_k)^{\mathrm{T}}\boldsymbol{P}_k$$

的下方.如图 4.6 所示,区间 $[0,\alpha_1]$ 中的点均满足 Armijo 准则.我们注意到 $\boldsymbol{P}_k$ 为下降方向,这说明 $l(\alpha)$ 的斜率为负,选取符合条件式(4.22)的 α 确实会使得函数值下降.在实际应用中,参数 c_1 通常选取一个很小的正数,例如 $c_1=10^{-3}$,这使得 Armijo 准则非常容易得到满足.但是仅仅使用 Armijo 准则并不能保证迭代的收敛性,这是因为 $\alpha=0$ 显然满足式(4.22),而这意味着迭代序列中的点固定不变,研究这样的步长是没有意义的.为此,Armijo 准则需要配合其他准则共同使用.

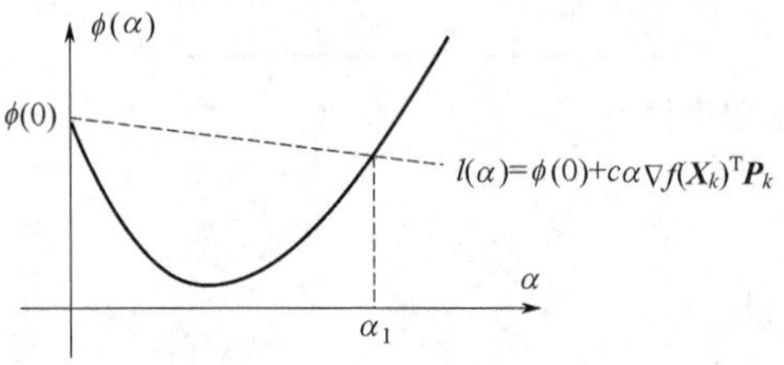

图 4.6 Armijo 准则

在优化算法的实现中,寻找一个满足 Armijo 准则的步长是比较容易的,一个最常用的算法是回退法.给定初始值 α_0,回退法通过不断以指数方式缩小试探步长,找到第一个满足 Armijo 准则式(4.22)的点.具体来说,回退法选取

$$\alpha_k=\gamma^{(j_0)}\alpha_0,$$

其中 $j_0=\min\{j=0,1,\cdots\mid f(\boldsymbol{X}_k+\gamma^{(j)}\alpha_0\boldsymbol{P}_k)\leqslant f(\boldsymbol{X}_k)+c\gamma^{(j)}\alpha_0\nabla f(\boldsymbol{X}_k)^{\mathrm{T}}\boldsymbol{P}_k\}$,

参数 $\gamma\in(0,1)$ 为一个给定的实数.

回退法的步骤如下:

步骤 1:令 $k:=0$,选择初始步长 α_0,参数 $\gamma,c\in(0,1)$.

步骤 2:当 $\alpha=\alpha_0$ 时,若 $f(\boldsymbol{X}_k+\alpha\boldsymbol{P}_k)>f(\boldsymbol{X}_k)+c\alpha\nabla f(\boldsymbol{X}_k)^{\mathrm{T}}\boldsymbol{P}_k$ 则转入步骤 3;否则转入步骤 4.

步骤 3:令 $k:=k+1,\alpha_1=\gamma\alpha$,转入步骤 2.

步骤 4:输出 $\alpha_k=\alpha$.

该算法被称为回退法是因为 α 的试验值是由小到大的,它可以确保输出的 α_k 能尽量地大.此外该方法不会无限进行下去,因为 $\boldsymbol{P}_k$ 是一个下降方向,当 α 充分小时,Armijo 准则总是成立的.在实际应用中我们通常也会给 α 设置一个下界,防止步长过小.

② Goldstein 准则.

为了克服 Armijo 准则的缺陷,需要引入其他准则来保证每一步的步长不会太小.既然

Armijo 准则只要求点(α,$\phi(\alpha)$)必须处在某直线下方,故也可使用相同的形式使得该点必须处在另一条直线的上方．这就是 Armijo-Goldstein 准则,简称 Goldstein 准则．

定理 4.2 设 $\boldsymbol{P}_k$ 是点 $\boldsymbol{X}_k$ 处的下降方向,若

$$f(\boldsymbol{X}_k+\alpha\boldsymbol{P}_k)\leqslant f(\boldsymbol{X}_k)+c\alpha\nabla f(\boldsymbol{X}_k)^{\mathrm{T}}\boldsymbol{P}_k \tag{4.23a}$$

且

$$f(\boldsymbol{X}_k+\alpha\boldsymbol{P}_k)\geqslant f(\boldsymbol{X}_k)+(1-c)\alpha\nabla f(\boldsymbol{X}_k)^{\mathrm{T}}\boldsymbol{P}_k, \tag{4.23b}$$

则称步长 α 满足 Goldstein 准则,其中 $c\in\left(0,\dfrac{1}{2}\right)$.

同样,Goldstein 准则也有非常直观的几何含义,它指的是点(α,$\phi(\alpha)$)必须在两条直线

$$l_1(\alpha)=\phi(0)+c\alpha\nabla f(\boldsymbol{X}_k)^{\mathrm{T}}\boldsymbol{P}_k,$$

$$l_2(\alpha)=\phi(0)+(1-c)\alpha\nabla f(\boldsymbol{X}_k)^{\mathrm{T}}\boldsymbol{P}_k$$

之间．如图 4.7 所示,区间 $[\alpha_1,\alpha_2]$ 中的点均满足 Goldstein 准则．同时我们也注意到 Goldstein 准则确实去掉了过小的 α.

③ Wolfe 准则.

Goldstein 准则能够使得函数值充分下降,但是它可能避开了最优的函数值．如图 4.7 所示,一维函数 $\phi(\alpha)$的最小值点并不在满足 Goldstein 准则的区间 $[\alpha_1,\alpha_2]$ 中．为此我们引入 Armijo—Wolfe 准则,简称 Wolfe 准则．

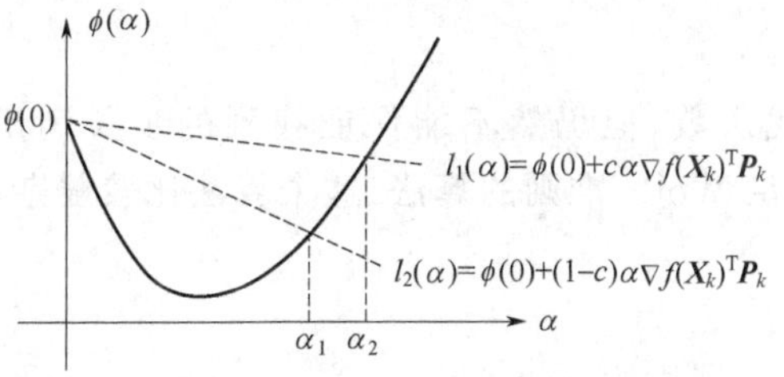

图 4.7 Goldstein 准则

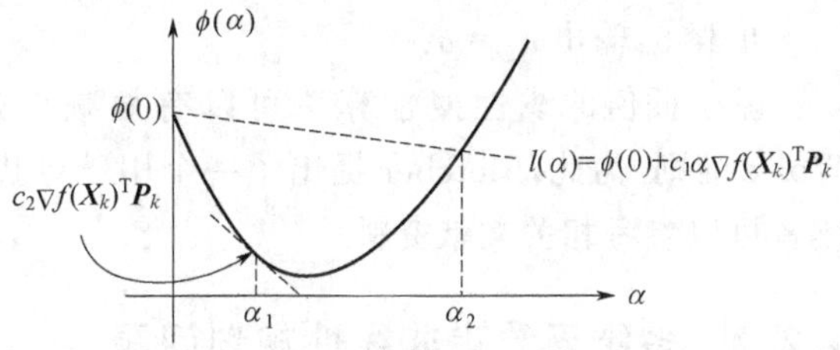

图 4.8 Wolfe 准则

定理 4.3 设 $\boldsymbol{P}_k$ 是点 $\boldsymbol{X}_k$ 处的下降方向,若

$$f(\boldsymbol{X}_k+\alpha\boldsymbol{P}_k)\leqslant f(\boldsymbol{X}_k)+c_1\alpha\nabla f(\boldsymbol{X}_k)^{\mathrm{T}}\boldsymbol{P}_k, \tag{4.24a}$$

且

$$\nabla f(\boldsymbol{X}_k+\alpha\boldsymbol{P}_k)^{\mathrm{T}}\boldsymbol{P}_k\geqslant c_2\nabla f(\boldsymbol{X}_k)^{\mathrm{T}}\boldsymbol{P}_k, \tag{4.24b}$$

则称步长 α 满足 Wolfe 准则,其中 $c_1,c_2\in(0,1)$为给定的常数且 $c_1<c_2$.

在式(4.24)中,第一个不等式(4.24a)是 Armijo 准则,而第二个不等式(4.24b)则是 Wolfe 准则的本质要求．注意到$\nabla f(\boldsymbol{X}_k+\alpha\boldsymbol{P}_k)^{\mathrm{T}}\boldsymbol{P}_k$ 恰好就是 $\phi(\alpha)$的导数,Wolfe 准则实际要求 $\phi(\alpha)$在点 α 处切线的斜率不能小于 $\phi'(0)$的 c_2 倍．如图 4.8 所示,在区间 $[\alpha_1,\alpha_2]$ 中的点均满足 Wolfe 准则．注意到在 $\phi(\alpha)$的极小值点 α^* 处有 $\phi'(\alpha^*)=\nabla f(\boldsymbol{X}_k+\alpha^*\boldsymbol{P}_k)^{\mathrm{T}}\boldsymbol{P}_k=0$,因此 α^* 永远满足条件(4.24b)．而选择较小的 c_1 可使得 α^* 同时满足条件(4.24a),即 Wolfe 准则在绝大多数情况下会包含搜索子问题的精确解．在实际应用中,参数 c_2 通常取为 0.9.

(2)线性搜索算法.

前面介绍的回退法可用于寻找 Armijo 准则式(4.22)的步长,它虽然实现简单、原理直观,是最常用的线性搜索算法之一,但是其缺点也很明显:第一,它无法保证找到满足 Wolfe 准则的步长,即条件式(4.24b)不一定成立,但对一些优化算法而言,找到满足 Wolfe 准则的步长是十分必要的;第二,回退法以指数的方式缩小步长,因此对初值 α_0 和参数 γ 的选取比较敏

感，当 γ 过大时每一步试探步长改变量很小，此时回退法效率比较低，当 γ 过小时回退法过于激进，导致最终找到的步长太小，错过了选取大步长的机会．下面简单介绍更实用的线性搜索算法——基于多项式插值的线性搜索算法．

假设初始步长 α_0 已给定，如果经过验证，α_0 不满足 Armijo 准则，下一步就需要减小试探步长．和回退法不同，该法不直接将 α_0 缩小常数倍，而是基于 $\phi(0)$、$\phi'(0)$、$\phi(\alpha_0)$这三个信息构造一个二次插值函数 $p_2(\alpha)$，即寻找二次函数 $p_2(\alpha)$满足：

$$p_2(0)=\phi(0),p'_2(\alpha)=\phi'(0),p_2(\alpha_0)=\phi(\alpha_0)$$

由于二次函数只有三个参数，以上三个条件可以唯一决定 $p_2(\alpha)$，而且不难验证 $p_2(\alpha)$的最小值点恰好位于$(0,\alpha_0)$内．此时取 $p_2(\alpha)$的最小值点 α_1 作为下一个试探点，利用同样的方式不断递归下去直至找到满足 Armijo 准则的点．

基于多项式插值的线性搜索算法步骤如下：

步骤 1：$k:=0$，选择初始步长 α_0，计算 $\phi(0)$、$\phi'(0)$和 $\phi(\alpha_0)$.

步骤 2：利用 $\phi(0)$、$\phi'(0)$和 $\phi(\alpha_0)$构造二次插值多项式函数 $p_2(\alpha)$，使得 $p_2(0)=\phi(0)$、$p_2'(\alpha)=\phi'(0)$和 $p_2(\alpha_0)=\phi(\alpha_0)$.

步骤 3：求函数 $p_2(\alpha)$的最优（小）解 α. 若 $f(\boldsymbol{X}_k+\alpha\boldsymbol{P}_k)>f(\boldsymbol{X}_k)+c\alpha\nabla f(\boldsymbol{X}_k)^{\mathrm{T}}\boldsymbol{P}_k$ 成立则转入步骤 4；否则转入步骤 5.

步骤 4：$k:=k+1,\alpha_k=\alpha$，转入步骤 2.

步骤 5：输出 $\alpha_k=\alpha$.

基于插值的线性搜索算法可以有效减少迭代次数，但仍然不能保证找到的步长满足 Wolfe 准则. 为此，Fletcher 提出了一个用于寻找满足 Wolfe 准则的算法. 这个算法比较复杂，读者可以参考相关文献资料.

4.2.2 多维无约束非线性规划问题

1. 无约束极值条件

对于二阶可微的一元函数 $f(\boldsymbol{X})$，如果 $\boldsymbol{X}^*$ 是局部最小点，则 $f'(\boldsymbol{X}^*)=0$，并且 $f''(\boldsymbol{X}^*)>0$；反之，如果 $f'(\boldsymbol{X}^*)=0,f''(\boldsymbol{X}^*)<0$，则 $\boldsymbol{X}^*$ 是局部最大点. 关于多元函数，也有与此类似的结果，这就是下述的各定理.

考虑无约束极值问题

$$\min f(\boldsymbol{X}),\boldsymbol{X}\in\boldsymbol{R}^n.$$

定理 4.4 （必要条件）设 $f(\boldsymbol{X})$是 n 元可微实函数，如果 $\boldsymbol{X}^*$ 是以上问题的局部最小解，则$\nabla f(\boldsymbol{X}^*)=0$.

定理 4.5 （必要和充分条件）设 $f(\boldsymbol{X})$是 n 元二次可微实函数，如果 $\boldsymbol{X}^*$ 是上述问题的局部最小解，则$\nabla f(\boldsymbol{X}^*)=0,\nabla^2 f(\boldsymbol{X}^*)$半正定；反之，如果在 $\boldsymbol{X}^*$ 点有$\nabla f(\boldsymbol{X}^*)=0,\nabla^2 f(\boldsymbol{X}^*)$正定，则 $\boldsymbol{X}^*$ 为严格局部最小解.

定理 4.6 设 $f(\boldsymbol{X})$是 n 元可微凸函数，如果$\nabla f(\boldsymbol{X}^*)=0$，则 $\boldsymbol{X}^*$ 是上述问题的最小解.

[例 4.4]试求二次函数 $f(x_1,x_2)=2x_1^2-8x_1+2x_2^2-4x_2+20$ 的最小点.

解：由最值存在的必要条件求出稳定点：$\dfrac{\partial f}{\partial x_1}=4x_1-8,\dfrac{\partial f}{\partial x_2}=4x_2-4$，则由$\nabla f(\boldsymbol{X})=0$ 得 $x_1=2,x_2=1$.

再用充分条件进行检验：$\frac{\partial^2 f}{\partial x_1^2}=4,\frac{\partial^2 f}{\partial x_2^2}=4,\frac{\partial^2 f}{\partial x_1\partial x_2}=\frac{\partial^2 f}{\partial x_2\partial x_1}=0$，则由$\nabla^2 f=\begin{bmatrix}4&0\\0&4\end{bmatrix}$为正定矩阵得最小点为$\boldsymbol{X}^*=(2,1)^{\mathrm{T}}$.

2. 最速下降法

最速下降法是以负梯度方向作为下降方向的最小化算法，又称梯度法，是 1874 年法国科学家 Cauchy 提出的. 最速下降法是无约束最优化中最简单的方法.

设目标函数$f(\boldsymbol{X})$在$\boldsymbol{X}^{(k)}$附近连续可微，且$\boldsymbol{g}_k\triangleq\nabla f(\boldsymbol{X}^{(k)})\neq 0$. 将$f(\boldsymbol{X})$在$\boldsymbol{X}^{(k)}$处 Taylor 展开：

$$f(\boldsymbol{X})=f(\boldsymbol{X}^{(k)})+\boldsymbol{g}_k^{\mathrm{T}}(\boldsymbol{X}-\boldsymbol{X}^{(k)})+O(\|\boldsymbol{X}-\boldsymbol{X}^{(k)}\|),\tag{4.25}$$

记$\boldsymbol{X}-\boldsymbol{X}^{(k)}=\alpha\boldsymbol{P}_k$，则式(4.25)可写为

$$f(\boldsymbol{X}^{(k)}+\alpha\boldsymbol{P}_k)=f(\boldsymbol{X}^{(k)})+\alpha\boldsymbol{g}_k^{\mathrm{T}}\boldsymbol{P}_k+O(\|\alpha\boldsymbol{P}_k\|).\tag{4.26}$$

显然，若$\boldsymbol{P}_k$满足$\boldsymbol{g}_k^{\mathrm{T}}\boldsymbol{P}_k<0$，则$\boldsymbol{P}_k$是下降方向，它使得$f(\boldsymbol{X}^{(k)}+\alpha\boldsymbol{P}_k)<f(\boldsymbol{X}^{(k)})$. 当$\alpha$取定后，$(\boldsymbol{P}_k)^{\mathrm{T}}\boldsymbol{g}_k$的值越小，即$-(\boldsymbol{P}_k)^{\mathrm{T}}\boldsymbol{g}_k$的值越大，函数$f(\boldsymbol{X})$在$\boldsymbol{X}^{(k)}$处下降量越大. 由 Cauchy-Schwartz 不等式

$$|(\boldsymbol{P}_k)^{\mathrm{T}}\boldsymbol{g}_k|\leqslant\|\boldsymbol{P}_k\|\|\boldsymbol{g}_k\|\tag{4.27}$$

可知当且仅当$\boldsymbol{P}_k=-\boldsymbol{g}_k$时，$(\boldsymbol{P}_k)^{\mathrm{T}}\boldsymbol{g}_k$最小，$-(\boldsymbol{P}_k)^{\mathrm{T}}\boldsymbol{g}_k$最大，从而$-\boldsymbol{g}_k$是最速下降方向. 以$-\boldsymbol{g}_k$为下降方向的方法称为最速下降法.

事实上，最速下降方向也可以这样来考虑：因为目标函数f沿方向$\boldsymbol{P}$的变化率是$\boldsymbol{g}(\boldsymbol{x}_k)^{\mathrm{T}}\boldsymbol{P}$，故最速下降的单位方向$\boldsymbol{P}$是问题

$$\min\boldsymbol{g}_k^{\mathrm{T}}\boldsymbol{P},\tag{4.28}$$

$$\text{s.t. }\|\boldsymbol{P}\|=1\tag{4.29}$$

的解. 注意到：

$$\begin{aligned}\boldsymbol{P}^{\mathrm{T}}\boldsymbol{g}_k&=-\|\boldsymbol{P}\|\|\boldsymbol{g}_k\|\cos\theta_k\\&=-\|\boldsymbol{g}_k\|\cos\theta_k.\end{aligned}\tag{4.30}$$

式中，θ_k是$\boldsymbol{g}_k$与$\boldsymbol{P}$之间的夹角. 最小化式(4.30)，便得到当$\theta_k=0$，即$\cos\theta_k=1$时，$\boldsymbol{P}^{\mathrm{T}}\boldsymbol{g}_k$最小，这时

$$\boldsymbol{P}=-\frac{\boldsymbol{g}_k}{\|\boldsymbol{g}_k\|}.\tag{4.31}$$

最速下降法的迭代格式为

$$\boldsymbol{X}^{(k+1)}=\boldsymbol{X}^{(k)}-\alpha_k\boldsymbol{g}_k,\tag{4.32}$$

其中步长因子α_k由线性搜索策略确定.

最速下降法步骤：

步骤 1：给出$\boldsymbol{X}^{(0)}\in\mathbf{R}^n$，$0\leqslant\varepsilon\ll 1$，$k:=0$.

步骤 2：计算$\boldsymbol{P}_k=-\boldsymbol{g}_k$；如果$\|\boldsymbol{g}_k\|\leqslant\varepsilon$，停止.

步骤 3：由线性搜索求步长因子α_k.

步骤 4：计算$\boldsymbol{X}^{(k+1)}=\boldsymbol{X}^{(k)}+\alpha_k\boldsymbol{P}_k$.

步骤 5：令$k:=k+1$，转入步骤 2.

最速下降法程序框图见图 4.9.最速下降法具有程序设计简单、计算工作量小、存储量小、对初始点没有特别要求等优点.但是,最速下降方向仅是函数的局部性质,对整体求解过程而言这个方法下降非常慢.数值试验表明:当目标函数的等值接近于一个圆(球)时,最速下降法下降较快;而当目标函数的等值线是一个扁长的椭球时,最速下降法开始几步下降较快,后来就出现锯齿现象,下降十分缓慢(图 4.10),事实上,由于精确线性搜索满足 $\boldsymbol{g}_{k+1}^{\mathrm{T}}\boldsymbol{P}_k=0$,则

$$\boldsymbol{g}_{k+1}^{\mathrm{T}}\boldsymbol{g}_k=\boldsymbol{P}_{k+1}^{\mathrm{T}}\boldsymbol{P}_k=0. \tag{4.33}$$

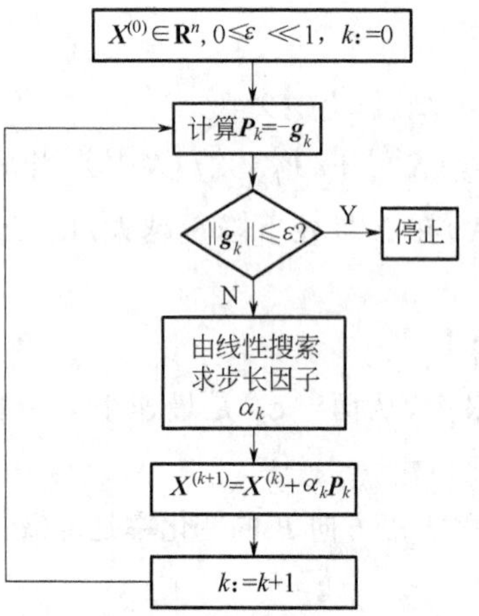

图 4.9 最速下降法程序框图

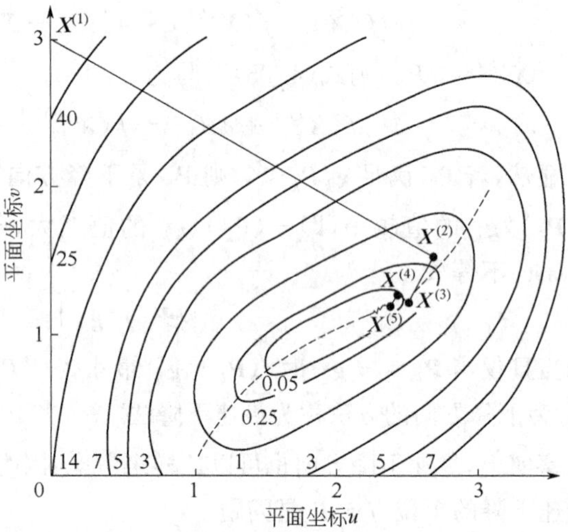

图 4.10 最速下降法中的锯齿形

这表明最速下降法中相邻两次的搜索方向是相互直交的,这就产生了锯齿形状.越接近极小点,步长越小,前进越慢.

可以证明,采用精确线性搜索的最速下降法的收敛速度是线性的,对于最小化正定二次函数 $\min f(\boldsymbol{X})=\frac{1}{2}\boldsymbol{X}^{\mathrm{T}}\boldsymbol{G}\boldsymbol{X}$,最速下降法产生的序列满足:

$$\frac{f(\boldsymbol{X}^{(k+1)})-f(\boldsymbol{X}^*)}{f(\boldsymbol{X}^{(k)})-f(\boldsymbol{X}^*)}\leqslant\left(\frac{\lambda_1-\lambda_n}{\lambda_1+\lambda_n}\right)^2=\left(\frac{k-1}{k+1}\right)^2, \tag{4.34}$$

$$\frac{\|\boldsymbol{X}^{(k+1)}-\boldsymbol{X}^*\|}{\|\boldsymbol{X}^{(k)}-\boldsymbol{X}^*\|}\leqslant\sqrt{\frac{\lambda_1}{\lambda_n}}\left(\frac{\lambda_1-\lambda_n}{\lambda_1+\lambda_n}\right)=\sqrt{k}\left(\frac{k-1}{k+1}\right). \tag{4.35}$$

其中 λ_1 和 λ_n 分别是矩阵 $\boldsymbol{G}$ 的最大和最小特征值,$k=\lambda_1/\lambda_n$ 是矩阵 $\boldsymbol{G}$ 的条件数.

在非二次情形,如果 $f(\boldsymbol{X})$在 $\boldsymbol{X}^*$ 附近二次连续可微,$\nabla f(\boldsymbol{X}^*)=0$,$\nabla^2 f(\boldsymbol{X}^*)$正定,则式(4.34)也成立.

3. 牛顿法

牛顿法(Newton 法)的基本思想是利用目标函数 $f(\boldsymbol{X})$在迭代点 $\boldsymbol{X}^{(k)}$ 处的二次 Taylor 展开作为模型函数,并用这二次模型的最小点序列去逼近目标函数的最小点.设 $f(\boldsymbol{X})$二次连续可微.$\boldsymbol{X}^{(k)}\in\mathbf{R}^n$,Hesse 矩阵$\nabla^2 f(\boldsymbol{X}^{(k)})$正定.在 $\boldsymbol{X}^{(k)}$ 附近用二次 Taylor 展开近似 f,有

$$f(\boldsymbol{X}^{(k)}+\boldsymbol{s})\approx q^{(k)}(\boldsymbol{s})=f(\boldsymbol{X}^{(k)})+\nabla f(\boldsymbol{X}^{(k)})^{\mathrm{T}}\boldsymbol{s}+\frac{1}{2}\boldsymbol{s}^{\mathrm{T}}\nabla^2 f(\boldsymbol{X}^{(k)})\boldsymbol{s}. \tag{4.36}$$

其中 $\boldsymbol{s}=\boldsymbol{X}-\boldsymbol{X}^{(k)}$，$q^{(k)}(\boldsymbol{s})$为 $f(\boldsymbol{X})$的二次近似. 将上式右边最小化，即令

$$\nabla q^{(k)}(\boldsymbol{s})=\nabla f(\boldsymbol{X}^{(k)})+\nabla^2 f(\boldsymbol{X}^{(k)})\boldsymbol{s}=0, \tag{4.37}$$

得

$$\boldsymbol{X}^{(k+1)}=\boldsymbol{X}^{(k)}-[\nabla^2 f(\boldsymbol{X}^{(k)})]^{-1}\nabla f(\boldsymbol{X}^{(k)}). \tag{4.38}$$

这就是牛顿法迭代公式. 相应算法称为牛顿法. 令 $\boldsymbol{G}_k\triangleq\nabla^2 f(\boldsymbol{X}^{(k)})$，$\boldsymbol{g}_k\triangleq\nabla f(\boldsymbol{X}^{(k)})$，则式(4.38)也可写成

$$\boldsymbol{X}^{(k+1)}=\boldsymbol{X}^{(k)}-\boldsymbol{G}_k^{-1}\boldsymbol{g}_k. \tag{4.39}$$

牛顿法步骤：

步骤 1：选取初始数据. 选取初始点 $\boldsymbol{X}^{(0)}$，给定终止误差 $\varepsilon>0$，令 $k:=0$.

步骤 2：求梯度向量. 计算$\nabla f(\boldsymbol{X}^{(k)})$，若$\|\nabla f(\boldsymbol{X}^{(k)})\|\leqslant\varepsilon$，停止迭代，输出 $\boldsymbol{X}^{(k)}$. 否则，进行步骤 3.

步骤 3：构造牛顿方向. 计算$[\nabla^2 f(\boldsymbol{X}^{(k)})]^{-1}$，取

$$\boldsymbol{P}_k=-[\nabla^2 f(\boldsymbol{X}^{(k)})]^{-1}\nabla f(\boldsymbol{X}^{(k)}).$$

步骤 4：求下一迭代点. 令 $\boldsymbol{X}^{(k+1)}=\boldsymbol{X}^{(k)}+\boldsymbol{P}_k$，$k:=k+1$，转步骤 2.

牛顿法程序框图见图 4.11.

对于正定二次函数，牛顿法一步即可达到最优解. 对于一般非二次函数，牛顿法并不能保证经过有限次迭代求得最优解，但如果初始点 $\boldsymbol{X}^{(0)}$ 充分靠近最小点，牛顿法的收敛速度一般是快的. 下文证明了牛顿法的局部收敛性和二阶收敛速度.

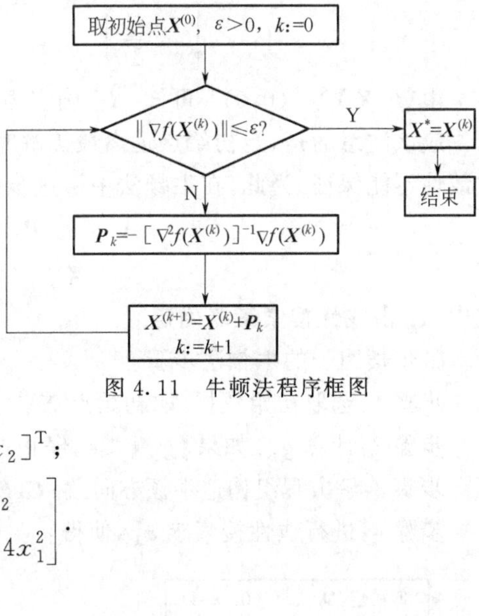

图 4.11 牛顿法程序框图

[**例 4.5**]用牛顿法求解

$$\min f(\boldsymbol{X})=x_1^4+25x_2^4+x_1^2x_2^2,$$

选取 $\boldsymbol{X}^{(0)}=(2,2)^{\mathrm{T}}$，$\varepsilon=10^{-6}$.

解：(1)$\nabla f(\boldsymbol{X})=[4x_1^3+2x_1x_2^2\quad 100x_2^3+2x_1^2x_2]^{\mathrm{T}}$；

$$\nabla^2 f(\boldsymbol{X})=\begin{bmatrix}12x_1^2+2x_2^2 & 4x_1x_2\\ 4x_1x_2 & 300x_2^2+4x_1^2\end{bmatrix}.$$

编写 M 文件 nwfun. m 如下：

```
function[f,df,d2f]=nwfun(x);
f=x(1)^4+25*x(2)^4+x(1)^2*x(2)^2;
df(1)=4*x(1)^3+2*x(1)*x(2)^2;
df(2)=100*x(2)^3+2*x(1)^2*x(2);
d2f(1,1)=12*x(1)^2+2*x(2)^2;
d2f(1,2)=4*x(1)*x(2);
d2f(2,1)=d2f(1,2);
d2f(2,2)=300*x(2)^2+4*x(1)*x(2);
```

(2)编写 M 文件：

```
clc
x=[2;2];
[f0,g1,g2]=nwfun(x)
while norm(g1)>0.00001                    %dead loop,for i=1:3
    p=-inv(g2) * g1',p=p/norm(p)
    t=1.0,f=detaf(x+t * p)
    while f>f0
        t=t/2,f=detaf(x+t * p),
    end
x=x+t * p
[f0,g1,g2]=nwfun(x)
end
```

[例 4.6]求解无约束极值问题 $\min f(\boldsymbol{X})=x_1^2+5x_2^2$.

解:任取 $\boldsymbol{X}^{(0)}=(2,1)^{\mathrm{T}},\nabla f(\boldsymbol{X}^{(0)})=(4,10)^{\mathrm{T}},\boldsymbol{G}=\begin{bmatrix}2 & 0\\0 & 10\end{bmatrix}$,

$$\boldsymbol{G}^{-1}=\begin{bmatrix}\frac{1}{2} & 0\\0 & \frac{1}{10}\end{bmatrix},\boldsymbol{X}^{*}=\boldsymbol{X}^{(0)}-\boldsymbol{G}^{-1}\nabla f(\boldsymbol{X}^{(0)})=(0,0)^{\mathrm{T}}.$$

由 $\nabla f(\boldsymbol{X}^{*})=(0,0)^{\mathrm{T}}$ 可知,$\boldsymbol{X}^{*}$ 确实为最小点.

应该注意的是,当初始点远离最优解时,$\boldsymbol{G}_k$ 不一定正定,牛顿方向不一定是下降方向,其收敛性不能保证.为此,在牛顿法中引进步长因子,得到

$$\boldsymbol{P}_k=-\boldsymbol{G}_k^{-1}\boldsymbol{g}_k,$$
$$\boldsymbol{X}^{(k+1)}=\boldsymbol{X}^{(k)}+\alpha_k\boldsymbol{P}_k.$$

式中,α_k 由线性搜索策略确定.

带步长因子的牛顿法步骤:

步骤 1:选取初始数据.取初始点 $\boldsymbol{X}^{(0)}$,终止误差 $\varepsilon>0$,令 $k:=0$.

步骤 2:计算 $\boldsymbol{g}_k$.如果 $\|\boldsymbol{g}_k\|\leqslant\varepsilon$,停止迭代,输出 $\boldsymbol{X}^{(k)}$.

步骤 3:解方程组构造牛顿方向.解 $\boldsymbol{G}_k\boldsymbol{P}=-\boldsymbol{g}_k$ 得 $\boldsymbol{P}_k$.

步骤 4:进行线性搜索求 α_k,使得:

$$f(\boldsymbol{X}^{(k)}+\alpha_k\boldsymbol{P}_k)=\min_{\alpha\geqslant 0}f(\boldsymbol{X}^{(k)}+\alpha\boldsymbol{P}_k)$$

步骤 5:令 $\boldsymbol{X}^{(k+1)}=\boldsymbol{X}^{(k)}+\alpha_k\boldsymbol{P}_k$,$k:=k+1$,转入步骤 2.

带步长因子的牛顿法程序框图见图 4.12.

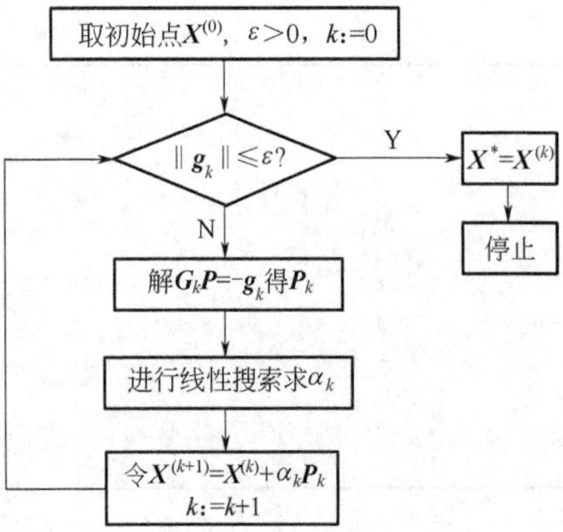

图 4.12 带步长因子的牛顿法程序框图

4. 共轭梯度法

共轭梯度法是介于最速下降法与牛顿法之间的一个方法.它仅需利用一阶导数信息,但克服了最速下降法收敛慢的缺点,又避免了牛顿法需要存储和计算 Hesse 矩阵并求逆的缺点.共轭梯度法不仅是解大型线性方程组最有用的方法之一,也是解大型

非线性最优化问题最有效的算法之一.

共轭梯度法最早是由 Hestenes 和 Stiefel 于 1952 年提出来的,用于解正定系数矩阵的线性方程组.在这个基础上,Fletcher 和 Reeves 于 1964 年首先提出了解非线性最优化问题的共轭梯度法.由于共轭梯度法不需要矩阵存储,且有较快的收敛速度和二次终止性等优点,现在共轭梯度法已经广泛地应用于实际问题中.

1)一般共轭方向法

共轭梯度法是共轭方向法的一种.所谓共轭方向法就是其所有的搜索方向都是互相共轭的方法.

定义 4.3 设 $\boldsymbol{G}$ 是 $n\times n$ 对称正定矩阵,$\boldsymbol{P}_1,\boldsymbol{P}_2$ 是 n 维非零向量.如果

$$\boldsymbol{P}_1^{\mathrm{T}}\boldsymbol{G}\,\boldsymbol{P}_2=0, \tag{4.40}$$

则称向量 $\boldsymbol{P}_1$ 和 $\boldsymbol{P}_2$ 是 $\boldsymbol{G}$ 共轭的(或 $\boldsymbol{G}$ 直交的),简称共轭的.

设 $\boldsymbol{P}_1,\boldsymbol{P}_2,\cdots,\boldsymbol{P}_m$ 是 $\mathbf{R}^n$ 中任一组非零向量,如果

$$\boldsymbol{P}_i^{\mathrm{T}}\boldsymbol{G}\boldsymbol{P}_j=0 \qquad (i\neq j), \tag{4.41}$$

则称 $\boldsymbol{P}_1,\boldsymbol{P}_2,\cdots,\boldsymbol{P}_m$ 是 $\boldsymbol{G}$ 共轭的,简称共轭的.

显然,如果 $\boldsymbol{P}_1,\boldsymbol{P}_2,\cdots,\boldsymbol{P}_m$ 是 $\boldsymbol{G}$ 共轭的,则它们是线性无关的.如果 $\boldsymbol{G}=\boldsymbol{I}$,则共轭性就是通常的直交性.

一般共轭方向法步骤如下:

步骤 1:给出初始点 $\boldsymbol{X}^{(0)}$,$\varepsilon>0$,$k:=0$.计算 $\boldsymbol{g}_0=\boldsymbol{g}(\boldsymbol{X}^{(0)})$和初始下降方向 $\boldsymbol{P}_0$,使 $\boldsymbol{P}_0^{\mathrm{T}}\boldsymbol{g}_0<0$.

步骤 2:如果$\|\boldsymbol{g}_k\|\leqslant\varepsilon$,停止迭代.

步骤 3:计算 α_k 和 $\boldsymbol{X}^{(k+1)}$,使得

$$f(\boldsymbol{X}^{(k)}+\alpha_k\boldsymbol{P}_k)=\min_{\alpha\geqslant 0}f(\boldsymbol{X}^{(k)}+\alpha_k\boldsymbol{P}_k), \tag{4.42}$$

$$\boldsymbol{X}^{(k+1)}=\boldsymbol{X}^{(k)}+\alpha_k\boldsymbol{P}_k. \tag{4.43}$$

步骤 4:采用某种共轭方向法计算 $\boldsymbol{P}_{k+1}$ 使得

$$\boldsymbol{P}_{k+1}^{\mathrm{T}}\boldsymbol{G}\,\boldsymbol{P}_j=0 \qquad (j=0,1,\cdots,k).$$

步骤 5:令 $k:=k+1$,转入步骤 2.

一般共轭方向法程序框图见图 4.13.

对于正定二次函数的最小化,有

$$\min_{\boldsymbol{X}} f(\boldsymbol{X})=\frac{1}{2}\boldsymbol{X}^{\mathrm{T}}\boldsymbol{G}\boldsymbol{X}-\boldsymbol{b}^{\mathrm{T}}\boldsymbol{X} \tag{4.44}$$

它相当于解线性方程组

$$\boldsymbol{G}\boldsymbol{X}=\boldsymbol{b}. \tag{4.45}$$

其中 $\boldsymbol{G}$ 是 $n\times n$ 对称正定矩阵,在这种情形,精确线性搜索因子 α_k 的显式表示是

$$\alpha_k=-\frac{\boldsymbol{g}_k^{\mathrm{T}}\boldsymbol{P}_k}{\boldsymbol{P}_k^{\mathrm{T}}\boldsymbol{G}\boldsymbol{P}_k}, \tag{4.46}$$

其中

$$\boldsymbol{g}_k=\boldsymbol{G}\boldsymbol{X}^{(k)}-\boldsymbol{b}\triangleq\boldsymbol{r}_k. \tag{4.47}$$

这表明,在正定二次函数最小化的过程中,目标函数的梯度 $\boldsymbol{g}(\boldsymbol{X})$与线性方程组

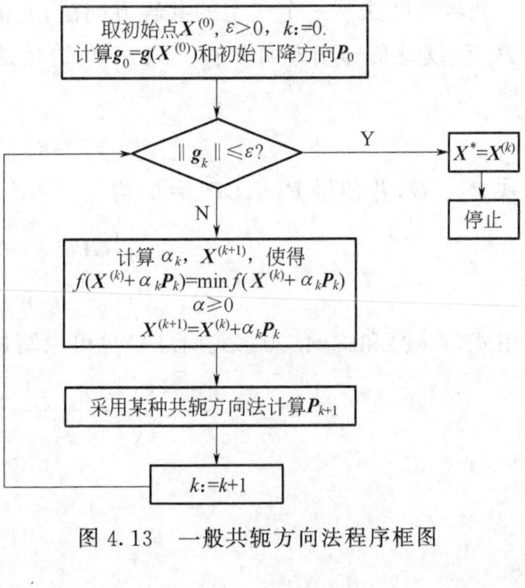

图 4.13　一般共轭方向法程序框图

式(4.47)的残量$\boldsymbol{r}(\boldsymbol{X})$是一致的.

下面叙述共轭方向的基本定理,定理4.7表明:在精确线性搜索条件下,共轭方向法具有二次终止性(即对于正定二次函数,方法是有限步终止的).

定理4.7 设$\boldsymbol{X}^{(0)}\in\mathbf{R}^n$是任意初始点.对于最小化二次函数式(4.44),共轭方向法至多经n步精确线性搜索终止;且每一$\boldsymbol{X}^{(i+1)}$都是$f(\boldsymbol{X})$在$\boldsymbol{X}^{(0)}$和方向$\boldsymbol{P}_0,\cdots,\boldsymbol{P}_i$所张成的线性流形$\{\boldsymbol{X}\mid\boldsymbol{X}=\boldsymbol{X}^{(0)}+\sum_{j=0}^{i}\alpha_j\boldsymbol{P}_j,\forall\alpha_j\}$中的最小点.

证明:因为$\boldsymbol{G}$正定,且共轭方向$\boldsymbol{P}_0,\boldsymbol{P}_1,\cdots,\boldsymbol{P}_i$线性无关,故只需要证明对所有的$i\leqslant n-1$,有

$$\boldsymbol{g}_{i+1}^{\mathrm{T}}\boldsymbol{P}_j=0\qquad(j=0,\cdots,i).\tag{4.48}$$

就可得出定理的两个结论.

事实上,由于

$$\boldsymbol{g}_{k+1}-\boldsymbol{g}_k=\boldsymbol{G}(\boldsymbol{X}^{(k+1)}-\boldsymbol{X}^{(k)})=\alpha\boldsymbol{G}\boldsymbol{P}_k,\tag{4.49}$$

和在精确线性搜索式(4.46)下

$$\boldsymbol{g}_{i+1}^{\mathrm{T}}\boldsymbol{P}_k=0,\tag{4.50}$$

故有当$j<i$时,

$$\begin{aligned}\boldsymbol{g}_{i+1}^{\mathrm{T}}\boldsymbol{P}_j&=\boldsymbol{g}_{j+1}^{\mathrm{T}}\boldsymbol{P}_j+\sum_{k=j+1}^{i}(\boldsymbol{g}_{k+1}-\boldsymbol{g}_k)^{\mathrm{T}}\boldsymbol{P}_j\\&=\boldsymbol{g}_{j+1}^{\mathrm{T}}\boldsymbol{P}_j+\sum_{k=j+1}^{i}\alpha_k\boldsymbol{P}_k^{\mathrm{T}}\boldsymbol{G}\boldsymbol{P}_j\\&=0.\end{aligned}\tag{4.51}$$

在式(4.51)中两项为零分别由精确线性搜索和共轭性得到.当$j=i$时,直接由精确线性搜索可知

$$\boldsymbol{g}_{i+1}^{\mathrm{T}}\boldsymbol{P}_i=0,\tag{4.52}$$

从而式(4.48)成立.

2)共轭梯度法(典型共轭方向法)

共轭梯度法是一个典型的共轭方向法,它的每一个搜索方向是互相共轭的.而这些搜索方向$\boldsymbol{P}_k$仅仅是负梯度方向$-\boldsymbol{g}_k$与上一次迭代的搜索方向$\boldsymbol{P}_{k-1}$的组合.因此,存储量少,计算方便.

记

$$\boldsymbol{P}_k=-\boldsymbol{g}_k+\beta_{k-1}\boldsymbol{P}_{k-1},\tag{4.53}$$

左乘$\boldsymbol{P}_{k-1}^{\mathrm{T}}\boldsymbol{G}$,并使得$\boldsymbol{P}_{k-1}^{\mathrm{T}}\boldsymbol{G}\boldsymbol{P}_k=0$,得

$$\beta_{k-1}=\frac{\boldsymbol{g}_k^{\mathrm{T}}\boldsymbol{G}\boldsymbol{P}_{k-1}}{\boldsymbol{P}_{k-1}^{\mathrm{T}}\boldsymbol{G}\boldsymbol{P}_{k-1}}\quad\text{(Hestenes-Stiefel 公式)}.\tag{4.54}$$

利用式(4.49)和式(4.50),式(4.54)也可以写成

$$\beta_{k-1}=\frac{\boldsymbol{g}_k^{\mathrm{T}}(\boldsymbol{g}_k-\boldsymbol{g}_{k-1})}{\boldsymbol{P}_{k-1}^{\mathrm{T}}(\boldsymbol{g}_k-\boldsymbol{g}_{k-1})}\quad\text{(Crowder-Wolfe 公式)}\tag{4.55}$$

$$=\frac{\boldsymbol{g}_k^{\mathrm{T}}\boldsymbol{g}_k}{\boldsymbol{g}_{k-1}^{\mathrm{T}}\boldsymbol{g}_{k-1}}\quad\text{(Fletcher-Reeves 公式)}.\tag{4.56}$$

另外三个常用的公式为

$$\beta_{k-1}=\frac{\boldsymbol{g}_k^{\mathrm{T}}(\boldsymbol{g}_k-\boldsymbol{g}_{k-1})}{\boldsymbol{g}_{k-1}^{\mathrm{T}}\boldsymbol{g}_{k-1}} \quad \text{(Polak-Ribiere-Polyak 公式)}, \tag{4.57}$$

$$\beta_{k-1}=-\frac{\boldsymbol{g}_k^{\mathrm{T}}\boldsymbol{g}_k}{\boldsymbol{P}_{k-1}^{\mathrm{T}}\boldsymbol{g}_{k-1}} \quad \text{(Dixon 公式)}, \tag{4.58}$$

$$\beta_{k-1}=-\frac{\boldsymbol{g}_k^{\mathrm{T}}\boldsymbol{g}_k}{\boldsymbol{P}_{k-1}^{\mathrm{T}}(\boldsymbol{g}_k-\boldsymbol{g}_{k-1})} \quad \text{(Dai-Yuan 公式)}. \tag{4.59}$$

对于正定二次函数,若采用精确线性搜索,以上几个关于 β_{k-1} 的共轭梯度公式等价.但在实际计算中,FR(Fletcher-Reeves)公式和 PRP(Polak-Ribiere-Polyak)公式最常用.

注意到对于正定二次函数,有

$$\boldsymbol{g}_k=\boldsymbol{G}\boldsymbol{X}^{(k)}-\boldsymbol{b}\triangleq\boldsymbol{r}_k, \tag{4.60}$$

其中 $\boldsymbol{r}_k$ 是方程组 $\boldsymbol{G}\boldsymbol{X}^{(k)}=\boldsymbol{b}$ 的残量,还有

$$\boldsymbol{r}_{k+1}-\boldsymbol{r}_k=\alpha_k\boldsymbol{G}\boldsymbol{P}_k,\ \alpha_k=-\frac{\boldsymbol{g}_k^{\mathrm{T}}\boldsymbol{P}_k}{\boldsymbol{P}_k^{\mathrm{T}}\boldsymbol{G}\boldsymbol{P}_k}=\frac{\boldsymbol{r}_k^{\mathrm{T}}\boldsymbol{r}_k}{\boldsymbol{P}_k^{\mathrm{T}}\boldsymbol{G}\boldsymbol{P}_k}. \tag{4.61}$$

现给出关于正定二次函数最小化的共轭梯度法步骤:

步骤 1:初始步骤给出 $\boldsymbol{X}^{(0)}$,$\varepsilon>0$,计算 $\boldsymbol{r}_0=\boldsymbol{G}\boldsymbol{X}^{(0)}-\boldsymbol{b}$,令 $\boldsymbol{P}_0=-\boldsymbol{r}_0$,$k:=0$.

步骤 2:如果 $\|\boldsymbol{r}_k\|\leqslant\varepsilon$,停止,否则,转入步骤 3.

步骤 3:计算

$$\alpha_k=\frac{\boldsymbol{r}_k^{\mathrm{T}}\boldsymbol{r}_k}{\boldsymbol{P}_k^{\mathrm{T}}\boldsymbol{G}\boldsymbol{P}_k}, \tag{4.62}$$

$$\boldsymbol{X}^{(k+1)}=\boldsymbol{X}^{(k)}+\alpha_k\boldsymbol{P}_k, \tag{4.63}$$

$$\boldsymbol{r}_{k+1}=\boldsymbol{r}_k+\alpha_k\boldsymbol{G}\boldsymbol{P}_k,$$

$$\beta_k=\frac{\boldsymbol{r}_{k+1}^{\mathrm{T}}\boldsymbol{r}_{k+1}}{\boldsymbol{r}_k^{\mathrm{T}}\boldsymbol{r}_k}. \tag{4.64}$$

$$\boldsymbol{P}_{k+1}=-\boldsymbol{r}_{k+1}+\beta_k\boldsymbol{P}_k. \tag{4.65}$$

步骤 4:令 $k:=k+1$,转入步骤 2.

共轭梯度法程序框图见图 4.14.

[例 4.7]用 FR 共轭梯度法解最小化问题:

$$\min f(\boldsymbol{X})=\frac{3}{2}x_1^2+\frac{1}{2}x_2^2-x_1x_2-2x_1.$$

解:将 $f(\boldsymbol{X})$ 写成 $f(\boldsymbol{X})=\frac{1}{2}\boldsymbol{X}^{\mathrm{T}}\boldsymbol{G}\boldsymbol{X}-\boldsymbol{b}^{\mathrm{T}}\boldsymbol{X}$ 的形式,有

$$\boldsymbol{G}=\begin{bmatrix}3&-1\\-1&1\end{bmatrix},\boldsymbol{b}=\begin{bmatrix}2\\0\end{bmatrix},\boldsymbol{r}(\boldsymbol{X})=\boldsymbol{G}\boldsymbol{X}-\boldsymbol{b}.$$

设 $\boldsymbol{X}^{(0)}=(-2,4)^{\mathrm{T}}$,得

$$\boldsymbol{r}_0=\begin{bmatrix}-12\\6\end{bmatrix},\boldsymbol{P}_0=-\boldsymbol{r}_0=\begin{bmatrix}12\\-6\end{bmatrix},$$

$$\alpha_0=\frac{\boldsymbol{r}_0^{\mathrm{T}}\boldsymbol{r}_0}{\boldsymbol{P}_0^{\mathrm{T}}\boldsymbol{G}\boldsymbol{P}_0}=\frac{5}{17},$$

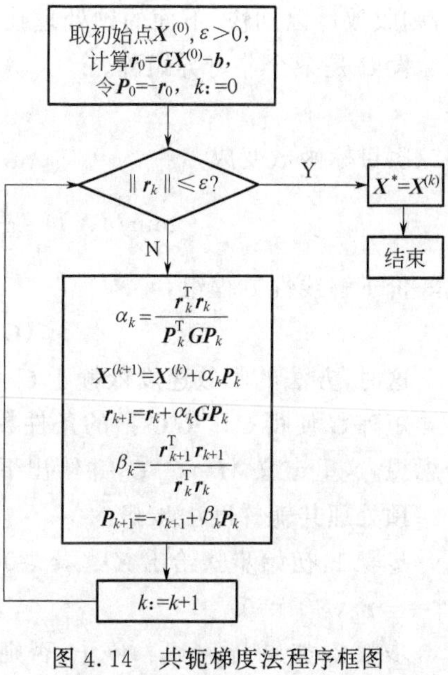

图 4.14 共轭梯度法程序框图

$$X^{(1)}=X^{(0)}+\alpha_0 P_0=\begin{bmatrix}-12\\4\end{bmatrix}+\frac{5}{17}\begin{bmatrix}12\\-6\end{bmatrix}=\begin{bmatrix}\frac{26}{17}\\\frac{38}{17}\end{bmatrix},$$

$$r_1=\begin{bmatrix}\frac{6}{17}\\\frac{12}{17}\end{bmatrix},\beta_0=\frac{r_1^{T}r_1}{r_0^{T}r_0}=\frac{1}{289},$$

$$P_1=-r_1+\beta_0 P_0=-\begin{bmatrix}\frac{6}{17}\\\frac{12}{17}\end{bmatrix}+\frac{1}{289}\begin{bmatrix}12\\-6\end{bmatrix}=\begin{bmatrix}-\frac{90}{289}\\-\frac{210}{289}\end{bmatrix},$$

$$\alpha_1=\frac{r_1^{T}r_1}{P_1^{T}GP_1}=\frac{17}{10},$$

$$X^{(2)}=X^{(1)}+\alpha_1 P_1=\begin{bmatrix}\frac{26}{17}\\\frac{38}{17}\end{bmatrix}+\frac{17}{10}\begin{bmatrix}-\frac{90}{289}\\-\frac{210}{289}\end{bmatrix}=\begin{bmatrix}1\\1\end{bmatrix},$$

$$r_2=GX^{(1)}-b=\begin{bmatrix}2\\0\end{bmatrix}-\begin{bmatrix}2\\0\end{bmatrix}=0.$$

从而 $X^{(2)}=(1,1)^{T}$ 是所求的最小点.

定义 4.4 $K(G)=\|G\|_2\|G^{-1}\|_2=\lambda_1/\lambda_n$.

证明

$$\|X^{(k)}-X^*\|_G\leqslant\left[\frac{\sqrt{K(G)}-1}{\sqrt{K(G)}+1}\right]^k\|X_0-X^*\|_G. \tag{4.66}$$

可以知道共轭梯度法的收敛速度依赖于$\sqrt{K(G)}$.如果能够采取某种措施改善 G 的条件数,则收敛可以加快.下面的预处理技术提供了解决这个问题的一个办法.

设 C 是某个非奇异矩阵,令

$$\hat{X}=CX, \tag{4.67}$$

则二次目标函数变成

$$\min\hat{f}(\hat{X})=\frac{1}{2}\hat{X}(C^{-T}GC^{-1})\hat{X}-(C^{-T}b)^{T}\hat{X}, \tag{4.68}$$

这等价于解线性方程组:

$$(C^{-T}GC^{-1})\hat{X}=C^{-T}b. \tag{4.69}$$

这时,方法的收敛速度依赖于 $C^{-T}GC^{-1}$的条件数而不是 G 的条件数.如果能够选择非奇异矩阵 C 使得 $C^{-T}GC^{-1}$的条件数明显好于 G 的条件数,则收敛速度将明显改善.根据这个思想,这里定义 $M=C^{T}C$,并给出下面的预处理共轭梯度法.

预处理共轭梯度法步骤:

步骤 1:初始步骤给出 $X^{(0)}$,$\varepsilon>0$,预处理矩阵 M,令 $r_0=GX^{(0)}-b$.解 $My=r_0$ 得 y_0,令 $P_0=-r_0$,$k:=0$.

步骤 2:如果$\|r_k\|\leqslant\varepsilon$,停止,否则转入步骤 3.

步骤 3:计算

$$\alpha_k=\frac{\boldsymbol{r}_k^{\mathrm{T}}\boldsymbol{y}_k}{\boldsymbol{P}_k^{\mathrm{T}}\boldsymbol{G}\boldsymbol{P}_k},\tag{4.70}$$

$$\boldsymbol{X}^{(k+1)}=\boldsymbol{X}^{(k)}+\alpha_k\boldsymbol{P}_k,\tag{4.71}$$

$$\boldsymbol{r}_{k+1}=\boldsymbol{r}_k+\alpha_k\boldsymbol{G}\boldsymbol{P}_k.$$

解 $\boldsymbol{My}=\boldsymbol{r}_{k+1}$ 得 $\boldsymbol{y}_{k+1}$.

$$\beta_k=\frac{\boldsymbol{r}_{k+1}^{\mathrm{T}}\boldsymbol{y}_{k+1}}{\boldsymbol{r}_k^{\mathrm{T}}\boldsymbol{y}_k},\tag{4.72}$$

$$\boldsymbol{P}_{k+1}=-\boldsymbol{y}_{k+1}+\beta_k\boldsymbol{P}_k.\tag{4.73}$$

步骤 4:令 $k:=k+1$,转入步骤 2.

预处理共轭梯度法程序框图见图 4.15.

3)非二次函数的共轭梯度法

上文讨论了最小化正定二次函数的共轭梯度法.现在把这个方法推广到处理一般非二次函数.Fletcher 和 Reeves 于 1964 年首先提出了最小化非二次函数的共轭梯度法.

FR-CG 法步骤:

步骤 1:初始步骤给出 $\boldsymbol{X}^{(0)}$,$\varepsilon>0$,计算 $f_0=f(\boldsymbol{X}^{(0)})$,$\boldsymbol{g}_0=\nabla f(\boldsymbol{X}^{(0)})$,令 $\boldsymbol{P}_0=-\boldsymbol{g}_0$,$k:=0$.

步骤 2:如果 $\|\boldsymbol{g}_k\|\leqslant\varepsilon$,停止,否则转入步骤 3.

步骤 3:由线性搜索求步长因子 α_k,并令

$$\boldsymbol{X}^{(k+1)}=\boldsymbol{X}^{(k)}+\alpha_k\boldsymbol{P}_k.$$

步骤 4:计算

$$\beta_k=\frac{\boldsymbol{g}_{k+1}^{\mathrm{T}}\boldsymbol{g}_{k+1}}{\boldsymbol{g}_k^{\mathrm{T}}\boldsymbol{g}_k},$$

$$\boldsymbol{P}_{k+1}=-\boldsymbol{g}_{k+1}+\beta_k\boldsymbol{P}_k.$$

步骤 5:令 $k:=k+1$,转入步骤 2.

这个算法由于程序简单,计算量小,没有矩阵存储与计算,是解大型非线性规划的首选方法.FR-CG 法程序框图见图 4.16.

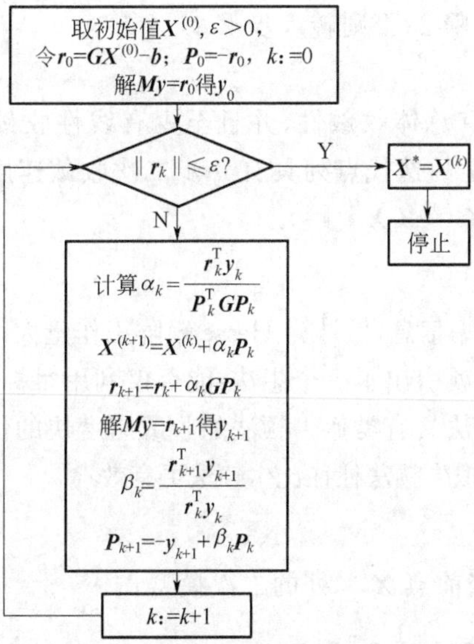

图 4.15　预处理共轭梯度法程序框图

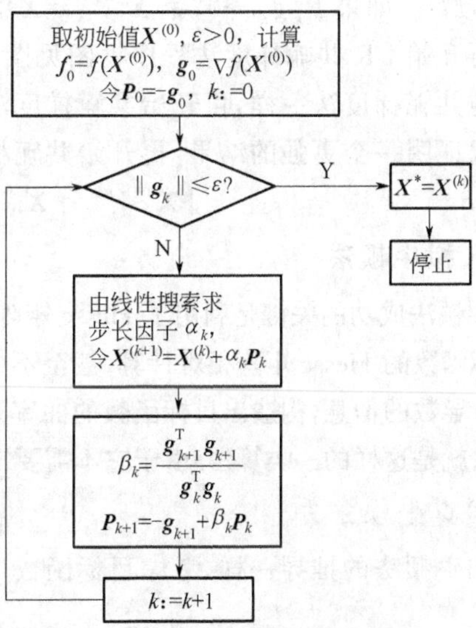

图 4.16　FR-CG 法程序框图

4)再开始共轭梯度法

对于一般非二次函数，共轭梯度法常常采用再开始技术，即每 n 步以后周期性地采用最速下降方向作为新的搜索方向. 尤其是当迭代从一个非二次区域进入 $f(\boldsymbol{X})$ 可由二次函数很好地逼近的区域时，重新取最速下降方向作为搜索方向，则其后 n 次迭代方向接近于共轭梯度方向，从而使方法有较快的收敛速度. 这一点从共轭梯度法的二次终止性依赖于取最速下降方向作为初始搜索方向这个事实可见一斑. 这对于大型问题，常常更经常地进行再开始，如每隔 r 步迭代再开始，这里 $r<n$ 或 $r\ll n$.

主要的再开始策略除了每隔 n 步迭代再开始外，还有当 $\boldsymbol{g}_k^{\mathrm{T}}\boldsymbol{P}_k>0$，即 $\boldsymbol{P}_k$ 是上升方向时再开始. 另外，对于二次函数，相邻二次迭代的梯度互相直交，因此如果它们偏离直交性较大，如

$$\frac{\boldsymbol{g}_k^{\mathrm{T}}\boldsymbol{g}_{k-1}}{\|\boldsymbol{g}_k\|^2}\geqslant v. \tag{4.74}$$

这里可取 $v=0.1$，则进行再开始.

再开始 FR 共轭梯度法步骤：

步骤 1：初始步骤给出初始点 $\boldsymbol{X}^{(0)}$，容限 $\varepsilon>0$，$k:=0$.

步骤 2：计算 $\boldsymbol{g}_0=\boldsymbol{g}(\boldsymbol{X}^{(0)})$. 如果 $\|\boldsymbol{g}_0\|\leqslant\varepsilon$，停止迭代，输出 $\boldsymbol{X}^*=\boldsymbol{X}^{(0)}$；否则令 $\boldsymbol{P}_0=-\boldsymbol{g}_0$.

步骤 3：线性搜索求 α_k，并令

$$\boldsymbol{X}^{(k+1)}=\boldsymbol{X}^{(k)}+\alpha_k\boldsymbol{P}_k,$$
$$k:=k+1.$$

步骤 4：计算 $\boldsymbol{g}_k=\boldsymbol{g}(\boldsymbol{X}^{(k)})$. 若 $\dfrac{\boldsymbol{g}_k^{\mathrm{T}}\boldsymbol{g}_{k-1}}{\|\boldsymbol{g}_k\|^2}\geqslant 0.1$，令 $\boldsymbol{X}^{(0)}:=\boldsymbol{X}^{(k)}$，转步骤 2；若 $\|\boldsymbol{g}_k\|\leqslant\varepsilon$，停止迭代.

步骤 5：若 $k=n$，令 $\boldsymbol{X}^{(0)}:=\boldsymbol{X}^{(k)}$，转步骤 2；否则，转步骤 6.

步骤 6：计算

$$\beta=\frac{\boldsymbol{g}_k^{\mathrm{T}}\boldsymbol{g}_k}{\boldsymbol{g}_{k-1}^{\mathrm{T}}\boldsymbol{g}_{k-1}},\boldsymbol{P}_k=-\boldsymbol{g}_k+\beta\boldsymbol{P}_{k-1}.$$

步骤 7：如果 $\boldsymbol{P}_k^{\mathrm{T}}\boldsymbol{g}_k>0$，令 $\boldsymbol{X}^{(0)}:=\boldsymbol{X}^{(k)}$，转入步骤 2；否则转入步骤 2.

再开始 FR 共轭梯度法程序框图见图 4.17.

与共轭梯度法一样，再开始共轭梯度法仍然具有总体收敛性，并且至少有线性收敛速度. 还可以证明一个更强的结果：再开始共轭梯度法产生的迭代点列具有 n 步二次收敛速度，即

$$\|\boldsymbol{X}^{(k+n)}-\boldsymbol{X}^*\|=O(\|\boldsymbol{X}^{(k)}-\boldsymbol{X}^*\|^2). \tag{4.75}$$

5. 拟牛顿法

牛顿法成功的关键是利用了 Hesse 矩阵提供的曲率信息，但计算 Hesse 矩阵工作量大，并且有的目标函数的 Hesse 矩阵很难计算，甚至不好求出. 这就引出了一个想法：能否仅利用目标函数值和一阶导数的信息，构造出目标函数的曲率近似，使方法具有类似牛顿法的收敛速度快的优点. 拟牛顿法就是这样的一类算法. 由于它不需要二阶导数，拟牛顿法往往比牛顿法更有效.

1)拟牛顿条件

和牛顿法的推导一样，考虑目标函数 $f(\boldsymbol{X})$ 在当前点 $\boldsymbol{X}^{(k)}$ 处的二次模型：

$$m_k(\boldsymbol{P})=f(\boldsymbol{X}^{(k)})+\boldsymbol{g}_k^{\mathrm{T}}\boldsymbol{P}+\frac{1}{2}\boldsymbol{P}^{\mathrm{T}}\boldsymbol{B}_k\boldsymbol{P}. \tag{4.76}$$

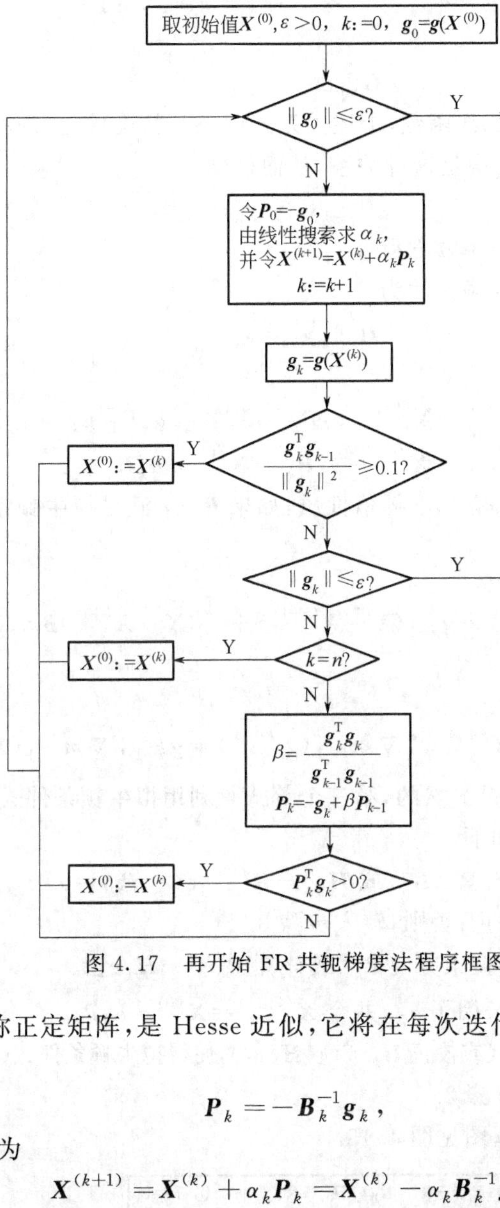

图 4.17 再开始 FR 共轭梯度法程序框图

式中，B_k 是 $n\times n$ 对称正定矩阵，是 Hesse 近似，它将在每次迭代中进行校正. 极小化这个二次模型得到

$$P_k=-B_k^{-1}g_k, \tag{4.77}$$

从而新的迭代点为

$$X^{(k+1)}=X^{(k)}+\alpha_k P_k=X^{(k)}-\alpha_k B_k^{-1}g_k. \tag{4.78}$$

式中，α_k 是线性搜索步长因子，上述迭代式(4.78)称为拟牛顿迭代，它与牛顿迭代的主要区别在于在式(4.78)中用 Hesse 近似 B_k 代替了牛顿迭代中的 Hesse 矩阵 G_k.

设 $f:\mathbf{R}^n\to\mathbf{R}$ 在开集 $D\subset\mathbf{R}^n$ 上二次连续可微，$f(x)$在 $X^{(k+1)}$ 附近的二次近似为

$$f(X)\approx f(X^{(k+1)})+g_{k+1}^T(X-X^{(k+1)})+\frac{1}{2}(X-X^{(k+1)})^T G_{k+1}(X-X^{(k+1)}) \tag{4.79}$$

对式(4.79)两边求导，有

$$g(X)\approx g_{k+1}+G_{k+1}(X-X^{(k+1)}), \tag{4.80}$$

令 $X=X^{(k)}$，得

$$G_{k+1}(X^{(k+1)}-X^{(k)})\approx g_{k+1}-g_k. \tag{4.81}$$

令

$$\boldsymbol{s}_k=\boldsymbol{X}^{(k+1)}-\boldsymbol{X}^{(k)},\boldsymbol{y}_k=\boldsymbol{g}_{k+1}-\boldsymbol{g}_k, \tag{4.82}$$

式(4.82)成为：

$$\boldsymbol{G}_{k+1}\boldsymbol{s}_k\approx\boldsymbol{y}_k. \tag{4.83}$$

显然，如果 $f(\boldsymbol{X})$ 是正定二次函数，上述关系式(4.83)精确成立. 现在，要求在拟牛顿法中构造出来的 Hesse 近似 $\boldsymbol{B}_{k+1}$ 满足这种关系，从而得到

$$\boldsymbol{B}_{k+1}\boldsymbol{s}_k=\boldsymbol{y}_k. \tag{4.84}$$

式(4.84)称为拟牛顿条件或拟牛顿方程.

如果令 $\boldsymbol{H}_k=\boldsymbol{B}_k^{-1}$，则拟牛顿条件为

$$\boldsymbol{H}_{k+1}\boldsymbol{y}_k=\boldsymbol{s}_k, \tag{4.85}$$

拟牛顿迭代为

$$\boldsymbol{X}^{(k+1)}=\boldsymbol{X}^{(k)}+\alpha_k\boldsymbol{P}_k=\boldsymbol{X}^{(k)}-\alpha_k\boldsymbol{B}_k^{-1}\boldsymbol{g}_k, \tag{4.86}$$

或

$$\boldsymbol{X}^{(k+1)}=\boldsymbol{X}^{(k)}+\alpha_k\boldsymbol{P}_k=\boldsymbol{X}^{(k)}-\alpha_k\boldsymbol{H}_k\boldsymbol{g}_k. \tag{4.87}$$

拟牛顿条件使二次模型具有如下插值性质：如果 $\boldsymbol{B}_{k+1}$ 满足拟牛顿条件式(4.84)，那么在 $\boldsymbol{X}^{(k+1)}$ 点的二次模型

$$m_{k+1}(\boldsymbol{X})=f(\boldsymbol{X}^{(k+1)})+\boldsymbol{g}_{k+1}^{\mathrm{T}}(\boldsymbol{X}-\boldsymbol{X}^{(k+1)})+\frac{1}{2}(\boldsymbol{X}-\boldsymbol{X}^{k+1)})\boldsymbol{B}_{k+1}(\boldsymbol{X}-\boldsymbol{X}^{k+1)}), \tag{4.88}$$

满足

$$m_{k+1}(\boldsymbol{X}^{k+1)})=f(\boldsymbol{X}^{k+1)}),\ \nabla m_{k+1}(\boldsymbol{X}^{k+1)})=\boldsymbol{g}_{k+1},\ \nabla m_{k+1}(\boldsymbol{X}^{(k)})=\boldsymbol{g}_k. \tag{4.89}$$

式(4.89)中第一、第二个等式是显然的，第三个等式是利用拟牛顿条件式(4.84)得到的.

一般的拟牛顿算法步骤如下：

步骤 1：给出初始点 $\boldsymbol{X}^{(0)}\in\mathbf{R}^n$，$\boldsymbol{B}_0$(或 $\boldsymbol{H}_0$)$\in\mathbf{R}^{n\times n}$，$\varepsilon>0$，$k:=0$.

步骤 2：如果 $\|\boldsymbol{g}_k\|\leqslant\varepsilon$，停止；否则，转入步骤 3.

步骤 3：解 $\boldsymbol{B}_k\boldsymbol{P}=-\boldsymbol{g}_k$ 得搜索方向 $\boldsymbol{P}_k$(或计算 $\boldsymbol{P}_k=-\boldsymbol{H}_k\boldsymbol{g}_k$).

步骤 4：由线性搜索求步长因子 α_k，并令 $\boldsymbol{X}^{(k+1)}=\boldsymbol{X}^{(k)}+\alpha_k\boldsymbol{P}_k$.

步骤 5：校正 $\boldsymbol{B}_k$ 产生 $\boldsymbol{B}_{k+1}$(或校正 $\boldsymbol{H}_k$ 产生 $\boldsymbol{H}_{k+1}$)，使得拟牛顿条件式(4.84)或式(4.85)成立.

步骤 6：$k:=k+1$，转入步骤 2.

一般的拟牛顿算法程序框图见图 4.18.

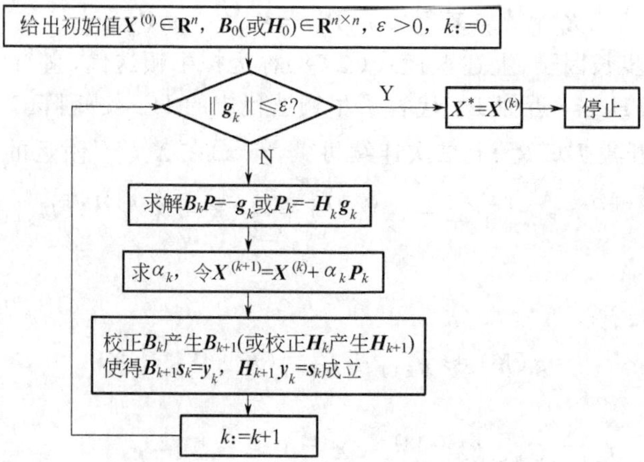

图 4.18　一般的拟牛顿算法程序框图

在上述拟牛顿法中，初始 Hesse 近似 $\boldsymbol{B}_0$ 通常取为单位矩阵，即 $\boldsymbol{B}_0=\boldsymbol{I}$，这样，拟牛顿法的第一次迭代等价于一个最速下降迭代.

拟牛顿法有下列优点：

(1)仅需一阶导数(牛顿法需二阶导数).

(2)$\boldsymbol{B}_k$(或 $\boldsymbol{H}_k$)保持正定，使得方法具有下降性质(在牛顿法中，$\boldsymbol{G}_k$ 可能不正定).

(3)每次迭代需 $O(n^2)$次乘法运算[牛顿法需 $O(n^3)$次乘法运算].

(4)搜索方向是相互共轭的，从而具有二次终止性.

(5)具有超线性收敛性.

2)DFP 校正和 BFGS 校正

DFP 校正是第一个拟牛顿校正，是 1959 年由 Davidon 提出的，后来由 Fletcher 和 Powell 于 1963 年解释和发展. BFGS 校正是目前最流行的也是最有效的拟牛顿校正，它是由 Broyden、Fletcher、Goldfarb 和 Shanno 在 1970 年各自独立提出的拟牛顿法. 下面介绍这两个典型的拟牛顿法的推导和性质.

考虑 Hesse 逆近似序列$\{\boldsymbol{H}_k\}$. 设对称秩二校正为

$$\boldsymbol{H}_{k+1}=\boldsymbol{H}_k+a\boldsymbol{u}\boldsymbol{u}^{\mathrm{T}}+b\boldsymbol{v}\boldsymbol{v}^{\mathrm{T}}. \tag{4.90}$$

式中，a 和 b 为给定的数. 令拟牛顿条件式(4.85)满足，则

$$\boldsymbol{H}_k\boldsymbol{y}_k+a\boldsymbol{u}\boldsymbol{u}^{\mathrm{T}}\boldsymbol{y}_k+b\boldsymbol{v}\boldsymbol{v}^{\mathrm{T}}\boldsymbol{y}_k=\boldsymbol{s}_k. \tag{4.91}$$

这里 $\boldsymbol{u}$ 和 $\boldsymbol{v}$ 并不唯一确定，但 $\boldsymbol{u}$ 和 $\boldsymbol{v}$ 的明显选择是

$$\boldsymbol{u}=\boldsymbol{s}_k,\boldsymbol{v}=\boldsymbol{H}_k\boldsymbol{y}_k.$$

于是从式(4.91)得

$$a\boldsymbol{u}^{\mathrm{T}}\boldsymbol{y}_k=1,b\boldsymbol{v}^{\mathrm{T}}\boldsymbol{y}_k=-1,$$

从而

$$a=\frac{1}{\boldsymbol{u}^{\mathrm{T}}\boldsymbol{y}_k}=\frac{1}{\boldsymbol{s}_k^{\mathrm{T}}\boldsymbol{y}_k},b=-\frac{1}{\boldsymbol{v}^{\mathrm{T}}\boldsymbol{y}_k}=-\frac{1}{\boldsymbol{y}_k^{\mathrm{T}}\boldsymbol{H}_k\boldsymbol{y}_k},$$

因此

$$\boldsymbol{H}_{k+1}=\boldsymbol{H}_k+\frac{\boldsymbol{s}_k\boldsymbol{s}_k^{\mathrm{T}}}{\boldsymbol{s}_k^{\mathrm{T}}\boldsymbol{y}_k}-\frac{\boldsymbol{H}_k\boldsymbol{y}_k\boldsymbol{y}_k^{\mathrm{T}}\boldsymbol{H}_k}{\boldsymbol{y}_k^{\mathrm{T}}\boldsymbol{H}_k\boldsymbol{y}_k}. \tag{4.92}$$

上述公式称为 DFP 校正公式(关于 $\boldsymbol{H}_k$). 可以看出，序列$\{\boldsymbol{H}_k\}$的生成并不是每次迭代中重复计算的，而是通过一种简单的校正从 $\boldsymbol{H}_k$ 生成 $\boldsymbol{H}_{k+1}$，这使得拟牛顿法是节省的和有效的. 完全类似地，利用拟牛顿条件式(4.84)可以得到

$$\boldsymbol{B}_{k+1}=\boldsymbol{B}_k+\frac{\boldsymbol{y}_k\boldsymbol{y}_k^{\mathrm{T}}}{\boldsymbol{y}_k^{\mathrm{T}}\boldsymbol{s}_k}-\frac{\boldsymbol{B}_k\boldsymbol{s}_k\boldsymbol{s}_k^{\mathrm{T}}\boldsymbol{B}_k}{\boldsymbol{s}_k^{\mathrm{T}}\boldsymbol{B}_k\boldsymbol{s}_k}. \tag{4.93}$$

式(4.93)称为 BFGS 校正公式(关于 $\boldsymbol{B}_k$).

容易看出，只要通过对式(4.92)作简单变换 $\boldsymbol{H}\leftrightarrow\boldsymbol{B}$ 和 $\boldsymbol{s}\leftrightarrow\boldsymbol{y}$，关于 $\boldsymbol{B}_k$ 的 BFGS 校正就可得到. 因此，也把式(4.93)称为互补 DFP 公式.

如果对式(4.92)两次应用逆的秩一校正的 Sherman-Morrison 公式，就得到关于 $\boldsymbol{H}_k$ 的 BFGS 校正：

$$\boldsymbol{H}_{k+1}^{(\mathrm{BFGS})}=\boldsymbol{H}_k+\frac{(\boldsymbol{s}_k-\boldsymbol{H}_k\boldsymbol{g}_k)\boldsymbol{s}_k^{\mathrm{T}}+\boldsymbol{s}_k(\boldsymbol{s}_k-\boldsymbol{H}_k\boldsymbol{y}_k)^{\mathrm{T}}}{\boldsymbol{s}_k^{\mathrm{T}}\boldsymbol{y}_k}-\frac{(\boldsymbol{s}_k-\boldsymbol{H}_k\boldsymbol{y}_k)^{\mathrm{T}}\boldsymbol{y}_k}{(\boldsymbol{s}_k^{\mathrm{T}}\boldsymbol{y}_k)^2}\boldsymbol{s}_k\boldsymbol{s}_k^{\mathrm{T}} \tag{4.94}$$

$$=\left(\boldsymbol{I}-\frac{\boldsymbol{s}_k\boldsymbol{y}_k^{\mathrm{T}}}{\boldsymbol{s}_k^{\mathrm{T}}\boldsymbol{y}_k}\right)\boldsymbol{H}_k\left(\boldsymbol{I}-\frac{\boldsymbol{y}_k\boldsymbol{s}_k^{\mathrm{T}}}{\boldsymbol{s}_k^{\mathrm{T}}\boldsymbol{y}_k}\right)+\frac{\boldsymbol{s}_k\boldsymbol{s}_k^{\mathrm{T}}}{\boldsymbol{s}_k^{\mathrm{T}}\boldsymbol{y}_k}. \tag{4.95}$$

进一步，若将 $\boldsymbol{H} \leftrightarrow \boldsymbol{B}$ 和 $\boldsymbol{s} \leftrightarrow \boldsymbol{y}$ 互换，便得到关于 $\boldsymbol{B}_k$ 的 DFP 校正：

$$\boldsymbol{B}_{k+1}^{(\mathrm{DFP})}=\boldsymbol{B}_k+\frac{(\boldsymbol{y}_k-\boldsymbol{B}_k\boldsymbol{s}_k)\boldsymbol{y}_k^{\mathrm{T}}+\boldsymbol{y}_k(\boldsymbol{y}_k-\boldsymbol{B}_k\boldsymbol{s}_k)^{\mathrm{T}}}{\boldsymbol{y}_k^{\mathrm{T}}\boldsymbol{s}_k}-\frac{(\boldsymbol{y}_k-\boldsymbol{B}_k\boldsymbol{s}_k)^{\mathrm{T}}\boldsymbol{s}_k}{(\boldsymbol{y}_k^{\mathrm{T}}\boldsymbol{s}_k)^2}\boldsymbol{y}_k\boldsymbol{y}_k^{\mathrm{T}} \tag{4.96}$$

$$=\left(\boldsymbol{I}-\frac{\boldsymbol{y}_k\boldsymbol{s}_k^{\mathrm{T}}}{\boldsymbol{y}_k^{\mathrm{T}}\boldsymbol{s}_k}\right)\boldsymbol{B}_k\left(\boldsymbol{I}-\frac{\boldsymbol{s}_k\boldsymbol{y}_k^{\mathrm{T}}}{\boldsymbol{y}_k^{\mathrm{T}}\boldsymbol{s}_k}\right)+\frac{\boldsymbol{y}_k\boldsymbol{y}_k^{\mathrm{T}}}{\boldsymbol{y}_k^{\mathrm{T}}\boldsymbol{s}_k}. \tag{4.97}$$

［**例 4.8**］用 BFGS 方法解最小化函数：

$$\min f(x_1,x_2)=(x_1-2)^4+(x_1-2)^2x_2^2+(x_2+1)^2,$$
$$\boldsymbol{X}^{(0)}=(1,1)^{\mathrm{T}},\boldsymbol{X}^*=(2,-1)^{\mathrm{T}}.$$

解：采用 BFGS 方法

$$\boldsymbol{X}^{(k+1)}=\boldsymbol{X}^{(k)}-\boldsymbol{B}_k^{-1}\boldsymbol{g}_k,$$
$$\boldsymbol{s}_k=\boldsymbol{X}^{(k+1)}-\boldsymbol{X}^{(k)},\boldsymbol{y}_k=\boldsymbol{g}_{k+1}-\boldsymbol{g}_k,$$
$$\boldsymbol{B}_{k+1}=\boldsymbol{B}_k+\frac{\boldsymbol{y}_k\boldsymbol{y}_k^{\mathrm{T}}}{\boldsymbol{s}_k^{\mathrm{T}}\boldsymbol{y}_k}-\frac{\boldsymbol{B}_k\boldsymbol{s}_k\boldsymbol{s}_k^{\mathrm{T}}\boldsymbol{B}_k}{\boldsymbol{s}_k^{\mathrm{T}}\boldsymbol{B}_k\boldsymbol{s}_k}.$$

初始点 $\boldsymbol{X}^{(0)}=(1,1)^{\mathrm{T}}$. $\boldsymbol{B}_0=\nabla^2 f(\boldsymbol{X}^{(0)})$ 计算结果如下：

$\boldsymbol{X}^{(k)}$	$f(\boldsymbol{X}^{(k)})$
$\boldsymbol{X}^{(0)}=(1,1)^{\mathrm{T}}$	6.0
$\boldsymbol{X}^{(1)}=(1,-0.5)^{\mathrm{T}}$	1.5
$\boldsymbol{X}^{(2)}=(1.45,-0.3875)^{\mathrm{T}}$	5.12×10^{-1}
$\boldsymbol{X}^{(3)}=(1.5889290,-0.63729087)^{\mathrm{T}}$	2.29×10^{-1}
$\boldsymbol{X}^{(4)}=(1.8254150,-0.97155747)^{\mathrm{T}}$	3.05×10^{-2}
$\boldsymbol{X}^{(5)}=(1.9460278,-1.0705597)^{\mathrm{T}}$	8.33×10^{-3}
$\boldsymbol{X}^{(6)}=(1.9641387,-1.0450875)^{\mathrm{T}}$	3.44×10^{-3}
$\boldsymbol{X}^{(7)}=(1.9952140,-1.0017148)^{\mathrm{T}}$	2.59×10^{-5}
$\boldsymbol{X}^{(8)}=(2.0000653,-1.0004294)^{\mathrm{T}}$	1.89×10^{-7}
$\boldsymbol{X}^{(9)}=(1.9999853,-0.99995203)^{\mathrm{T}}$	2.52×10^{-9}
$\boldsymbol{X}^{(10)}=(2.0,-1.0)^{\mathrm{T}}$	0

上面的计算结果表明，用 BFGS 方法经 10 步迭代达到最小点；同样地，从相同的初始点出发，DFP 方法需要 12 步迭代达到最小点；而牛顿法需要 6 次或 7 次迭代达到最小点.

上面讨论了 DFP 和 BFGS 校正，它们都是由 $\boldsymbol{y}_k$ 和 $\boldsymbol{B}_k\boldsymbol{s}_k$ 组成的秩二校正. 最后这里提出由 DFP 和 BFGS 校正加权组合产生的一类校正族：

$$\boldsymbol{B}_{k+1}^{\phi}=\phi_k\boldsymbol{B}_{k+1}^{\mathrm{DFP}}+(1-\phi_k)\boldsymbol{B}_{k+1}^{\mathrm{BFGS}}$$
$$=\boldsymbol{B}_k-\frac{\boldsymbol{B}_k\boldsymbol{s}_k\boldsymbol{s}_k^{\mathrm{T}}\boldsymbol{B}_k}{\boldsymbol{s}_k^{\mathrm{T}}\boldsymbol{B}_k\boldsymbol{s}_k}+\frac{\boldsymbol{y}_k\boldsymbol{y}_k^{\mathrm{T}}}{\boldsymbol{s}_k^{\mathrm{T}}\boldsymbol{y}_k}+\phi_k(\boldsymbol{s}_k^{\mathrm{T}}\boldsymbol{B}_k\boldsymbol{s}_k)\boldsymbol{\omega}_k\boldsymbol{\omega}_k^{\mathrm{T}}.$$

式中，ϕ_k 为实参数，$\boldsymbol{\omega}_k=\dfrac{\boldsymbol{y}_k}{\boldsymbol{y}_k^{\mathrm{T}}\boldsymbol{s}_k}-\dfrac{\boldsymbol{B}_k\boldsymbol{s}_k}{\boldsymbol{s}_k^{\mathrm{T}}\boldsymbol{B}_k\boldsymbol{s}_k}$.

这类校正称为 Broyden 族. 显然 $\phi_k=0$,就是 BFGS 校正;$\phi_k=1$,就是 DFP 校正. 由于 DFP 和 BFGS 校正是保持正定的,因此若 $\boldsymbol{y}_k^{\mathrm{T}}\boldsymbol{s}_k>0$,只要 $\phi_k\geqslant 0$,则 Broyden 族校正保持正定.

4.2.3 多维约束非线性规划问题

1. 多维约束极值的条件

现将约束非线性规划问题表示如下:

$$\begin{cases}\min f(\boldsymbol{X}),\\ \text{s. t. } g_i(\boldsymbol{X})\leqslant 0 \qquad (i=1,2,\cdots,p),\\ h_j(\boldsymbol{X})=0 \qquad (j=1,2\cdots,q)\end{cases} \tag{4.98}$$

的最优解所要满足的条件.

记可行域 $D=\{\boldsymbol{X}\in\mathbf{R}^n\,|\,g_i(\boldsymbol{X})\leqslant 0,i=1,2,\cdots,p,h_j(\boldsymbol{X})=0,j=1,2,\cdots,q\}$. 令 $J=\{1,2,\cdots,q\}$,若 $\boldsymbol{X}^*\in D$,则有 $h_j(\boldsymbol{X}^*)=0,\forall j\in J$. 但它所满足的全部不等式约束则可能有两种情况:对某些不等式约束有 $g_i(\boldsymbol{X}^*)=0$,而对其余的不等式约束有 $g_i(\boldsymbol{X}^*)<0$,这两种约束起的作用是不同的. 对前者,$\boldsymbol{X}$ 在 $\boldsymbol{X}^*$ 处的微小变动都可能导致约束条件被破坏;而对后者,$\boldsymbol{X}$ 在 $\boldsymbol{X}^*$ 处微小变动不会破坏约束. 称使 $g_i(\boldsymbol{X}^*)=0$ 的约束条件 $g_i(\boldsymbol{X}^*)\leqslant 0$ 为关于点 $\boldsymbol{X}^*$ 的积极约束. 令 $I=\{1,2,\cdots,p\}$,关于点 $\boldsymbol{X}^*$ 的所有积极约束的下标集为

$$I(\boldsymbol{X}^*)=\{i\,|\,g_i(\boldsymbol{X}^*)=0,i\in I\}.$$

下面介绍由 Kuhn 和 Tucker 于 1951 年提出的关于约束非线性规划问题最优解的著名必要条件,而且对于一些具有凸性要求的凸规划问题,Kuhn 和 Tucker 的条件也是它最优解的充分条件.

定理 4.8 设 $f:\mathbf{R}^n\to\mathbf{R}^1$ 和 $g_i:\mathbf{R}^n\to\mathbf{R}^1[i\in I(\boldsymbol{X}^*)]$ 在点 $\boldsymbol{X}^*\in\mathbf{R}^n$ 处可微,$g_i[i\in I/I(\boldsymbol{X}^*)]$ 在点 $\boldsymbol{X}^*$ 处连续. $h_j:\mathbf{R}^n\to\mathbf{R}^1(j\in J)$ 在点 $\boldsymbol{X}^*$ 处连续可微,并且各 $\nabla g_i(\boldsymbol{X}^*)[i\in I(\boldsymbol{X}^*)]$,$\nabla h_j(\boldsymbol{X}^*)(j\in J)$ 线性无关. 若 $\boldsymbol{X}^*$ 是约束非线性规划问题的局部最优解,则存在 $\lambda_i^*[i\in I(\boldsymbol{X}^*)]$ 和 $\mu_j^*(j\in J)$,使得

$$\begin{cases}\nabla f(\boldsymbol{X}^*)+\sum\limits_{i\in I(\boldsymbol{X}^*)}\lambda_i^*\nabla g_i(\boldsymbol{X}^*)+\sum\limits_{j\in J}\mu_j^*\nabla h_j(\boldsymbol{X}^*)=0,\\ \lambda_i^*\geqslant 0,i\in I(\boldsymbol{X}^*).\end{cases} \tag{4.99}$$

式(4.99)被称为约束非线性规划问题的 Kuhn-Tucker 条件,简称为 K-T 条件. 该定理表明约束非线性规划问题的局部最优解必然满足 K-T 条件,满足 K-T 条件的点又称为 K-T 点.

特别地,对于仅带不等式约束的非线性规划问题

$$\begin{cases}\min f(\boldsymbol{X}),\\ \text{s. t. } g_i(\boldsymbol{X})\leqslant 0 \qquad (i=1,2,\cdots,p).\end{cases} \tag{4.100}$$

若 $\boldsymbol{X}^*$ 是该问题的局部最优解,则存在 $\lambda_i^*[i\in I(\boldsymbol{X}^*)]$ 使得

$$\begin{cases}\nabla f(\boldsymbol{X}^*)+\sum\limits_{i\in I(\boldsymbol{X}^*)}\lambda_i^*\nabla g_i(\boldsymbol{X}^*)=0,\\ \lambda_i^*\geqslant 0,i\in I(\boldsymbol{X}^*).\end{cases} \tag{4.101}$$

对于仅带等式约束的非线性规划问题

$$\begin{cases}\min f(\boldsymbol{X}),\\ \text{s. t. } h_j(\boldsymbol{X})=0 \qquad (j=1,2,\cdots,q),\end{cases} \tag{4.102}$$

若 $\boldsymbol{X}^*$ 是问题式(4.102)的局部最优解，则存在 $\mu_j^*(j\in J)$，使得

$$\nabla f(\boldsymbol{X}^*)+\sum_{j=1}^{q}\mu_j^*\nabla h_j(\boldsymbol{X}^*)=0. \tag{4.103}$$

若在定理 4.8 中进一步要求各个 $g_i(\boldsymbol{X})(i\in I)$ 在点 $\boldsymbol{X}^*$ 处可微，则 K-T 条件可写为更方便的形式：

$$\begin{cases}\nabla f(\boldsymbol{X}^*)+\sum\limits_{i\in I}\lambda_i^*\nabla g_i(\boldsymbol{X}^*)+\sum\limits_{j\in J}\mu_j^*\nabla h_j(\boldsymbol{X}^*)=0,\\ \lambda_i^*g_i(\boldsymbol{X}^*)=0,i\in I,\\ \lambda_i^*\geqslant 0,i\in I.\end{cases} \tag{4.104}$$

式中，$\lambda_i^*g_i(\boldsymbol{X}^*)=0,i\in I$ 称为互补松紧条件.

对于一般的约束非线性规划问题，可引入如下的 Lagrange 函数.

定义 4.5 设 $f:\mathbf{R}^n\to\mathbf{R}^1,g_i:\mathbf{R}^n\to\mathbf{R}^1(i\in I),h_j:\mathbf{R}^n\to\mathbf{R}^1(j\in J)$. 记

$$g(\boldsymbol{X})=(g_1(\boldsymbol{X}),g_2(\boldsymbol{X}),\cdots,g_p(\boldsymbol{X}))^{\mathrm{T}},$$

$$h(\boldsymbol{X})=(h_1(\boldsymbol{X}),h_2(\boldsymbol{X}),\cdots,h_q(\boldsymbol{X}))^{\mathrm{T}},$$

$$\lambda=(\lambda_1,\lambda_1,\cdots,\lambda_p)^{\mathrm{T}},\mu=(\mu_1,\mu_1,\cdots,\mu_q)^{\mathrm{T}}.$$

则称

$$\begin{aligned}L(\boldsymbol{X},\lambda,\mu)&=f(\boldsymbol{X})+\sum_{i\in I}\lambda_i g_i(\boldsymbol{X})+\sum_{j\in J}\mu_j h_j(\boldsymbol{X})\\&=f(\boldsymbol{X})+\lambda^{\mathrm{T}}g(\boldsymbol{X})+\mu^{\mathrm{T}}h(\boldsymbol{X})\end{aligned} \tag{4.105}$$

是非线性问题的 Lagrange 函数，其中 λ 和 μ 称为 Lagrange 乘子.

利用刚才定义的 Lagrange 函数，K-T 条件可以写为：

$$\begin{cases}\nabla_{\boldsymbol{X}}L(\boldsymbol{X}^*,\lambda^*,\mu^*)=0,\\ \lambda_i^*g_i(\boldsymbol{X}^*)=0,i\in I,\\ \lambda_i^*\geqslant 0,i\in I.\end{cases} \tag{4.106}$$

在一定凸性条件下，上述 K-T 条件也是最优解的充分条件.

定理 4.9 对于前述非线性规划问题，若 $f(\boldsymbol{X}),g_i(\boldsymbol{X})(i\in I),h_j(\boldsymbol{X})(j\in J)$ 在 $\boldsymbol{X}^*\in\mathbf{R}^n$ 处连续可微，若 $\boldsymbol{X}^*$ 满足上述 K-T 条件，并且 $f(\boldsymbol{X}),g_i(\boldsymbol{X})[i\in I(\boldsymbol{X}^*)]$ 是凸函数，$h_j(\boldsymbol{X})(j\in J)$ 是线性函数，则 $\boldsymbol{X}^*$ 是该问题的全局最优解.

[**例 4.9**]求下列非线性规划问题的 K-T 点：

$$\min f(\boldsymbol{X})=2x_1^2+2x_1x_2+x_2^2-10x_1-10x_2,$$

$$\text{s.t.}\begin{cases}x_1^2+x_2^2\leqslant 5,\\ 3x_1+x_2\leqslant 6.\end{cases}$$

解：将上述问题的约束条件改写为 $g_i(\boldsymbol{X})\leqslant 0$ 的形式，为

$$\begin{cases}g_1(\boldsymbol{X})=x_1^2+x_2^2-5\leqslant 0,\\ g_2(\boldsymbol{X})=3x_1+x_2-6\leqslant 0.\end{cases}$$

设 K-T 点为 $\boldsymbol{X}^*=(x_1,x_2)^{\mathrm{T}}$，有

$$\nabla f(\boldsymbol{X}^*)=\begin{bmatrix}4x_1+2x_2-10\\2x_1+2x_2-10\end{bmatrix},$$

$$\nabla g_1(\boldsymbol{X}^*)=\begin{bmatrix}2x_1\\2x_2\end{bmatrix},$$

$$\nabla g_2(\boldsymbol{X}^*)=\begin{bmatrix}3\\1\end{bmatrix}.$$

由定理得：

$$\begin{cases}4x_1+2x_2-10+2\gamma_1x_1+3\gamma_2=0,\\2x_1+2x_2-10+2\gamma_1x_2+\gamma_2=0,\\\gamma_1(x_1^2+x_2^2-5)=0,\\\gamma_2(3x_1+x_2-6)=0,\\\gamma_1\geqslant 0,\\\gamma_2\geqslant 0.\end{cases}$$

求解上述方程组，即可求出 $\gamma_1,\gamma_2,x_1,x_2$，则可得到满足 K-T 条件的点. 上述方程组是非线性方程组，求解时一般都要利用松紧条件(即上述方程组中的第 3、4 个方程)，其实质是分析 $\boldsymbol{X}^*$ 点处哪些是不起作用约束，以便得到 $\gamma_i=0$，这样分情况讨论求解较为容易.

(1)假设两个约束均是 $\boldsymbol{X}^*$ 点处的不起作用约束，即有

$$\gamma_1=0,\gamma_2=0.$$

则有

$$\begin{cases}4x_1+2x_2-10=0,\\2x_1+2x_2-10=0.\end{cases}$$

解得

$$\begin{cases}x_1=0,\\x_2=5.\end{cases}$$

但将该点代入约束条件，不满足 $g_i(\boldsymbol{X})\leqslant 0$，因此该点不是可行点.

(2)若 $g_1(\boldsymbol{X})\leqslant 0$ 是起作用约束，$g_2(\boldsymbol{X})\leqslant 0$ 是不起作用约束，则有 $\gamma_2=0$，则：

$$\begin{cases}4x_1+2x_2-10+2\gamma_1x_1=0,\\2x_1+2x_2-10+2\gamma_1x_2=0,\\\gamma_1(x_1^2+x_2^2-5)=0,\\\gamma_1\geqslant 0.\end{cases}$$

解得

$$\begin{cases}x_1=1,\\x_2=2,\\\gamma_1=1,\\\gamma_2=0.\end{cases}$$

代入原问题约束条件中检验，可知该点 $\boldsymbol{X}^*=(1,2)^{\mathrm{T}}$ 是可行点，且满足 K-T 定理的条件，又是一个正则点，故它是一个 K-T 点.

因为 $g_1(\boldsymbol{X})\leqslant 0$ 是起作用约束，此时 $\gamma_1\geqslant 0$，可以是 $\gamma_1>0$，也可以是 $\gamma_1=0$，若 $\gamma_1=0$ 也成立，则结果同(1)，已知求出的解不是可行点.

(3)若 $g_1(\boldsymbol{X})\leqslant 0$ 是不起作用约束，$g_2(\boldsymbol{X})\leqslant 0$ 是起作用约束，即有 $\gamma_1=0$，代入方程组，有

$$\begin{cases}4x_1+2x_2-10+3\gamma_2=0,\\2x_1+2x_2-10+\gamma_2=0,\\\gamma_2(3x_1+x_2-6)=0,\\\gamma_2\geqslant 0.\end{cases}$$

解上述方程组，可得 $\gamma_2=0$ 或 $\gamma_2=-\dfrac{2}{5}$，而 $\gamma_2=-\dfrac{2}{5}$ 不满足 $\gamma_2\geqslant 0$ 条件，而 $\gamma_2=0$ 及 $\gamma_1=0$ 同情形(1)的结果.

(4)假设两个约束均起作用，这时 $\gamma_1>0,\gamma_2>0$. 故有

$$\begin{cases}4x_1+2x_2-10+2\gamma_1x_1+3\gamma_2=0,\\2x_1+2x_2-10+2\gamma_1x_2+\gamma_2=0,\\x_1^2+x_2^2-5=0,\\3x_1+x_2-6=0.\end{cases}$$

求解上述方程组，得到的解不满足 $\gamma_1\geqslant 0$ 与 $\gamma_2\geqslant 0$，故舍去.

因此本题的 K-T 点为：$\boldsymbol{X}^*=(1,2)^{\mathrm{T}}$.

同时本题 $f(\boldsymbol{X})$ 为凸函数，而 $g_1(\boldsymbol{X})$ 为凸函数，所以由定理 4.9 可知 $\boldsymbol{X}^*=(1,2)^{\mathrm{T}}$ 也是本题的全局最小点.

2. 多维约束非线性规划问题的求解方法

1)二次罚函数方法

对于约束非线性规划问题一类重要的求解方法就是通过解一系列无约束非线性规划问题以获取原非线性约束问题解的罚函数方法. 用无约束非线性规划方法求解约束非线性规划问题时，在考虑使目标函数值下降的同时还要求迭代点的可行性. 罚函数法在用无约束非线性规划方法时通过对不可行的迭代点施加惩罚，并随着迭代的进展，增大惩罚量，迫使迭代点逐步向可行域靠近，一旦迭代点成为一个可行点，即为所求的原问题的最优解. 因此，罚函数方法是一类不可行点的方法，对初始点的选取没有可行性的限制. 对不可行约束所采用惩罚函数的不同，形成许多不同的罚函数方法，其中最简单、也为大家乐于采用的是二次罚函数方法.

先考虑等式约束的非线性规划问题：

$$\begin{cases}\min\limits_{\boldsymbol{X}} f(\boldsymbol{X}),\\\text{s.t. } c_i(\boldsymbol{X})=0, i\in\boldsymbol{E}.\end{cases}\tag{4.107}$$

二次罚函数 $Q(\boldsymbol{X};\mu)$ 定义为

$$Q(\boldsymbol{X};\mu)\overset{\text{def}}{=}f(x)+\frac{1}{2\mu}\sum_{i\in\boldsymbol{E}}c_i^2(\boldsymbol{X}).\tag{4.108}$$

这里 $\mu>0$ 是罚参数，当 μ 趋于零时，违反约束的罚项剧烈增大. 直观地认为使用罚序列 $\{\mu_k\}$，使得当 $k\to+\infty$ 时 $\mu_k\to 0$ 以获得 $Q(\boldsymbol{X};\mu_k)$ 的近似最小点 $\boldsymbol{X}^{(k)}$. 因为罚项是二次的，所以光滑可微，这样可以使用无约束非线性规划技术来求解 $\boldsymbol{X}^{(k)}$. 近似点 $\boldsymbol{X}^{(k)},\boldsymbol{X}^{(k-1)}$ 等可作为第 $k+1$ 次迭代的好的初始点.

[**例 4.10**]考虑问题

$$\begin{cases}\min(x_1+x_2),\\\text{s.t. } x_1^2+x_2^2-2=0.\end{cases}$$

解:二次罚函数为

$$Q(\boldsymbol{X};\mu)=x_1+x_2+\frac{1}{2\mu}(x_1^2+x_2^2-2)^2.$$

当 $\mu=1$ 时,则 $Q(\boldsymbol{X};\mu)$ 的最小点在 $(-1.1,-1.1)^{\mathrm{T}}$. 当 $\mu=0.1$ 时,则 $Q(\boldsymbol{X};\mu)$ 的最小点非常接近于解 $(-1,-1)^{\mathrm{T}}$.

对于通常的约束非线性规划问题

$$\begin{cases}\min f(\boldsymbol{X}),\\ \text{s.t. } c_i(\boldsymbol{X})=0 \quad (i=1,2,\cdots,m'),\\ c_i(\boldsymbol{X})\geqslant 0 \quad (i=m'+1,m'+2,\cdots,m).\end{cases}$$

既有不等式约束又有等式约束,定义 $Q(\boldsymbol{X};\mu)$ 为

$$Q(\boldsymbol{X};\mu)\overset{\text{def}}{=}f(\boldsymbol{X})+\frac{1}{2\mu}\sum_{i\in \boldsymbol{E}}c_i^2(\boldsymbol{X})+\frac{1}{2\mu}\sum_{i\in \boldsymbol{I}}([c_i(\boldsymbol{X})]^-)^2, \tag{4.109}$$

其中
$$[c_i(\boldsymbol{X})]^-=\min\{c_i(\boldsymbol{X}),0\}.$$

二次罚函数方法步骤:

步骤 1:给定 $\mu_0>0$,允许参数值 $\varepsilon>0$,初始点 $\boldsymbol{X}^{(0)}$;$k=0$.

步骤 2:从 $\boldsymbol{X}^{(k)}$ 开始,求解 $Q(\boldsymbol{X};\mu_k)$ 的近似最小点.

步骤 3:当 $\|c(\boldsymbol{X}^{(k)})\|\leqslant\varepsilon_k$ 时,终止,得近似解 $\boldsymbol{X}^{(k)}$;否则选择新的罚参数 $\mu_{k+1}\in(0,\mu_k)$,$k:=k+1$,转入步骤 2.

二次罚函数方法程序框图见图 4.19.

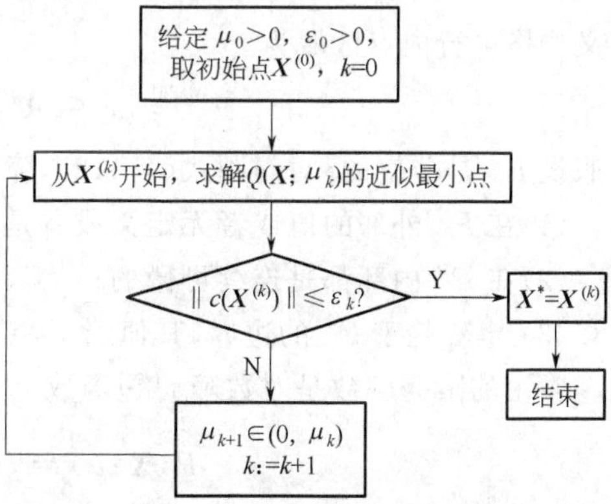

图 4.19　二次罚函数方法程序框图

注意,罚参数序列 $\{\mu_k\}$ 要合适地选择. 当最小化 $Q(\boldsymbol{X};\mu_k)$ 的计算量很大时,可以选择适当缩小 μ_k,如 $\mu_{k+1}=0.7\mu_k$. 如果最小化 $Q(\boldsymbol{X};\mu_k)$ 计算量不大,可大大地缩小 μ_k,如 $u_{k+1}=0.1\mu_k$.

现在讨论二次罚函数的收敛性.

定理 4.10　假设每个 $\boldsymbol{X}^{(k)}$ 都是罚函数算法得到的 $Q(\boldsymbol{X};\mu_k)$ 的精确整体最小点,并且 $\mu_k\to 0$,则序列 $\{\boldsymbol{X}^{(k)}\}$ 的每个极限点都是等式约束问题式(4.107)的整体最优解.

证明:设 $\overline{\boldsymbol{X}}$ 是问题式(4.107)的整体最小点,即

$$f(\overline{\boldsymbol{X}})\leqslant f(\boldsymbol{X}),\forall \boldsymbol{X}\in\{\boldsymbol{X}\,|\,c_i(\boldsymbol{X})=0,i\in \boldsymbol{E}\}.$$

因为 $\boldsymbol{X}^{(k)}$ 是第 k 次迭代 $Q(\boldsymbol{X};\mu_k)$ 的最小点,则有 $Q(\boldsymbol{X}^{(k)};\mu_k)\leqslant Q(\boldsymbol{X};\mu_k)$,从而有

$$f(\boldsymbol{X}^{(k)})+\frac{1}{2\mu_k}\sum_{i\in \boldsymbol{E}}c_i^2(\boldsymbol{X}^{(k)})\leqslant f(\boldsymbol{X})+\frac{1}{2\mu_k}\sum_{i\in \boldsymbol{E}}c_i^2(\boldsymbol{X})=f(\boldsymbol{X}), \tag{4.110}$$

整理得

$$\sum_{i\in \boldsymbol{E}}c_i^2(\boldsymbol{X}^{(k)})\leqslant 2\mu_k[f(\boldsymbol{X})-f(\boldsymbol{X}^{(k)})]. \tag{4.111}$$

假设 $\boldsymbol{X}^*$ 是 $\{\boldsymbol{X}^{(k)}\}$ 的极限点,使得存在一个无限子序列集 K,使

$$\lim_{k\to\infty,k\in K}\boldsymbol{X}^{(k)}=\boldsymbol{X}^*.$$

对式(4.111)两边取极限,$k\to\infty$,$k\in K$,可得

$$\sum_{i\in \boldsymbol{E}} c_i^2(\boldsymbol{X}^*) = \lim_{k\to\infty, k\in K} \sum_{i\in \boldsymbol{E}} c_i^2(\boldsymbol{X}^{(k)}) \leqslant \lim_{k\to\infty, k\in K} 2\mu_k[f(\overline{\boldsymbol{X}}) - f(\boldsymbol{X}^{(k)})] = 0.$$

这里最后的等式由 $\mu_k \to 0$ 得到. 因此有 $c_i(\boldsymbol{X}^*)=0, \forall i \in \boldsymbol{E}$. 所以 $\boldsymbol{X}^*$ 是可行点. 进一步，在式(4.110)中取极限 $k\to\infty, k\in K$，由 μ_k 的非负性以及 $c_i^2(\boldsymbol{X})$ 的非负性，有

$$f(\boldsymbol{X}^*) \leqslant f(\boldsymbol{X}^*) + \lim_{k\to\infty, k\in K} \frac{1}{2\mu_k} \sum_{i\in \boldsymbol{E}} c_i^2(\boldsymbol{X}^{(k)}) \leqslant f(\overline{\boldsymbol{X}}),$$

表明 $\boldsymbol{X}^*$ 也是整体最小点.

上述结果要求寻找每个子问题的精确整体最小解，这是非常困难的，事实上，如果每一步都要求 $Q(\boldsymbol{X};\mu_k)$ 的局部近似最小点，上述定理也成立.

2)内点障碍罚函数法

另一类称为内点障碍罚函数的罚函数方法，同上文的罚函数方法不同，它是一类保持严格可行性的方案，即迭代点序列是严格可行内点，因此这类方法只适用于只有不等式约束而无等式约束的非线性规划问题. 内点障碍罚函数法通过在目标函数上引入一个关于约束的障碍项，当迭代点由可行域的内部接近可行域的边界时，障碍项将趋于无穷大来迫使迭代点返回可行域的内部，从而保持迭代点的严格可行性.

考虑不等式约束非线性规划问题

$$\begin{cases} \min\limits_{\boldsymbol{X}} f(\boldsymbol{X}), \\ \text{s.t. } c_i(\boldsymbol{X}) \geqslant 0, i \in \boldsymbol{I}, \end{cases} \tag{4.112}$$

定义严格可行内点区域为

$$F^0 \overset{\text{def}}{=} \{x \in \mathbf{R}^n \mid c_i(\boldsymbol{X}) > 0, \forall i \in \boldsymbol{I}\}. \tag{4.113}$$

并假设 F^0 是非空的. 对问题式(4.112)，障碍罚函数具有如下性质：

(1)在 F^0 外部的值或者无定义或者是无穷的；

(2)在 F^0 内部都是连续可微的；

(3)当 $\boldsymbol{X}$ 趋于 F^0 的边界，其值趋于∞.

常用的障碍函数是对数障碍罚函数

$$P(\boldsymbol{X};\mu) = f(\boldsymbol{X}) - \mu \sum_{i\in I} \ln c_i(\boldsymbol{X}), \tag{4.114}$$

和分数障碍罚函数

$$P(\boldsymbol{X},\mu) = f(\boldsymbol{X}) + \mu \sum_{i\in I} \frac{1}{c_i(\boldsymbol{X})}. \tag{4.115}$$

其中 $\mu>0$ 为障碍罚参数. 上面的讨论限于对数障碍罚函数，有关的结果和分析同样适用于分数障碍罚函数.

内点障碍罚函数法步骤：

步骤 1：给定 $\mu_0>0$，允许参数值 $\varepsilon_0>0$，初始点 $\boldsymbol{X}^{(0)}$；$k=0$.

步骤 2：从 $\boldsymbol{X}^{(k)}$ 开始，求解 $P(\boldsymbol{X};\mu_k)$ 的近似最小点.

步骤 3：当 $\|c(\boldsymbol{X}^{(k)})\| \leqslant \varepsilon_k$ 时，终止，得近似解 $\boldsymbol{X}^{(k)}$；否则选择新的罚参数 $\mu_{k+1} \in (0,\mu_k)$，$k:=k+1$，转入步骤 2.

内点障碍罚函数法程序框图见图 4.20.

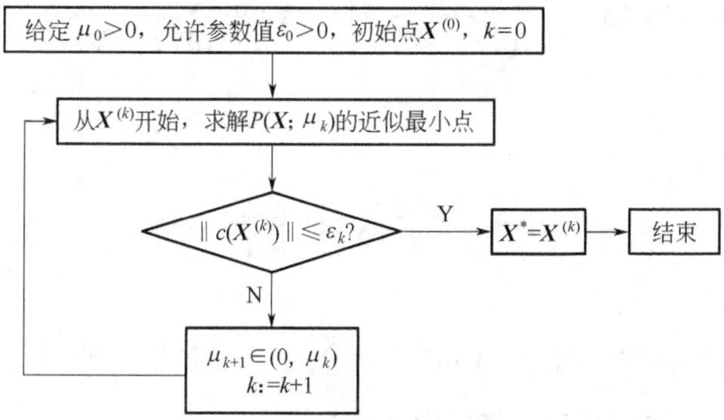

图 4.20　内点障碍罚函数法程序框图

[**例 4.11**]考虑非线性约束非线性规划问题

$$\begin{cases}\min f(\boldsymbol{X})=x_1-2x_2,\\ \text{s.t. } 1+x_1-x_2^2\geqslant 0,\\ x_2\geqslant 0.\end{cases}$$

解:问题的最优解为 $\boldsymbol{X}^*=(0,1)^{\mathrm{T}}$,对数障碍罚函数为

$$P(\boldsymbol{X},\mu)=x_1-2x_2-\mu[\ln(1+x_1-x_2^2)+\ln x_2].$$

对给定的 $\mu>0$,为确定 $P(\boldsymbol{X},\mu)$ 的无约束最优解,考察一阶最优性条件:

$$\begin{cases}1-\dfrac{\mu}{1+x_1-x_2^2}=0.\\ -2+\dfrac{2\mu x_2}{1+x_1-x_2^2}-\dfrac{\mu}{x_2}=0.\end{cases}$$

求解这个方程组得

$$x_1(\mu)=\frac{\sqrt{1+2\mu}+3\mu-1}{2},\ x_2(\mu)=\frac{\sqrt{1+2\mu}+1}{2}.$$

关于障碍参数 $\mu\to 0$ 取极限得

$$\lim_{\mu\to 0}x_1(\mu)=\lim_{\mu\to 0}\frac{\sqrt{1+2\mu}+3\mu-1}{2}=0,$$

$$\lim_{\mu\to 0}x_2(\mu)=\lim_{\mu\to 0}\frac{\sqrt{1+2\mu}+1}{2}=1.$$

即有

$$\lim_{\mu\to 0}\boldsymbol{X}(\mu)=\boldsymbol{X}^*.$$

上述例子很好地说明了对数障碍罚函数的一些有用的特征.首先,$P(\boldsymbol{X},\mu)$ 的无约束最优解 $\boldsymbol{X}(\mu)$ 如果存在,那么在 $\mu\to 0$ 时确实收敛于原不等式约束问题的最优解;其次,$\boldsymbol{X}(\mu)$ 关于 μ 连续可微,因而 $\boldsymbol{X}(\mu)$ 在问题可行域的内部定义了一条以 μ 为参数的光滑曲线[文献中一般称为障碍轨迹(barrier trajectory)],这条曲线在 $\mu\to 0$ 时的极限点即为问题的最优解,事实上对数障碍罚函数法就是沿着这条轨迹确定问题的最优解.

现在来计算对数障碍函数的梯度与 Hesse 矩阵.

$$\nabla_{\boldsymbol{X}}P(\boldsymbol{X};\mu)=\nabla f(\boldsymbol{X})-\sum_{i\in\boldsymbol{I}}\frac{\mu}{c_i(\boldsymbol{X})}\nabla c_i(\boldsymbol{X})\tag{4.116}$$

$$\nabla^2_{XX}P(X;\mu)=\nabla^2 f(X)-\sum_{i\in I}\frac{\mu}{c_i(X)}\nabla^2 c_i(X)+\sum_{i\in I}\frac{\mu}{c_i^2(X)}\nabla c_i(X)\nabla c_i(X)^{\mathrm{T}} \tag{4.117}$$

在式(4.116)中令

$$\lambda_i^*\approx\frac{\mu}{c_i(X)},i\in I.$$

代入式(4.117),有

$$\nabla^2_{XX}P(X;\mu)\approx\nabla^2_{XX}L(X,\lambda^*)+\sum_{i\in I}\frac{1}{\mu}(\lambda_i^*)^2\nabla c_i(X)\nabla c_i(X)^{\mathrm{T}}. \tag{4.118}$$

与二次罚函数情形类似,可以使用牛顿法求解,即

$$\nabla^2_{XX}P(X;\mu)p=-\nabla_X P(X;\mu). \tag{4.119}$$

下面给出对数障碍罚函数的算法:

步骤1:给定 $\mu_0>0$,允许值 $\tau_0>0$,初始点 $X^{(0)}$,$k:=0$.

步骤2:从 $X^{(k)}$ 出发,求 $P(X;\mu_k)$ 的近似最优解 $X^{(k+1)}$.

步骤3:如果收敛准则满足,停止迭代,并取 $X^{(k+1)}$ 为最优解的近似;否则转入步骤4.

步骤4:选择新的障碍参数 $\mu_{k+1}\in(0,\mu_k)$;$k:=k+1$,转入步骤2.

对数障碍函数法程序框图如图4.21所示.

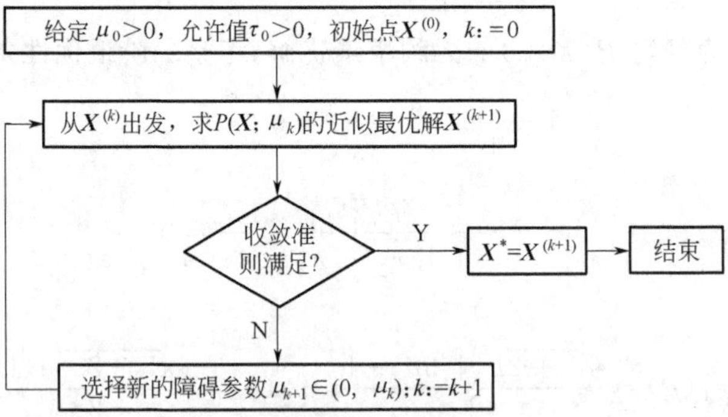

图4.21 对数障碍函数法程序框图

一个好的初始点 $X^{(k)s}$,可从以前的近似最优点 $X^{(k-1)}$,$X^{(k-2)}$,…进行外推得到.另一种方法是微分 $\nabla_X P(X;\mu)$ 得

$$\nabla^2_{XX}P(X;\mu)\dot{X}+\frac{\partial}{\partial\mu}\nabla_X P(X;\mu)=0. \tag{4.120}$$

又计算第二项,可得

$$\nabla^2_{XX}P(X;\mu)\dot{X}-\sum_{i\in I}\frac{1}{c_i(X)}\nabla c_i(X)=0. \tag{4.121}$$

用 $X=X^{(k-1)}$ 和 $\mu=\mu_{k-1}$ 代入式(4.121),得近似切线 $\dot{X}$,利用 $\dot{X}$ 可产生第 k 次迭代初始点 $X^{(k)s}$ 如下:

$$X^{(k)s}=X^{(k-1)}+(\mu_k-\mu_{k-1})\dot{X}. \tag{4.122}$$

可按以下方法选择新的障碍罚参数 μ_{k+1}:如果求 $P(X;\mu_k)$ 的最小点不是太困难,以及初始点 $X^{(k)s}$ 比较可靠,那么可以大胆减小 μ_{k+1},如取 $\mu_{k+1}=0.2\mu_k$,或者 $\mu_{k+1}=0.1\mu_k$.

定理 4.11 假设 F^0 非空，$\boldsymbol{X}^*$ 是问题式(4.112)的局部最小点，相应的 Lagrange 乘子 λ^* 满足 KKT 条件. 进一步假设线性独立约束品性，严格互补性条件及二阶充分性最优条件在点 $(\boldsymbol{X}^*,\lambda^*)$ 处成立，那么下列结论成立：

(1)对充分小的 μ，如果 $\boldsymbol{X}(\mu)$ 是 $\boldsymbol{X}^*$ 邻域内 $P(\boldsymbol{X};\mu)$ 的局部最小点，则存在连续可微的向量函数 $\boldsymbol{X}(\mu)$，使得

$$\lim_{\mu\to 0}\boldsymbol{X}(\mu)=\boldsymbol{X}^*. \tag{4.123}$$

(2)对(1)中定义的函数 $\boldsymbol{X}(\mu)$，当 $\mu\to 0$ 时，相应的 Lagrange 乘子估计 $\lambda_i(\mu)=\dfrac{\mu}{c_i(\boldsymbol{X}(\mu))}$ 收敛到 λ^*.

(3)对所有充分小的 μ，Hesse 矩阵 $\nabla^2_{\boldsymbol{XX}}P(\boldsymbol{X};\mu)$ 是正定的.

3) Lagrange 乘子法

(1)考虑等式约束的情形.

考虑问题：

$$\begin{cases}\min f(\boldsymbol{X}),\\ \text{s.t. } h_j(\boldsymbol{X})=0 \qquad (j=1,2,\cdots,l).\end{cases} \tag{4.124}$$

运用乘子法，需要定义增广拉格朗日函数(乘子惩罚函数)：

$$\begin{aligned}\varphi(\boldsymbol{X},\boldsymbol{\mu},\sigma)&=f(\boldsymbol{X})-\sum_{j=1}^{l}\mu_j h_j(\boldsymbol{X})+\frac{\sigma}{2}\sum_{j=1}^{l}h_j^2(\boldsymbol{X})\\&=f(\boldsymbol{X})-\boldsymbol{\mu}^{\mathrm T}h(\boldsymbol{X})+\frac{\sigma}{2}h(\boldsymbol{X})^{\mathrm T}h(\boldsymbol{X}),\end{aligned} \tag{4.125}$$

其中 $\boldsymbol{\mu}=(\mu_1,\cdots,\mu_l)^{\mathrm T},h(\boldsymbol{X})=(h_1(\boldsymbol{X}),\cdots,h_l(\boldsymbol{X})^{\mathrm T}),\sigma>0.$

$\varphi(\boldsymbol{X},\boldsymbol{\mu},\sigma)$ 与拉格朗日函数 $L(\boldsymbol{X},\mu)$ 的区别在于增加了惩罚项 $\frac{\sigma}{2}h(\boldsymbol{X})^{\mathrm T}h(\boldsymbol{X})$，而与惩罚函数的区别在于增加了乘子项 $-\boldsymbol{\mu}^{\mathrm T}h(\boldsymbol{X})$. 这种区别使得增广拉格朗日函数与拉格朗日函数及惩罚函数具有不同的性态.

对于 $\varphi(\boldsymbol{X},\boldsymbol{\mu},\sigma)$，只要取足够大的惩罚因子，不必趋向于无穷大，就可通过最小化 $\varphi(\boldsymbol{X},\mu,\sigma)$ 求得式(4.124)的局部最优解.

可以严格证明下面结论(证明略)：

若 $\boldsymbol{X}^*$ 为式(4.124)的局部最优解，μ^* 是相应的最优拉格朗日乘子，且对每个满足 $\boldsymbol{d}^{\mathrm T}\nabla h_j(\boldsymbol{X}^*)=0(j=1,2,\cdots,l)$ 的非零向量 $\boldsymbol{d}$，均有二阶充分条件成立，即

$$\boldsymbol{d}^{\mathrm T}\nabla^2_{\boldsymbol{X}}L(\boldsymbol{X}^*,\boldsymbol{\mu}^*)\boldsymbol{d}>0.$$

则存在 $\sigma_0\geqslant 0$，使得对所有 $\sigma>\sigma_0$，$\boldsymbol{X}^*$ 是 $\varphi(\boldsymbol{X},\boldsymbol{\mu}^*,\sigma)$ 的严格局部最小点. 反之，若存在 $\overline{\boldsymbol{X}}$，满足 $h_j(\overline{\boldsymbol{X}})=0(j=1,2,\cdots,l)$，且对某个 $\overline{\boldsymbol{\mu}}$，$\overline{\boldsymbol{X}}$ 为 $\varphi(\boldsymbol{X},\overline{\boldsymbol{\mu}},\sigma)$ 的无约束最小点，又满足最小点的二阶充分条件，则 $\overline{\boldsymbol{X}}$ 即问题式(4.124)的严格局部最优解.

根据上述结论，如果知道最优乘子 $\boldsymbol{\mu}^*$，那么只要取充分大的惩罚因子 σ，不需趋向于无穷大，就能通过最小化 $\varphi(\boldsymbol{X}^*,\boldsymbol{\mu}^*,\sigma)$ 求出问题式(4.124)的解. 但是由于最优乘子 $\boldsymbol{\mu}^*$ 事先不知道，因此需要研究怎样确定 $\boldsymbol{\mu}^*$ 和 σ，特别是 $\boldsymbol{\mu}^*$. 一般方法是，先给定充分大的 σ 和乘子 $\boldsymbol{\mu}$ 的初始估计，然后在迭代过程中修正 $\boldsymbol{\mu}$，力图使 $\boldsymbol{\mu}\to\boldsymbol{\mu}^*$. 修正 $\boldsymbol{\mu}$ 的公式为：设在第 k 次迭代中，$\boldsymbol{\mu}$ 的估计值为 $\boldsymbol{\mu}^{(k)}$，罚因子取 σ，得 $\varphi(\boldsymbol{X},\boldsymbol{\mu}^{(k)},\sigma)$ 的最小点为 $\boldsymbol{X}^{(k)}$，这时有

$$\nabla_{\boldsymbol{X}}\varphi(\boldsymbol{X}^{(k)},\boldsymbol{\mu}^{(k)},\sigma)=0,$$

即 $$\nabla f(\boldsymbol{X}^{(k)})-\sum_{j=1}^{l}\boldsymbol{\mu}_j^{(k)}\nabla h_j(\boldsymbol{X}^{(k)})+\sigma\sum_{j=1}^{l}h_j(\boldsymbol{X}^{(k)})\nabla h_j(\boldsymbol{X}^{(k)})=0,$$

或 $$\nabla f(\boldsymbol{X}^{(k)})-\sum_{j=1}^{l}(\boldsymbol{\mu}_j^{(k)}-\sigma h_j(\boldsymbol{X}^{(k)}))\nabla h_j(\boldsymbol{X}^{(k)})=0.$$

由等式约束极值点的必要条件,若 $\boldsymbol{X}^{(k)}$ 为原问题的最优解时,有

$$\nabla f(\boldsymbol{X}^{(k)})-\sum_{j=1}^{l}\boldsymbol{\mu}_j^{*}\nabla h_j(\boldsymbol{X}^{(k)})=0.$$

比较上面两式有

$$\boldsymbol{\mu}_j^{*}=\boldsymbol{\mu}_j^{(k)}-\sigma h_j(\boldsymbol{X}^{(k)}),$$

修正为

$$\boldsymbol{\mu}_j^{(k+1)}=\boldsymbol{\mu}_j^{(k)}-\sigma h_j(\boldsymbol{X}^{(k)}),$$

这样做下去,可望 $\boldsymbol{\mu}^{(k)}\to\boldsymbol{\mu}^{*}$,$\boldsymbol{X}^{(k)}\to\boldsymbol{X}^{*}$.

如果$\{\boldsymbol{\mu}^{(k)}\}$不收敛,则增大参数 σ.

乘子法的计算步骤:

步骤 1:给定初始点 $\boldsymbol{X}^{(0)}$,乘子向量的初始估计 $\boldsymbol{\mu}^{(1)}$,参数 σ,允许误差 $\varepsilon>0$,常数 $\alpha>1$,$\beta\in(0,1)$,$k=1$.

步骤 2:以 $\boldsymbol{X}^{(k-1)}$ 为初始点,解约束问题 $\min\varphi(\boldsymbol{X},\boldsymbol{\mu}^{(k)},\sigma)$ 得 $\boldsymbol{X}^{(k)}$.

步骤 3:$\|h(\boldsymbol{X}^{(k)})\|<\varepsilon$,得近似解 $\boldsymbol{X}^{(k)}$,停机;否则转入步骤 4.

步骤 4:若 $\left\|\dfrac{h(\boldsymbol{X}^{(k)})}{h(\boldsymbol{X}^{(k-1)})}\right\|\geqslant\beta$,则 $\sigma=2\sigma$,转入步骤 5;否则直接转入步骤 5.

步骤 5:$\boldsymbol{\mu}_j^{(k+1)}=\boldsymbol{\mu}_j^{(k)}-\sigma h_j(\boldsymbol{X}^{(k)})$,$k=k+1$ 转入步骤 2.

乘子法程序框图见图 4.22.

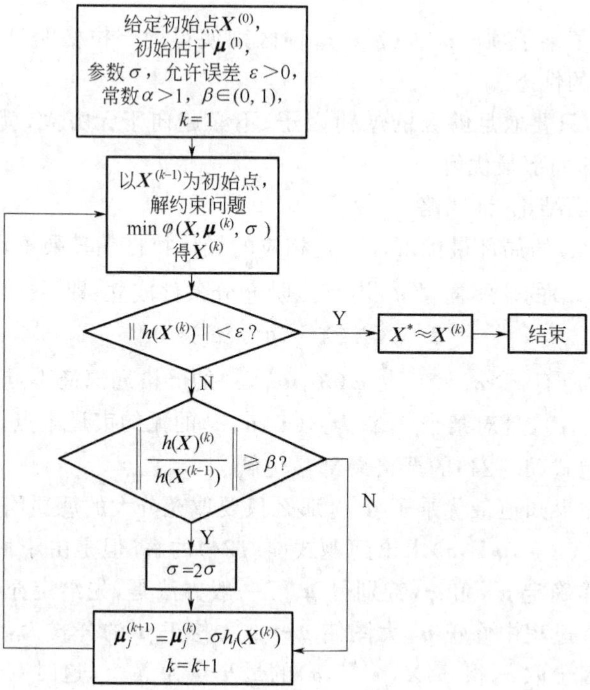

图 4.22 乘子法程序框图

[例 4.12]用乘子法求解问题：

$$\begin{cases}\min(2x_1^2+x_2^2-2x_1x_2),\\ \text{s. t. } x_1+x_2-1=0.\end{cases}$$

解：由于

$$h(x_1,x_2)=x_1+x_2-1,$$

令
$$\varphi(\boldsymbol{X},\boldsymbol{\mu},\sigma)=2x_1^2+x_2^2-2x_1x_2-\boldsymbol{\mu}(x_1+x_2-1)+\frac{\sigma}{2}(x_1+x_2-1)^2.$$

取 $\sigma=2,\boldsymbol{\mu}^{(1)}=1$，得 $\varphi(\boldsymbol{X},1,2)$，求其最小值，得最小点为

$$\boldsymbol{X}^{(1)}=(x_1^{(1)},x_2^{(1)})^{\mathrm{T}}=\left(\frac{1}{2},\frac{3}{4}\right)^{\mathrm{T}},$$

$$h(\boldsymbol{X}^{(1)})=\frac{1}{2}+\frac{3}{4}-1=\frac{1}{4}.$$

修正 μ，有

$$\boldsymbol{\mu}^{(2)}=\boldsymbol{\mu}^{(1)}-\sigma h(\boldsymbol{X}^{(1)})=\frac{1}{2},$$

再解 $\varphi\left(\boldsymbol{X},\frac{1}{2},2\right)$ 的最小点 $\boldsymbol{X}^{(2)}$.

如此继续，一般地，在第 k 次迭代，$\varphi(\boldsymbol{X},\boldsymbol{\mu}^{(k)},2)$ 的最小点为

$$\boldsymbol{X}^{(k)}=\begin{bmatrix}x_1^{(k)}\\ x_2^{(k)}\end{bmatrix}=\begin{bmatrix}\frac{1}{6}(\boldsymbol{\mu}^{(k)}+2)\\ \frac{1}{4}(\boldsymbol{\mu}^{(k)}+2)\end{bmatrix},$$

$$\mu^{(k+1)}=\frac{1}{6}\boldsymbol{\mu}^{(k)}+\frac{1}{3}.$$

易见 $k\to\infty$ 时，$\boldsymbol{\mu}^{(k)}\to\frac{2}{5},\boldsymbol{X}^{(k)}\to\left[\frac{2}{5},\frac{3}{5}\right]^{\mathrm{T}}$ 即为所求非线性规划的最优乘子和最优解.

(2)不等式约束形式.

先考虑只有不等式约束的情形

$$\begin{cases}\min f(\boldsymbol{X}),\\ \text{s. t. } c_i(\boldsymbol{X})\geqslant 0\quad (i=1,2,\cdots,m).\end{cases}\tag{4.126}$$

利用等式约束的结果，引入变量 y_i，则式(4.126)问题化为

$$\begin{cases}\min f(\boldsymbol{X}),\\ \text{s. t. } c_i(\boldsymbol{X})-y_i^2=0\quad (i=1,2,\cdots,m).\end{cases}$$

这样可定义增广拉格朗日函数：

$$\begin{aligned}\widetilde{\varphi}(\boldsymbol{X},\boldsymbol{Y},\boldsymbol{\mu},\sigma)&=f(\boldsymbol{X})-\sum_{i=1}^{m}\boldsymbol{\mu}_i(c_i(\boldsymbol{X})-y_i^2)+\frac{\sigma}{2}\sum_{i=1}^{m}(c_i(\boldsymbol{X})-y_i^2)^2\\&=f(\boldsymbol{X})+\sum_{i=1}^{m}\left\{\frac{\sigma}{2}\left[y_i^2-\frac{1}{\sigma}(\sigma c_i(\boldsymbol{X})-\boldsymbol{\mu}_i)\right]^2-\frac{\boldsymbol{\mu}_i^2}{2\sigma}\right\}.\end{aligned}$$

可知，要使 $\widetilde{\varphi}$ 取最小，y_i^2 的取值必为

$$y_i^2=\frac{1}{\sigma}\max\{0,\sigma c_i(\boldsymbol{X})-\boldsymbol{\mu}_i\},$$

再代入 $\widetilde{\varphi}$ 消去 y_i，因此定义增广拉格朗日函数为

$$\widetilde{\varphi}(\boldsymbol{X},\mu,\sigma)=f(x)+\frac{1}{2\sigma}\sum_{i=1}^{m}[(\max\{0,\mu_i-\sigma c_i(\boldsymbol{X})\})^2-\mu_i^2]. \tag{4.127}$$

将问题式(4.126)转化为求无约束问题

$$\min\widetilde{\varphi}(\boldsymbol{X},\mu,\sigma), \tag{4.128}$$

对于既含等式约束又含不等式约束的问题

$$\text{s.t.}\begin{cases}\min f(\boldsymbol{X}),\\ c_i(\boldsymbol{X})\geqslant 0 \qquad (i=1,2,\cdots,m),\\ h_j(\boldsymbol{X})=0 \qquad (j=1,2,\cdots,l).\end{cases} \tag{4.129}$$

应定义增广拉格朗日函数

$$\varphi(\boldsymbol{X},\lambda,\mu,\sigma)=f(\boldsymbol{X})+\frac{1}{2\sigma}\sum_{i=1}^{m}\{[(\max\{0,\lambda_i-\sigma c_i(\boldsymbol{X})\})^2-\lambda_i^2\}$$

$$-\sum_{j=1}^{l}\mu_j h_i(\boldsymbol{X})+\frac{\sigma}{2}\sum_{j=1}^{l}h_j^2(\boldsymbol{X}).$$

在迭代中，与只有等式约束问题类似，也是以充分大的参数 σ，并通过修正第 k 次迭代中的乘子 $\lambda^{(k)}$ 和 $\mu^{(k)}$，得到第 $k+1$ 次迭代中的乘子 $\lambda^{(k+1)}$ 和 $\mu^{(k+1)}$，修改公式如下：

$$\lambda_i^{(k+1)}=\max\{0,\lambda_i^{(k)}-\sigma c_i(\boldsymbol{X})\} \qquad (i=1,2,\cdots,m),$$

$$\mu_j^{(k+1)}=\mu_j^{(k)}-\sigma h_j(\boldsymbol{X}^{(k)}) \qquad (j=1,2,\cdots,l).$$

计算步骤与等式约束相同.

[例 4.13]用乘子法求解

$$\min f(\boldsymbol{X})=\frac{1}{2}x_1^2+\frac{1}{6}x_2^2,$$

$$\text{s.t. } x_1+x_2=1.$$

解：令 $\varphi(\boldsymbol{X},\mu,\sigma)=\frac{1}{2}x_1^2+\frac{1}{6}x_2^2+\frac{\sigma}{2}(x_1+x_2-1)^2-\mu(x_1+x_2-1)$，由极值点的必要条件有

$$\frac{\partial\varphi}{\partial x_1}=0, x_1+\sigma(x_1+x_2-1)-\mu=0;$$

$$\frac{\partial\varphi}{\partial x_2}=0, \frac{1}{3}x_2+\sigma(x_1+x_2-1)-\mu=0.$$

所以

$$x_1=\frac{\sigma+\mu}{1+4\sigma},\ x_2=\frac{3(\sigma+\mu)}{1+4\sigma}.$$

若已知第 k 次迭代时的 $\mu^{(k)}$ 及 σ_k，则 $\varphi(\boldsymbol{X},\mu^{(k)},\sigma_k)$ 的最优解为

$$\boldsymbol{X}^{(k)}=(x_1^{(k)},x_2^{(k)})=\left(\frac{\sigma_k+\mu^{(k)}}{1+4\sigma_k},\frac{3(\sigma_k+\mu^{(k)})}{1+4\sigma_k}\right).$$

取 $\sigma_k=0.1\times 2^k$，$\mu^{(0)}=0$，$\mu^{(k+1)}=\mu^{(k)}-\sigma_k(x_1^{(k)}+x_2^{(k)}-1)$，所得迭代如下：

k	$X^{(k)}$	k	$X^{(k)}$
0	(0.0714,0.2142)	4	(0.2487,0.7463)
1	(0.1507,0.4523)	5	(0.2499,0.7497)
2	(0.2118,0.6355)	6	(0.2499,0.7499)
3	(0.2409,0.7227)		

4.3 应用案例

4.3.1 问题描述

在约 10km 高空的某边长 160km 的正方形区域内，经常有若干架飞机水平飞行，区域内每架飞机的位置和速度向量均由计算机记录其数据，以便进行飞行管理. 当一架欲进入该区域的飞机到达区域边缘时，记录其数据后，要立即计算并判断是否会与区域内的飞机发生碰撞. 如果会碰撞. 则应计算如何调整各架(包括新进入的)飞机飞行的方向角，以避免碰撞. 现假设条件如下：

(1)不碰撞的标准为任意两架飞机的距离大于 8km；

(2)飞机飞行方向角调整的幅度不应超过 30°；

(3)进入该区域的飞机在到达区域边缘时，与区域内飞机的距离应在 60km 以上；

(4)最多需考虑 6 架飞机；

(5)不必考虑飞机离开此区域后的状况；

(6)所有飞机飞行速度均为 800km/h.

请你对这个避免碰撞的飞行管理问题建立数学模型，列出计算步骤，对以下数据进行计算(方向角误差不超过 0.01°)，要求飞机飞行方向角调整的幅度尽量小.

设该区域 4 个顶点的坐标为(0,0)，(160,0)，(160,160)，(0,160).

记录数据为：

飞机编号	横坐标 X	纵坐标 Y	方向角
1	150	140	243°
2	85	85	236°
3	150	155	220.5°
4	145	50	159°
5	130	150	230°
新进入	0	0	52°

注：方向角指飞行方向与 X 轴正向的夹角.

试根据实际应用背景对模型进行评价和推广.

4.3.2 问题分析

该问题是一个在一定约束条件下的最优化问题，初步分析题意后可知约束条件是非线性的，难以归化为线性规划问题. 由于题目涉及数据变量不是太多，可以考虑用逐步求精的直接搜索法求解. 此外，题目要求的精度较高，而对于计算时间的要求也较高，如果求解时间在2～3min以上将失去实际意义. 这里将求解时间上限定为0.5min，以符合实际的要求. 直接搜索法所求的近似解难以同时满足这两方面的要求. 但直接搜索法至少能在较短的时间内得到一个较好的可行解，这就为运用非线性规划的方法提供了条件. 非线性规划的算法种类繁多，但均只适用于某些类型的问题. 由于缺乏适用的计算机软件包，编者自行编制了实现算法的程序，综合程序准备时间和收敛速度两方面因素本书选择了SUMT算法. SUMT算法与直接搜索法相结合，能够在足够短的时间内找到问题的足够精确的解.

4.3.3 模型假设及说明

1. 假设

(1)不碰撞的标准为任意两架飞机的距离大于8km；

(2)飞机飞行方向角调整的幅度不应超过30°；

(3)所有飞机飞行速度均为800km/h；

(4)进入该区域的飞机在到达区域边缘时，与区域内飞机的距离应在60km以上；

(5)最多需考虑6架飞机；

(6)不必考虑飞机离开此区域后的状况；

(7)飞机进入控制区域后完全服从地面控制台的调度，飞机未接到指令时保持飞行状态不变；

(8)计算机从记录新进入飞机数据到给各飞机发指令间隔为t_1、t_2，均小于0.5min；

(9)飞机接到指令后可立即转到所需角度，即不考虑转弯半径的影响.

2. 说明

(1)假设(3)假定所有飞机速度均为800km/h，是出于对问题的简化，这里将在模型的推广中给出飞机速度各不相同时的对策.

(2)假设(4)是必要的，否则可以给出无解的例证，如图4.23所示. 对该假设可做如下解释：飞机在区域D外靠机上雷达自动保持与其他飞机距离大于60km，进入区域D后由地面控制台进行统一控制，保证飞机距离大于8km.

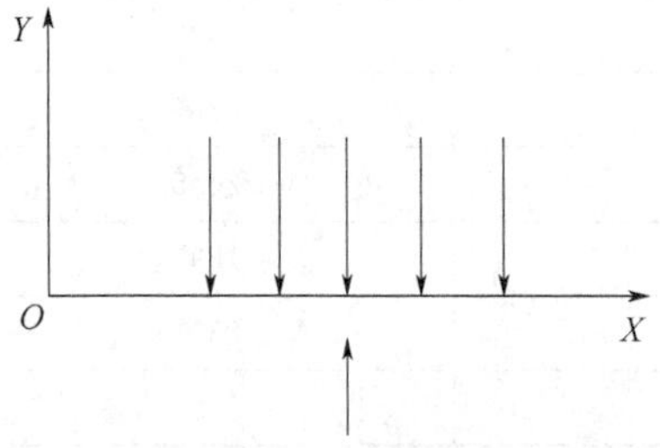

图4.23 无解例证

(3)假设(5)中6架飞机的假设是足够多的. 以世界最繁忙的国际航空港之一西思罗机场邻近区域为例，因假设飞机在区域D做水平飞行，即知该区域内无机场，设在西思罗机场起降的飞机有一半穿过该区域，西思罗机场1992年起降总架次为22.5万次，则平均每小时有15架飞机穿过该区域. 而一架飞机穿过该区域最多需$160\times\sqrt{2}/800\approx 0.28(\text{h})$，则任一时刻该区域上空飞机架数的期望值不超过4.5架. 另外，事实上不同飞机的飞行高度是不同的，这就进一步减少了该区域同一水平面上飞机的数目. 以上讨论虽然比较粗略，但是足以说明6架飞机的假设是合理的.

(4)假设(8)是因为计算机从接到数据到发出命令间存在一个时滞，该时滞固然越小越好，但受机器限制，一般不能忽略. 这里取0.5min为时滞的一个上限，使结果具有实际意义. 当

$t<1$s 时，可以认为实现的是实时控制，时滞可以忽略不计.

(5)虽然假设(2)给出的调整范围为 30°，但实践证明，10°的调整范围就已足够(经过简单分析可得出，即使两机相向飞行，各自调整的角度也不会超过 8°)，因而在今后绝大多数讨论和程序的编制中都将搜索区间定为[−10,10].

4.3.4 符号说明

t_i——时滞；

(x_{i0}, y_{i0})——第 i 架飞机的坐标；

α_{i0}——第 i 架飞机的初始方向角；

t——时间参数；

α_i——第 i 架飞机的方位角；

$D_t(\alpha_i, \alpha_j)$——时刻 t 时 i、j 两机的距离；

C_{ij}——$\cos\alpha_i - \cos\alpha_j$；

$\min D(\alpha_i, \alpha_j)$——$i$、$j$ 两机预计最短距离；

S_{ij}——$\sin\alpha_i - \sin\alpha_j$；

v——飞机速度；

Δx_{ij}——$x_i - y_j$；

f——偏差平方和函数；

Δy_{ij}——$y_i - y_j$；

n——求精次数；

$p(X, r)$——罚函数；

r_k——权因子；

x——逐步求精搜索法中第次求精每层循环次数；

$g_{ij}(x)$——i、j 飞机最短距离构成的不等式约束；

$h_{ij}(x)$——关于 i 架飞机的等式约束.

4.3.5 模型的建立及求解

1. 模型一

首先简单分析两架飞机的情形(略)，然后直接应用于多架飞机问题，因为它等价于飞机之间两两不碰撞. 采用方向角调整幅度平方和最优为调整原则，导出目标函数和约束条件如下：

$$\min f = \sum_{i=1}^{6} (\alpha_i - \alpha_{i0})^2,$$

$$\text{s.t.} \min D^2(\alpha_i, \alpha_j) \geqslant 64 \qquad (i, j = 1, \cdots, 6; i \neq j),$$

$$t > 0 \text{ 或 } t < 0.$$

其中

$$\min D^2(\alpha_i, \alpha_j) = \left(-\frac{\Delta y_{ij} S_{ij} + \Delta x_{ij} C_{ij}}{C_{ij}^2 + S_{ij}^2} C_{ij} + \Delta x_{ij}\right)^2 + \left(-\frac{\Delta y_{ij} S_{ij} + \Delta x_{ij} C_{ij}}{C_{ij}^2 + S_{ij}^2} S_{ij} + \Delta y_{ij}\right)^2$$

$$= \frac{(\Delta x_{ij} S_{ij} - \Delta y_{ij} C_{ij})^2}{C_{ij}^2 + S_{ij}^2},$$

$$t=-\frac{\Delta y_{ij}S_{ij}+\Delta x_{ij}C_{ij}}{V(C_{ij}^2+S_{ij}^2)}.$$

对该模型采用直接搜索法求解. 直接搜索法原理很简单,构造多重循环,对所有可能解进行判断,直接得出在一定精度范围内无可置疑的最优解. 但如不使用任何技巧进行直接搜索,必将耗费大量时间. 以本题为例,若在[−10,10]内进行搜索,步长为 0.01°,共 6 层循环,需计算 6.4×10^{19} 次,在 486DX66 上计算一次循环内函数费时 2.7×10^{5} s,则此种算法显然是不可行的.

为在 30s 内算出一个较精确的解,这里采用了逐步求精的方法,即每次用一定的步长以较少的循环进行"粗选",在"粗选"出的解附近以减少了的步长进行"精选",逐次推进直至达到指定精度.

设第次求精步长减小的倍数是相同的,则每次求精循环次数也相同,设为 x,考虑[−10,10]区间,精度要求达到 0.01°,设进行了 n 次求精,则 $(x/2)^n=20/0.01=2000$,总循环次数 $L=n\times x^6=(\ln2000)/(x/2)\times x^6$. 由此可知 x 减小 L 减少,但若 x 太小则可能无法收敛到最优解,经验表明 x 在 8 次以上才能达到较好的搜索效果. $n=(\ln2000)/(8/2)=5.4\approx5$,此时共需搜索 $5\times9^6=265$ 万次,需时 71.55s. 为将时间控制在 30s 内,又采用了一些优化方法:

(1)将底层循环内判别相撞的函数拆细分装在每层循环下,使在高层发现相碰后可提前结束循环.

(2)每进入新一层循环把已积累偏差平方和与已得到最小偏差平方和比较,若大则结束该循环.

这些措施大大减少了平均搜索次数,使得在多数情况计算时间少于 30s,但程序不能保证在 30s 内结束运算,仍存在一些特殊情况使计算时间接近最大耗时. 用偏差绝对值和代替平方和,效果也不明显. 可见直接搜索法在现有机器条件下难以达到要求. 要用该方法,机器速度必须是 468DX66 三倍以上或降低精度(如 0.1°). 但是此方法可以在较短时间内求出一个近似最优解(如精度要求为 1°时,只要 4.3s,两次求精步长分别为 7、6,多数情况下运行时间为 2~3s);也可算出符合一定精度要求的最优解来检验其他模型.

2. 模型二

该模型将原问题归结为一个非线性规划问题,并用 SUMT 算法进行了求解. 模型一给出的解法虽然不能满足题目要求,却能在较短的时间内给出一个较接近最优解的可行解. 由此可行解出发,用适当的非线性规划算法可较快得出满足精度要求的最优解.

以 $\alpha_i(i=1,\cdots,6)$为变量,在模型一中已经将问题归结为非线性规划问题,由于 $\min D^2(\alpha_i,\alpha_j)$的形式复杂,求导有困难,因此对目标函数做一些修改:

$$f^*=\sum_{i=1}^{6}(C_{i,i0}^2+S_{i,i0}^2),$$

$$C_{i,i0}=\cos\alpha_i-\cos\alpha_{i0},\ S_{i,i0}=\sin\alpha_i-\sin\alpha_{i0}.$$

将变量改为 $C_{i,i0}$,$S_{i,i0}$$(i=1,2,\cdots,6)$共 12 个,增加等式约束

$$(C_{i,i0}+\cos\alpha_{i0})^2+(S_{i,i0}+\sin\alpha_{i0})^2=1\qquad(i=1,2,\cdots,6).$$

这样该问题就是一个有 12 个变量,21 个 2 次约束条件的对目标函数求最小值的非线性规划问题:

$$\min f^*(\boldsymbol{X})=\sum_{i=1}^{6}(C_{i,i0}^2+S_{i,i0}^2),$$

$$\text{s.t. } g_{ij}(\boldsymbol{X}) = \min D^2(C_{i,i0}, C_{j,j0}, S_{i,i0}, S_{j,j0}) - 64 \geqslant 0 \quad (i,j=1,2,\cdots,6; i<j),$$

$$h_i(\boldsymbol{X}) = 0 \quad (i=1,2,\cdots,6).$$

其中

$$\boldsymbol{X} = (C_{1,10}, C_{2,20}, \cdots, C_{6,60}, S_{1,10}, S_{2,20}, \cdots, S_{6,60});$$

$$\min D^2(C_{i,i0}, C_{j,j0}, S_{i,i0}, S_{j,j0}) = \frac{[(S_{i,i0} - S_{j,j0} + S_{i0,i0})\Delta x_{ij} - (C_{i,i0} - C_{j,j0} + C_{i0,i0})\Delta y_{ij}]^2}{(S_{i,i0} - S_{j,j0} + S_{i0,i0})^2 + (C_{i,i0} - C_{j,j0} + C_{i0,i0})^2};$$

$$h_i(\boldsymbol{X}) = (C_{i,i0} + \cos\alpha_{i0})^2 + (S_{i,i0} + \sin\alpha_{10})^2 - 1.$$

考虑到收敛速度的快慢、编制程序的复杂程度，选择 SUMT 算法. 其基本思想是重复地求解一系列无约束问题，它们的解在极限情况下趋于非线性规划问题的最小点，算法概述如下.

首先，构造罚函数 $P(\boldsymbol{X}^{(k)}, r_k) = f^*(\boldsymbol{X}^{(k)}) + r_k \sum\limits_{i=1}^{6} \dfrac{1}{g_{ij}(\boldsymbol{X})} + r_k^{-1} \sum\limits_{i=1}^{6} h_i^2(\boldsymbol{X}^{(k)})$，其中权因子 r_k 是一单调递减数列. 对每个 r_k 值求 $P(\boldsymbol{X}^{(k)}, r_k)$ 取最小值，其最小点为 $\boldsymbol{X}^{(k)}$. 设精度要求 ε，当 $|\boldsymbol{X}^{(k)} - \boldsymbol{X}^{(k-1)}| < \varepsilon$ 时结束运算，$\boldsymbol{X}^{(k)}$ 即为所需精度要求的最优解. 对此具体问题，设

$$P(\boldsymbol{X}, r) = f^*(\boldsymbol{X}) + r\left(-\sum_{i,j=1, i\neq j}^{6} \ln g_{ij}(\boldsymbol{X})\right) + r^{-1} \sum_{i=1}^{6} h_i^2(\boldsymbol{X}),$$

$$r_k \to 0,\ r_0 = \max\{10^{-2}, |v^*|/100\},\ r_k = r_{k-1}/\sqrt[8]{10},\ \varepsilon = 0.5 \times 10^{-2}.$$

为此问题编制程序对题目中的数据进行计算，初始值用模型一以精度 1°时算出的最优值代入，结果如下：

飞机	1	2	3	4	5	6
初始角 α_0	243.0	236.0	220.5	159.0	230.0	52.0
偏转角 $\Delta\alpha$	0.00	0.00	2.14	−0.42	0.00	1.49

偏差平方和：6.98；运行时间：7.2s.

考虑时滞对解的影响. 由于用模型一求粗略最优解的时间约 2～4.3s，上述模型二的程序运行时间为 4s 左右，故可将时滞定为 10s. 由假设(7)只需将各架飞机的坐标按原速度方向向前移动 10 秒内的位移，在此基础上求解即可，考虑时滞后的计算结果如下：

飞机	1	2	3	4	5	6
初始角 α_0	243.0	236.0	220.5	159.0	230.0	52.0
偏转角 $\Delta\alpha$	0.00	0.00	2.22	−0.72	2.13	1.16

偏差平方和：11.3292.

该模型运行结果在精度和耗时等方面都是令人满意的. 如果采用机器速度是 486DX66 的 8 倍以上，就可以进行实时控制了.

4.3.6 模型的检验及误差分析

1. 模型检验

模型一用遍历所有可能解的方式得出最优解的，其解(在可能的精度内)的最优性是不容

质疑的，故可用它求出满足精度要求的最优解来检验模型二的结果.

对三组数据分别用模型一和模型二进行求解，结果如下：

飞机	(x_0, y_0, α_0)	$\Delta\alpha$(模型一)	$\Delta\alpha$(模型二)
1	(60,100,270)	−6.53	−6.55
2	(70,100,270)	5.46	5.47
3	(80,100,270)	3.08	3.09
4	(50,100,270)	−4.16	−4.20
5	(40,100,270)	−6.48	−6.54
6	(0,40,0)	−4.30	−4.30

第一组：为避免侧面碰撞，六架飞机都需转动较大角度，这是较为极端的情况，偏差的平方和较大，但没有一架飞机需调整的角度在10°以上.

飞机	(x_0, y_0, α_0)	$\Delta\alpha$(模型一)	$\Delta\alpha$(模型二)
1	(60,80,180)	4.91	4.91
2	(60,70,180)	2.54	2.58
3	(60,60,180)	0.36	0.40
4	(60,90,180)	−7.32	−7.33
5	(60,100,180)	−4.95	−5.00
6	(0,80,0)	4.16	4.17

第二组：与第一组类似，但可能发生的碰撞是正面的.

飞机	(x_0, y_0, α_0)	$\Delta\alpha$(模型一)	$\Delta\alpha$(模型二)
1	(0,70,0)	1.62	1.62
2	(55,5,90)	1.09	1.12
3	(90,60,180)	1.91	1.92
4	(40,130,270)	0.04	0.07
5	(80,5,180)	0.00	0.00
6	(0,60,0)	4.00	4.00

第三组：四架飞机十字交错而过，另两架飞机水平飞行.两个模型都给出了较令人满意的调度.

各组数据吻合程度很好，且给出的调整方案也颇符合逻辑，与一般常识相符，这说明模型二的算法是可靠的.值得指出的是，以模型一的较粗略的可行解作为模型二的输入是非常必要的，这不但能使解快速收敛到指定精度，使计算时间符合要求，而且可保证所求解的全局最优性.宾州大学教授 James. P. Ignizio 所著 *Goal Programming and Extensions* 中指出“非线性最优化不具有用于求解问题的比较初等的通用方法，更令人失望的是非线性最优化不能保证对每一个一般的问题找出整体最优解，除非这个问题具有非常特殊的形式.这意味着研究人员必须经常满足于只找出局部的最优解.事实上，即使采用的方法能偶然找出整体最优解，但往往也很难判别它是整体的还是局部的最优解”.这就指明了求一般的非线性规划问题的全局最优解尚无良策.如果没有模型一的输出作为模型二的输入，要找到全局最优解是相当困难的，时间上当然难以满足要求.

2.误差分析

1)建模中的误差

考察模型假设可知假设(9)带来一定误差，简单分析后可知转弯半径使飞行轨迹在垂直飞行方向上产生一个偏差 X，$X=(1-\cos\theta)R$，其中 R 是转弯半径，θ 是转角.对最小转弯半径小于10km的中小型飞机，转角小于15°时偏差 $X\leqslant(1-\cos15°)\times10=0.34$km；对最小转弯半径约为40km的大型飞机，转角小于8°时偏差 $X\leqslant(1-\cos8°)\times40=0.39$km.两种情况下偏差都小于相碰条件8km的5%，可以忽略不计.由于飞行管理中让一架飞机做大于8°的转向是较少发生的事情(即使是两架距离为60km的飞机在一条直线相对飞行时，也只需一架转7.66°，一架转7.67°即可避免碰撞)，故该处假设可以认为是合理的.下面给出发生极端情形时的一个对策：设一架大型飞机做30°的转弯，此时偏差 $X\leqslant(1-\cos30°)\times40=5.36$km 不可忽略.在飞机开始转弯后(转弯过程约需1.6min)，地面控制站的计算机可算出一条曲率处处大于1/40的偏转线，以此曲线引导飞机飞回偏转线.这种局部调整法的优点在于计算简单，不对全局的调整方案产生影响，特别适用于这种小概率事件.

2)计算误差

模型一的误差仅来源于机器的截断误差，对最后结果没有重大影响.

模型二计算中的误差来源于：

(1)建模过程中对目标函数进行替换时；

(2)用SUMT算法进行计算时.

对(1)这里从 $\Delta\alpha$ 从0°～10°计算了 $C_{i,i0}^2+S_{i,i0}^2$ 以1°为基准的相对误差，如下所示：

偏差(°)	偏差平方和	拟偏差	相对拟偏差	拟偏差相对误差
0	0	0	0	0
1	1	3.046×10^{-4}	3.046×10^{-4}	0
2	4	1.218×10^{-4}	1.218×10^{-4}	0
3	9	2.741×10^{-3}	2.741×10^{-3}	0
4	16	4.874×10^{-3}	4.874×10^{-3}	4.1×10^{-4}
5	25	7.611×10^{-3}	7.615×10^{-3}	5.2×10^{-4}
6	36	1.095×10^{-2}	1.097×10^{-2}	1.8×10^{-3}
7	49	1.491×10^{-2}	1.493×10^{-2}	1.3×10^{-3}
8	64	1.946×10^{-2}	1.949×10^{-2}	1.5×10^{-3}
9	81	2.462×10^{-2}	2.467×10^{-2}	2.0×10^{-3}
10	100	3.038×10^{-2}	3.046×10^{-2}	2.6×10^{-3}

相对误差在0.3%以下，这表明替换函数对最后结果没有显著影响.

对于(2)这里认为算法中已考虑了误差问题，在程序中实际给出了的两个误差控制是：相

对精确界 ε_1 和绝对精确界 ε_2，当满足

$$|x_j^{(k)}-x_{j-1}^{(k-1)}|<\varepsilon_1|x_j^{(k)}|+\varepsilon_2$$

时程序结束.这保证了解的误差在精度要求内.

3)输入误差对结果的影响

通过给予输入数据小的扰动，经大量计算可得如下定性结果：飞机位置有小的扰动对结果影响甚微，扰动增大时影响明显；飞机方位角的扰动对结果影响显著，扰动大小与结果变化幅度基本是在一个数量级上.以上结果说明为保证结果的准确性应尽量减小对飞机方向角测量的误差，同时对飞机位置测量的误差也应控制在一定范围内.

练 习 题 4

1. 用 0.618 法求解问题

$$\min_{t\geqslant 0}\varphi(t)=t^3-2t+1$$

的近似最优解，已知 $\varphi(t)$ 的单谷区间为$[0,3]$，要求最后区间精度 $\varepsilon=0.5$.

2. 求无约束非线性规划问题

$$\min f(x_1,x_2,x_3)=x_1^2+4x_2^2+x_3^2-2x_1$$

的最优解.

3. 用最速下降法求解无约束非线性规划问题

$$\min f(\boldsymbol{X})=x_1-x_2+2x_1^2+2x_1x_2+x_2^2,$$

其中 $\boldsymbol{X}=(x_1,x_2)^{\mathrm{T}}$，给定初始点 $\boldsymbol{X}^{(0)}=(0,0)^{\mathrm{T}}$.

4. 试用 Newton 法求解第 3 题.

5. 用 Fletcher-Reeves 法求解问题

$$\min f(\boldsymbol{X})=x_1^2+25x_2^2,$$

式中 $\boldsymbol{X}=(x_1,x_2)^{\mathrm{T}}$，要求选取初始点 $\boldsymbol{X}^{(0)}=(2,2)^{\mathrm{T}}$，$\varepsilon=10^{-6}$.

6. 试用外点法(二次罚函数方法)求解非线性规划问题

$$\begin{cases}\min f(\boldsymbol{X})=(x_1-2)^2+x_2^2,\\ \text{s.t. } g(\boldsymbol{X})=x_2-1\geqslant 0,\end{cases}$$

式中 $\boldsymbol{X}=(x_1,x_2)^{\mathrm{T}}\in\mathbf{R}^2$.

7. 用内点法(内点障碍罚函数方法)求解非线性规划问题

$$\begin{cases}\min(x_1+1)^3+x_2,\\ \text{s.t. } x_1-1\geqslant 0,\\ x_2\geqslant 0.\end{cases}$$

8. 用乘子法求解下列问题：

$$\begin{cases}\min f(\boldsymbol{X})=x_1^2+x_2^2,\\ h_1(\boldsymbol{X})=x_1+x_2-2=0.\end{cases}$$

第 5 章　动 态 规 划

动态规划(dynamic programming,简称 DP)是解决多阶段决策过程最优化的一种有效的数学方法,产生于 20 世纪 50 年代．1951 年,美国数学家贝尔曼(R. E. Bellman)等人,根据一类多阶段决策问题的特点,把多阶段决策问题表示为一系列单阶段问题,提出了解决这类问题的“最优化原理”,并将其应用于很多实际问题的研究,从而建立了运筹学的一个分支——动态规划．Bellman 在 1957 年出版的 *Dynamic Programming* 一书,是动态规划领域中的第一本著作．

近年来动态规划在自身的理论、方法和应用方面取得了许多新的进展,是现代企业生产与管理中的一种重要决策方法,可用于最优路径问题、资源分配问题、生产计划和库存问题、投资问题、装载问题、排序问题及生产过程的最优控制等．在处理某些优化问题时,动态规划常比线性规划或非线性规划方法更有效．

本章将介绍动态规划模型的建立、动态规划方法的原理以及解法等．对问题讨论的重点,集中在建立描述问题的动态规划模型上．

5.1　动态规划问题、相关概念和理论

5.1.1　动态规划问题

动态规划是解决多阶段决策过程的一种有效方法．多阶段决策过程是指这样一类特殊的活动过程,他们可以按时间顺序分解成若干相互联系的阶段,在每个阶段都要做出决策,全部过程的决策是一个决策序列,所以多阶段决策过程也称为序贯决策过程,如图 5.1 所示．这种问题就称为多阶段决策问题．

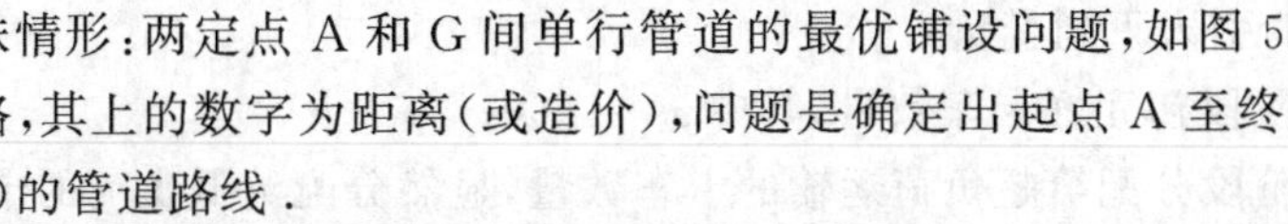

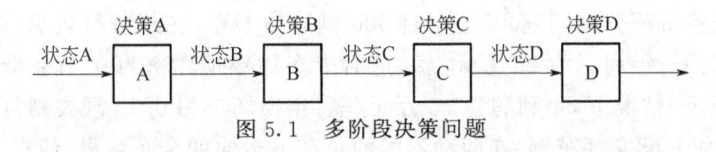

图 5.1　多阶段决策问题

下面通过解决几个多阶段决策问题的例子来看一下动态规划方法的建模过程与基本思想．

[**例 5.1**](最短路问题)在石油工程应用方面,经常遇到天然气管网及石油管网的铺设问题．考虑一种特殊情形:两定点 A 和 G 间单行管道的最优铺设问题,如图 5.2 所示．图中线路是所有可行线路,其上的数字为距离(或造价),问题是确定出起点 A 至终点 G 的距离最短(或运行成本最低)的管道路线．

解:为了求出最短路线,一个简单的方法就是求出所有从 A 到 G 的可能走法的路长并加以比较,这种方法称为穷举法．不难知道,从 A 到 G 共有 48 条不同的路线,每条路线有 6 个阶段,要做 5 次加法,要求出最短路线需做 138 次加法运算和 17 次比较运算．计算量可想而知．当问题的阶段数很多、各段的状态也很多时,这种方法的计算量会大大增加,甚至使得寻优成为不可能．

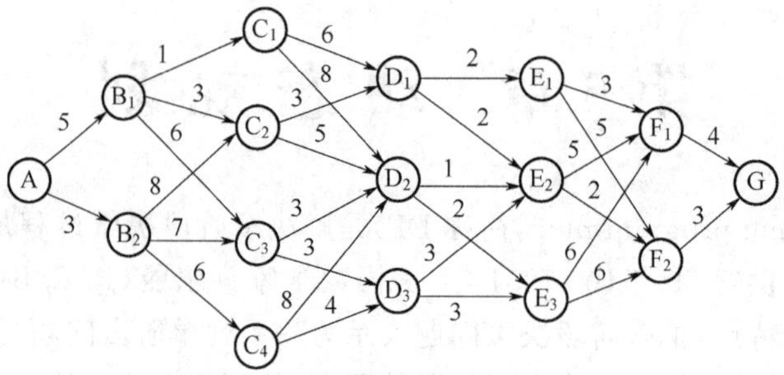

图 5.2　两定点天然气管网铺设图

用穷举法求解例 5.1 中的最短路问题，可以算出各条路线的距离，从而找出距离最短的路线：$A \to B_1 \to C_2 \to D_1 \to E_2 \to F_2 \to G$，路长 $=18$.

现在用动态规划的方法来考虑．如果已找到由 A 到 G 的最短路线是 $L: A \to B_1 \to C_2 \to D_1 \to E_2 \to F_2 \to G$，可以发现，当寻求此路线中的任何一点（如 C_2）到 G 的最短路线时，它必然是此路线中子路线（$C_2 \to D_1 \to E_2 \to F_2 \to G$，记作 L_1）的最短路线．否则，若 D_1 到 G 的最短路线是另一条 L_2，即把 $A \to B_1 \to C_2$ 与 L_2 连接起来，就会得到一条不同于 L 的从 A 到 G 的最短路线．根据此特性，可以从最后一个阶段开始，用逐步向前递推的方法，依次求出路段上各点到 G 的最短路线，最后得到 A 到 G 的最短路线．

为此，把从 A 到 G 的全过程分为 6 个阶段，用 k 表示阶段变量，不妨设各路线的状态（或位置）为 x_k，即为 $A, B_1, C_3, \cdots$；$d_k(x_k, x_{k+1})$ 表示在第 k 阶段由初始状态 x_k 到下阶段的初始状态 x_{k+1} 的支路距离，如 $d_3(C_2, D_1)$ 表示第 3 阶段内由 C_2 到 D_1 的距离，即 $d_3(C_2, D_1)=3$；$f_k(x_k)$ 表示从第 k 阶段的 x_k 到终点 G 的最短距离，如 $f_2(B_1)$ 表示从第 2 阶段的 B_1 到终点 G 的最短距离．

通过上面的分析，可以得到下面的递推公式：

$$\begin{cases} f_k(x_k) = \min[d_k(x_k, x_{k+1}) + f_{k+1}(x_{k+1})] \qquad (k=6,5,4,3,2,1), \\ f_7(x_7) = 0. \end{cases} \tag{5.1}$$

通过此递推公式逆序推导便可得到由 A 到 G 的最短距离．

［**例 5.2**］（设备负荷分配问题）某公司有 500 辆运输卡车，在超负荷运输（即每天满载行驶 500km 以上）情况下，年利润为 25 万元/辆，这时卡车的年损坏率为 0.3；在低负荷运输（即每天行驶 300km 以下）情况下，年利润为 16 万元/辆，年损坏率为 0.1. 现要制订一个 5 年计划，问每年年初应如何分配完好车辆、在两种不同的负荷下运输的卡车数量，使在 5 年内的总利润最大？

解：这是一个以时间为特征的多阶段决策问题．将 5 年运输计划看成 5 个阶段的决策问题，$k=1,2,3,4,5$，引入下列变量：

x_k——第 k 阶段初完好卡车数量，其中 $x_1=500$；

u_k——第 k 阶段分配给超负荷运输的卡车数量，显然分配给低负荷的卡车数为 x_k-u_k；

$g_k(u_k)$——第 k 年度利润，则有 $g_k(u_k)=25u_k+16(x_k-u_k)$；

$f_k(x_k)$——第 k 年度初完好车辆数为 x_k 时，采用最优策略到第 5 年末所产生的最大利润．

注意：这里视 x_k, u_k 为连续变量．若 $x_k=0.6$ 表示有一辆卡车在第 k 年度有 60% 的时间处于完好状态．$u_k=0.7$ 表示有一辆卡车在第 k 年度有 70% 时间在超负荷运输等．

根据题意,可以得到车辆状况的转移关系式为

$$x_{k+1}=(1-0.3)u_k+(1-0.1)(x_k-u_k)=0.9x_k-0.2u_k.$$

最大利润有下列递推关系式:

$$f_k(x_k)=\max_{0\leqslant u_k\leqslant x_k}[g_k(u_k)+f_{k+1}(x_{k+1})] \quad (k=5,4,3,2,1), \tag{5.2}$$

并有初始条件 $x_1=500$,终端条件 $f_6(x_6)=0$.

通过此递推公式逆序逐步推导,便可得到分配的最优结果.

[例 5.3][背包问题(二维)]一个旅行者要在背包里装一些最有用的旅行物品.背包容积为 a,携带物品总质量最多为 b.现有物品 m 种,第 i 种物品体积为 a_i,质量为 $b_i(i=1,2,\cdots,m)$.为了比较物品的有用程度,假设第 j 种物品的价值为 $c_i(i=1,2,\cdots,m)$.若每件物品只能整件携带,每件物品都能放入背包中,并且不考虑物品放入背包后相互的间隙.问旅行者应当携带哪几件物品才能使携带物品的总价值最大?

解:背包问题实质是一个整数规划问题,设 x_j 为第 j 种物品装入的数量,其数学模型如下:

$$\max z=\sum_{j=1}^{m}c_jx_j,$$

$$\text{s. t.}\begin{cases}\sum_{j=1}^{m}a_jx_j\leqslant a,\\ \sum_{j=1}^{m}b_jx_j\leqslant b,\\ x_j=0\text{ 或 }1 \quad (j=1,2,\cdots,m).\end{cases}$$

求解此问题时,可以这样考虑:将可装入物品按 $1,2,\cdots,m$ 的顺序排序,每段装入一种物品,共划分 m 个阶段,记为 k,即 $k=1,2,\cdots,m$.设如下变量:

s_{k+1}——在第 k 段开始时,背包中允许装入前 k 种物品的总体积,其中 $s_1=0$;

μ_{k+1}——在第 k 段开始时,背包中允许装入前 k 种物品的总质量,其中 $\mu_1=0$;

x_k——装入第 k 种物品的件数.

从而得到体积的状态转移关系式:$s_k=s_{k+1}-a_kx_k$.质量的状态转移关系式:$\mu_k=\mu_{k+1}-b_kx_k$.并设 $f_k(s_{k+1},\mu_{k+1})$为在背包中允许装入物品的总体积不超过 s_{k+1},总质量不超过 μ_{k+1} 时,采取最优策略只装前 k 种物品时的最大使用价值.

这样得到下面的顺序递推关系式:

$$\begin{cases}f_k(s_{k+1},\mu_{k+1})=\max\limits_{\substack{0\leqslant a_kx_k\leqslant s_{k+1}\\ 0\leqslant b_kx_k\leqslant\mu_{k+1}\\ x_k=0\text{或}1}}[c_kx_k+f_{k-1}(s_{k+1}-a_kx_k,\mu_{k+1}-b_kx_k)] \quad (k=1,2,\cdots,m),\\ f_0(s_1,\mu_1)=0.\end{cases}$$

整理得到下面的递推关系式:

$$\begin{cases}f_k(s_{k+1},\mu_{k+1})=\max\limits_{0\leqslant x_k\leqslant\min\left\{\left[\frac{s_{k+1}}{a_k}\right],\left[\frac{\mu_{k+1}}{b_k}\right]\right\}}[c_kx_k+f_{k-1}(s_{k+1}-a_kx_k,\mu_{k+1}-b_kx_k)] \quad (k=1,2,\cdots,m),\\ f_0(s_1,\mu_1)=0.\end{cases}$$

通过此递推公式顺序逐步推导,便可得到分配的最优结果.

与此问题类似的工厂里的下料问题、运输中的货物装载问题、人造卫星内的物品装载问题等静态规划问题均可以通过这种方式处理为多阶段决策的递推形式.

几个例子的解决方式实质上体现了动态规划方法的基本思想：将问题的过程分成几个相互联系的阶段，通过恰当地选取变量(包括状态变量及决策变量)并定义最优值函数，从而把一个大问题转化成一组同类型的子问题，从边界条件开始，逐段递推寻优，在每一个子问题的求解中，均利用了它前面的子问题的最优化结果，最后一个子问题所得的最优解，就是整个问题的最优解．动态规划方法是既把当前一个阶段与未来各个阶段分开，又把当前效益和未来效益结合起来考虑的一种最优化方法．因此，每个阶段的最优策略的选取都是从全局考虑的，它与该阶段的最优选择是不同的．

动态规划问题具有以下基本特征：

(1)问题具有多阶段决策的特征．阶段可以按时间或空间划分．

(2)每一阶段都有相应的"状态"与之对应．

(3)每一阶段都面临一个决策，选择不同的决策将会导致下一阶段不同的状态．同时，不同的决策将会导致这一阶段不同的目标函数值．

(4)每一阶段的最优解问题可以递归地归结为下一阶段各个可能状态的最优解问题，各子问题与原问题具有完全相同的结构．能否构造这样的递归结构是解决动态规划问题的关键．构造这种递归结构的过程称为"不变嵌入"．

需要指出：动态规划是求解某类问题的一种方法，是考察问题的一种途径，而不是一种算法．必须对具体问题进行具体分析，运用动态规划的原理和方法，建立相应的模型，然后再用动态规划方法去求解．

不仅与时间有关的优化问题可以用动态规划方法解决，一些线性规划、非线性规划等不包含时间因素的静态规划问题也可以通过适当地引入阶段的概念，应用动态规划方法加以解决，如例 5.3. 动态规划方法与"时间"关系密切，随着时间过程的发展而决定各阶段的决策，产生一个决策序列，这就是"动态"的意思．

5.1.2 动态规划的基本概念

1. 阶段

为便于求解，常把一个问题的整个活动过程根据时间、空间等自然因素划分成相互联系的若干阶段．通过逐步分析求解这几个阶段，最终得到最优解．描述阶段的变量称为阶段变量．多数情况下，阶段变量是离散的，用 k 表示．此外，也有阶段变量是连续的情形．如果过程可以在任何时刻做出决策，且在任意两个不同的时刻之间允许有无穷多个决策时，阶段变量就是连续的．

阶段的划分，一般是根据时间和空间的自然特征来进行的，但要便于问题转化为多阶段决策．

2. 状态

一个阶段的过程在开始时所面临的自然状况或客观条件，称为这个阶段过程的状态．描述过程状态的变量称为状态变量．常用 x_k 或 s_k 表示第 k 阶段的某一状态，也用数字、字母等表示．如例 5.1 中用 A、B 等表示．状态变量可以是离散的，也可以是连续的．实际问题中，动态规划应用的成败，通常取决于是否适当地规定状态变量．

当过程按所有可能不同的方式发展时，过程各段的状态变量将在某一确定的范围内取值，用 X_k 表示第 k 阶段的状态变量取值集合．如例 5.1 中，$X_1=\{A\}$，$X_2=\{B_1, B_2\}$．

通常要求状态具有无后效性，即如果给定某一阶段的状态，则在这一阶段以后过程的发展不受这阶段以前各段状态的影响，所有阶段都确定时，整个过程也就确定了．换句话说，过程的每一次实现可以用一个状态序列表示．这个性质意味着多阶段问题的未来发展状态只受当前状态的影响，而不受历史状态影响．简而言之，状态的无后效性确保了过程的每一步只与前一步的状态有关，与更早之前的状态无关．

3. 决策

一个阶段的状态确定以后，从该状态演变到下一阶段的某一状态的一种选择（行动），称为决策．用来描述这种选择（行动）的变量称为决策变量．每一阶段的决策都依赖于该阶段的状态，用 $u_k=u_k(x_k)$ 表示第 k 阶段处于状态 x_k 时的决策变量；决策变量允许选择的范围称为允许决策集合．用 $D_k(x_k)$ 表示第 k 段从 x_k 出发的决策集合，决策过程就是选择 $u_k(x_k)\in D(x_k)$ 的过程．

4. 策略

一个按顺序排列的决策序列称为策略．由过程的第 k 阶段开始到终止状态为止的过程，称为问题的后部子过程（或称为 k 子过程）．从第 k 阶段 $u_k(x_k)$ 到最终第 n 个阶段决策所构成的决策序列，$P_{k,n}(x_k)=\{u_k(x_k),u_{k+1}(x_{k+1}),\cdots,u_n(x_n)\}$ 称为 k 子过程策略，$k=1,2,\cdots,n$，简称子策略．当 $k=1$ 时，此决策函数序列称为全过程的一个策略，简称策略，记为：$P_{1,n}(x_1)=\{u_1(x_1),u_2(x_2),\cdots,u_n(x_n)\}$．对于每一个实际的多阶段决策过程，可供选取的策略范围称为允许策略集合，用 P 表示．允许策略集合中，取得最优效果的（子）策略称为最优（子）策略．

策略是在任意阶段做出决策的决策规则的集合，它仅与阶段和这个阶段过程的状态有关．

5. 状态转移方程

状态转移方程是确定过程由一个状态到另一个状态的演变过程．给定第 k 阶段状态变量 x_k 的值，该阶段的决策变量 u_k 一经确定，第 $k+1$ 阶段的状态变量 x_{k+1} 的值也就完全确定了，即 x_{k+1} 的值随 x_k 和 u_k 的值变化而变化，这种确定的对应关系，记为 $x_{k+1}=T_k(x_k,u_k)$．它描述了由第 k 阶段到第 $k+1$ 阶段的状态转移规律，称为状态转移方程，T_k 称为状态转移函数．

6. 指标函数和最优值函数

1）指标函数

用以衡量、评价所选取的策略或子策略或决策的优劣程度或效果的数量函数，称为指标函数．它是定义在全过程和所有后部子过程上的确定数量函数，常用 V_k 表示，它可表示为距离、利润、成本、产量或资源消耗等．

动态规划模型的指标函数应具有可分离性，并满足递推关系，即

$$V_k(x_k,u_k,x_{k+1},u_{k+1},\cdots)=\varphi_k[x_k,u_k,V_{k+1}(x_{k+1},u_{k+1},\cdots)].$$

当初始状态给定时，过程的策略就确定了，因而指标函数也就确定了．因此指标函数是初始状态和策略的函数．例如，$V_k(x_k,P_{k,n})$ 表示初始状态为 x_k、采用策略为 $P_{k,n}$ 时的后部子过程的效益值．

常见的指标函数形式为求和、求积、取最大、取最小等．例如以下三种：

(1)求和型指标函数：

$$V_k(x_k,u_k,x_{k+1},u_{k+1},\cdots)=\sum_{j=k}^{n}v_j(x_j,u_j),$$

式中，$v_j(x_j,u_j)$表示第 j 阶段的指标，此时

$$V_k(x_k,u_k,x_{k+1},u_{k+1},\cdots)=v_k(x_k,u_k)+V_{k+1}(x_{k+1},u_{k+1},\cdots).$$

(2)求积型指标函数：

$$V_k(x_k,u_k,x_{k+1},u_{k+1},\cdots)=\prod_{j=k}^{n}v_j(x_j,u_j),$$

此时 $$V_k(x_k,u_k,x_{k+1},u_{k+1},\cdots)=v_k(x_k,u_k)V_{k+1}(x_{k+1},u_{k+1},\cdots).$$

(3)最小型指标函数：

$$V_k(x_k,u_k,x_{k+1},u_{k+1},\cdots)=\min_{k\leqslant j\leqslant n}[v_k(x_k,u_k)],$$

此时 $$V_k(x_k,u_k,x_{k+1},u_{k+1},\cdots)=\min[v_k(x_k,u_k),V_{k+1}(x_{k+1},u_{k+1},\cdots)].$$

2)最优值函数

指标函数的最优值，称为最优值函数，用 $f_k(x_k)$表示：

$$f_k(x_k)=\underset{\{u_k,u_{k+1},\cdots\}}{opt}V_k(x_k,u_k,\cdots),$$

式中，opt 可根据具体情况取 max 或 min.

7. 最优策略和最优轨线

定义 5.1 使指标函数 V_k 达到最优值的策略是从 k 开始的后部子过程的最优子策略，记为 $P_{k,n}^*(x_k)=[u_k^*(x_k),u_{k+1}^*(x_{k+1}),\cdots,u_n^*(x_n)]$. $P_{1,n}^*(x_1)$是全过程的最优策略，简称最优策略.

定义 5.2 从初始状态 $x_1(=x_1^*)$出发，决策过程按照 $P_{1,n}^*(x_1)$和状态转移方程演变所经历的状态序列$\{x_1^*,x_2^*,\cdots,x_n^*\}$称为最优轨线.

8. 边界条件

起始或终止条件.

5.1.3 动态规划的最优性原理与基本方程

1. 最优性原理

从求解例 5.1 的过程说明动态规划的基本原理. 根据前面分析的递推公式(5.1)进行逆推求解.

设 $f_6(\mathrm{F}_1)$表示由 F_1 到 G 的最短距离，$f_6(\mathrm{F}_2)$表示由 F_2 到 G 的最短距离.

$k=6$，$\mathrm{F}_1\to\mathrm{G}$，$f_6(\mathrm{F}_1)=4$，$\mathrm{F}_2\to\mathrm{G}$，$f_6(\mathrm{F}_2)=3$.

$k=5$，出发点 E_1、E_2、E_3，则：

$$f_5(\mathrm{E}_1)=\min\begin{Bmatrix}d_5(\mathrm{E}_1,\mathrm{F}_1)+f_6(\mathrm{F}_1);\\d_5(\mathrm{E}_1,\mathrm{F}_2)+f_6(\mathrm{F}_2)\end{Bmatrix}=\min\begin{Bmatrix}3+4\\5+3\end{Bmatrix}=7\Rightarrow\begin{cases}u_5(\mathrm{E}_1)=\mathrm{F}_1\\\mathrm{E}_1\to\mathrm{F}_1\to\mathrm{G}\end{cases};$$

$$f_5(\mathrm{E}_2)=\min\begin{Bmatrix}d_5(\mathrm{E}_2,\mathrm{F}_1)+f_6(\mathrm{F}_1)\\d_5(\mathrm{E}_2,\mathrm{F}_2)+f_6(\mathrm{F}_2)\end{Bmatrix}=\min\begin{Bmatrix}5+4\\2+3\end{Bmatrix}=5\Rightarrow\begin{cases}u_5(\mathrm{E}_2)=\mathrm{F}_2\\\mathrm{E}_2\to\mathrm{F}_2\to\mathrm{G}\end{cases};$$

$$f_5(\mathrm{E}_3)=\min\begin{Bmatrix}d_5(\mathrm{E}_3,\mathrm{F}_1)+f_6(\mathrm{F}_1)\\d_5(\mathrm{E}_3,\mathrm{F}_2)+f_6(\mathrm{F}_2)\end{Bmatrix}=\min\begin{Bmatrix}6+4\\6+3\end{Bmatrix}=9\Rightarrow\begin{cases}u_5(\mathrm{E}_3)=\mathrm{F}_2\\\mathrm{E}_3\to\mathrm{F}_2\to\mathrm{G}\end{cases}.$$

$k=4$，同理可得：

$f_4(D_1)=7, u_4(D_1)=E_2; f_4(D_2)=6, u_4(D_2)=E_2; f_4(D_3)=8, u_4(D_3)=E_2.$

$k=3$ 时：

$$f_3(C_1)=13, u_3(C_1)=D_1; f_3(C_2)=10, u_3(C_2)=D_1;$$
$$f_3(C_3)=9, u_3(C_3)=D_2; f_3(C_4)=12, u_3(C_4)=D_3.$$

$k=2$ 时：

$$f_2(B_1)=13, u_2(B_1)=C_2; f_2(B_2)=16, u_2(B_2)=C_3.$$

$k=1$ 时：

$$f_1(A)=\min\begin{Bmatrix} d_1(A,B_1)+f_2(B_1) \\ d_1(A,B_2)+f_2(B_2) \end{Bmatrix}=\min\begin{Bmatrix} 5+13 \\ 3+16 \end{Bmatrix}=18, u_1(A)=B_1.$$

由此可得最优策略为：

$$u_1(A)=B_1 \Rightarrow u_2(B_1)=C_2 \Rightarrow u_3(C_2)=D_1$$
$$\Rightarrow u_4(D_1)=E_2 \Rightarrow u_5(E_2)=F_2 \Rightarrow u_6(F_2)=G.$$

即路径为：$L: A \to B_1 \to C_2 \to D_1 \to E_2 \to F_2 \to G.$

较之穷举法，动态规划方法至少有以下优点：

第一，计算量大大减少，利用穷举法，要对 48 条线路进行比较，需进行比较运算 47 次，求每条线路的距离，要进行 138 次加法运算，利用动态规划法则需比较运算 15 次，加法运算 28 次．

第二，丰富了计算结果，不仅得到从起点到终点最短线路和最短距离，而且也得到其他各点到终点的最短线路和最短距离．这对于很多实际问题来说常常很有用处．

求解例 5.1 的最短路问题，是从边界条件开始，沿过程行进方向，逐段递推寻优．而且整个过程的最优策略具有这样的性质："无论过去的状态和决策如何，相对于前面的决策所形成的状态而言，余下的决策序列必然构成最优子策略．"也就是说，一个最优策略的子策略也是最优的．这就是动态规划的最优性原理（贝尔曼最优化原理），是解决动态规划问题的基本原理．

该原理的含义十分明确，即最优策略的任何一个后部子策略也是相对于前面状态的最优策略．这一原理是动态规划的核心．利用它采用递推方法解多阶段决策问题时，各状态前面的状态和决策，其对后面的子问题来说，只不过相当于初始状态而已，并不影响后面的最优策略．

2. 基本方程（泛函方程）

根据最优化原理，原来多阶段的最优化问题转化为用求解一系列单个阶段决策问题来代替，因此可建立起求解规划的 k 阶段与 $k+1$ 阶段的递推公式——基本方程．如例 5.1 中，寻求最优解的过程是从最后一阶段开始依次向前逐段前推，从而求得全过程的最优决策，这种方式称为逆序解法；而例 5.3 寻求最优解的过程是从前面的阶段开始依次向后逐段递推，从而求得全过程的最优决策，这种方式称为顺序解法．逆序递推过程中，若用 $p_k^*(x_k)$ 表示初始状态为 x_k 的后部子过程所有子策略中的最优子策略，$\oplus$ 表示某一指标函数，则最优值函数为

$$f_k(x_k)=V_k(x_k,p_k^*(x_k))=\underset{p_k}{opt}V_k(x_k,p_k(x_k)),$$

而 $$\underset{p_k}{opt}V_k(x_k,p_k(x_k))=\underset{\{u_k,p_{k+1}\}}{opt}\{v_k(x_k,u_k)\oplus V_{k+1}(x_{k+1},p_{k+1}(x_{k+1}))\}$$

$$=\underset{u_k}{opt}\{v_k(x_k,u_k)\oplus \underset{p_{k+1}}{opt}V_{k+1}(x_{k+1},p_{k+1}(x_{k+1}))\},$$

则得到

$$f_k(x_k)=\underset{u_k}{opt}\{v_k(x_k,u_k)\oplus f_{k+1}(x_{k+1})\}.$$

如果选取求和型指标函数,则基本方程为

$$f_k(x_k)=\underset{u_k}{opt}\{v_k(x_k,u_k)+f_{k+1}(x_{k+1})\},f_{n+1}(x_{n+1})=0 \quad (k=n,n-1,\cdots,1). \tag{5.3}$$

如果选取求积型指标函数,则基本方程为

$$f_k(x_k)=\underset{u_k}{opt}\{v_k(x_k,u_k)\cdot f_{k+1}(x_{k+1})\},f_{n+1}(x_{n+1})=1 \quad (k=n,n-1,\cdots,1). \tag{5.4}$$

注意边界条件不同.

类似地,也可以得到利用递推方程

$$\begin{cases}f_k(x_k)=opt\{v_k(x_k,u_k)+f_{k-1}(x_{k-1})\},\\ f_0(x_0)=0 \quad (k=1,\cdots,n).\end{cases} \tag{5.5}$$

其中第一阶段为 $f_1(x_1)=\underset{u_1\in D_1(x_1)}{opt}v_1(x_1,u_1)$,$x_1=T_1^*(x_2,u_1)$,其相应的最优解 $u_1=u_1(x_1)$.

式(5.3)、式(5.5)分别是动态规划中的逆序解法和顺序解法的基本方程.

动态规划方法成功的关键在于正确地写出基本方程.

5.2 动态规划的解法

5.2.1 动态规划的建模步骤

多阶段决策问题根据规划问题中状态变量取值是离散的还是连续的,分为离散型和连续型;根据决策过程的演变是确定的还是随机的,分为确定型和随机型;根据阶段变量的取值特征,分为定期型和无期型.定期型,即阶段变量取值个数固定,且为有限;无期型,即阶段变量取值个数无限多.本章只介绍确定型多阶段决策问题的求解.

对实际问题,首先必须建立动态规划模型.根据5.1的实例建模过程,总结建立动态规划模型的步骤如下:

步骤1:划分阶段.按时间或空间先后顺序,将过程划分为若干相互联系的阶段.对于静态问题要人为地赋予"时间"概念,以便划分阶段.

步骤2:正确选择状态变量.选择变量既要能确切描述过程演变又要满足无后效性,而且各阶段状态变量的取值能够确定.一般地,状态变量的选择是从过程演变的特点中寻找.

步骤3:确定决策变量 u_k 及允许决策集合 $D_k(x_k)$.通常选择所求解问题的关键变量作为决策变量.

步骤4:确定状态转移方程 $x_{k+1}=T_k(x_k,u_k)$.

步骤5:确定阶段指标函数 V_k 和最优指标函数,建立动态规划基本方程.

动态规划方法的关键在于正确地写出基本的递推关系式和恰当的边界条件,即基本方程.要做到这一点,就必须将问题的过程分成几个相互联系的阶段,恰当地选取状态变量和决策变量及定义最优值函数，从而把一个大问题转化成一组同类型的子问题，然后逐个求解．从边界条件开始，逐段递推寻优．

以上五步是建立动态规划数学模型的一般步骤．通常要求给出问题的动态规划模型，则意味着定义恰当的最优值函数，写出恰当的基本方程(包括注明恰当的边界条件)．由于动态规划模型与线性规划模型不同，动态规划模型没有统一的模式，建模时必须根据具体问题具体分析，只有通过不断实践总结，才能较好掌握建模方法与技巧．

5.2.2 定期多阶段决策问题的求解

根据最优性原理，动态规划的递推方式有逆推和顺推两种形式，因此，其基本求解方法有两种：逆序解法和顺序解法．这两种方法除了寻优方向不同外，状态转移方程、指标函数的定义和基本方程形式一般也有差异，但并无本质上的区别，下面分别予以介绍．

1. 逆序解法(后向动态规划法)

寻优的方向与多阶段决策过程的实际行进方向相反，从最后一个阶段开始计算，逐段前推，求得全过程的最优决策，称为逆序解法．一般地，如果已知过程的初始状态 x_1，则采用逆序解法．逆序解法是动态规划中最常用的方法．

逆序解法中，当初始状态已知时，状态转移方程为 $x_{k+1}=T_k(x_k,u_k)$，$f_k(x_k)$，表示第 k 阶段从状态 x_k 出发，到终点后部子过程的最优效益值，$f_1(x_1)$是整体最优值．

当指标函数为阶段指标和形式时，基本方程的形式为：

$$\begin{cases} f_k(x_k)=opt\{v_k(x_k,u_k)+f_{k+1}(x_{k+1})\}, \\ f_{n+1}(x_{n+1})=0 \qquad (k=n,n-1,\cdots,1). \end{cases}$$

当指标函数为阶段指标积形式时，基本方程的形式为：

$$\begin{cases} f_k(x_k)=opt\{v_k(x_k,u_k)\cdot f_{k+1}(x_{k+1})\}, \\ f_{n+1}(x_{n+1})=1 \qquad (k=n,n-1,\cdots,1). \end{cases}$$

利用递推方程，可逐步求得最优指标函数：$f_n(x_n),f_{n-1}(x_{n-1}),\cdots,f_1(x_1)$．而每一阶段的寻优过程是一维的极值问题．

具体地，设已知初始状态为 x_1，从 x_{n+1} 向前寻找 x_n，有：

第 n 阶段：指标函数的最优值 $f_n(x_n)=\underset{u_n\in D_n(x_n)}{opt}v_n(x_n,u_n)$，此为一维极值问题．设有最优决策 u_n 和状态 x_n 则有最优值 $f_n(x_n)$．

第 $n-1$ 阶段：最优值为 $f_{n-1}(x_{n-1})=\underset{u_{n-1}}{opt}\{v_{n-1}(x_{n-1},u_{n-1})\oplus f_n(x_n)\}$，其中 $x_n=T_{n-1}(x_{n-1},u_{n-1})$，解此一维极值问题，得到最优解 $u_{n-1}=u_{n-1}(x_{n-1})$．

如此类推，直到第一阶段，由 $f_1(x_1)=\underset{u_1}{opt}\{v_1(x_1,u_1)\oplus f_2(x_2)\}$得到最优解为 $u_1=u_1(x_1)$，其中 $x_2=T_1(x_1,u_1)$．这里的$\oplus$符号是指加法或乘法，取决于指标函数是和形式还是积形式．

上述逆推过程中，逐步求出了极值函数 $f_n(x_n),f_{n-1}(x_{n-1}),\cdots,f_1(x_1)$及相应的决策函数 $u_n(x_n),u_{n-1}(x_{n-1}),\cdots,u_1(x_1)$．由于初始状态 x_1 已知，按照上述递推过程相反的顺序推算，就可以逐步求出每一阶段的决策和效益．

[**例 5.4**]求解最优化问题：

$$\max F(u_1,u_2,u_3)=u_1u_2u_3,$$

$$\text{s.t.}\begin{cases}u_1+u_2+u_3=c,\\u_1\geqslant 0,u_2\geqslant 0,u_3\geqslant 0.\end{cases}$$

解:这是一个多变量的静态非线性规划问题,要用动态规划方法解这一问题,并人为地赋予"时段"的概念,从而将问题转化为多阶段决策过程.目前的关键是找出各个后部子过程之间的递推关系.从一个过程的开始到终结,每一个子过程的寻优可以嵌入一个后部子过程的最优化结果.只有做到了这一点,才能保证寻优过程具有递推性.

利用动态规划的逆序解法求此问题.

选递推过程中累积的量作为状态变量 x_k,选 u_k 为决策变量,则各阶段的状态和允许决策的集合如下:

$$x_1=c,D_1(x_1)=\{u_1\mid 0\leqslant u_1\leqslant x_1\};$$
$$x_2=x_1-u_1,D_2(x_2)=\{u_2\mid 0\leqslant u_2\leqslant x_2\};$$
$$x_3=x_2-u_2,D_3(x_3)=\{u_3\mid 0\leqslant u_3\leqslant x_3\}.$$

状态转移方程为 $$x_{k+1}=T_k(x_k,u_k)=x_k-u_k\qquad(k=3,2,1).$$

由于此例是三阶段决策过程,故可假想存在第四个阶段,而 $x_4=0$,于是动态规划的基本方程为:

$$\begin{cases}f_k(x_k)=\max\limits_{u_k\in D_k(x_k)}\{u_k\cdot f_{k+1}(x_{k+1})\}\qquad(k=3,2,1),\\f_4(x_4)=1.\end{cases}$$

当 $k=3$ 时:

$$f_3(x_3)=\max_{u_3\in D_3(x_3)}\{u_3\cdot f_4(x_4)\}=\max_{0\leqslant u_3\leqslant x_3}\{u_3\cdot 1\}=x_3,$$

则 $$u_3^*=x_3.$$

当 $k=2$ 时:

$$f_2(x_2)=\max_{u_2\in D_2(x_2)}\{u_2\cdot f_3(x_3)\}=\max_{0\leqslant u_2\leqslant x_2}\{u_2\cdot x_3\}$$
$$=\max_{0\leqslant u_2\leqslant x_2}\{u_2\cdot(x_2-u_2)\}.$$

这是一个非线性规划,其中 x_2 为待定参数,利用经典的求极值方法,即令

$$\frac{\mathrm{d}[u_2\cdot(x_2-u_2)]}{\mathrm{d}u_2}=x_2-2u_2=0,$$

得驻点 $u_2=\dfrac{x_2}{2}$且为极大值点.

故有 $$f_2(x_2)=\max_{0\leqslant u_2\leqslant x_2}\{u_2\cdot(x_2-u_2)\}=\frac{x_2^2}{4},$$

从而 $$u_2^*=\frac{x_2}{2}.$$

当 $k=1$ 时:

$$f_1(x_1)=\max_{u_1\in D_1(x_1)}\{u_1\cdot f_2(x_2)\}=\max_{0\leqslant u_1\leqslant x_1}\left\{u_1\cdot\frac{x_2^2}{4}\right\}$$
$$=\max_{0\leqslant u_1\leqslant x_1}\left\{u_1\cdot\frac{(x_1-u_1)^2}{4}\right\}.$$

利用经典求极值法,求得驻点 $u_1=\dfrac{x_1}{3}$,且为极大值点.故

$$f_1(x_1)=\max_{0\leqslant u_1\leqslant x_1}\left\{u_1\cdot\frac{(x_1-u_1)^2}{4}\right\}=\frac{x_1^3}{27},\ u_1^*=\frac{x_1}{3}.$$

所以整个过程的最优策略为：

$$u_1^*=\frac{x_1}{3}=\frac{c}{3};$$

$$u_2^*=\frac{x_2}{2}=\frac{x_1-u_1}{2}=\frac{c}{3};$$

$$u_3^*=x_3=x_2-u_2=\frac{c}{3}.$$

最优指标值为 $f_1(x_1)=\frac{c^3}{27}$.

2. 顺序解法(前向动态规划法)

与逆序解法相反,顺序解法的寻优方向与过程的行进方向相同,计算时从第一段开始逐段向后递推,计算后一阶段要用到前一阶段的求优结果,最后一段计算的结果就是全过程的最优结果. 如果已知过程的终止状态 x_{n+1},则用顺序解法.

顺序解法中,当终止状态 x_{n+1} 已知时,状态转移方程为 $x_k=T_k(x_{k+1},u_k)$,$f_k(x_k)$表示第 k 阶段从起点到状态 x_{k+1} 的前部子过程的最优效益值,$f_n(x_n)$是整体最优值.

当指标函数为阶段指标和形式时,基本方程的形式为:

$$\begin{cases}f_k(x_k)=opt\{v_k(x_k,u_k)+f_{k-1}(x_{x-1})\},\\ f_0(x_0)=0\qquad(k=1,\cdots,n).\end{cases}$$

当指标函数为阶段指标积形式时,基本方程的形式为:

$$\begin{cases}f_k(x_k)=opt\{v_k(x_k,u_k)\cdot f_{k-1}(x_{k-1})\},\\ f_0(x_0)=1\qquad(k=1,\cdots,n).\end{cases}$$

利用递推方程,可逐步求得最优指标函数 $f_1(x_1),f_2(x_2),\cdots,f_n(x_n)$而每一阶段的寻优过程是一维的极值问题.

具体地,从第一阶段开始,求出 $f_1(x_1)=\underset{u_1\in D_1(x_1)}{opt}v_1(x_1,u_1)$,其中 $x_1=T_1^*(x_2,u_1)$及其相应的最优解 $u_1=u_1(x_1)$.

第二阶段,求出 $f_2(x_2)=\underset{u_2\in D_2(x_2)}{opt}\{v_2(x_2,u_2)\oplus f_1(x_1)\}$,其中 $x_2=T_2^*(x_3,u_2)$及其相应的最优解 $u_2=u_2(x_2)$.

如此类推,直到求出 $f_n(x_n)=\underset{u_n\in D_n(x_n)}{opt}\{v_n(x_n,u_n)\oplus f_{n-1}(x_{n-1})\}$,其中 $x_n=T_n^*(x_{n+1},u_n)$及其相应的最优解 $u_n=u_n(x_n)$.

上述递推过程中,逐步求出了极值函数 $f_1(x_1),f_2(x_2),\cdots,f_n(x_n)$及相应的决策函数 $u_1=u_1(x_1),u_2=u_2(x_2),u_n=u_n(x_n)$. 由于终止状态 x_{n+1} 是已知的,所以回代过程从 x_{n+1} 开始,按上述过程相反的顺序,就可以逐步确定每阶段的决策和效益,从而得到整个问题的最优策略.

[**例 5.5**]用顺序解法求解例 5.4.

解:这里仍将变量划分为三个阶段,其决策变量分别为 u_1,u_2,u_3,并假设初始状态 $x_1=c$,状态转移函数应为 $x_{k+1}=x_k-u_k$ 的逆变换 $x_k=x_{k+1}+u_k$,$k=1,2,3$.

为保证决策变量非负，必须满足 $x_{k+1} \leqslant x_k \leqslant c$.

在第一阶段，因 $x_1 = x_2 + u_1 = c$，故有

$$u_1 = c - x_2, f_1(x_1) = u_1 = c - x_2.$$

在第二阶段，因 $x_2 = x_3 + u_2$ 和 $x_2 \leqslant c$，故可以求出

$$\begin{aligned} f_2(x_2) &= \max_{0 \leqslant u_2 \leqslant c - x_3} \{u_2 f_1(x_1)\} = \max_{0 \leqslant u_2 \leqslant c - x_3} \{u_2(c - x_3 - u_2)\} \\ &= \left(\frac{c - x_3}{2}\right)^2 \end{aligned}$$

相应的最优解
$$u_2 = \frac{c - x_3}{2}.$$

在第三阶段，因 $x_3 = x_4 + u_3$ 和 $x_3 \leqslant c$，故可以求出

$$\begin{aligned} f_3(x_3) &= \max_{0 \leqslant u_3 \leqslant c - x_4} \{u_3 f_2(x_2)\} = \max_{0 \leqslant u_3 \leqslant c - x_4} \left\{u_3 \left(\frac{c - x_4 - u_3}{2}\right)^2\right\} \\ &= \left(\frac{c - x_4}{3}\right)^3 \end{aligned}$$

相应的最优解
$$u_3 = \frac{c - x_4}{3}.$$

终止状态 x_4 由下面的极值问题确定：

$$\max_{0 \leqslant x_4 \leqslant c} f_3(x_3) = \max_{0 \leqslant x_4 \leqslant c} \left\{\left(\frac{c - x_4}{3}\right)^3\right\}.$$

显然当 $x_4 = 0$ 时，$f_3(x_3)$才能达到最大值，然后再进行回代，得到

$$x_4 = 0, u_3 = \frac{c}{3}, f_3(x_3) = \left(\frac{c}{3}\right)^3;$$

$$x_3 = \frac{c}{3}, u_2 = \frac{c}{3}, f_2(x_2) = \left(\frac{c}{3}\right)^2;$$

$$x_2 = \frac{2c}{3}, u_1 = \frac{c}{3}, f_1(x_1) = \frac{c}{3}.$$

3. 两种解法的主要区别

顺序解法与逆序解法的主要区别在于：

(1)状态变量的含义不同．在逆序解法中，状态变量 x_k 是第 k 阶段的出发点，而在顺序解法中，x_k 则是第 k 阶段的终点．

(2)决策过程和结果不同．在逆序解法中，每一阶段的决策是对于给定的出发点选择符合要求的终点，即决策过程是顺序的；而在顺序解法中，每一阶段的决策则是对于给定的终点选择符合要求的出发点，即决策过程是逆序的．

(3)状态转移方程不同．逆序解法中，第 k 阶段的输入状态为 x_k，决策为 u_k，由此决定的输出状态为 x_{k+1}；而在顺序解法中，第 k 阶段的输入状态为 x_{k+1}，决策为 u_k，由此决定的输出状态为 x_k.

(4)指标函数的定义不同．在逆序解法中，最优指标函数 $f_k(x_k)$定义为第 k 阶段从状态 x_k 出发，到过程终点的后部子过程的最优效益值，$f_1(x_1)$是整体最优函数值；而在顺序解法中，最优指标函数 $f_k(x_k)$定义为第 k 阶段从状态 x_k 返回，到过程始点的前部子过程的最优效益值，$f_n(x_n)$是整体最优函数值．

两种解法并无本质区别，具体问题中，到底是采用顺序解法还是逆序解法，取决于问题的边界的条件．由于动态规划的解法步骤中，越到后面的阶段，计算量越大，如果有边界条件约束，则会大大减少最终步骤的计算量．若问题给出了初值，那么利用逆序解法，最后一步利用初值作为边界约束条件，则会简化计算；若问题给出了最终的要求，那么利用顺序解法较为简便；若问题既给出了初值条件，也给出了终值条件，那么两种解法均可使用．

5.3 动态规划的应用

动态规划主要用于多功能含有时间和空间变动因素的问题，它是一种逐步改善法．动态规划是将整体分成数个时空阶段，前后衔接，先由一个决策阶段求出一个最优状态，而后逆序或顺序地考虑包含此阶段的两个决策阶段，求出这两个决策阶段的最优状态，如此循序递推，直到最后一个阶段，求得总体的最优状态，从而求出了该问题的最优决策．动态规划的实质是分治思想和解决冗余，因此它将问题分解为更小的、相似的子问题，并存储子问题的解而避免计算重复，以解决最优化问题的算法策略．对于许多用线性规划或非线性规划难以求解的问题，动态规划方法的优点在于：

(1)易于求得最优解．动态规划方法把较复杂的问题划分成若干个相互联系的阶段(子问题)，每个阶段的状态变量和决策变量限制越多，搜索区域就越小，求解起来就越容易，这样通过逐段递推过程便可得到原问题的全局最优解．

(2)可以得到有价值的相关信息．利用动态规划方法求解的递推过程中，在得到全局最优解、最优状态与决策的同时，也可以得到所有子问题的最优解，以及相关信息．

(3)一些离散的组合优化问题很难用传统的线性和非线性规划理论和算法解决，而动态规划的方法很适合解决这类问题．

但也要注意的是，任何思想方法都有一定的局限性，超出了特定条件，它就失去了作用．同样，动态规划也并不是万能的．动态规划方法的不足之处在于：

(1)适用动态规划的问题必须满足最优性原理和无后效性条件．这是一个相当严格的条件．因为它不仅依赖于状态转移规律，还与允许决策集合和指标的结构有关，不少实际问题在取自然特征作为状态变量时，往往是不满足这个条件的．

(2)“一个”问题，“一个”模型，“一个”求解方法．没有一个统一的标准模型可供使用，甚至还没有判断一个问题能否构造动态规划模型的具体准则(大部分情况只能够凭经验判断是否适用动态规划)．这样就只能对每类问题进行具体分析，构造具体的模型．对于较复杂的问题在选择状态、决策、确定状态转移规律等方面需要丰富的想象力和灵活的技巧性，这就带来了应用上的局限性．

(3)用动态规划方法数值求解时存在维数灾难．当问题的变量个数(维数)太大时，受计算机存储器容量和计算速度的限制，常常无法解决．一般地，状态变量维数不能太高，一般要求小于 6.

下面介绍几类常见的利用动态规划方法来求解的问题，并从中学习动态规划的建模方法．

5.3.1 资源分配问题

资源分配问题就是将数量一定的一种或若干种资源(例如原材料、资金、设备、设施、劳力等)，恰当地分配给若干使用者或地区，从而使目标函数最优．

1. 离散型资源分配问题

先简单地假设有一种资源，总量为 a，分配给 n 个使用者，如果分配给第 i 个使用者的资源数为 u_i，收益为 $V_i(u_i)$，问如何分配，可使总收益最大．

首先，该问题可以归结为如下的规划问题：

$$\max \sum_{i=1}^{n} V_i(u_i),$$

$$\sum_{i=1}^{n} u_i = a, u_i \geqslant 0 \qquad (i=1,\cdots,n). \tag{5.6}$$

这是静态的规划问题．但若将资源分配看作是一个过程，即将资源分阶段逐一分配给使用者，则可把上述规划问题中的变量 u_i 当作决策变量，而状态变量一般取随分配过程变化且具有无后效性的累计量．

设过程分为 n 个阶段，第 k 个阶段为决定分配给第 k 个使用者的资源数；设决策变量 u_k 表示分配给第 k 个使用者的资源数，状态变量 x_k 表示第 k 个阶段开始所拥有的可供分配的资源数，即分配给第 k 到第 n 个使用者的资源数．于是状态转移方程为

$$x_{k+1} = x_k - u_k.$$

容许决策集为 $\qquad D_k(x_k) = \{u_k : 0 \leqslant u_k \leqslant x_k\}.$

指标函数集为 $\quad V_{k,n}(x_k) = V_k(x_k, u_k) + \cdots + V_n(x_n, u_n) = V_k(u_k) + \cdots + V_n(u_n).$

令 $f_k(x_k)$ 表示 k—子过程的最优指标函数，则此问题的动态规划基本方程为：

$$\begin{aligned} f_k(x_k) &= \max_{0 \leqslant u_k \leqslant x_k} [V_k(u_k) + f_{k+1}(x_{k+1})] \\ &= \max_{0 \leqslant u_k \leqslant x_k} [V_k(u_k) + f_{k+1}(x_k - u_k)] \qquad (k = n, n-1, \cdots, 1), \\ & \qquad f_{n+1}(x_{n+1}) = 0. \end{aligned} \tag{5.7}$$

对此方程递推求解即得问题的解．

如果是多资源分配问题，则基本思路是一样的，只不过在每一阶段的子问题求解时，其运算会复杂些．这里不详细介绍．

[**例 5.6**]设有四套装置，考虑分配给 A、B、C 三个工厂，各厂得到这种装置后，可提供的利润如表 5.1 所示，为使利润最多，应如何分配这些装置？

表 5.1　各厂可提供利润表

装置套数	工厂盈利		
	A	B	C
0	0	0	0
1	2	4	5
2	6	6	8
3	8	10	9
4	14	10	12

解：将 A、B、C 三个工厂编号为 1、2、3，问题分为 3 个阶段，以 u_k 表示分配给第 k 个工厂的装置套数，x_k 表示分配给第 k 个到第 3 个工厂的装置套数，状态转移方程为 $x_{k+1} = x_k - u_k$，$V_k(u_k)$ 表示第 k 个工厂分到 u_k 套装置后得到的利润，于是有如下的基本方程：

$$f_k(x_k)=\max_{0\leqslant u_k\leqslant x_k}\{V_k(u_k)+f_{k+1}(x_k-u_k)\}\qquad(k=3,2,1),\tag{5.8}$$

$$f_4(x_4)=0.$$

这里的函数 $V_k(u_k)$以表 5.1 形式给出．

现递推求解基本方程．$k=3$ 时：

$$Z_3=\{0,1,2,3,4\},f_3(x_3)=\max_{0\leqslant u_3\leqslant x_3}\{V_3(u_3)\}=V_3(x_3).$$

计算过程结果见表 5.2.

表 5.2　$k=3$ 时的计算结果

$V_3(u_3)$						结果	
x_3	u_3					$f_3(x_3)$	$u_3^*(x_3)$
	0	1	2	3	4		
0	0					0	0
1	0	$\underline{5}$				5	1
2	0	5	$\underline{8}$			8	2
3	0	5	8	$\underline{9}$		9	3
4	0	5	8	9	$\underline{12}$	12	4

注：下划线表示该阶段子问题的最优解．

$k=2$ 时：

$$x_2\in Z=\{0,1,2,3,4\}.$$

对每个 x_2，计算　$f_2(x_2)=\max\limits_{0\leqslant u_2\leqslant x_2}\{V_2(u_2)+f_3(x_2-u_2)\}$.

以 $x_2=2$ 为例，$D_2(x_2)=D_2(2)=\{0,1,2\}$，则

$$\begin{aligned}f_2(2)&=\max_{0\leqslant u_2\leqslant 2}\{V_2(u_2)+f_3(2-u_2)\}\\&=\max\{V_2(0)+f_3(2),V_2(1)+f_3(1),V_2(2)+f_3(0)\}\\&=\max\{0+8,4+5,6+0\}=9.\end{aligned}$$

故 $f_2(2)=9,u_2^*(2)=1$. 一般结果如表 5.3 所示．

表 5.3　$k=2$ 时的计算结果

$V_2(u_2)+f_3(x_2-u_2)$						结果	
x_2	u_2					$f_2(x_2)$	$u_2^*(x_2)$
	0	1	2	3	4		
0	0					0	0
1	$\underline{0+5}$	4+0				5	0
2	0+8	$\underline{4+5}$	6+0			9	1
3	0+9	4+8	6+5	10+0		12	1
4	0+12	4+9	6+8	10+5	10+0	15	3

$k=1$ 时 $\qquad Z_1=\{4\}, \quad x_1=4,$

于是 $\qquad f_1(x_1)=f_1(4)=\max\limits_{0\leqslant u_1\leqslant 4}\{V_1(u_1)+f_2(4-u_1)\}.$

计算结果见表 5.4.

表 5.4　$k=1$ 时的计算结果

$V_1(u_1)+f_2(x_1-u_1)$						结果	
x_1	u_1					$f_1(x_1)$	$u_1^*(x_1)$
	0	1	2	3	4		
4	<u>0+15</u>	2+12	<u>6+9</u>	8+5	14+0	15	0 或 2

由表 5.4 可知，$f_1(4)=15$，$u_1^*=0$ 或 $u_1^*=2$，再按相反方向从 $k=1$ 到 $k=3$ 推算得整个过程的最优策略如下：

(1)由 $x_1=4$，$u_1^*=0$ 得 $x_2=x_1-u_1^*=4$，查表 5.3，知 $u_2^*=3$，$x_3=x_2-u_2^*=1$，查表 5.2 知 $u_3^*=1$，故 $p_{1,3}^*=\{0,3,1\}$.

(2)由 $x_1=4$，$u_1^*=2$ 得 $x_2=x_1-u_1^*=2$，查表 5.3 知 $u_2^*=1$，$x_3=x_2-u_2^*=1$，查表 5.2 知 $u_3^*=1$，故 $p_{1,3}^*=\{2,1,1\}$. 可见不论哪种情况，最大利润均为 15.

2. 连续型资源分配问题

现讨论一种需要考虑资源回收利用的资源分配问题．设某种资源为 x_1，可投入 A、B 两种生产．若以数量 u_1 投入 A，余下的 x_1-u_1 投入 B，则可得收入 $g(u_1)+h(x_1-u_1)$. 这 g 和 h 为已知函数，且 $g(0)=h(0)=0$. 经过一个阶段生产后，这种资源可回收一部分再用于生产．设 A 与 B 的回收率分别为 a 和 $b(0<a<1,0<b<1)$，则在第一阶段生产后，回收资源量总数为 $x_2=au_1+b(x_1-u_1)$. 将 x_2 再与 u_2 与 x_2-u_2 分别投入 A 和 B 生产，则又可得收入 $g(u_2)+h(x_2-u_2)$……如此继续进行 n 次，问应当如何决定投入生产 A 的资源量 $u_1,u_2,\cdots,u_n$，才能使总收入最多?

解时设 x_k 为状态变量，相应地，x_k-u_k 表示投入生产 B 的资源量．

状态转移方程为 $x_{k+1}=au_k+b(x_k-u_k)$.

k－子过程的指标函数 $V_{k,n}=\{g(u_k)+h(x_k-u_k)+\cdots+[g(u_n)+h(x_n-u_n)]\}$，阶段指标函数为 $V_k=g(u_k)+h(x_k-u_k)$，则基本方程为：

$$\begin{aligned} f_k(x_k)&=\max_{0\leqslant u_k\leqslant x_k}\{[g(u_k)+h(x_k-u_k)]+f_{k+1}(x_{k+1})\}\\ &=\max_{0\leqslant u_k\leqslant x_k}\{[g(u_k)+h(x_k-u_k)]+f_{k+1}[au_k+b(x_k-u_k)]\}\\ &\qquad (k=n,n-1,\cdots,1);\\ f_{n+1}&(x_{n+1})=0. \end{aligned} \tag{5.9}$$

递推求解此方程，即得原问题的解．

一些"多阶段的生产安排问题"，如例 5.2 的设备负荷分配问题就属于这类资源分配问题．下面求解例 5.2.

经过前面的分析得到状态转移方程为

$$x_{k+1}=(1-0.3)u_k+(1-0.1)(x_k-u_k)=0.9x_k-0.2u_k.$$

基本方程：

$$\begin{cases} f_k(x_k)=\max\limits_{0\leqslant u_k\leqslant x_k}\{g_k(u_k)+f_{k+1}(x_{k+1})\} \quad (k=5,4,3,2,1), \\ f_6(x_6)=0. \end{cases}$$

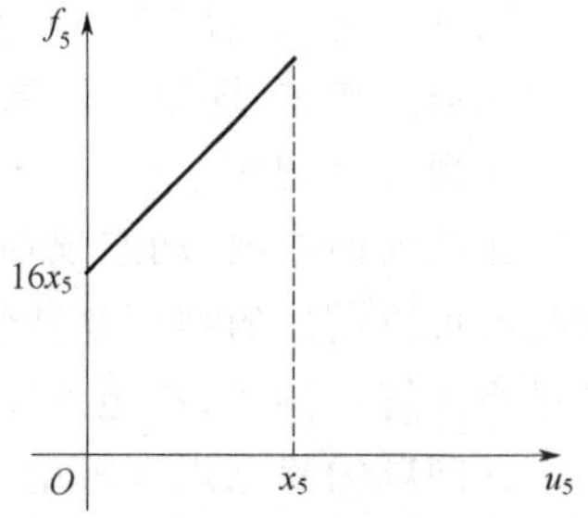

图 5.3 求解最优解图示

如图 5.3 所示，$k=5$ 时：

$$f_5(x_5)=\max_{0\leqslant u_5\leqslant x_5}\{g_5(u_5)+f_6(x_6)\}$$

（此时 $f_6(x_6)=0$）

$$=\max_{0\leqslant u_5\leqslant x_5}\{g_5(u_5)\}=\max_{0\leqslant u_5\leqslant x_5}\{16x_5+9u_5\}$$

$$=16x_5+9u_5=25x_5,$$

此时，$u_5^*=x_5$.

$k=4$ 时：

$$f_4(x_4)=\max_{0\leqslant u_4\leqslant x_4}\{g_4(u_4)+f_5(x_5)\}=\max_{0\leqslant u_4\leqslant x_4}\{16x_4+9u_4+25x_5\}$$

$$=\max_{0\leqslant u_4\leqslant x_4}\{16x_4+9u_4+25(0.9x_4-0.2u_4)\}=\max_{0\leqslant u_4\leqslant x_4}\{38.5x_4+4u_4\}.$$

同理，只有当 $u_4=x_4$ 时，函数 $38.5x_4+4u_4$ 才能达到极大值，故有 $u_4^*=x_4$，$f_4(x_4)=42.5x_4$.

$k=3$ 时：

$$f_3(x_3)=\max_{0\leqslant u_3\leqslant x_3}\{g_3(u_3)+f_4(x_4)\}=\max_{0\leqslant u_3\leqslant x_3}\{16x_3+9u_3+42.5x_4\}$$

$$=\max_{0\leqslant u_3\leqslant x_3}\{16x_3+9u_3+42.5(0.9x_3-0.2u_3)\}=\max_{0\leqslant u_3\leqslant x_3}\{54.25x_3+0.5u_3\},$$

不难得到 $u_3^*=x_3$，$f_3(x_3)=54.75x_3$.

$k=2$ 时：

$$f_2(x_2)=\max_{0\leqslant u_2\leqslant x_2}\{g_2(u_2)+f_3(x_3)\}=\max_{0\leqslant u_2\leqslant x_2}\{16x_2+9u_2+54.75(0.9x_2-0.2u_2)\}$$

$$=\max_{0\leqslant u_2\leqslant x_2}\{65.275x_2-1.95u_2\}.$$

可见，只有当 $u_2=0$ 时，函数 $65.275x_2-1.95u_2$ 才能达到极大值，故 $u_2^*=0$，$f_2(x_2)=65.275x_2$.

$k=1$ 时：

$$f_1(x_1)=f_1(500)=\max_{0\leqslant u_1\leqslant x_1}\{g_1(u_1)+f_2(x_2)\}=\max_{0\leqslant u_1\leqslant 500}\{16x_1+9u_1+65.275x_2\}$$

$$=\max_{0\leqslant u_1\leqslant 500}\{16x_1+9u_1+65.275(0.9x_1-0.2u_1)\}=\max_{0\leqslant u_1\leqslant 500}\{74.7475x_1-4.055u_1\}.$$

同理，只有当 $u_1=0$ 时，函数 $74.7475x_1-4.055u_1$ 才能达到极大值，故有 $u_1^*=0$，$f_1(x_1)=74.7475x_1=74.7475\times 500=37373.75$.

所对应的最优策略分别为：

由 $u_1^*=0$，$x_{k+1}=0.9x_k-0.2u_k$，$x_2=0.9x_1-0.2u_1=0.9\times 500=450$；

由 $u_2^*=0$，$x_3=0.9x_2-0.2u_2=0.9\times 450=405$；

由 $u_3^*=x_3$，$x_4=0.9x_3-0.2u_3=0.9\times 405-0.2\times 405=283.5$；

由 $u_4^*=x_4$，$x_5=0.9x_4-0.2u_4=0.9\times 283.5-0.2\times 283.5=198.45$；

由 $u_5^*=x_5$，$x_6=0.9x_5-0.2u_5=0.9\times 198.45-0.2\times 198.45=138.15$.

根据结果，作如下解释：

第一年初：500 辆车全部用于低负荷运输；

第二年初：还有 450 辆完好的车，也全部用于低负荷运输；

第三年初：还有405辆完好的车，全部用于超负荷运输；

第四年初：还有238.5辆完好的车，全部用于超负荷运输；

第五年初：还有198.45辆完好的车，全部用于超负荷运输；

到第五年末，即第六年初，还剩余138.15辆完好的车．

实现最大利润 $f_1(x_1)\approx 3.74$（亿元）．

正如前面指出，动态规划是"一个"问题，"一个"模型，"一个"求解方法．因而对于动态规划没有可以调用的程序软件包，只能根据具体问题进行具体分析，构造具体的模型，再编制程序进行求解．例如，本题可以运用LINGO程序来进行求解．

该问题的静态规划模型为：

$$\max z=\sum_{i=1}^{5}[25u_i+16(x_i-u_i)],$$

$$\begin{cases}x_{i+1}=(1-0.3)u_i+(1-0.1)(x_i-u_i)=0.7u_i+0.9(x_i-u_i),\\ x_1=500,\\ 0\leqslant u_i\leqslant x_i \qquad (i=1,2,3,4,5).\end{cases}$$

LINGO程序如下：

```
sets:
  stages/1..6/:s;
  years/1..5/:u;
endsets
data:
  a=0.7;
  b=0.9;
enddata
  max=@sum(years(i):25*u(i)+16*(s(i)-u(i)));
  s(1)=500;
  @for(stages(j)|j#ge#2:s(j)=0.7*u(j-1)+0.9*(s(j-1)-u(j-1)));
    @for(years(i):u(i)<=s(i));
```

5.3.2 库存问题

库存问题的基本提法是：在各个不同的阶段，如何恰当地确定库存量的大小，使得既满足供需要求，又使管理成本最小，这是一个动态优化问题．例如，某企业生产某种产品，在以后的几个阶段，每阶段的需求量已知，要求保证供应．设初始库存量为零，要求第 n 个阶段结束时库存量也为零，问如何安排各阶段生产使总成本最小？

以 d_k 表示第 k 个阶段的产品需求量，u_k 表示第 k 阶段该产品生产量，x_k 表示第 k 阶段开始时库存量．

总成本包括库存费用与生产费用．

$s_k(x_k)$ 表示第 k 阶段库存费用，该阶段开始时库存量为 x_k．

$c_k(u_k)$ 表示第 k 阶段生产产品量为 u_k 的费用，它由生产准备费用 A_k 与产品成本 $B_k u_k$ 组成（其中 B_k 为生产单位产量的成本），即

$$C_k(u_k)=\begin{cases}A_k+B_k u_k & (u_k\neq 0),\\ 0 & (u_k=0).\end{cases} \tag{5.10}$$

于是，此问题的数学模型为：

$$\min_{u_1\cdots u_n}\sum_{k=1}^{n}[C_k(u_k)+S_k(x_k)]=\sum_{k=1}^{n}\left[C_k(u_k)+S_k\sum_{i=1}^{k-1}(u_i-d_i)\right], \tag{5.11}$$

$$\sum_{i=1}^{k-1}(u_i-d_i)\geqslant 0 \qquad (k=2,\cdots,n), \tag{5.12}$$

$$u_k\geqslant 0 \qquad (k=1,\cdots,n). \tag{5.13}$$

式中的约束不等式表示必须保证各阶段的需求量得到满足．

现用动态规划方法解此问题．

n 个阶段的划分同前，取库存量 x_k 为状态变量，产量 u_k 为决策变量，由于要求保证供应且在第 n 阶段结束时库存量为零，所以容许决策集为：

$$D_k(x_k)=\{u_k:\max(0,d_k-x_k)\leqslant u_k\leqslant\sum_{i=k}^{n}(d_i-x_i)\}; \tag{5.14}$$

状态转移方程为：

$$x_{k+1}=x_k+u_k-d_k;$$

基本方程为：

$$f_k(x_k)=\min_{u_k\in D_k(x_k)}\{C_k(u_k)+S_k(x_k)+f_{k+1}(x_{k+1})\} \qquad (k=n,\cdots,1), \tag{5.15}$$

$$f_{n+1}(x_{n+1})=0. \tag{5.16}$$

[**例 5.7**]在上述库存问题中，设 $n=4$，需求量 d_k 如表 5.5 所示．

表 5.5 各阶段的需求量数据表

阶段 k	1	2	3	4
需求量 d_k	2	3	2	4

设库存费用 $S_k(x_k)=0.5x_k$，生产费用为：

$$C_k(u_k)=\begin{cases}3+u_k & (u_k\neq 0),\\ 0 & (u_k=0).\end{cases}$$

解：对 $k=4,3,2,1$ 递推求解基本方程．

$k=4$ 时：

$$f_4(x_4)=\min_{u_4\in D_4(x_4)}\{C_4(u_4)+S_4(x_4)\},$$

注意到 $D_4(x_4)=\{u_4:\max(0,4-x_4)\leqslant u_4\leqslant 4-x_4\}=\{u_4:u_4=4-x_4\}$，故

$$f_4(x_4)=C_4(4-x_4)+S_4(x_4), \quad u_4=4-x_4.$$

由于 $d_4=4$，$x_5=0$，$f_4(x_4)$的计算和结果如表 5.6 所示．

表 5.6 $k=4$ 时的计算结果

	$C_4(u_4)+S_4(x_4)$					结果	
x_4	u_4					$f_4(x_4)$	$u_4^*(x_4)$
		1	2	3	4		
0					7	7	4
1				<u>6.5</u>		6.5	3

续表

$C_4(u_4)+S_4(x_4)$						结果	
x_4	u_4					$f_4(x_4)$	$u_4^*(x_4)$
		1	2	3	4		
2			6			6	2
3		5.5				5.5	1
4	2					2	0

$k=3$ 时：

$$f_3(x_3)=\min_{u_3\in D_3(x_3)}\{C_3(u_3)+S_3(x_3)+f_4(x_3+u_3-2)\}.$$

此时 x_3 的变化范围是 $0\leqslant x_3\leqslant d_3+d_4=6$，以 $x_3=3$ 为例：

$$\begin{aligned}f_3(3)&=\min_{0\leqslant u_3\leqslant 3}\{C_3(u_3)+S_3(3)+f_4(x_3+1)\}\\&=\min\{(0+1.5)+6.5,(3+1+1.5)+6(3+2+1.5)+5.5,\\&\quad(3+3+1.5)+2\}\\&=8,\end{aligned}$$

$$u_3^*(3)=0.$$

一般结果如表 5.7 所示 .

表 5.7　$k=3$ 时的计算结果

$C_3(u_3)+S(x_3)+f_4(x_3+u_3-2)$								结果	
x_3	u_3							$f_3(x_2)$	$u_3^*(x_3)$
	0	1	2	3	4	5	6		
0		5+7	6+6.5	7+6	8+5.5	8.5+2	9+2	11	6
1		4.5+7	5.5+6.5	6.5+6	7.5+5.5	8.5+2		10.5	6
2	1+7	5+6.5	6+6	7+5.5	8+2			8	0
3	1.5+6.5	5.5+6	6.5+5.5	7.5+2				8	0
4	2+6	6+5.5	7+2					8	0
5	2.5+5.5	7.5+2						8	0
6	3+2							5	0

$k=2$ 时：

$$f_2(x_2)=\min_{u^2\in D^2(x_2)}\{C_2(u_2)+S_2(x_2+u_2-3)+f_3(x_3)\}.$$

此时 x_2 的变化范围是 $0\leqslant x_2\leqslant d_2+d_4=9$，$f_2(x_2)$的计算结果如表 5.8 所示 .

表 5.8　$k=2$ 时的计算结果

$C_2(u_2)+S(x_2+u_2-8)+f_3(x_3)$											结果	
X_2	u_2										$f_2(x_2)$	$u_2^*(x_2)$
	0	1	2	3	4	5	6	7	8	9		
0				6+11	7+10.5	8+8	9+8	10+8	11+8	12+5	16	5
1			5.5+11	6.5+10.5	7.5+8	8.5+8	9.5+8	10.5+8	11.5+8	11.5+5	15.5	4

续表

X_2	$C_2(u_2)+S(x_2+u_2-8)+f_3(x_3)$										结果	
	u_2										$f_2(x_2)$	$u_2^*(x_2)$
	0	1	2	3	4	5	6	7	8	9		
2		5+11	6+10.5	7+8	8+8	9+8	10+8	11+5			15	3
3	1.5+11	5.5+10.5	6.5+8	7.5+8	8.5+8	9.5+8	10.5+5				12.5	0
4	2+10.5	6+8	7+8	8+8	9+8	10+5					12.5	0
5	2.5+8	6.5+8	7.5+8	8.5+8	9.5+5						10.5	0
6	3+8	7+8	8+8	9+5							11	0
7	3.5+8	7.5+8	8.5+5								11.5	0
8	4+8	8+5									12	0
9	4.5+5										9.5	0

$k=1$ 时,状态变量 $x_1=0$,故

$$f_1(x_1)=f_1(0)\min_{u_1\in D_1(x_1)}\{C_1(u_1)+S_1(0)+f_2(u_2-2)\}.$$

诸结果如表 5.9 所示.

表 5.9　$k=1$ 时的计算结果

x_1	$C_1(u_1)+S_1(0)+f_2(u_2-2)$										结果	
	u_1										$f_1(x_1)$	$u_1^*(x_1)$
	2	2	4	5	6	7	8	9	10	11		
0	5+	6+	7+	8+12.5	9+	10+10.5	11+	12+	13+	14+	20.5	5 或 7
	16	15	15		12.5		11	11.5	12	9.5		

由此可知,$f_1(0)=20.5$,$u_1^*=5$ 或 7,递推而上,故得最优策略为

$$p_{1,4}^*=(5,0,6,0)\text{ 或 }p_{1,4}^*=(7,0,0,4),$$

最小总成本为 $f_1(0)=20.5$.

可以看出,这类问题的计算颇为复杂,尤其在 n 和 d_k 的值较大时,计算量极大.但是,进一步分析这类问题的某些特性和解的结构,可以发现一些很好的性质,从而使求解计算过程简化.

以上讨论属确定性需求,不允许缺货的库存问题.在确定性需求情况下,还有容许缺货或延迟供应的,此时在成本计算时需考虑缺货损失,此外还有许多随机性需求的库存问题,所有这些已构成了内容丰富的库存论这一运筹学分支.

5.3.3　设备更新问题

企业中经常会遇到一台设备应该使用多少年更新最合算的问题.一般来说,一台设备在比较新时,年运转量大,经济收入高,故障少,维修费用少;但随着使用年限的增加,年运转量减少因而收入减少,故障变多,维修费用增加.虽然更新可提高年净收入,但是当年要支出一笔数额较大的购买费.

设备更新的一般提法为:在已知一台设备的效益函数 $r(t)$、维修费用函数 $u(t)$ 及更新费

用函数 $c(t)$ 条件下，要求在 n 年内的每年年初作出决策，是继续使用旧设备还是更换一台新设备，使 n 年总效益最大．

以年限划分阶段 k，引入下列变量：

s_k——第 k 年初，设备已使用过的年数，即役龄；

$x_k(s_k)$——第 k 年初，当设备役龄为 s_k 时，是保留使用还是更新，即

$$x_k(s_k)=\begin{cases}K, \text{第 } k \text{ 年初保留使用(Keep)}; \\ R, \text{第 } k \text{ 年初更新(Replacement)}.\end{cases}$$

从而设备的状态转移方程为：

$$s_{k+1}=\begin{cases}s_k+1 & (x_k=K), \\ 1 & (x_k=R).\end{cases}$$

式中 $r_k(t)$——在第 k 年设备已使用过 t 年（或役龄为 t 年），再使用 1 年时的效益；

$u_k(t)$——在第 k 年设备已使用过 t 年（或役龄为 t 年），再使用 1 年时的维修费用；

$c_k(t)$——在第 k 年卖掉一台役龄为 t 年的设备，买进一台新的设备的更新净费用，即"买一部新机器的费用"－"卖一部 t 年役龄的旧机器的收益"；

$g_k(x_k)$——在第 k 年的净收益，即

$$g_k(x_k)=\begin{cases}r_k(s_k)-u_k(s_k) & (x_k=K), \\ r_k(0)-u_k(0)-c_k(s_k) & (x_k=R);\end{cases}$$

$f_k(s_k)$——第 k 年初，使用一台已用了 s_k 年的设备，到第 n 年末的最大效益，根据题意可以得到下列基本方程：

$$f_k(s_k)=\max\begin{cases}r_k(s_k)-u_k(s_k)+f_{k+1}(s_{k+1}) & (x_k=K), \\ r_k(0)-u_k(0)-c_k(s_k)+f_{k+1}(s_{k+1}) & (x_k=R);\end{cases}$$

或者

$$\begin{cases}f_k(s_k)=\max\limits_{x_k=K\text{或}R}\{g_k(x_k)+f_{k+1}(s_{k+1})\} & (k=n,n-1,\cdots,1), \\ f_{n+1}(s_{n+1})=0.\end{cases}$$

根据基本方程，向前逐步求解就能得到所求．

［**例 5.8**］某台新设备的年效益及年均维修费、更新净费用如表 5.10 所示．试确定今后 5 年内的更新策略，使总收益最大．

表 5.10　某新设备的年效益及年均维修费、更新净费列表

项目 \ 役龄	0	1	2	3	4	5
效益 $r_k(t)$	5	4.5	4	3.75	3	2.5
维修费 $u_k(t)$	0.5	1	1.5	2	2.5	3
更新费 $c_k(t)$	0.5	1.5	2.2	2.5	3	3.5

解：以年限划分阶段 k：1，2，3，4，5，用逆序法求解．

$k=5$ 时：

$$f_5(s_5)=\max\limits_{x_5=K\text{或}R}\{g_5(x_5)+f_6(s_6)\}$$

$$=\max\begin{cases} r_5(s_5)-u_5(s_5) & (x_5=K), \\ r_5(0)-u_5(0)-c_5(s_5) & (x_5=R). \end{cases}$$

此时 s_5 的所有可能取值为:1,2,3,4.

$$f_5(1)=\max\begin{cases} r_5(1)-u_5(1) & (x_5=K) \\ r_5(0)-u_5(0)-c_5(1) & (x_5=R) \end{cases}=\max\begin{Bmatrix} 4.5-1 \\ 5-0.5-1.5 \end{Bmatrix}=3.5,$$

此时 $x_5^*(1)=K$.

同理可求 $f_5(2)$,$f_5(3)$,$f_5(4)$,计算结果见表 5.11.

表 5.11 $k=5$ 时的计算结果

s_5 \ x_5	$\begin{cases} r_5(s_5)-u_5(s_5) & (x_5=K) \\ r_5(0)-u_5(0)-c_5(s_5) & (x_5=R) \end{cases}$		$f_5(s_5)$	x_5^*
	K	R		
1	3.5	3	3.5	K
2	2.5	2.3	2.5	K
3	1.75	2	2	R
4	0.5	1.5	1.5	R

$k=4$ 时:

$$f_4(s_4)=\max_{x_4=K\text{或}R}\{g_4(x_4)+f_5(s_5)\}$$
$$=\max\begin{cases} r_4(s_4)-u_4(s_4)+f_5(s_4+1) & (x_4=K), \\ r_4(0)-u_4(0)-c_4(s_4)+f_5(1) & (x_4=R). \end{cases}$$

此时 s_4 的所有可能取值为:1,2,3. 计算结果见表 5.12.

表 5.12 $k=4$ 时的计算结果

s_4 \ x_4	$\begin{cases} r_4(s_4)-u_4(s_4)+f_5(s_4+1) & (x_4=K) \\ r_4(0)-u_4(0)-c_4(s_4)+f_5(1) & (x_4=R) \end{cases}$		$f_4(s_4)$	x_4^*
	K	R		
1	6	6.5	6.5	R
2	4.5	5.8	5.8	R
3	3.25	5.5	5.5	R

$k=3$ 时:

$$f_3(s_3)=\max_{x_3=K\text{或}R}\{g_3(x_3)+f_4(s_4)\}$$
$$=\max\begin{cases} r_3(s_3)-u_3(s_3)+f_4(s_3+1) & (x_3=K); \\ r_3(0)-u_3(0)-c_3(s_3)+f_4(1) & (x_3=R). \end{cases}$$

此时 s_3 的所有可能取值为:1,2. 计算结果见表 5.13.

表 5.13 $k=3$ 时的计算结果

s_3 \ x_3	$\begin{cases} r_3(s_3)-u_3(s_3)+f_4(s_3+1) & (x_3=K) \\ r_3(0)-u_3(0)-c_3(s_3)+f_4(1) & (x_3=R) \end{cases}$		$f_3(s_3)$	x_3^*
	K	R		
1	9.3	9.5	9.5	R
2	8	8.8	8.8	R

$k=2$ 时：

$$f_2(s_2)=\max_{x_2=K或R}\{g_2(x_2)+f_3(s_3)\}$$
$$=\max\begin{cases}r_2(s_2)-u_2(s_2)+f_3(s_2+1) & (x_2=K);\\ r_2(0)-u_2(0)-c_2(s_2)+f_3(1) & (x_2=R).\end{cases}$$

此时 s_2 只能取 1. 所以

$$f_2(1)=\max\begin{cases}r_2(1)-u_2(1)+f_3(1+1) & (x_2=K)\\ r_2(0)-u_2(0)-c_2(1)+f_3(1) & (x_2=R)\end{cases}$$
$$=\max\begin{Bmatrix}4.5-1+8.8\\ 5-0.5-1.5+9.5\end{Bmatrix}=12.5,$$

此时 $x_2^*(1)=R$.

$k=1$ 时：

$$f_1(s_1)=\max_{x_1=K或R}\{g_1(x_1)+f_2(s_2)\}$$
$$=\max\begin{cases}r_1(s_1)-u_1(s_1)+f_2(s_1+1) & (x_1=K);\\ r_1(0)-u_1(0)-c_1(s_1)+f_2(1) & (x_1=R).\end{cases}$$

此时 s_1 只能取 0. 所以

$$f_1(0)=\max\begin{cases}r_1(0)-u_1(0)+f_2(0+1) & (x_1=K)\\ r_1(0)-u_1(0)-c_1(0)+f_1(1) & (x_1=R)\end{cases}$$
$$=\max\begin{Bmatrix}5-0.5+12.5\\ 5-0.5-0.5+12.5\end{Bmatrix}=17,$$

此时 $x_1^*(0)=K$.

故本题最优策略为$\{K,R,R,R,K\}$，即第 1 年初购买的设备到第 2、3、4 年初各更新一次，用到第 5 年末，其总效益为 17 万元.

5.4 应用案例

5.4.1 气田管理问题

1. 问题描述

某气田气井在正常生产时均不同程度地伴有少量的水产出，积压井底造成产气能力下降. 在现有采气工艺条件下，维护气井正常生产的手段是泡沫排水采气. 在冬季，往往还会发生水合物堵塞井筒以及集输管线等，这就需要加注甲醇解堵，工程处理次数不同，预期气量下降不同. 通过实际运行，跟踪分析，取得了各井每班(15 天)不同工程处理次数情况下日产气量预期下降的数据(表 5.14). 根据该气田的人员配置、工艺条件、经济状况以及工作制度的要求，气田工程处理的能力为每班 15 井次. 每口井工程处理次数至少应为 2 次，以避免因水淹、水化物堵塞等事故造成的气井停产事件发生，同时也一般不应多于 7 次，以避免不必要的浪费.

表 5.14　各井不同工程处理量预期日产气量(m^3)下降值

次数	五深1	五101	五102	五106	五109
2	450	300	700	200	750
3	300	250	600	150	700
4	150	200	500	100	600
5	100	150	250	50	400
6	50	100	100	50	200
7	50	50	50	50	100

如何安排各井每班的工程处理次数,使得该气田日产气量预期下降值最小,是管理和技术人员面对的重要课题.

2. 问题分析

这实际上是生产安排问题.不妨将该气田 5 口井分别用 $k=1,2,3,4,5$ 排序,如果设 u_k 为第 k 口井分配的工程处理井次数,$P_k(u_k)$为第 k 口气井处理次数为 u_k 时,其预期日产气量下降值.这时,问题可以用下面的模型描述:

$$\min\sum_{k=1}^{5}P_k(u_k),$$

$$\text{s.t.}\ \sum_{k=1}^{5}u_k=15,2\leqslant u_k\leqslant 7.$$

可以看出,这是静态的规划问题.但若将安排每口井的工程处理次数看作是一个过程,即将工程处理次数分阶段逐一分配给每个井,则可以考虑用动态规划方法来解.可把上述规划问题中的变量 u_k 当作决策变量,而状态变量可以取随分配过程变化且具有无后效性的累计量.

3. 动态规划模型的建立及求解

把气井工程处理能力分配到五站气田 5 口井上看成依次分 5 个阶段(用 k 表示,$k=1,2,3,4,5$)进行决策.根据优化模型,引入下面的变量:

状态变量 x_k:到第 k 阶段所拥有的可分配井次数;

决策变量 u_k:第 k 口井分配的工程处理井次数;

容许决策集:$D_k(X_k)=\{u_k|2\leqslant u_k\leqslant 7\},k=1,2,3,4,5$;

从而状态转移方程为:$x_{k+1}=x_k-u_k$;

$P_k(u_k)$:第 k 阶段分配的气井工程处理次数为 u_k 时,该阶段气井的预期降低值,则指标函数可表示为:

$$V_{k,5}=\sum_{i=k}^{5}P_i(u_i)=P_k(u_k)+\sum_{i=k+1}^{5}P_i(u_i)=P_k(u_k)+V_{k+1,5}.$$

$f_k(x_k)$:k 阶段状态为 x_k,采取最优子策略到过程结束时的预期气量降低值,则此问题的动态规划逆序基本方程为:

$$\begin{aligned}f_k(x_k)&=\min_{u_k\in D_k(X_k)}\{P_k(u_k)+f_{k+1}(x_{k+1})\}\\&=\min_{u_k\in D_k(X_k)}\{P_k(u_k)+f_{k+1}(x_k-u_k)\}\qquad(k=5,4,3,2,1),\end{aligned}$$

$$f_6(x_6)=0.$$

依照逆序解法,可得各井分配工程处理的井次数分别为:五深1井3井次;五101井2井次;五102井6井次;五106井2井次;五109井2井次. 预计在用气高峰时期,该气田总的日产量下降期望值为 $1650m^3$.

原气田五102井每班次进行大约10~15次工程处理的做法,与气井生产实际匹配不够合理,预期的日产气量总下降值为 $3850m^3$. 而应用动态规划模型优选的方法确定工程处理能力分配,可使该气田总的日产气量下降期望值为 $1650m^3$,可取得较为明显的经济效益,也使修正后的工作制度更加科学合理.

5.4.2 装载问题

1. 问题描述

有 n 个集装箱要装上两艘载重量分别为 c_1, c_2 的轮船,其中集装箱 i 的重量为 w_i,且 $\sum_{i=1}^{n} w_i \leqslant c_1+c_2, c_1, c_2, w_i \in N^+$(不考虑集装箱的体积). 试求解一个合理的装载方案,把所有 n 个集装箱装上这两艘船.

2. 问题分析

装载问题是日常生产活动中经常遇见的一类问题. 试采用以下的装载策略:

(1)首先将第一艘船尽可能装满;

(2)将剩余的集装箱装上第二艘船.

设装载量为 c_1 的船最多可装 $\max c_1$,如果满足不等式

$$\sum_{i=1}^{n} w_i - c_2 \leqslant \max c_1 \leqslant c_1 \Leftrightarrow \max c_1 \leqslant c_1, \sum_{i=1}^{n} w_i - \max c_1 \leqslant c_2,$$

则装载问题有解.

装载问题不一定总有解. 例如,若 $n=3, c_1=c_2=50, w=\{15,40,40\}$,显然无法把这三个集装箱装上这两艘轮船. 当问题无解时,作无解说明.

为了求取 $\max c_1$,建立如下模型

$$\max \sum_{i=1}^{n} x_i w_i,$$

$$\sum_{i=1}^{n} x_i w_i \leqslant c_i \qquad (x_i \in \{0,1\}, c_i, w_i \in N^+, i=1,2,\cdots,n),$$

可以应用动态规划设计.

3. 动态规划模型的建立及求解

1)动态规划模型的建立

将每个集装箱依顺序编号,$k=1,2,\cdots,n$. 记 w_i 为 $w(i)$.

阶段:把装载每一个集装箱看作为一个阶段,共分为 n 个阶段.

决策变量 x_i:装入第 i 个集装箱的件数,$x_i \in \{0,1\}$.

状态变量 j_i:第 i 阶段开始时,船 C_1 的剩余载重量.

则有状态转移方程:$j_{i+1}=j_i-w(i)x_i$.

最优指标函数 $m(i,j_i)$：第 i 阶段开始时，船 C_1 的最大装载重量值，即剩余载重量为 j_i，可取集装箱编号范围为：$i,i+1,\cdots,n$ 的最大装载重量值．

可以看出，当 $0\leqslant j_i\leqslant w(i)$ 时，物品 i 不可能装入．$m(i,j_i)$ 与 $m(i+1,j_{i+1})$ 相同．

而当 $j_i\geqslant w(i)$ 时，有两种选择：

(1)不装入物品 i，这时最大重量值为 $m(i+1,j_{i+1})=m(i+1,j_i)$；

(2)装入物品 i，这时已增加重量 $w(i)$，剩余载重容量为 $j_i-w(i)$，可以选择集装箱 $i+1,\cdots,n$ 来装，最大载重量值为 $m[i+1,j-w(i)]+w(i)$．期望的最大载重量值是两者中的最大者．于是可得

$$m(i,j_i)=\begin{cases}m(i+1,j_i) & (0\leqslant j<w(i));\\ \max\{m(i+1,j_i),m(i+1,j_i-w(i))+w(i)\} & (j_i\geqslant w(i)).\end{cases}$$

或写为下面的递推关系式：

$$m(i,j_i)=\max_{0\leqslant w_i x_i\leqslant j_{i+1}}\{w(i)x_i+m(i+1,j_{i+1})\}\qquad(i=1,2,\cdots,n),$$

$$m(n+1,j_{n+1})=c_1,$$

所求最优问题为 $m(1,c_1)$．

2)动态规划模型的求解

不妨假设 j_i、c_1 与 $w(i)$ 均为正整数，$i=1,2,\cdots,n$．

装载问题的 C 程序实现见文本 5.1．

文本 5.1　装载问题的 C 程序实现

3)程序运行与说明

运行程序，输入：

```
input c1,c2:120,126
input n:15
集装箱质量:26 19 24 13 10 20 15 12 6 5 22 7 17 27 20
    n=15,s=243
    c1=120, c2=126
    maxc1=120
    C1:15 12 22 7 17 27 20 (120)
    C2:26 19 24 13 10 20 6 5 (123)
```

注意：上述所求解的装载问题中，要求各个集装箱的质量与两船的载重量 c_1，c_2 均为正整数．

练习题 5

1. 石油输送管道铺设最优方案的选择问题：考察网络图 5.4，设 A 为出发地，F 为目的地，B、C、D、E 分别为四个必须建立油泵加压站的地区．图中的线段表示管道可铺设的位置，线段旁的数字表示铺设这些管线所需的费用．问如何铺设管道才能使总费用最小？

2. 用动态规划方法求解非线性规划：

$$\max f(x)=\sqrt{x_1}+\sqrt{x_2}+\sqrt{x_3},$$

$$\begin{cases}x_1+x_2+x_3=27,\\ x_1,x_2,x_3\geqslant 0.\end{cases}$$

3.用动态规划方法求解非线性规划：

$$\begin{cases}\max z = 7x_1^2 + 6x_1 + 5x_2^2, \\ \text{s.t.} \quad x_1 + 2x_2 \leqslant 10, \\ \qquad x_1 - 3x_2 \leqslant 9, \\ \qquad x_1, x_2 \geqslant 0.\end{cases}$$

4.设四个城市之间的公路网如图 5.5 所示．两点连线旁的数字表示两地间的距离．使用迭代法求各地到城市 4 的最短路线及相应的最短距离．

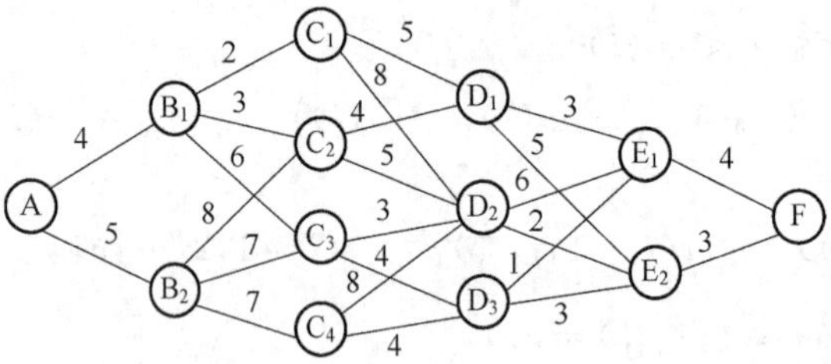

图 5.4　石油输送管道网络图

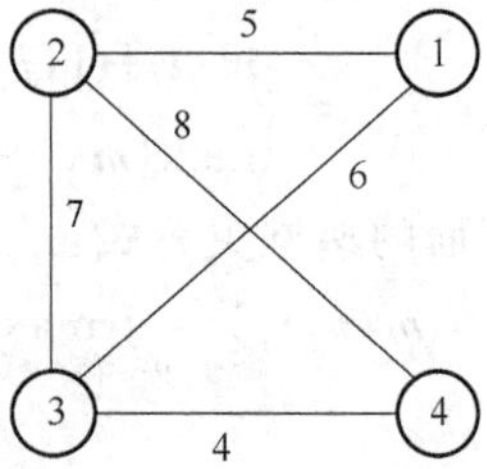

图 5.5　城市公路网

5.某公司打算在 3 个不同的地区设置 4 个销售点，根据市场部门估计，在不同地区设置不同数量的销售点每月可得到的利润如表 5.15 所示．试问在各地区如何设置销售点可使每月总利润最大．

表 5.15　各地区与销售点数的利润表

地区	销售点				
	0	1	2	3	4
1	0	16	25	30	32
2	0	12	17	21	22
3	0	10	14	16	17

6.设某厂计划全年生产某种产品 A. 其四个季度的订货量分别为 600kg、700kg、500kg 和 1200kg. 已知生产产品 A 的生产费用与产品的平方成正比，系数为 0.005. 厂内有仓库可存放产品，存储费为每千克每季度 1 元．求最佳的生产安排使年总成本最小．

7.某种机器可在高、低两种不同的负荷下进行生产．设机器在高负荷下生产的产量函数为 $g=8u_1$，其中 u_1 为投入生产的机器数量，年完好率 $a=0.7$；在低负荷下生产的产量函数为 $h=5y$，其中 y 为投入生产的机器数量，年完好率为 $b=0.9$. 假定开始生产时完好机器的数量 $s_1=1000$. 试问每年如何安排机器在高、低负荷下的生产，使在 5 年内生产的产品总产量最高？

8.有一辆最大货运量为 10t 的卡车，用以装载 3 种货物，每种货物的单位质量及相应单位价值如表 5.16 所示．应如何装载可使总价值最大？

表 5.16　各货物单位质量与单位价值关系表

货物编号 i	1	2	3
单位质量(t)	3	4	5
单位价值 c_i	4	5	6

9.设有 A,B,C 三部机器串联生产某种产品,由于工艺技术问题,产品常出现次品.统计结果表明,机器 A,B,C 产生次品的概率分别为 $P_A=30\%$,$P_B=40\%$,$P_C=20\%$,而产品必须经过三部机器顺序加工才能完成.为了降低产品的次品率,决定拨款 5 万元进行技术改造,以便最大限度地提高产品的成品率指标.现提出如下四种改进方案:

方案 1:不拨款,机器保持原状;

方案 2:加装监视设备,每部机器需款 1 万元;

方案 3:加装控制设备,每部机器需款 2 万元;

方案 4:同时加装监视及控制设备,每部机器需款 3 万元.

采用各方案后,各部机器的次品率如表 5.17 所示.

表 5.17 各方案对应各部机器的次品率关系表(%)

方案	A	B	C
不拨款	30	40	20
拨款 1 万元	20	30	10
拨款 2 万元	10	20	10
拨款 3 万元	5	10	6

问如何配置拨款才能使串联系统的可靠性最大?

第6章　多目标优化及应用

在前面几章中，讨论了仅含单个目标函数的优化问题，即单目标规划问题．单目标规划理论与方法的重要性和实用价值是毋庸置疑的，但是，在许多实际问题中，经常需要对多个目标的方案、计划、设计进行优劣的判断．例如，买一件衣服，既要考虑物美（包括颜色、款式、质量等），又要考虑价廉（价格）；又如求职者在选择工作时，不仅要考虑薪水，还要考虑其他各种福利待遇，以及单位所在城市等因素，只有对各种因素的指标进行综合衡量后，才能作出合理的决策．但在这些指标中，有些常常是互相冲突的，在此情形下的优化问题比单目标情形要复杂得多，这就是本章将要讨论的多目标规划问题．

早在19世纪末，法国经济学家 Pareto 就从政治经济学的角度提出了多目标优化的思想．20世纪40年代，Von Neumann 和 Morgenstern 又从对策论的角度提出了多目标决策问题．50年代初，Koopmans 在生产和分配的活动分析中对多目标优化问题进行了研究，并引入"Pareto 最优"的概念．与此同时，Kuhn 和 Tucker 从数学规则角度提出向量极值问题，并给出了一些重要的理论结果．60年代，Zadeh 又从控制理论的角度提出多准则问题．进入70年代以后，多目标问题的研究日益受到人们的重视，在理论和方法上都有了很大的发展．目前，多目标规划仍然是一个十分活跃的研究领域．

6.1　多目标优化的模型、相关概念和理论

6.1.1　模型的建立

在模型的建立上，多目标优化可以遵循与单目标优化相同的方法和步骤．建立一个问题的多目标优化模型，在充分理解问题的基础上，一般可遵循以下三个步骤：(1)确定决策变量；(2)确定目标函数；(3)确定约束条件．下面通过几个实例来说明如何建立多目标优化模型．

[例6.1]（投资决策问题）设在一段时间内，某市有 b 亿元资金可用于投资，有 m 个项目 $A_1, A_2, \cdots, A_m$ 可供选择．若对第 i 个项目投资，需资金 b_i 亿元，可安排劳力 a_i 人，消费能源 e_i 吨标准煤，可获利税 c_i 亿元．若该市能耗限额为 e 吨标准煤，现有 a 个人急需就业，欲确定一个最佳的投资方案，使获利税最多、安置劳力最多，而且能耗最少．

解：(1)确定决策变量．本问题中，决策内容是"如何进行投资"，具体指在一段时间内对哪些项目进行投资．因此，可令对每个项目的投资状况作为本问题的决策变量，即

$$x_i = \begin{cases} 1, \text{若对 } A_i \text{ 投资}; \\ 0, \text{否则} \end{cases} \qquad (i = 1, 2, \cdots, m).$$

(2)确定目标函数．问题的目标共有三个：获利税最多、安置劳力最多，而且能耗最少．由题设可分别表示为决策变量的函数：

$$Z_1 = \sum_{i=1}^{m} c_i x_i, \quad Z_2 = \sum_{i=1}^{m} a_i x_i, \quad Z_3 = \sum_{i=1}^{m} e_i x_i.$$

(3)确定约束条件．由于资金和能耗都是有限的，而且有 a 个人急需就业，故决策变量 x_i

必须满足下列约束条件：

$$\begin{cases}\sum_{i=1}^{m} b_i x_i \leqslant b & \text{（资金限制）}, \\ \sum_{i=1}^{m} a_i x_i \geqslant a & \text{（安置劳动力限制）}, \\ \sum_{i=1}^{m} e_i x_i \leqslant e & \text{（能耗限制）}.\end{cases}$$

另外，投资状况还要满足 $x_i = 0$ 或 $1, i = 1, 2, \cdots, m$.

因此，本例的数学模型可归纳为如下有三个目标的优化模型：

$$\max Z_1 = \sum_{i=1}^{m} c_i x_i;$$

$$\max Z_2 = \sum_{i=1}^{m} a_i x_i;$$

$$\min Z_3 = \sum_{i=1}^{m} e_i x_i;$$

$$\text{s. t.} \quad \begin{cases}\sum_{i=1}^{m} b_i x_i \leqslant b, \\ \sum_{i=1}^{m} a_i x_i \geqslant a, \\ \sum_{i=1}^{m} e_i x_i \leqslant e, \\ x_i = 0 \text{ 或 } 1 \quad (i = 1, 2, \cdots, m).\end{cases}$$

[**例 6.2**]（油田开发规划问题）随着油田开发进入中后期，开发形势越来越严峻，开发规划所面临的主要问题包括降低成本，确保稳产，并且使油田的效益最大化．油田的产量通常由以下四部分构成：自然产量、措施产量、老区新井产量、新区新井产量（有的油田包含的产量构成项可能更多，如还有三次采油等）．这些分项产量随其对应的成本、工作量及开发动态规律而变化，所以要优化这些分项产量的最优构成（即如何确定各分项产量的值，才能使全油田或采油厂既完成产量任务、成本尽可能低、效益尽可能好，还要满足开发动态变化规律并考虑技术条件的限制），实质上就是要优化每个分项产量对应的成本、工作量及其他影响因素．而其中自然产量、措施产量、老区新井产量、新区新井产量还会受到多种因素的影响．

解：(1)确定决策变量．本问题直接的决策变量是很明显的，就是自然产量、措施产量、新区新井产量、老区新井产量，但这些产量都随影响因素变化，所以真正的决策变量是影响这四项产量的因素．

(2)确定目标函数．目标包括三项：产量最大、成本最低或效益最好．

(3)确定约束条件．四个单项产量与其对应的影响因素间的关联关系是最重要的约束条件，其他约束条件包括：每个单项产量的上下界约束、每个单项产量对应的成本、工作量的上下界约束等．

因此，可建立产量最大、成本最低、效益最好多目标优化模型：

$$\max(x_1 + x_2 + x_3 + x_4),$$

$$\min(c_1x_1+c_2x_2+c_3x_3+c_4x_4),$$

$$\max\left\{P\sum_{i=1}^{4}x_i-\sum_{i=1}^{4}(c_ix_i+R_1x_i+R_2x_i)\right\},$$

$$\begin{cases}x_1+x_2+x_3+x_4\geqslant A,\\ c_1x_1+c_2x_2+c_3x_3+c_4x_4\leqslant C,\\ a_{21}x_1+a_{22}x_2+a_{23}x_3+a_{24}x_4=B,\\ a_i\leqslant x_i\leqslant b_i\qquad(i=1,\cdots,4),\\ x_i=x_i(u_{i1},u_{i2},\cdots,u_{im}).\end{cases}$$

式中 c_1,c_2,c_3,c_4——各项产量单位成本；

x_i——第 i 项产量；

$a_{21},a_{22},a_{23},a_{24}$——单井产量的倒数；

a_i——第 i 项产量的下界；

b_i——第 i 项产量的上界；

P——油价；

R_1——销售税金及附加；

R_2——单位产量分摊的折旧系数；

A——各项产量之和(规划指标)；

C——总成本(规划指标)；

B——总工作量(井数、规划指标)；

$x_i=x_i(u_{i1},u_{i2},\cdots,u_{im})$——第 i 项产量与其影响因素 $u_{i1},u_{i2},\cdots,u_{im}$ 的关联关系．

6.1.2 模型及其分类

1. 标准形式

对于一般的情况，多目标数学规划问题可以写成如下标准形式：

$$(VP)\quad\begin{array}{l}V-\min[f_1(\boldsymbol{X}),\cdots,f_p(\boldsymbol{X})]^{\mathrm{T}},\\ g_i(\boldsymbol{X})\leqslant 0\qquad(i=1,\cdots,m).\end{array}\tag{6.1}$$

其中 $\boldsymbol{X}=[x_1,\cdots,x_n]^{\mathrm{T}}\in\mathbf{R}^n$，$p\geqslant 2$. 符号 $V-\min$ 表示对向量形式的 p 个目标$[f_1(\boldsymbol{X}),\cdots,f_p(\boldsymbol{X})]^{\mathrm{T}}$ 求最小，以区别单目标问题．同样，(VP)表示多目标规划(向量极值)问题．

为方便起见，记

$$F(\boldsymbol{X})=[f_1(\boldsymbol{X}),\cdots,f_p(\boldsymbol{X})]^{\mathrm{T}},\tag{6.2}$$

$$D=\{\boldsymbol{X}\mid g_i(\boldsymbol{X})\leqslant 0,i=1,\cdots,m\}.\tag{6.3}$$

式中 D 称为可行集，则得到多目标规划模型的向量形式：

$$(VP)\quad\begin{array}{l}V-\min F(\boldsymbol{X}),\\ \boldsymbol{X}\in D.\end{array}\tag{6.4}$$

在该标准形式中，目标函数为求极小值(也可以规定为求极大值)，约束条件全为不等式(大于等于)，右端常数项全为零，即 $g_i(\boldsymbol{X})\leqslant 0,i=1,\cdots,m$.

对非标准形式的多目标规划模型，可分别通过下列方法转化为标准形式．

(1)当某个目标函数为求极大值时，有

$$\max z_i = f_i(\boldsymbol{X}),$$

令 $z'_i = -z_i$，即转化为

$$\min z'_i = -f_i(\boldsymbol{X}).$$

(2)当约束条件的右端常数项非零时，可以移项至左边.

(3)当不等式约束为"≤"时，只需将不等式两端同乘以-1.

2. 多目标规划的分类

多目标规划模型按其有无约束条件可分为无约束多目标规划和有约束多目标规划，按其目标函数和约束函数是否线性分为线性多目标规划和非线性多目标规划.

6.1.3 解的相关概念及关系

由于多目标优化问题式(6.4)的目标函数值是一个向量，向量是没有序关系的，即向量之间无法比较大小，这是多目标优化与单目标优化问题最本质的区别. 单目标优化问题的目标函数值为实数，可以比较大小，因此自然而然有"更优(更小)""最优(最小)"的概念，但多目标优化问题没有自然而然的"更优""最优"的概念，这就需要在解决具体问题时人为规定所谓的"最优".

1. 向量的序

较为常见和简单的一种向量的序关系是比较每个分量的大小，其定义如下：

设 $F(\boldsymbol{X}^{(1)}) = (f_1(\boldsymbol{X}^{(1)}), \cdots, f_p(\boldsymbol{X}^{(1)}))^{\mathrm{T}}, F(\boldsymbol{X}^{(2)}) = (f_1(\boldsymbol{X}^{(2)}), \cdots, f_p(\boldsymbol{X}^{(2)}))^{\mathrm{T}} \in \mathbf{R}^p$,

(1)"<".

$F(\boldsymbol{X}^{(1)}) < F(\boldsymbol{X}^{(2)}) \Leftrightarrow f_j(\boldsymbol{X}^{(1)}) < f_j(\boldsymbol{X}^{(2)}), j=1,2,\cdots,p$，即 $F(\boldsymbol{X}^{(1)})$ 的每个分量都严格小于$F(\boldsymbol{X}^{(2)})$的相应分量.

(2)"⩽".

$F(\boldsymbol{X}^{(1)}) \leqslant F(\boldsymbol{X}^{(2)}) \Leftrightarrow f_j(\boldsymbol{X}^{(1)}) \leqslant f_j(\boldsymbol{X}^{(2)}), j=1,2,\cdots,p$，即 $F(\boldsymbol{X}^{(1)})$ 的每个分量都小于等于$F(\boldsymbol{X}^{(2)})$的相应分量.

(3)"≤".

$F(\boldsymbol{X}^{(1)}) \leq F(\boldsymbol{X}^{(2)}) \Leftrightarrow f_j(\boldsymbol{X}^{(1)}) \leq f_j(\boldsymbol{X}^{(2)}), j=1,2,\cdots,p$，且至少存在某个 $j_0(1 \leqslant j_0 \leqslant p)$，使$f_{j_0}(\boldsymbol{X}^{(1)}) < f_{j_0}(\boldsymbol{X}^{(2)})$. 也就是说，$F(\boldsymbol{X}^{(1)})$的每个分量都小于或等于 $F(\boldsymbol{X}^{(2)})$的相应分量，而且至少有一个 $F(\boldsymbol{X}^{(1)})$的分量严格小于 $F(\boldsymbol{X}^{(2)})$的相应分量.

2. 各种解的概念

由于实际多目标优化问题中，多个目标函数之间往往相互冲突，这意味着某个目标函数值向量的所有分量不会同时小于(或大于)另一个目标函数值向量的所有分量，所以利用上一节向量的序关系无法解决大部分实际的多目标优化问题. 下面考虑多目标规划问题(VP)在各种意义下解的定义.

定义 6.1 设 $\overline{\boldsymbol{X}} \in D = \{\boldsymbol{X} \mid g_i(\boldsymbol{X}) \geqslant 0, i=1,\cdots,m\}$，若对任意的 $\boldsymbol{X} \in D$，均有

$$F(\overline{\boldsymbol{X}}) \leqslant F(\boldsymbol{X}), \tag{6.5}$$

则称 $\overline{\boldsymbol{X}}$ 为问题(VP)的绝对最优解，其全体记为 R_{ab}.

定义 6.2 设 $\overline{\boldsymbol{X}} \in D$，若不存在 $\boldsymbol{X} \in D$，使得

$$F(\boldsymbol{X}) \leqslant F(\overline{\boldsymbol{X}}), \tag{6.6}$$

则称 $\overline{\boldsymbol{X}}$ 是多目标规划问题(VP)的有效解(或非劣解,Pareto 解),其全体记为 R_{pa}.

由此定义可知,对于有效解 $\overline{\boldsymbol{X}}$ 来说,在"$\leqslant$"意义下不可能找到另一个使向量目标函数 F 的值进一步改进的可行解.

定义 6.3 设 $\overline{\boldsymbol{X}} \in D$,若不存在 $\boldsymbol{X} \in D$,使得

$$F(\boldsymbol{X}) < F(\overline{\boldsymbol{X}}), \tag{6.7}$$

则称 $\overline{\boldsymbol{X}}$ 是多目标规划问题(VP)的弱有效解(或弱非劣解,弱 Pareto 解),其全体记为 R_{wp}.

3. 各种解之间的关系

定理 6.1 多目标规划问题(VP)的最优解一定是有效解,有效解一定是弱有效解,即 $R_{ab} \subset R_{pa} \subset R_{wp}$.

关于(VP)的弱有效解,还有如下结论.

定理 6.2 如果 $\overline{\boldsymbol{X}}$ 是如下单目标规划问题(P_j)的最优解,则

$$(P_j) \quad \begin{cases} \min f_j(\boldsymbol{X}), \\ \boldsymbol{X} \in D = \{\boldsymbol{X} \mid g_i(\boldsymbol{X}) \leqslant 0, i = 1, \cdots, m\}, \end{cases} \tag{6.8}$$

则 $\overline{\boldsymbol{X}}$ 是多目标规划问题(VP)的弱有效解,这里 $j = 1, \cdots, p$.

证明:用反证法. 若结论不真,即对某个 $j_0(I \leqslant j_0 \leqslant P)$,有 $\overline{\boldsymbol{X}}$ 是(P_{j0})的最优解而不是(VP)的弱有效解,则由定义 6.3 可知,存在 $\boldsymbol{X} \in D$,使得 $F(\boldsymbol{X}) < F(\overline{\boldsymbol{X}})$,即对 $j = 1, \cdots, p$,都有 $f_j(\boldsymbol{X}) < f_j(\overline{\boldsymbol{X}})$.

特别地,有 $f_{j0}(\boldsymbol{X}) < f_{j0}(\overline{\boldsymbol{X}})$ 与 $\overline{\boldsymbol{X}}$ 是(P_{j0})的最优解矛盾. 证毕.

6.1.4 多目标优化的最优性条件

众所周知,在单目标规划理论与方法的讨论中,有关最优解的 Kuhn-Tucker 条件等基本定理的研究具有重要的意义. 它不仅给出最优解的判别规则,还为研究各种求解算法提供新的途径. 同样,对于多目标规划问题,也有必要研究相应的基本性质. 以下部分将介绍有关多目标规划问题各种解的判别条件以及与单目标规划解之间关系的一些基本结果.

1. 弱有效解的 Kuhn-Tucker 条件

考虑对(VP)中向量目标函数各分量进行加权而得到的单目标非线性规划问题(NP).

$$(NP) \quad \begin{array}{l} \min \overline{\boldsymbol{\lambda}}^{\mathrm{T}} F(\boldsymbol{X}), \\ \boldsymbol{X} \in D = \{\boldsymbol{X} \mid g_i(\boldsymbol{X}) \leqslant 0, i = 1, \cdots, m\}. \end{array} \tag{6.9}$$

这里,$\overline{\boldsymbol{\lambda}} = (\lambda_1, \cdots, \lambda_p)^{\mathrm{T}} \geqslant 0$,且满足

$$\sum_{j=1}^{p} \lambda_j = 1. \tag{6.10}$$

首先建立(VP)的弱有效解与(NP)的最优解之间的联系,然后利用单目标规划问题的有关结论导出(VP)弱有效解的 Kuhn-Tucker 条件.

引理 6.1 设 C 是 $\mathbf{R}^k$ 中非空凸集且不含原点,则存在一个超平面将 C 和原点分离,即存在 $\boldsymbol{\lambda} = [\lambda_1, \cdots, \lambda_k]^{\mathrm{T}} \neq 0$,使得对于任给 $\boldsymbol{Y} \in C$,有:

$$\boldsymbol{\lambda}^{\mathrm{T}} \boldsymbol{Y} \geqslant 0$$

引理 6.1 是著名的凸集分离定理的一种较弱的特殊形式,在一般有关凸分析的教科书中

可以找到有关该引理的叙述及证明．

定理 6.3 设(VP)中的$f_j(\boldsymbol{X})(j=1,\cdots,p)$和$g_i(\boldsymbol{X})(i=1,\cdots,m)$为凸函数，$\overline{\boldsymbol{X}}\in D$是$(VP)$的弱有效解，则必存在$\boldsymbol{\lambda}=[\lambda_1,\cdots,\lambda_p]^{\mathrm{T}}\geqslant 0$且满足式(6.10)，使得$\overline{\boldsymbol{X}}$是$(NP)$的最优解．该定理证明略去．

在多目标规划问题(VP)中，若$f_j(\boldsymbol{X})(j=1,\cdots,p)$和$g_i(\boldsymbol{X})(i=1,\cdots,m)$均为凸函数，则称$(VP)$为凸多目标规划．定理 6.3 表明，对于凸多目标规划(VP)，其弱有效解为形如式(6.9)的单目标规划(NP)的最优解，凸性条件对于保证定理结论成立是十分重要的．然而，相反方向的结果则对更一般的情况成立，这就是定理 6.4.

定理 6.4 设$\overline{\boldsymbol{X}}\in D$是单目标规划$(NP)$的最优解，其中$\overline{\boldsymbol{\lambda}}=(\lambda_1,\cdots,\lambda_p)^{\mathrm{T}}\geqslant 0$且满足式(6.10)，则$\overline{\boldsymbol{X}}$是多目标规划问题$(VP)$的弱有效解．

证明：反证法．若$\overline{\boldsymbol{X}}$不是$(VP)$的弱有效解，则存在另一个$\overline{\boldsymbol{X}}\in D$，使得$F(\boldsymbol{X})<F(\overline{\boldsymbol{X}})$，注意到$\overline{\boldsymbol{\lambda}}^{\mathrm{T}}\geqslant 0$，则有

$$\overline{\boldsymbol{\lambda}}^{\mathrm{T}}F(\boldsymbol{X})<\overline{\boldsymbol{\lambda}}^{\mathrm{T}}F(\overline{\boldsymbol{X}}),$$

与$\overline{\boldsymbol{X}}$是$(NP)$的最优解矛盾，所以$\overline{\boldsymbol{X}}$必为$(VP)$的弱有效解．证毕．

定理 6.3 和定理 6.4 在一定条件下将(VP)的弱有效解与(NP)的最优解联系起来．在此基础上，就可讨论多目标规划问题(VP)弱有效解的 Kuhn-Tucker 条件．

定理 6.5 设多目标规划问题(VP)中的$f_j(\boldsymbol{X})(j=1,\cdots,p)$和$g_i(\boldsymbol{X})(i=1,\cdots,m)$均为可微凸函数，$\overline{\boldsymbol{X}}\in D$是$(VP)$的弱有效解，且在$\overline{\boldsymbol{X}}$点满足 Kuhn-Tucker 约束条件，则存在$\overline{\boldsymbol{U}}=[\overline{u}_1,\cdots,\overline{u}_m]^{\mathrm{T}}\geqslant 0$，使得$\overline{\boldsymbol{X}},\overline{\boldsymbol{U}}$是如下广义 Lagrange 问题$(KT)$的解（即满足 Kuhn-Tucker 条件）：

$$(KT)\quad\begin{cases}\Phi_x(\boldsymbol{X},\boldsymbol{U},\overline{\boldsymbol{\lambda}})=\overline{\boldsymbol{\lambda}}^{\mathrm{T}}F_x(\boldsymbol{X})+\boldsymbol{U}^{\mathrm{T}}G_x(\boldsymbol{X})=0, & (6.11)\\ \Phi_u(\boldsymbol{X},\boldsymbol{U},\overline{\boldsymbol{\lambda}})=G(\boldsymbol{X})\leqslant 0,\boldsymbol{U}\geqslant 0, & (6.12)\\ \boldsymbol{U}^{\mathrm{T}}\Phi_u(\boldsymbol{X},\boldsymbol{U},\overline{\boldsymbol{\lambda}})=\boldsymbol{U}^{\mathrm{T}}G(\boldsymbol{X})=0. & (6.13)\end{cases}$$

式中$\overline{\boldsymbol{\lambda}}=(\lambda_1,\cdots,\lambda_p)^{\mathrm{T}}\geqslant 0$，且满足式(6.10)：

$$G(\boldsymbol{X})=[g_i(x),\cdots,g_m(x)]^{\mathrm{T}},\Phi(\boldsymbol{X},\boldsymbol{U},\overline{\boldsymbol{\lambda}})=\overline{\boldsymbol{\lambda}}F(\boldsymbol{X})+\boldsymbol{U}^{\mathrm{T}}G(\boldsymbol{X}).$$

定理 6.6 设在(KT)中，$f_j(\boldsymbol{X})(j=1,\cdots,p)$和$g_i(\boldsymbol{X})(i=1,\cdots,m)$均为可微凸函数，$\overline{\boldsymbol{\lambda}}=(\lambda_1,\cdots,\lambda_p)^{\mathrm{T}}\geqslant 0$且满足式(6.10)，若$\overline{\boldsymbol{X}},\overline{\boldsymbol{U}}$是问题$(KT)$的解，则$\overline{\boldsymbol{X}}$是多目标规划问题$(VP)$的弱有效解．

2. 有效解的 Kuhn-Tucker 条件

由于有效解必定是弱有效解，因此上述有关弱有效解必要条件的讨论对于有效解显然也适用．例如，定理 6.4 和定理 6.5 中的“弱有效解”换成“有效解”后仍然成立．但是，关于有效解的充分条件则需另加讨论，对此有如下定理．

定理 6.7 设在问题(KT)中$f_j(\boldsymbol{X})(j=1,\cdots,p)$和$g_i(\boldsymbol{X})(i=1,\cdots,m)$均为可微凸函数，$\boldsymbol{\lambda}=(\lambda_1,\cdots,\lambda_p)^{\mathrm{T}}>0$且满足式(6.10)，若$\overline{\boldsymbol{X}},\overline{\boldsymbol{U}}$是$(KT)$问题的解，则$\overline{\boldsymbol{X}}$是多目标规划问题$(VP)$的有效解．

定理 6.8 设在(KT)中$f_j(\boldsymbol{X})(j=1,\cdots,p)$为可微严格凸函数，$g_i(\boldsymbol{X})(i=1,\cdots,m)$为可微凸函数，$\overline{\boldsymbol{\lambda}}=(\lambda_1,\cdots,\lambda_p)^{\mathrm{T}}\geqslant 0$且满足式(6.10)，若$\overline{\boldsymbol{X}},\overline{\boldsymbol{U}}$是问题$(KT)$的解，则$\overline{\boldsymbol{X}}$是多目标规划问题$(VP)$的有效解．

6.2 多目标优化算法与实例

通过前面讨论可知，多目标规划问题(VP)的绝对最优解一般并不存在，于是，在处理(VP)时，不得不考虑在“$\leqslant$”或“$<$”意义下能进行比较的可行解．D 中的非有效解(也称为劣解)在一般情况下显然应该被淘汰，因为根据定义 6.2 可知，对于非有效解来说，总可以找到另一个可行解，在“$\leqslant$”意义下将向量目标函数 F 的值进一步改进．至于非弱有效解更是不可取的，因为由定义 6.3 可知，对非弱有效解来说，总存在另一个可行解，在“$<$”意义下使向量目标函数 F 的值进一步改进．因此，一般情况下求出的都是有效解(或者弱有效解)．

有效解的个数往往不止一个，甚至有无穷多个．而对于一个决策问题来说，最终需要提供的解只是一个，因此必须在所有的有效解中选择一个，选出的解称为最佳调和解．从决策分析的角度看，寻找最佳调和解实际上是在 D 中根据决策者的某种偏好信息引入完全有序关系．显然，如果决策者的偏好十分明确清楚而足以给出这种完全有序关系，则多目标规划问题就可转化为单目标规划问题去解决．然而，多目标规划问题的难点之一就在于，由于问题本身的复杂性，决策者的偏好信息往往不是十分明确的．正由于此，处理多目标规划问题有许多种方法，它们之间一个主要区别就在于采用不同的方式以诱导、获取和利用决策者的偏好信息．

目前提出求解多目标问题的方法很多，分类的方法也有若干种．若按照在求解过程中获取决策者偏好信息的方式分，大致有以下三类方法：

(1)决策者求解之前给出偏好信息．换言之，如果把求出有效解的人看成分析者，而把确定最终采用哪一个有效解的人看成决策者，则决策者与分析者事先确定一个准则，使得据此求出的解是最佳调和解．下面将要讨论的评价函数方法即属此类．

(2)决策者在求解过程中逐步给出偏好信息．决策者与分析者不断交换对解的看法而逐步改进有效解，直到最后找到使决策者满意的最佳调和解．交互式方法即属此类．

(3)决策者在求解过程之后给出偏好信息．分析者求出所有(或大部分)有效解，由决策者从中自行挑选出最佳调和解．

6.2.1 评价函数方法

如前所述，对于多目标规划问题的处理，通常是根据问题的具体特点或者决策者的偏好，在有效解中选择一个最佳调和解．而评价函数是对决策者偏好的一种表示方法，是评价解的优劣的目标函数．评价函数方法是处理多目标规划问题的主要方法之一，其基本思想是利用评价函数化多目标规划为单目标规划．

1. 评价函数

一般地，对多目标规划问题(VP)，若存在从 $\mathbf{R}^p$ 到 $\mathbf{R}$ 的函数 v，可将(VP)转化为单目标优化问题(NP)．

$$(NP)\quad \begin{cases} \min v(f_1(\boldsymbol{X}),\cdots,f_p(\boldsymbol{X}))=v(F(\boldsymbol{X})), \\ \boldsymbol{X}\in D=\{\boldsymbol{X}\,|\,g_i(\boldsymbol{X})\leqslant 0 \qquad (i=1,\cdots,m)\}. \end{cases} \tag{6.14}$$

式中的 v 称为评价函数，显然对转化后的问题(NP)，完全可以用单目标规划求解方法加以解决．

由于问题的背景以及决策者的偏好不同，评价函数可以有多种具体形式，从而得到求解多目标规划问题的各种算法．但是，不论 v 取何种形式，在大多情况下都要求最后求得的解应该是有效解，或者至少是弱有效解才能被接受．而为了保证最终得到的解是有效解或弱有效解，v 必须满足一定的条件．下面对此进行讨论．

定义 6.4 若对任意的 $\boldsymbol{F}^{(1)}\in\mathbf{R}^p$ 和任意的 $\boldsymbol{F}^{(2)}\in\mathbf{R}^p$，且满足 $\boldsymbol{F}^{(1)}\leqslant\boldsymbol{F}^{(2)}$，都有

$$v(\boldsymbol{F}^{(1)})<v(\boldsymbol{F}^{(2)}),$$

则称 $v(\boldsymbol{F})$是 $\boldsymbol{F}$ 的严格单调增函数．

定义 6.5 若对任意的 $\boldsymbol{F}^{(1)}\in\mathbf{R}^p$ 和任意的 $\boldsymbol{F}^{(2)}\in\mathbf{R}^p$，且满足 $\boldsymbol{F}^{(1)}<\boldsymbol{F}^{(2)}$，都有

$$v(\boldsymbol{F}^{(1)})<v(\boldsymbol{F}^{(2)}),$$

则称 $v(\boldsymbol{F})$是 $\boldsymbol{F}$ 的单调增函数．

定理 6.9 在问题(NP)中，若 $v(\boldsymbol{F})$是 $\boldsymbol{F}$ 的严格单调增函数，则单目标问题(NP)的最优解 $\overline{\boldsymbol{X}}$ 是多目标问题(VP)的有效解．

证明:用反证法．若 $\overline{\boldsymbol{X}}$ 不是(VP)的有效解，则由定义知，存在另一 $\boldsymbol{X}\in D$，使得

$$F(\boldsymbol{X})\leqslant F(\overline{\boldsymbol{X}}),$$

而由 $v(\boldsymbol{F})$的严格单调增性，有

$$v(F(\boldsymbol{X}))<v(F(\overline{\boldsymbol{X}})).$$

这与 $\overline{\boldsymbol{X}}$ 是(NP)的最优解矛盾，所以 $\overline{\boldsymbol{X}}$ 是(VP)的有效解．证毕．

定理 6.10 在问题(NP)中，$v(\boldsymbol{F})$是 $\boldsymbol{F}$ 的单调增函数，则单目标问题(NP)的最优解 $\overline{\boldsymbol{X}}$ 是多目标问题(VP)的弱有效解．

证明:用反证法．若 $\overline{\boldsymbol{X}}$ 不是(VP)的弱有效解，由定义知，存在另一 $\boldsymbol{X}\in D$，使得

$$F(\boldsymbol{X})<F(\overline{\boldsymbol{X}}).$$

由 $v(\boldsymbol{F})$的单调增性，有

$$v(F(\boldsymbol{X}))<v(F(\overline{\boldsymbol{X}})),$$

这与 $\overline{\boldsymbol{X}}$ 是(NP)的最优解矛盾．所以 $\overline{\boldsymbol{X}}$ 是(VP)的弱有效解．证毕．

在解决多目标规划问题的各种算法中，有相当一部分都可纳入评价函数方法一类．评价函数取不同的形式，就得到各种各样的算法．下面逐一作介绍．

2. 线性加权法

这种方法的思路是，对原问题(VP)中向量目标函数 $F(\boldsymbol{X})$的各个分量作线性加权和，将其转化为一个新的单目标规划问题：

$$\begin{cases}\min v(F(\boldsymbol{X}))=\sum_{j=1}^{p}\lambda_j f_j(\boldsymbol{X})=\overline{\boldsymbol{\lambda}}^{\mathrm{T}}F(\boldsymbol{X}),\\ \boldsymbol{X}\in D.\end{cases}\tag{6.15}$$

式中 $\overline{\boldsymbol{\lambda}}=[\lambda_1,\cdots,\lambda_p]^{\mathrm{T}}\geqslant 0$ 且满足式(6.10).

这个方法中，评价函数的形式为

$$v(F)=\sum_{j=1}^{p}\lambda_j f_j,\tag{6.16}$$

式中的权系数 $\lambda_j(j=1,\cdots,p)$事先给定，它们表示第 j 个目标 $f_j(j=1,\cdots,p)$的相对重要程度，反映了决策者的偏好．

容易证明，当 $\overline{\boldsymbol{\lambda}}^{\mathrm{T}}\geqslant 0$ 时，上述 $v(F)$是 F 的单调增函数，则由线性加权法求得的解必定是(VP)的弱有效解，当 $\overline{\boldsymbol{\lambda}}^{\mathrm{T}}>0$ 时，上述 $v(F)$是 F 的严格单调增函数，则由线性加权法求得的解

必定是(VP)的有效解.

线性加权法的关键在于如何合理确定权系数 $\lambda_j(j=1,\cdots,p)$,对此将在此做进一步讨论.

3. 理想点法

在多目标规划问题(VP)中,分别求出 p 个单目标规划问题的最优目标函数值为

$$f_j^* = \min_{\boldsymbol{X}\in D} f_j(\boldsymbol{X}) \qquad (j=1,\cdots,p), \tag{6.17}$$

记向量 $\boldsymbol{F}^* \triangleq [f_1^*,\cdots,f_p^*]^{\mathrm{T}}$. 显然,对于问题(VP)来说,其最佳调和解所对应的目标函数值一般不可能达到 $\boldsymbol{F}^*$. 但是,在求解时,可以把 $\boldsymbol{F}^*$ 作为一个理想点,希望求得的目标函数值与 $\boldsymbol{F}^*$ 尽量接近. 基于这种思想,理想点法采用描述 F 与 $\boldsymbol{F}^*$ 之间距离(模长)函数作为评价函数:

$$v(\boldsymbol{F}) = \| F - \boldsymbol{F}^* \|, \tag{6.18}$$

并对其求最小. 于是,根据距离的各种定义就可找到不同意义下的最佳调和解. 通常采用下列定义的模:

$$v(F(\boldsymbol{X})) = \| F(\boldsymbol{X} - \boldsymbol{F}^*) \|_q = \left\{ \sum_{j=1}^{p} [(f_j(\boldsymbol{X}) - f_j^*)^q] \right\}^{\frac{1}{q}}, \tag{6.19}$$

式中 q 为大于等于 1 的整数. 当 $q=1$ 时:

$$v(F(\boldsymbol{X})) = \sum_{j=1}^{p} (f_j(\boldsymbol{X}) - f_i^*); \tag{6.20}$$

当 $q=\infty$ 时:

$$v(F(\boldsymbol{X})) = \max_{1\leqslant j\leqslant p} |f_j(\boldsymbol{X}) - f_j^*| = \max_{1\leqslant j\leqslant p} (f_j(\boldsymbol{X}) - f_j^*). \tag{6.21}$$

最常用的是取 $q=2$,即为普通欧氏距离:

$$v(F(\boldsymbol{X})) = \left\{ \sum_{j=1}^{p} [f_j(\boldsymbol{X}) - f_j^*]^2 \right\}^{\frac{1}{2}}. \tag{6.22}$$

定理 6.11 理想点法中,取 q 为大于等于 1 的有限整数时,得到的解必定是(VP)的有效解;取 $q=\infty$ 时,得到的解是(VP)的弱有效解.

4. 平方和加权法

首先求出 p 个单目标规划问题:

$$\min f_j(\boldsymbol{X}) \qquad (j=1,\cdots,p),$$
$$\boldsymbol{X} \in D$$

的下界 $f_j^{(0)}(j=1,\cdots,p)$,即:

$$f_j^{(0)} \leqslant \min_{X\in D} f_j(\boldsymbol{X}) \qquad (j=1,\cdots,p), \tag{6.23}$$

令评价函数为

$$v(F) = \sum_{j=1}^{p} \lambda_j (f_j - f_j^{(0)})^2, \tag{6.24}$$

其中 $\lambda_1,\cdots,\lambda_p$ 为事先给定的权系数,满足式(6.10)且均大于 0.

再求最优化问题:

$$\min v(F(\boldsymbol{X})) = \sum_{j=1}^{p} \lambda_j (f_j(\boldsymbol{X}) - f_j^{(0)})^2,$$
$$\boldsymbol{X} \in D, \tag{6.25}$$

将得到的最优解作为问题(VP)的最佳调和解．

定理 6.12 由平方和加权法得到的解必定是(VP)的有效解．

平方和加权法的特点是用各个目标规划问题的目标函数值下界的估计来代替目标函数最优值作为理想点，在逼近理想点时对各目标函数赋予不同的权重，使各目标依照不同的重要程度来逼近其最理想的值．

在平方和加权法中，也存在确定权系数的问题．

5. 极小—极大法

极小—极大法的出发点基于这样一种决策偏好：希望在最不利的情况下找出一个最有利的决策方案．根据这种想法，将问题(VP)转化为如下优化问题：

$$\min_{X\in D} v(F(\boldsymbol{X}))=\min_{X\in D}\{\max_{1\leqslant j\leqslant p} f_j(\boldsymbol{X})\}, \tag{6.26}$$

将此问题的最优解 $\boldsymbol{X}$ 作为(VP)的最佳调和解．

显然，极小—极大法是一种评价函数方法，其评价函数为

$$v(\boldsymbol{F})=\max_{1\leqslant j\leqslant p}\{f_j\}. \tag{6.27}$$

定理 6.13 极小—极大法求得的解必然是原问题(VP)的弱有效解．

证明：对任意 $\boldsymbol{F}^{(1)}\in\mathbf{R}^p$，$\boldsymbol{F}^{(2)}\in\mathbf{R}^p$ 且 $\boldsymbol{F}^{(1)}<\boldsymbol{F}^{(2)}$，即对 $j=1,\cdots,p$，有 $f_j^{(1)}<f_j^{(2)}$．若记

$$f_{j0}^{i}=\max_{1\leqslant j\leqslant p}\{f_j^{i}\} \qquad (i=1,2),$$

则
$$v(\boldsymbol{F}^{(1)})=\max_{1\leqslant j\leqslant p}\{f_j^{(1)}\}=f_{j0}^{(1)}<f_{j0}^{(2)}=\max_{1\leqslant j\leqslant p}\{f_j^{(2)}\}=v(\boldsymbol{F}^{(2)}).$$

即 $v(\boldsymbol{F})$是 $\boldsymbol{F}$ 的单调增函数，从而定理 6.10 知，得到的解必定是(VP)的弱有效解．证毕．

还应当指出，极小—极大问题可以通过增加一个变量 t 和 p 个约束的方法化为通常的优化模型，即化为：

$$\begin{aligned} &\min t,\\ &f_j(\boldsymbol{X})\leqslant t \qquad (j=1,\cdots,p),\\ &g_i(\boldsymbol{X})\geqslant 0 \qquad (i=1,\cdots,m). \end{aligned} \tag{6.28}$$

定理 6.14 若$[\overline{\boldsymbol{X}}^{\mathrm{T}},\bar{t}]^{\mathrm{T}}$是问题式(6.28)的最优解，则 $\overline{\boldsymbol{X}}$ 必为问题式(6.26)的最优解；反之，若 $\overline{\boldsymbol{X}}$ 为问题式(6.26)的最优解，令

$$\bar{t}=\max_{1\leqslant j\leqslant p} f_j(\overline{\boldsymbol{X}}), \tag{6.29}$$

则$[\overline{\boldsymbol{X}}^{\mathrm{T}},\bar{t}]^{\mathrm{T}}$是问题式(6.28)的最优解．

证明：设$[\overline{\boldsymbol{X}}^{\mathrm{T}},\bar{t}]^{\mathrm{T}}$是问题式(6.28)的最优解，易知应有

$$\bar{t}=\max_{1\leqslant j\leqslant p}(\overline{\boldsymbol{X}}).$$

现对任意的 $\boldsymbol{X}\in D$，令

$$t\triangleq\max_{1\leqslant j\leqslant p} f_j(\overline{\boldsymbol{X}}),$$

则由$[\overline{\boldsymbol{X}}^{\mathrm{T}},\bar{t}]^{\mathrm{T}}$是问题式(6.28)的最优解又可知，有

$$\bar{t}\leqslant t,$$

从而

$$\max_{1\leqslant j\leqslant p} f_j(\overline{\boldsymbol{X}})=\bar{t}\leqslant t=\max_{1\leqslant j\leqslant p} f_j(\boldsymbol{X}),$$

即 $\overline{\boldsymbol{X}}$ 是问题式(6.26)的最优解．

现设$[\overline{\boldsymbol{X}}^{\mathrm{T}},\bar{t}]^{\mathrm{T}}$是问题式(6.28)的任意一个可行解,由可行性,有

$$f_j(\boldsymbol{X})\leqslant t \qquad (j=1,\cdots,p),$$

故有

$$\max_{1\leqslant j\leqslant p} f_j(\boldsymbol{X})\leqslant t.$$

再由$\overline{\boldsymbol{X}}$是问题式(6.26)的最优解,可知有

$$\bar{t}=\max_{1\leqslant j\leqslant p} f_j(\overline{\boldsymbol{X}})\leqslant \max_{1\leqslant j\leqslant p} f_i(\boldsymbol{X}),$$

于是有

$$\bar{t}=\max_{1\leqslant j\leqslant p} f_j(\overline{\boldsymbol{X}})\leqslant \max_{1\leqslant j\leqslant p} f_j(\boldsymbol{X})\leqslant t.$$

从而可知$[\overline{\boldsymbol{X}}^{\mathrm{T}},\bar{t}]^{\mathrm{T}}$是问题式(6.28)的最优解．证毕．

极小—极大法还可采用加权形式的评价函数,即令

$$v(F)=\max_{1\leqslant j\leqslant p}\lambda_j f_j, \tag{6.30}$$

则(VP)转化为如下优化问题

$$\min_{X\in D}\{F(\boldsymbol{X})\}=\min_{X\in D}\{\max_{1\leqslant j\leqslant p}\lambda_j f_j\}. \tag{6.31}$$

式中$\lambda_1,\cdots,\lambda_p$是一组事先给定的非负权系数,且满足式(6.10)．同样,这时也存在如何确定权系数和问题．

6．乘除法

设原多目标规划问题具有如下特点,其中有一些目标是希望越小越好,另一些目标是希望越大越好,但对于任意的$\boldsymbol{X}\in D$,都有

$$f_j(\boldsymbol{X})>0 \qquad (j=1,\cdots,p), \tag{6.32}$$

现把目标分为两类,不妨设第一类目标为

$$f_1(\boldsymbol{X}),f_2(\boldsymbol{X}),\cdots,f_k(\boldsymbol{X}), \tag{6.33}$$

要求它们越小越好．

第二类目标为:

$$f_{k+1}(\boldsymbol{X}),f_{k+2}(\boldsymbol{X}),\cdots,f_p(\boldsymbol{X}), \tag{6.34}$$

要求它们越大越好．

此时,令

$$f'_j(\boldsymbol{X})=\begin{cases}f_j(\boldsymbol{X}) & (j=1,\cdots,k),\\ 1/f_j(\boldsymbol{X}) & (j=k+1,\cdots,p),\end{cases} \tag{6.35}$$

则问题变为要求p个目标$f'_1(\boldsymbol{X}),\cdots,f'_k(\boldsymbol{X}),f'_{k+1}(\boldsymbol{X}),\cdots,f'_p(\boldsymbol{X})$均为越小越好．取评价函数为

$$v(F')=\prod_{j=1}^{p}f'_j, \tag{6.36}$$

则问题转化为求如下优化问题:

$$\min_{X\in D}v(F'(\boldsymbol{X}))=\min_{X\in D}\prod_{J=1}^{p}f'_j(\boldsymbol{X})=\min_{X\in D}\left[\frac{\prod\limits_{j=1}^{k}f_j(\boldsymbol{X})}{\prod\limits_{j=k+1}^{p}f_j(\boldsymbol{X})}\right], \tag{6.37}$$

然后将此问题的最优解作为(VP)的最佳调和解．

定理 6.15 设多目标规划问题中,对任意 $\boldsymbol{X}\in D$,均有

$$f_j(\boldsymbol{X})>0 \qquad (j=1,\cdots,p),$$

则由乘除法得到的解必定是原多目标问题的有效解.

7. 功效系数法

设在多目标问题中,前 k 个目标函数 $f_1(\boldsymbol{X}),\cdots,f_k(\boldsymbol{X})$希望越小越好,而后$(p-k)$个目标函数 $f_{k+1}(\boldsymbol{X}),\cdots,f_p(\boldsymbol{X})$则希望越大越好. 具体处理这些目标之间关系时,往往会由于各目标的量纲以及变动范围不同而带来一些困难. 功效系数法的思路是针对这些目标函数值 $f_j(\boldsymbol{X})$的好坏,用一个功效系数 d_j 表示,即

$$d_j=d_j(f_j(\boldsymbol{X})) \qquad (j=1,\cdots,p), \tag{6.38}$$

使其满足

$$0\leqslant d_j\leqslant 1 \qquad (j=1,\cdots,p), \tag{6.39}$$

当达到最满意值时令 $d_j=1$(或 $d_j\approx 1$),最差时令 $d_j=0$.

功效系数 $d_j=d_j(f_j(\boldsymbol{X}))$的具体形式多种多样,这里介绍两种常用的取法.

1)线性型

设

$$\min_{\boldsymbol{X}\in D} f_j(\boldsymbol{X})=f_j' \qquad (j=1,\cdots,p), \tag{6.40}$$

$$\max_{\boldsymbol{X}\in D} f_j(\boldsymbol{X})=f_j'' \qquad (j=1,\cdots,p). \tag{6.41}$$

对于 $j=1,\cdots,k$,由于希望目标函数值越小越好,故令

$$d_j=\begin{cases}1, \text{当 } f_j=f_j' \\ 0, \text{当 } f_j=f_j''\end{cases} \qquad (j=1,\cdots,k). \tag{6.42}$$

当 $f_j(\boldsymbol{X})$在 f_j' 和 f_j'' 之间时,简单地采用线性插值,得到

$$d_j=d_j(f_j(\boldsymbol{X}))=1-(f_j(\boldsymbol{X})-f_j')/(f_j''-f_j') \qquad (j=1,\cdots,k). \tag{6.43}$$

类似地,对于 $j=k+1,\cdots,p$,由于希望目标函数值越大越好,故令

$$d_j=\begin{cases}0, \text{当 } f_j=f_j' \\ 1, \text{当 } f_j=f_j''\end{cases} \qquad (j=k+1,\cdots,p). \tag{6.44}$$

采用线性插值,得到

$$d_j=d_j(f_j(\boldsymbol{X}))=(f_j(\boldsymbol{X})-f_j')/(f_j''-f_j'). \tag{6.45}$$

2)指数型

对 $j=k+1,\cdots,p$, $f_j(\boldsymbol{X})$值要求越大越好,考虑如下指数形式的函数:

$$d_j(f_j(\boldsymbol{X}))=\exp\{-\exp[-(b_0+b_1 f_j(\boldsymbol{X}))]\} \qquad (b_1>0;\ j=k+1,\cdots,p), \tag{6.46}$$

易知这种形式的函数具有如下性质:

(1)当 f_j 足够大时,$d_j\approx 1$;

(2)d_j 是 f_j 的严格单调增函数.

式(6.46)中 b_0 和 b_1 可以按以下方式确定:对每个目标 $f_j(\boldsymbol{X})$可以事先估计两个值 f_j^a 和 f_j^b,使之具有如下性质:当 $f_j(\boldsymbol{X})=f_j^a$ 时,对 $f_j(\boldsymbol{X})$来说勉强合格(称为合格值),此时令 $d_j=\mathrm{e}^{-1}\approx 0.37$;当 $f_j(\boldsymbol{X})=f_j^b$ 时,对 $f_j(\boldsymbol{X})$来说不合格(称为不合格值),此时令 $d_j=\mathrm{e}^{-\mathrm{e}}\approx 0.07$. 上述取值是为了使用下面的方程组确定 b_0 和 b_1 时较为方便.

$$\begin{cases} d_j(f_j^a) = \exp\{-\exp[-(b_0 + b_1 f_j^a)]\}, \\ d_j(f_j^b) = \exp[-\exp(1)] = \exp\{-\exp[-(b_0 + b_1 f_1^b)]\}. \end{cases} \tag{6.47}$$

于是得到线性方程组

$$\begin{cases} b_0 + b_1 f_j^a = 0, \\ b_0 + b_1 f_j^b = -1. \end{cases} \tag{6.48}$$

解得

$$\begin{cases} b_0 = f_j^a / (f_j^b - f_j^a), \\ b_1 = (-1)/(f_j^b - f_j^a). \end{cases} \tag{6.49}$$

从而有

$$d_j(f_j(\boldsymbol{X})) = \exp\{-\exp[(f_j(\boldsymbol{X}) - f_j^a)/(f_j^b - f_j^a)]\} \qquad (j = k+1, \cdots, p). \tag{6.50}$$

对于 $j=1,2,\cdots,k$，由于 $f_j(\boldsymbol{X})$之值希望越小越好，故可类似地得到：

$$d_j(f_j(\boldsymbol{X})) = 1 - \exp\{-\exp[(f_j(\boldsymbol{X}) - f_j^a)/(f_j^b - f_j^a)]\} \qquad (j = 1, \cdots, k). \tag{6.51}$$

在确定了功效系数

$$d_j = d_j(f_j(\boldsymbol{X})) \qquad (j = 1, \cdots, k, k+1, \cdots, p)$$

以后，求如下问题：

$$\max_{\boldsymbol{X} \in D} \left\{ \prod_{j=1}^{p} [d_j(f_j(\boldsymbol{X}))] \right\}^{\frac{1}{p}} \tag{6.52}$$

的最优解 $\overline{\boldsymbol{X}}$，以此作为多目标问题的最佳调和解．

由于式(6.52)中是对 $d_j(j=1,\cdots,p)$的几何平均值求最大，故此方法也称为几何平均法．

功效系数法可以看作是一种评价函数方法，评价函数为

$$v(\boldsymbol{F}) = \left(\prod_{j=1}^{p} d_j \right)^{\frac{1}{p}}. \tag{6.53}$$

从前面的分析可以看到，对于 $j=1,\cdots,k$，$f_j(\boldsymbol{X})$值要求越小越好，此时 d_j 是 f_j 的严格单调减函数，对于 $j=k+1,\cdots,p$，$f_j(\boldsymbol{X})$值要求越大越好，此时 d_j 是 f_j 的严格单调增函数．而在式(6.53)中，又是求最大值问题．由此可知，若将原多目标问题化为标准形式(VP)，再将式(6.53)转化为等价的求最小值问题，则相应的价值函数是(VP)中 $\boldsymbol{F}$ 的严格单调函数．因此，对于按照上述方法确定的 $d_j(j=1,\cdots,p)$，功效系数法得到的最佳调和解 $\overline{\boldsymbol{X}}$ 必定是原多目标问题的有效解．

8. 权系数的确定

在前面介绍的评价函数方法中，有一些需要先给出一组非负(或严格正的)权系数 $\lambda_1,\cdots,\lambda_p$ 且满足式(6.10)．这些权系数刻画了各个目标函数的相对重要程度．在这里，对权系数的确定方法作一些介绍．

1)α-方法

为了便于看清 α-方法的几何意义，先讨论 $p=2$ 的情况，首先求出两个单目标规划问题：

$$\min_{X \in D} f_j(\boldsymbol{X}) \qquad (j = 1, 2)$$

的最优解 $\boldsymbol{X}^{(1)}$ 和 $\boldsymbol{X}^{(2)}$，记相应的目标函数值为：

$$F(\boldsymbol{X}^{(1)})=[f_1(\boldsymbol{X}^{(1)}),\ f_2(\boldsymbol{X}^{(1)})]^{\mathrm{T}} \triangleq [f_1^{(1)},\ f_2^{(1)}]^{\mathrm{T}},$$

$$F(\boldsymbol{X}^{(2)})=[f_1(\boldsymbol{X}^{(2)}),\ f_2(\boldsymbol{X}^{(2)})]^{\mathrm{T}} \triangleq [f_1^{(2)},\ f_2^{(2)}]^{\mathrm{T}}.$$

若(VP)无绝对最优解,则 $F(\boldsymbol{X}^{(1)}) \neq F(\boldsymbol{X}^{(2)})$. 在目标空间,过$[f_1^{(1)},\ f_2^{(1)}]^{\mathrm{T}}$ 和$[f_1^{(2)},\ f_2^{(2)}]^{\mathrm{T}}$ 两点可确定一条直线,其方程为

$$\lambda_1 f_1+\lambda_2 f_2=c. \tag{6.54}$$

显然,将上述两点的值代入式(6.54),再加上条件式(6.10),就可以确定 λ_1 和 λ_2 的值 $\bar{\lambda}_1$ 和 $\bar{\lambda}_2$. α-法的思想就是以这样的 $\bar{\lambda}_1$ 和 $\bar{\lambda}_2$ 作为权系数. 具体做法是,由

$$\begin{cases}\lambda_1 f_1^{(1)}+\lambda_2 f_2^{(1)}=c,\\ \lambda_1 f_1^{(2)}+\lambda_2 f_2^{(2)}=c,\end{cases}$$

以及式(6.10),可解得:

$$\bar{\lambda}_1=(f_2^{(1)}-f_2^{(2)})/\Delta, \tag{6.55}$$

$$\bar{\lambda}_2=(f_1^{(2)}-f_1^{(1)})/\Delta. \tag{6.56}$$

其中

$$\Delta=(f_1^{(2)}-f_1^{(1)})+(f_2^{(1)}-f_2^{(2)}). \tag{6.57}$$

对于一般的具有 p 个目标的情况,做法完全类似. 先求出 p 个单目标规划问题:

$$\min_{x\in D} f_j(\boldsymbol{X}) \qquad (j=1,\cdots,p)$$

的最优解 $\boldsymbol{X}^{(1)},\cdots,\boldsymbol{X}^{p}$,记

$$F(\boldsymbol{X}^{(j)})=[f_1(\boldsymbol{X}^{(j)}),\cdots,f_p(\boldsymbol{X}^{(j)})]^{\mathrm{T}} \triangleq [f_1^{(j)},\cdots,f_p^{(j)}]^{\mathrm{T}} \qquad (j=1,\cdots,p). \tag{6.58}$$

作超平面通过上述 p 个点,设其方程为

$$\begin{cases}\displaystyle\sum_{i=1}^{p}\lambda_i f_i^{\,j}=c \qquad (j=1,\cdots,p),\\ \displaystyle\sum_{i=1}^{p}\lambda_i=1.\end{cases} \tag{6.59}$$

当(VP)不存在绝对最优解时,可以唯一地确定上述方程组的解,以此作为所需要的权系数.

容易看出 α-法给出的权系数实际上反映了决策者对各个目标相对重要程度的某一种特定偏好,显然并非适用于任何情况.

2)"老手"法

"老手"法是邀请一批专家,请他们就权系数的选取发表看法. 通常事先设计一定的调查问卷,请他们分别填写.

设 λ_{ij} 表示第 i 个专家对第 j 个目标 $f_j(\boldsymbol{X})$ 给出的权系数($i=1,\cdots,k$; $j=1,\cdots,p$),由此可以计算出权系数的平均值:

$$\bar{\lambda}_j=\frac{1}{k}\sum_{i=1}^{k}\lambda_{ij} \qquad (j=1,\cdots,p), \tag{6.60}$$

并对每一位专家 i($1\leqslant i\leqslant k$),算出与均值 $\bar{\lambda}_j$ 的偏差,即

$$\Delta_{ij}=|\lambda_{ij}-\bar{\lambda}_j| \qquad (j=1,\cdots,p;i=1,\cdots,k). \tag{6.61}$$

确定权系数的第二轮是进行集中讨论. 首先让那些有最大偏差的专家发表意见,通过充分

讨论以达到对各目标重要程度的正确认识，可消除一些可能的误解．上述过程可重复进行．

3）最小平方法

在许多情况下，一开始就给出各个目标的权系数比较困难，但可以把目标成对地加以比较，然后再确定权系数．这种两两比较可能不精确，也可能前后不一致，这时可采用最小平方法，在成对比较的基础上给出一组权系数．

将第 i 个目标对第 j 个目标的相对重要性的估计值记为 a_{ij}，认为是 λ_i/λ_j 的近似，则 p 个目标两两比较的结果用矩阵 $\boldsymbol{A}$ 表示得到

$$\boldsymbol{A}=\begin{bmatrix} a_{11} & a_{12} & \cdots & a_{1p} \\ a_{21} & a_{22} & \cdots & a_{2p} \\ \vdots & \vdots & & \vdots \\ a_{p1} & a_{p2} & \cdots & a_{pp} \end{bmatrix} \approx \begin{bmatrix} \lambda_1/\lambda_1 & \lambda_1/\lambda_2 & \cdots & \lambda_1/\lambda_p \\ \lambda_2/\lambda_1 & \lambda_2/\lambda_2 & \cdots & \lambda_2/\lambda_p \\ \vdots & \vdots & & \vdots \\ \lambda_p/\lambda_1 & \lambda_p/\lambda_2 & \cdots & \lambda_p/\lambda_p \end{bmatrix}. \tag{6.62}$$

显然总有 $a_{ii}=1, i=1,\cdots,p$．若对 $a_{ij}\ (i,j=1,\cdots,p)$ 的估计一致，则应有：

$$a_{ij}=1/a_{ji} \qquad (i,j=1,\cdots,p), \tag{6.63}$$

$$a_{ij}=a_{ik}a_{kj} \qquad (i,j,k=1,\cdots,p). \tag{6.64}$$

若估计不一致，则只有

$$a_{ij}\approx\lambda_i/\lambda_j, \tag{6.65}$$

于是一般情况下，$a_{ij}\lambda_j-\lambda_i\neq 0$．但是，可以选择一组权系数 $\{\lambda_1,\cdots,\lambda_p\}$ 使误差平方和最小，即

$$\min z=\sum_{i=1}^{p}\sum_{j=1}^{p}(a_{ij}\lambda_j-\lambda_i)^2, \tag{6.66}$$

且受约束于：

$$\sum_{j=1}^{p}\lambda_j=1, \tag{6.67}$$

$$\lambda_j>0 \qquad (j=1,\cdots,p). \tag{6.68}$$

用 Lagrange 乘子法解此问题，定义 Lagrange 函数为

$$L=\sum_{i=1}^{p}\sum_{j=1}^{p}(a_{ij}\lambda_j-\lambda_i)^2+2\mu\Big(\sum_{j=1}^{p}\lambda_j-1\Big). \tag{6.69}$$

式(6.69)对 λ_l 求偏导数，得

$$\frac{\partial L}{\partial\lambda_l}=\sum_{i=1}^{p}(a_{il}\lambda_l-\lambda_l)a_{il}-\sum_{j=1}^{p}(a_{lj}\lambda_j-\lambda_l)+\mu=0 \qquad (l=1,\cdots,p). \tag{6.70}$$

式(6.67)和式(6.70)构成 $p+1$ 个线性方程，由此可解得 $\lambda_1,\cdots,\lambda_p$ 和 μ．

6.2.2 主要目标法

基本思想：在多个目标函数中选择一个主要目标作为目标函数，其他目标处理为适当的约束．不妨设 $f_1(\boldsymbol{X})$ 为主要目标，对其他各目标 $f_2(\boldsymbol{X}),\cdots,f_p(\boldsymbol{X})$ 可预先给定一个期望值，记为 $f_2^0,f_3^0,\cdots,f_p^0$，则有 $f_j^0\geqslant\min\limits_{X\in D}f_j(\boldsymbol{X}), j=2,3,\cdots,p$．解下列问题：

$$(NP)\begin{cases}\min f_1(\boldsymbol{X}), \\ \text{s.t.}\quad g_i(\boldsymbol{X})\geqslant 0 \qquad (i=1,2,\cdots,m), \\ \qquad\quad f_j(\boldsymbol{X})\leqslant f_j^0 \qquad (j=2,3,\cdots,p).\end{cases} \tag{6.71}$$

关于问题式(6.71)的最优解与原多目标问题的解的关系有以下结果：

定理 6.16 设 $\overline{X}$ 是问题式(6.71)的最优解，则 $\overline{X}$ 是原多目标问题的弱有效解，若 $f_1(\boldsymbol{X})$ 为严格凸函数，$\overline{D}=\{\boldsymbol{X}\mid g_i(\boldsymbol{X})\leqslant 0, i=1,2,\cdots,m;\ f_j(\boldsymbol{X})\leqslant f_j^0, j=2,3,\cdots,p\}$ 为凸集，则 $\overline{X}$ 是原多目标问题的有效解 .

6.2.3 分层序列法

基本思想：把(VP)中的 p 个目标 $f_1(\boldsymbol{X}),\cdots,f_p(\boldsymbol{X})$ 按其重要程度排一次序，依次求单目标规划的最优解 .

过程：不妨设其次序为 $f_1,f_2,\cdots,f_p$. 先求解 $(P_1)\begin{cases}\min f_1(\boldsymbol{X})\\ \text{s.t. } \boldsymbol{X}\in D\end{cases}$ 得最优解 $\boldsymbol{X}^1$ 及最优值 f_1^*，记 $D_1=\{\boldsymbol{X}\mid f_1(\boldsymbol{X})\leqslant f_1^*\}\cap D$，再解 $(P_2)\begin{cases}\min f_2(\boldsymbol{X})\\ \text{s.t. } \boldsymbol{X}\in D_1\end{cases}$ 得最优解 $\boldsymbol{X}^2$ 及最优值 f_2^*，$D_2=\{\boldsymbol{X}\mid f_2(\boldsymbol{X})\leqslant f_2^*\}\cap D_1$. 依次进行，直到 $(P_p)\begin{cases}\min f_p(\boldsymbol{X})\\ \text{s.t. } \boldsymbol{X}\in D_{p-1}\end{cases}$ 得最优解 $\boldsymbol{X}^p$ 及最优值 f_p^*，则 $\overline{\boldsymbol{X}}=\boldsymbol{X}^p$ 就是在分层序列意义下的最优解，$\boldsymbol{F}^*=(f_1(\overline{\boldsymbol{X}}),f_2(\overline{\boldsymbol{X}}),\cdots,f_p(\overline{\boldsymbol{X}}))^{\mathrm{T}}$ 为其最优值 .

定理 6.17 在分层序列意义下的最优解是原多目标规划问题的有效解 .

容易看出，使用分层序列法时，若对某个问题 (P_i)，其最优解是唯一的，则问题 $(P_{i+1}),\cdots,(P_p)$ 的最优解也是唯一的，且 $\boldsymbol{X}^{(i+1)}=\cdots=\boldsymbol{X}^{(p)}=\boldsymbol{X}^{(i)}$. 因此常将分层序列法修改如下：选取一组适当的小正数 $\varepsilon_1,\cdots,\varepsilon_{p-1}$，称为宽容值，记 $D_0=D$，$D_j=\{\boldsymbol{X}\mid f_j(\boldsymbol{X})\leqslant f_j^*+\varepsilon_j\}\cap D_{j-1}$，$j=1,2,\cdots,p-1$. 把上述问题 (P_j) 修改为：

$$(P_j)\begin{cases}\min f_j(\boldsymbol{X}),\\ \text{s.t.}\quad \boldsymbol{X}\in D_{j-1}\end{cases}\qquad (j=1,2,\cdots,p).$$

再按上述方法依次求解各问题 $(P_2),\cdots,(P_p)$.

6.2.4 求有效解集的方法

在处理目标规划问题中，有效解处于十分重要的地位 . 如前所述，对于多目标规划问题，最终求得的最佳调和解通常要在有效解中选择，因而多目标规划的许多算法都建立在有效解基础上 . 在一些情况下，由于问题本身的复杂性，很难明确地得到决策者的偏好，于是有必要由分析者直接将全部的或者部分有代表性的有效解求出，最后提供给决策者选择，这就是所谓决策者在求解过程之后给出偏好信息的方法 . 本部分讨论产生有效解的几种主要方法 .

1. 改变权系数法

考虑由(VP)经过线性加权转化而得的单目标规划问题：

$$\min \boldsymbol{\lambda}^{\mathrm{T}}F(\boldsymbol{X})=\sum_{j=1}^{p}\lambda_j f_j(\boldsymbol{X}),\tag{6.72}$$
$$\boldsymbol{X}\in D=\{\boldsymbol{X}\mid g_i(\boldsymbol{X})\leqslant 0, i=1,\cdots,m\}.$$

式中 $\boldsymbol{\lambda}=[\lambda_1,\cdots\lambda_p]^{\mathrm{T}}\geqslant 0$ 且满足式(6.10).

通过前面的讨论知道，对于一组特定的权系数 $\boldsymbol{\lambda}=[\lambda_1,\cdots\lambda_p]^{\mathrm{T}}$，求解上述单目标优化问题就得到问题(VP)的一个最佳调和解；并且当满足一定条件时，这个解是有效解或者弱有效解，这里的 $\boldsymbol{\lambda}$ 反映了决策者的某种偏好．现在的问题是，无法得到明确的偏好信息，转而希望求出所有有效解，也就是说 $\boldsymbol{\lambda}$ 无法确定．于是一个比较自然的想法是，让系数 $\boldsymbol{\lambda}$ 在一定范围内变动，从而得到有效解集．这就是所谓改变权系数的方法．

这种方法，对于任一给定的权系数，是否一定能够得到有效解？另一方面，是否全部有效解都能够通过改变权系数得到？这些显然是人们所关心的问题．在本书 6.1.4 的讨论中，实际上已包含了对这些问题的回答．现将一些有关性质再归纳如下：

(1)给定权系数 $\boldsymbol{\lambda}=[\lambda_1,\cdots,\lambda_p]^{\mathrm{T}}$，设从式(6.72)解得 $\overline{\boldsymbol{X}}$，则当下述条件之一成立时，$\overline{\boldsymbol{X}}$ 是 (VP) 的有效解：① $\lambda>0$；② $f_j(\boldsymbol{X})(j=1,\cdots,p)$ 是严格凸函数；③ 式(6.72)的最优解唯一．这意味着，在一定条件下，用改变权系数方法总能产生有效解．

(2)如果在多目标规划问题 (VP) 中，$f_j(\boldsymbol{X})(j=1,\cdots,p)$ 和 $g_i(\boldsymbol{X})(i=1,\cdots,m)$ 均为凸函数，则对 (VP) 的任一个有效解 $\overline{\boldsymbol{X}}$，总存在一个权系数 $\overline{\boldsymbol{\lambda}}$，使 $\overline{\boldsymbol{X}}$ 为式(6.72)的最优解．这意味着，在一定条件下，全部有效解都能由改变权系数方法得到．

对于较简单的多目标问题，通过分析权系数的变动范围，可以用解析的方法给出有效解的表达式，从而给出有效解集．

[**例 6.3**]考虑如下多目标规划问题：

$$\min F(\boldsymbol{X})=[f_1(\boldsymbol{X}),f_1(\boldsymbol{X}),f_3(\boldsymbol{X})]^{\mathrm{T}}, \tag{6.73}$$

$$\boldsymbol{X}\in D=\{\boldsymbol{X}\mid \boldsymbol{X}\in \mathbf{R}^2,g_1(\boldsymbol{X})=-x_1\leqslant 0,g_2(\boldsymbol{X})=-x_2\leqslant 0\}.$$

其中

$$f_1(\boldsymbol{X})=(x_1-3)^2+(x_2-2)^2,$$
$$f_2(\boldsymbol{X})=x_1+x_2,$$
$$f_3(\boldsymbol{X})=x_1+2x_2.$$

试用改变权系数方法求该问题的有效解．

解：做出对应的单目标规划问题如下：

$$\min \boldsymbol{\lambda}^{\mathrm{T}}F(\boldsymbol{X})=\lambda_1 f_1(\boldsymbol{X})+\lambda_2 f_2(\boldsymbol{X})+\lambda_3 f_3(\boldsymbol{X}), \tag{6.74}$$
$$\boldsymbol{X}\in D.$$

式中 $\boldsymbol{\lambda}=[\lambda_1,\lambda_2,\lambda_3]^{\mathrm{T}}\geqslant 0$ 且 $\lambda_1+\lambda_2+\lambda_3=1$.

求问题式(6.74)的最优解，由 Kuhn-Tucker 条件得

$$2(x_1-3)\lambda_1+\lambda_2+\lambda_3-u_1=0, \tag{6.75}$$
$$2(x_2-2)\lambda_1+\lambda_2+2\lambda_3-u_2=0, \tag{6.76}$$
$$u_1x_1=0, \tag{6.77}$$
$$u_2x_2=0, \tag{6.78}$$

以及 $x_1\geqslant 0,x_2\geqslant 0,u_1\geqslant 0,u_2\geqslant 0$.

在此问题中 $f_j(\boldsymbol{X})(j=1,2,3)$ 和 $g_i(\boldsymbol{X})(i=1,2)$ 均为凸函数，因此全部有效解都可通过解问题式(6.74)求得．另一方面，$f_1(\boldsymbol{X})$ 是严格凸函数，易知只要权系数中 $\lambda_1>0$，问题式(6.74)的最优解必定唯一，从而得到的最优解一定是有效解．而从下面的分析将看到，在此问题中 λ_1 总是严格大于 0 的．

由式(6.75)和式(6.76)及 $\lambda_1+\lambda_2+\lambda_3=1$ 可推出：

$$x_1=(7\lambda_1-1+u_1)/2\lambda_1; \tag{6.79}$$
$$x_2=(5\lambda_1-\lambda_3-1+u_2)/2\lambda_1. \tag{6.80}$$

若 $x_2>0$，则由式(6.78)得 $u_2=0$，于是由式(6.80)有 $5\lambda_1-1>\lambda_3$，从而有 $7\lambda_1-1+u_1>$

$2\lambda_1+\lambda_3+u_1\geqslant 0$，由式(6.79)知有 $x_1>0$，再由式(6.77)得 $u_1=0$. 这表明，若 $x_2>0$，即

$$x_1=(7\lambda_1-1)/2\lambda_1,\ \lambda_1>\frac{1}{7};\tag{6.81}$$

$$x_2=(5\lambda_1-\lambda_3-1)/2\lambda_1,\ 5\lambda_1>1+\lambda_3.\tag{6.82}$$

若 $x_2=0$，则可能 $x_1=0$ 或 $x_1>0$，式(6.81)仍成立．

从式(6.80)可知，如果 $\lambda_1\leqslant\frac{1}{5}$，则有 $0\leqslant x_2\leqslant(-\lambda_3+u_2)/2\lambda_1$，意味着 $u_2\geqslant\lambda_3$，则从式(6.78)可得 $x_2=0$. 如果当 $\lambda_1>\frac{1}{3}$，则必有 $\lambda_3<\frac{2}{3}$，由式(6.80)和式(6.78)可推导 $x_2>\left(\frac{5}{3}-\frac{2}{3}-1+u_2\right)/2\lambda_1=u_2/2\lambda_1\geqslant 0$.

由以上分析可知，当权系数 $\boldsymbol{\lambda}=[\lambda_1,\lambda_2,\lambda_3]^{\mathrm{T}}$ 在如下集合中变化时，产生多目标问题式(6.73)的全部有效解．

$$\Lambda=\{[\lambda_1,\lambda_2,\lambda_3]^{\mathrm{T}}\mid\lambda_1\geqslant 0,\lambda_2\geqslant 0,\lambda_3\geqslant 0,\lambda_1+\lambda_2+\lambda_3=1,\frac{1}{7}<\lambda_1\leqslant\frac{1}{5}\text{ 或者 }\frac{1}{5}\leqslant\lambda_1\leqslant 1,5\lambda_1\geqslant 1+\lambda_3\}.\tag{6.83}$$

有效解集 $\overline{D}$ 可描述为：

(1)$0\leqslant\overline{x}_1\leqslant 1,\overline{x}_2=0$，此即对应于 $\frac{1}{7}\leqslant\lambda_1\leqslant\frac{1}{5}$.

(2)当 $5\lambda_1\geqslant 1+\lambda_3$ 时(此时必有 $\frac{1}{5}\leqslant\lambda_1\leqslant 1$)，则有

$$\overline{x}_1=(7\lambda_1-1)/2\lambda_1,\overline{x}_2=(5\lambda_1-\lambda_3-1)/2\lambda_1.$$

若令
$$\boldsymbol{X}^1=[1,0]^{\mathrm{T}},\quad\boldsymbol{X}^2=[2,0]^{\mathrm{T}},\quad\boldsymbol{X}^3=[3,2]^{\mathrm{T}},$$
则有
$$\overline{\boldsymbol{X}}=[x_1,x_2]^{\mathrm{T}}=\beta_1\boldsymbol{X}^1+\beta_2\boldsymbol{X}^2+\beta_3\boldsymbol{X}^3,\tag{6.84}$$
其中
$$\beta_1=\lambda_2/4\lambda_1,\quad\beta_2=\lambda_3/2\lambda_1,\quad\beta_3=(5\lambda_1-\lambda_3-1)/4\lambda_1.$$

注意到，当 λ_1 和 λ_3 在上述范围变动时，必有 $0\leqslant\beta_j\leqslant 1(j=1,2,3)$ 以及 $\beta_1+\beta_2+\beta_3=1$，因此式(6.84)所表示的有效解正是由 $\boldsymbol{X}^1$、$\boldsymbol{X}^2$ 和 $\boldsymbol{X}^3$ 所产生的凸包．

综上分析，问题式(6.73)的全部有效解为

$$\overline{D}=\{\overline{\boldsymbol{X}}=[\overline{x}_1,\overline{x}_2]^{\mathrm{T}}\mid 0\leqslant\overline{x}_1\leqslant 1,\overline{x}_2=0\text{ 或者 }\overline{\boldsymbol{X}}=\lambda_1\overline{\boldsymbol{X}}^1+\lambda_2\overline{\boldsymbol{X}}^2+\lambda_3\overline{\boldsymbol{X}}^3,\lambda_1+\lambda_2+\lambda_3=1,\lambda_j\geqslant 0,j=1,2,3\}.$$

对于一般的较复杂的多目标规划问题，无法运用以上解析方法．这时的做法往往是：按照一定的步长，逐步改变权系数的取值，对权系数的各种组合情况，求相应单目标规划问题的最优解．但是，由于权系数不连续变化，此时只能对多目标规划问题的有效解集做某种逼近，不能准确地求出全部有效解集．此外，权系数的取值如何变动，也有待进一步研究．

2. 自适应法

自适应法是一种直接方法，其思路是通过一系列迭代计算不断地探索可能的有效解，从而得到多目标规划问题有效解集的一个逼近．自适应法的大致步骤如下．

首先，分别对某个目标 $f_j(X)$ 求出其最优解 $\boldsymbol{X}^{(j)}(j=1,\cdots,p)$. 一般情况下，多目标规划

问题不存在绝对最优解，从而 $\boldsymbol{X}^{(j)}(j=1,\cdots,p)$ 中至少有一个与其他的不同，记为 $\boldsymbol{X}^{(k)}$，以其作为迭代的初始点，即记 $\boldsymbol{X}(0)\triangleq\boldsymbol{X}^{(k)}$.

然后，采用如下迭代公式产生新解：

$$\boldsymbol{X}(i+1)=\boldsymbol{X}(i)-\varepsilon(i)\boldsymbol{G}^{\mathrm{T}}(\boldsymbol{X}(i))\boldsymbol{W}(i)+\boldsymbol{C}(i)\qquad(i=0,1,2,\cdots).\tag{6.85}$$

其中 $\boldsymbol{G}$ 是由各目标函数的梯度构成的矩阵：

$$\boldsymbol{G}(X(i))=\begin{bmatrix}[\nabla f_1(X)]^{\mathrm{T}}\\ [\nabla f_2(X)]^{\mathrm{T}}\\ \vdots\\ [\nabla f_p(X)]^{\mathrm{T}}\end{bmatrix}=\begin{bmatrix}\dfrac{\partial f_1}{\partial x_1} & \dfrac{\partial f_1}{\partial x_2} & \cdots & \dfrac{\partial f_1}{\partial x_n}\\ \dfrac{\partial f_2}{\partial x_1} & \dfrac{\partial f_2}{\partial x_2} & \cdots & \dfrac{\partial f_2}{\partial x_n}\\ \vdots & \vdots & & \vdots\\ \dfrac{\partial f_p}{\partial x_1} & \dfrac{\partial f_p}{\partial x_2} & \cdots & \dfrac{\partial f_p}{\partial x_n}\end{bmatrix};$$

$\varepsilon(i)$是标量，表示步长；$\boldsymbol{W}(i)=[w_1(i),\cdots,w_p(i)]^{\mathrm{T}}$ 是 p 维向量，表示方向，$\boldsymbol{C}(i)=[c_1(i),\cdots,c_n(i)]^{\mathrm{T}}$ 是 n 维向量，用以控制解的可行性.

在迭代过程中，上述各参数应根据问题适当选取. 一种做法是取

$$\varepsilon(i+1)=\begin{cases}0.9\varepsilon(i), & \text{当 } K_M(i)=M;\\ \varepsilon(i), & \text{当 } 1<K_M(i)<M;\\ 1.1\varepsilon(i), & \text{当 } K_M(i)=0.\end{cases}\tag{6.86}$$

其中 $K_M(i)$表示在 M 步迭代中产生新解的个数，而初值 $\varepsilon(0)$的选取可根据试验选择一适当的正数.

$$w_j(i+1)=w_j(i)r_j(i)\qquad(j=1,\cdots,p,j\neq k),\tag{6.87}$$

式中 $r_j(i)$是均值为 1 的随机数，而

$$w_k(i+1)=\begin{cases}0.99w_k(i), & \text{当 } \Delta(i)<\Delta(i-1);\\ w_k(i), & \text{当 } \Delta(i)=\Delta(i-1);\\ 1.01w_k(i), & \text{当 } \Delta(i)>\Delta(i-1).\end{cases}\tag{6.88}$$

式中 $\Delta(i)\triangleq|f_k(\boldsymbol{X}(i))-f_k(\boldsymbol{X}(i-1))|$. 至于初值 $W(0)$可如下选取：

$$w_j(0)=\begin{cases}0.1 & (j=k),\\ 1.0 & (j=s),\\ \dfrac{0.5}{p-1} & (j\neq k,j\neq s,j=1,\cdots p).\end{cases}\tag{6.89}$$

式中 $1\leqslant s\leqslant p,s\neq k$. 这意味着，当 s 在从 1 到 p 变化时($s\neq k$)，可得到 $p-1$ 个不同的初始方向，即从 $\boldsymbol{X}(0)=\boldsymbol{X}^{(k)}$ 出发，可考虑 $p-1$ 个子问题.

至于 $\boldsymbol{C}(i)$的选取应视解的可行性情况而定. 例如，若在某次迭代后，解的可行性受到破坏，设某个约束不满足，即 $g_i(\boldsymbol{X})<0(1\leqslant i\leqslant m)$，则 $\boldsymbol{C}(i)$的选择就应使迭代向 $g_i(\boldsymbol{X})$增大的方向进行.

上述迭代过程中，每得到一个新解，就检查一下梯度中任意两个是否有相反的符号，或者此解是否在可行域 D 的边界上. 如果上述二者之一满足，就将此解留下作为有效解的候选者. 在做了很多步以后，比较这些候选者的有效性，将非有效解去掉，同时将靠得太近的有效解也去掉.

在 $\boldsymbol{X}^{(j)}(j=1,\cdots,p)$ 中,每一个不同的 $\boldsymbol{X}^{(j)}(1\leqslant j\leqslant p)$ 都分别作为迭代的初值,并且对每一个初值,分别按 $p-1$ 个初始方向做迭代．上述迭代过程在满足一定准则时停止,最后得到原多目标规划问题有效解集的一个逼近．此外,还可以在此基础上采用回归方法或插值方法得到有效解集的解析表达形式．

采用自适应法求有效解集,存在一个计算量的问题,当决策变量 $\boldsymbol{X}$ 的维数 n 较大时,计算较为困难．

6.2.5 交互式方法

如前所述,在处理多目标规划问题中,最佳调和解的求得必须依赖于决策者的偏好信息．但是,由于问题的复杂性以及偏好信息的非定量化等因素,往往难以在事先获得十分明确的偏好结构．许多问题中,尽管决策者的偏好确实存在,可是无法将其全面地表述出来．然而,通过改变问题的提问方式,让决策者对一些相对较简单的问题作出判断,发表看法,却是有可能做到的．交互式方法的思路就是让决策者与分析者在解决多目标规划问题过程中保持对话,互通信息．分析者不断地将优化过程中获得的结果提供给决策者,从决策者对此结果的看法和评价中获取决策者的部分偏好信息,并据此对优化结果做进一步修正和调整．上述过程不断进行,逐步求得符合决策者偏好的最佳调和解．显然,交互式方法属于“决策者在求解过程中逐步给出偏好信息”的求解方法．其关键在于以何种方式逐步地获取决策者的偏好信息．

6.2.6 多目标规划举例

[**例 6.4**]利用理想点法求解下列问题：

$$\max[f_1(\boldsymbol{X}),f_2(\boldsymbol{X})]^{\mathrm{T}}=\max[4x_1+4x_2,x_1+6x_2]^{\mathrm{T}},$$

$$\text{s.t.}\begin{cases}3x_1+2x_2\leqslant 12,\\2x_1+6x_2,\leqslant 12,\\x_1,x_2\geqslant 0.\end{cases}$$

解:

$$f_1^*=f_1(\boldsymbol{X}^1)=f_1(2,3)=4\times 2+4\times 3=20,$$

$$f_2^*=f_2(\boldsymbol{X}^2)=f_1(0,\frac{11}{3})=0+6\times\frac{11}{3}=22,$$

故理想点为 $\boldsymbol{F}^*=(f_1^*,f_2^*)^{\mathrm{T}}=(20,22)^{\mathrm{T}}$,取 $p=2$,有

$$\min_{X\in D}v(F(x))=[(f_1(\boldsymbol{X})-f_1^*)^2+(f_2(\boldsymbol{X})-f_2^*)^2]^{\frac{1}{2}}$$

$$=[(4x_1+4x_2-20)^2+(x_1+6x_2-22)^2]^{\frac{1}{2}}.$$

解得 $x_1=1.75,x_2=3.08$,对应的目标为 $f_1=19.32,f_2=20.23$.

[**例 6.5**]利用平方和加权法求解下列问题：

$$\min_{X\in D}[f_1(\boldsymbol{X}),f_2(\boldsymbol{X})]^{\mathrm{T}}=\min_{x\in\Omega}[x_1^2+x_2^2+1,x_1^2+(x_2-2)^2]^{\mathrm{T}},$$

$$\text{s.t.}\ D:x_1,x_2\geqslant 0.$$

解:易知 $f_1^*=\min_{X\in D}f_1(\boldsymbol{X})=1,f_2^*=\min_{X\in D}f_2(\boldsymbol{X})=0$,取 $f_j^0=f_j^*$,则评价函数 $v(F(\boldsymbol{X}))=\lambda_1(f_1(\boldsymbol{X})-1)^2+\lambda_2(f_2(\boldsymbol{X})-0)^2$,如果权系数取为 $\lambda_1=\lambda_2=0.5$,再求

$$\min v(F(\boldsymbol{X}))=\min_{X\in D}\{0.5(f_1(\boldsymbol{X})-1)^2+0.5(f_2(\boldsymbol{X})-0)^2\}$$
$$=\min_{X\in D}\{0.5(x_1^2+x_2^2)^2+0.5[x_1^2+(x_2-2)^2]^2\},$$

可得 $\boldsymbol{X}^*=(0,1)^{\mathrm{T}},v^*=1$.

[**例 6.6**]利用线性加权法求解下列问题：

$$\min y_1=4.0x_1+2.8x_2+2.4x_3,$$
$$\max y_2=x_1+x_2+x_3,$$
$$\text{s.t.}\begin{cases}4x_1+2.8x_2+2.4x_3\leqslant 20,\\x_1+x_2+x_3\geqslant 6,\\x_1+x_2\geqslant 3,\\x_1,x_2,x_3\geqslant 0.\end{cases}$$

解:取评价函数为 $v(F(\boldsymbol{X}))=\lambda_1(4.0x_1+2.8x_2+2.4x_3)-\lambda_2(x_1+x_2+x_3)$,如果权系数取为 $\lambda_1=\lambda_2=0.5$,再求

$$\min v(F(\boldsymbol{X}))=0.5(4.0x_1+2.8x_2+2.4x_3)-0.5(x_1+x_2+x_3),$$
$$\text{s.t.}\begin{cases}4x_1+2.8x_2+2.4x_3\leqslant 20,\\x_1+x_2+x_3\geqslant 6,\\x_1+x_2\geqslant 3,\\x_1,x_2,x_3\geqslant 0.\end{cases}$$

可得 $\boldsymbol{X}^*=(0,3,3)^{\mathrm{T}},v^*=4.8$.

[**例 6.7**]利用极小—极大化方法求解例 6.5.

解:取评价函数为 $v(F(\boldsymbol{X}))=\max_i[x_1^2+x_2^2+1,x_1^2+(x_2-2)^2]^{\mathrm{T}}$,再求

$$\min v(F(\boldsymbol{X}))=\min_D\{\max_i[x_1^2+x_2^2+1,x_1^2+(x_2-2)^2]^{\mathrm{T}}\},$$

可得
$$\boldsymbol{X}^*=(0,1)^{\mathrm{T}},$$
对应 $f_1=2,f_2=1$. 从而将 $\boldsymbol{X}^*=(0,1)^{\mathrm{T}}$ 作为原问题的解.

[**例 6.8**]利用主目标法求解下列问题：

$$v-\min[f_1(\boldsymbol{X}),f_2(\boldsymbol{X})]=\min[-4x_1-3x_2,-x_1]^{\mathrm{T}},$$
$$\text{s.t.}\begin{cases}x_1+x_2\leqslant 400,\\2x_1+x_2\leqslant 500,\\x_1,x_2\geqslant 0.\end{cases}$$

解:取 $f_i(\boldsymbol{X})=-4x_1-3x_2$ 为主要目标. 记(VP)可行集为 D.

先解单目标规划

$$\min_{X\in D}f_2(\boldsymbol{X})=-x_1,$$

得 $\boldsymbol{X}^{(2)}=(250,0)^{\mathrm{T}},f_2^*=f_2(\boldsymbol{X}^{(2)})=-250$. 取 $f_2^0=-200\geqslant f_2^*$.

建立单目标规划

$$\min f_1(\boldsymbol{X})=-4x_1-3x_2,$$

$$\text{s. t.}\begin{cases}x_1+x_2\leqslant 400,\\2x_1+x_2\leqslant 500,\\x_1\geqslant 200,\\x_2\geqslant 0.\end{cases}$$

其最优解 $\boldsymbol{X}^*=(200,100)^{\mathrm{T}}$ 作为原问题的解 .

6.2.7 多目标规划计算机求解

现在已经出现了很多能够用于求解线性规划问题的计算机软件产品,其中 Matlab 是最具代表性的一个 . 下面以 Matlab R2023a 为背景,介绍如何在 Matlab 中求解多目标规划 .

多目标优化指设计目标多于一个的优化问题,它的最终解将根据决策者的选择从解集中确定 . Matlab 用于求解多目标优化问题的函数有两个:fminimax 和 fgoalattain.

函数 fminimax 是用极小极大化方法求解下列问题:

$$\min_{\boldsymbol{X}}\max_{i} f_i(\boldsymbol{X}) \qquad (i=1,2,\cdots,m),$$

$$\text{s. t.}\begin{cases}\boldsymbol{AX}\leqslant \boldsymbol{b},\\\boldsymbol{AeqX}=\boldsymbol{beq},\\C(\boldsymbol{X})\leqslant 0,\\Ceq(\boldsymbol{X})=0,\\\boldsymbol{lb}\leqslant \boldsymbol{X}\leqslant \boldsymbol{ub}.\end{cases}$$

其中 $\boldsymbol{X}$ 为向量变量,$f_i(\boldsymbol{X})$为目标函数,矩阵 $\boldsymbol{A}$ 和向量 $\boldsymbol{b}$ 存放线性不等式约束系数,矩阵 $\boldsymbol{Aeq}$ 和向量 $\boldsymbol{beq}$ 包含线性等式约束系数,C 包含非线性不等式约束,Ceq 包含非线性等式约束,$\boldsymbol{lb}$ 和 $\boldsymbol{ub}$ 分别为向量变量 $\boldsymbol{X}$ 的下界和上界 .

调用格式:

```
x = fminimax(fun,x0)
x = fminimax(fun,x0,A,b)
x = fminimax(fun,x0,A,b,Aeq,beq)
x = fminimax(fun,x0,A,b,Aeq,beq,lb,ub)
x = fminimax(fun,x0,A,b,Aeq,beq,lb,ub,nonlcon)
x = fminimax(fun,x0,A,b,Aeq,beq,lb,ub,nonlcon,options)
[x,fval] = fminimax(…)
[x,fval,maxfval] = fminimax(…)
[x,fval,maxfval,exitflag] = fminimax(…)
[x,fval,maxfval,exitflag,output] = fminimax(…)
[x,fval,maxfval,exitflag,output,lambda] = fminimax(…)
```

说明:fun 为目标函数;x0 为初值; A、b 为线性不等式约束的矩阵与向量;Aeq、beq 为等式约束的矩阵与向量;lb、ub 为变量 x 的上、下界向量;nonlcon 为定义非线性不等式约束函数 c(x)和等式约束函数 ceq(x);options 中设置优化参数 .

x 返回最优解;fval 返回解 x 处的目标函数值;maxfval 返回解 x 处的最大函数值;exitflag 描述计算的退出条件;output 返回包含优化信息的输出参数;lambda 返回包含拉格朗日乘子

的参数．

函数 fgoalattain 是用目的达到法求解下述多目标优化问题：

$\min\gamma$,

$F(\boldsymbol{X})-\mathbf{weight}\cdot\gamma\leqslant\mathbf{goal}$,

$C(\boldsymbol{X})\leqslant 0$,

$Ceq(\boldsymbol{X})=0$,

$\boldsymbol{AX}\leqslant\boldsymbol{b}$,

$\boldsymbol{AeqX}=\boldsymbol{beq}$,

$\boldsymbol{lb}\leqslant\boldsymbol{X}\leqslant\boldsymbol{ub}$.

其中，$\boldsymbol{X}$、**weight**、**goal**、$\boldsymbol{b}$、$\boldsymbol{beq}$、$\boldsymbol{lb}$ 和 $\boldsymbol{ub}$ 为向量；$\boldsymbol{A}$ 和 $\boldsymbol{Aeq}$ 为矩阵；$C(\boldsymbol{X})$、$Ceq(\boldsymbol{X})$和 $F(\boldsymbol{X})$为函数．

调用格式：

```
x=fgoalattain(F,x0,goal,weight)
x=fgoalattain(F,x0,goal,weight,A,b)
x=fgoalattain(F,x0,goal,weight,A,b,Aeq,beq)
x=fgoalattain(F,x0,goal,weight,A,b,Aeq,beq,lb,ub)
x=fgoalattain(F,x0,goal,weight,A,b,Aeq,beq,lb,ub,nonlcon)
x=fgoalattain(F,x0,goal,weight,A,b,Aeq,beq,lb,ub,nonlcon,options)
x=fgoalattain(F,x0,goal,weight,A,b,Aeq,beq,lb,ub,nonlcon,options,P1,P2)
[x,fval]=fgoalattain(…)
[x,fval,attainfactor]=fgoalattain(…)
[x,fval,attainfactor,exitflag]=fgoalattain(…)
[x,fval,attainfactor,exitflag,output]=fgoalattain(…)
[x,fval,attainfactor,exitflag,output,lambda]=fgoalattain(…)
```

说明：F 为目标函数；x0 为初值；goal 为 F 达到的指定目标；weight 为参数指定权重；A、b 为线性不等式约束的矩阵与向量；Aeq、beq 为等式约束的矩阵与向量；lb、ub 为变量 x 的上、下界向量；nonlcon 为定义非线性不等式约束函数 c(x)和等式约束函数 ceq(x)；options 中设置优化参数．

x 返回最优解；fval 返回解 x 处的目标函数值；attainfactor 返回解 x 处的目标达到因子；exitflag 描述计算的退出条件；output 返回包含优化信息的输出参数；lambda 返回包含拉格朗日乘子的参数．

下面的两个例子分别给出了 fminimax 和 fgoalattain 的应用．

［**例 6.9**］求解如下多目标规划问题：

$$V-\min F(\boldsymbol{X})=(x_1-2x_2-3x_3,-3x_1-2x_2+x_3)^{\mathrm{T}},$$

$$\text{s.t.}\begin{cases}x_1-x_2+x_3\leqslant 4,\\3x_1-x_2+x_3\leqslant 6,\\x_1+3x_2+x_3\leqslant 12,\\x_1,x_2,x_3\geqslant 0.\end{cases}$$

其中取 $\boldsymbol{X}^{(0)}=\begin{vmatrix}1\\1\\1\end{vmatrix}$.

解:首先编制 M 函数文件:

```
function f = myfun9(x)
f(1)=x(1)-2*x(2)-3*x(3);
f(2)=-3*x(1)-2*x(2)+x(3);
```

在命令窗口中输入:

```
x0=[1;1;1];
A=[1,-1,1;3,-1,1;1,3,1];
b=[4;6;12];
Aeq=[];beq=[];lb=[0;0;0];ub=[];
[x,fval,maxfval] = fminimax(@myfun9,x0,A,b,Aeq,beq,lb,ub)
```

执行结果为:

```
x =2.1429 2.5714 2.1429
fval =-9.4286 -9.4286
Maxfval=-9.4286
```

[例 6.10]某化工厂拟生产两种新产品 A 和 B,其生产设备费用分别为 2 万元/吨和 5 万元/吨.这两种产品均将造成环境污染,设由公害所造成的损失可折算为 A 为 4 万元/吨,B 为 1 万元/吨.由于条件限制,工厂生产产品 A 和 B 的最大生产能力各为每月 5 吨和 6 吨,而市场需要这两种产品的总量每月不少于 7 吨.试问工厂如何安排生产计划,在满足市场需要的前提下,使设备投资和公害损失均达最小.该工厂决策认为,这两个目标中环境污染应优先考虑,设备投资的目标值为 20 万元,公害损失的目标为 12 万元.

解:建立数学模型.

设工厂每月生产产品 A 为 x_1 吨,B 为 x_2 吨,设备投资费为 $f_1(\boldsymbol{X})$,公害损失费为 $f_2(\boldsymbol{X})$,则问题表达为多目标优化问题:

$$\min f_1(\boldsymbol{X})=2x_1+5x_2,$$
$$\min f_2(\boldsymbol{X})=4x_1+x_2,$$
$$\text{s. t.}\begin{cases}x_1\leqslant 5,\\x_2\leqslant 6,\\x_1+x_2\geqslant 7,\\x_1,x_2\geqslant 0.\end{cases}$$

程序.首先编辑目标函数 M 文件:

```
function f=myfun10(x)
f(1)=2*x(1)+5*x(2);
f(2)= 4*x(1) +x(2);
```

按给定目标取：

```
goal=[20;12];
weight=[20;12];
```

给出：

```
x0=[2;2];
A=[1,0;0,1;-1,-1];
b=[5;6;-7];
lb=zeros(2,1);
```

调用 fgoalattain 函数：

```
[x,fval,attainfactor,exitflag]=fgoalattain(@myfun10,x0,goal,weight,A,b,[],[],lb,[])
```

执行结果为：

```
x=2.9167 4.0833
fval=26.2500 15.7500
attainfactor=0.3125
exitflag=4
```

说明：对于其他求解多目标规划的方法，在将多目标规划化为单目标规划后，可直接调用相关单目标规划函数.

6.3 应用案例

6.3.1 组合投资问题

1. 问题描述

市场上有 n 种资产（如股票、债券等）S_i（$i=1,\cdots,n$）供投资者选择，某公司有数额为 M 的一笔相当大的资金可用作一个时期的投资，公司财务分析人员对这 n 种资产进行了评估，估算出在这一时期内购买 S_i 的平均收益率为 r_i，并预测出购买 S_i 的风险损失率为 q_i. 考虑到投资越分散总的风险越小，公司决定，当用这笔资金购买若干种资产时，总体风险可用所投资的 S_i 中最大的一个风险来度量.

购买 S_i 要付交易费，费率为 p_i，并且当购买额不超过给定值 u_i 时，交易费按购买 u_i 计算（不买当然无需付费）. 另外，假定同期银行存款利率是 r_0，且既无交易费又无风险（$r_0=5\%$）.

已知 $n=4$ 时的相关数据见表 6.1：

表 6.1　$n=4$ 时的相关数据

S_i	r_i(%)	q_i(%)	p_i(%)	u_i(元)
S_1	28	2.5	1	103
S_2	21	1.5	2	198
S_3	23	5.5	4.5	52
S_4	25	2.6	6.5	40

试给该公司设计一种投资组合方案，即用给定的资金 M，有选择地购买若干种资产或存银行生息，使净收益尽可能大，而总体风险尽可能小．

2. 问题分析

由于资产预期收益的不确定性，导致它的风险特性，资产的总体风险用所投资的 S_i 中最大的一个风险来度量．要使投资者的净收益尽可能大，而风险损失尽可能小，一个解决办法就是进行组合投资，分散风险，以期获得较高的收益，模型的目的就是在于求解最优的投资组合．当然最优投资还决定于人的因素，即投资者对风险、收益的偏好程度，怎样解决二者的关系也是模型要解决的一个重要问题．

3. 模型的建立

1)决策变量

本问题中，决策内容是“如何进行投资”，因此可令对每种资产的实际投资额作为本问题的决策变量．

设 x_0 为投资于银行的存款额，x_i 为对第 $i(i=1,2,\cdots,n)$ 种资产 s_i 的实际投资额．

2)目标函数

问题的目标共有两个：净收益尽可能大；而风险损失尽可能小．

购买 S_i 所需的交易费为：

$$c_i(x_i)=\begin{cases}0, x_i=0,\\ p_i u_i, 0<x_i<u_i \\ p_i x_i, x_i\geqslant u_i.\end{cases}\quad (i=1,2,\cdots,n),$$

存银行的交易费 $c_0(x_0)=0$.

对 S_i 投资的净收益为

$$R_i(x_i)=(1+r_i)x_i-(x_i+c_i(x_i))=r_i x_i-c_i(x_i).$$

投资组合 $\boldsymbol{X}=(x_0,x_1,\cdots,x_n)^{\mathrm{T}}$ 的净收益为

$$R(\boldsymbol{X})=\sum_{i=0}^{n}R_i(x_i).$$

由题意投资的风险为

$$Q(\boldsymbol{X})=\max_{1\leqslant i\leqslant n} q_i x_i.$$

3)约束条件

由于资金是有限的，故决策变量 x_i 必须满足下列约束条件，投资所需资金为

$$F(\boldsymbol{X})=\sum_{i=0}^{n}(x_i+c_i(x_i))=M.$$

4)建立的模型

该问题的数学模型是一个双目标优化：

$$\min\left\{\begin{bmatrix}Q(\boldsymbol{X})\\ -R(\boldsymbol{X})\end{bmatrix}\middle| F(\boldsymbol{X})=M,\boldsymbol{X}\begin{bmatrix}x_0\\ x_2\\ \vdots\\ x_n\end{bmatrix}\geqslant 0\right\}.$$

4. 模型的求解

1)模型的约化

上述双目标优化模型可用多种方式化为单目标优化问题，主要有以下三种：

(1)模型 1. 固定风险水平，优化收益：

$$\begin{aligned}&\max R(\boldsymbol{X}),\\ &\text{s.t.}\ Q(\boldsymbol{X})\leqslant k,\\ &F(\boldsymbol{X})=M,\quad \boldsymbol{X}\geqslant 0.\end{aligned}$$

(2)模型 2. 固定盈利水平，极小化风险：

$$\begin{aligned}&\min Q(\boldsymbol{X}),\\ &\text{s.t.}\ R(\boldsymbol{X})\geqslant h,\\ &F(\boldsymbol{X})=M,\boldsymbol{X}\geqslant 0.\end{aligned}$$

(3)模型 3. 偏好系数法，确定投资者对风险—收益的相对偏好系数 $\rho\geqslant 0$，求解：

$$\begin{aligned}&\min[\rho Q(\boldsymbol{X})-(1-\rho)R(\boldsymbol{X})],\\ &\text{s.t.}\ F(\boldsymbol{X})=M,\boldsymbol{X}\geqslant 0.\end{aligned}$$

在上述三个问题中，选择 k、h 的不同水平和 ρ 的不同值进行求解就可以揭示投资和风险之间的相互依存规律，再根据投资者对风险的承受能力，确定投资方案.

2)化简与求解

因为 M 相当大，S_i 若被选中，其投资额一般都超过 u_i，投资费用可简化为

$$C_i(x_i)=p_i x_i.$$

在进行计算时，可设 $M=1$，此时 $(1+p_i)x_i$ 可视作投资 S_i 的比例.

对固定风险的情形，问题可化为求如下线性规划问题：

$$\begin{aligned}&\max\sum_{i=0}^{n}(r_i-p_i)x_i,\\ &\text{s.t.}\ q_i x_i\leqslant k\qquad(i=1,2\cdots,n),\\ &\sum_{i=0}^{n}(1+p_i)x_i=M.\end{aligned}$$

对于有相对偏好系数 ρ 的优化问题，引入变量 x_{n+1}，可化为如下线性规划：

$$\begin{aligned}&\min L(\boldsymbol{X})=\rho x_{n+1}-(1-\rho)\sum_{i=0}^{n}(r_i-p_i)x_i,\\ &\text{s.t.}\ \sum_{i=0}^{n}(1+p_i)x_i=M,\boldsymbol{X}\geqslant 0,\\ &q_i x_i\leqslant x_{n+1}\qquad(i=1,2,\cdots,n).\end{aligned}$$

这两个问题易用 Mathematica、Matlab、Lindo 等数学软件来求解，对固定收益优化风险的问题也可做类似处理.

6.3.2 航空公司机组优化排班问题

文本 6.1 2021 年全国研究生数学建模竞赛 F 题论文

本部分摘选自 2021 年钟仪华指导的西南石油大学明兴莹、吴磊、亢庆林获得的全国研究生数学建模竞赛一等奖论文(文本 6.1)关于“问题描述”的部分，做了部分修改.

1. 问题描述

机组排班问题(crew pairing problem)即传统意义上机组人员飞行计划的制订,根据每个航班的飞行属性,为航班指派相应的机组人员,来完成航班的飞行作业,其本质是确定哪个航班由哪些人员来执飞,是航空公司运营计划的制订中非常重要的环节.

机组排班问题约束繁多,模型结构复杂,是典型的 NP-hard 问题. 因此,研究可以快速解决复杂机组排班问题的模型与算法对工业界和学术界都有重要意义. 机组排班问题本质上是机组和航班的匹配问题,以往机组排班主要依靠调度人员手工完成,工作量巨大,且效率较为低下. 随着航空业的发展、航空公司规模的扩大,航班数量和员工数量迅速增加,单纯依靠人工排班变得不切实际,能够求解大规模机组排班问题的智能优化系统将为航空公司提供更好的决策支持. 航空公司的运营管理非常复杂,很多过程需要经过长期—中期—短期等多层次的往复循环. 本例的机组排班问题假设航班规划阶段已经完成,机型分配已经结束,对机组人员数量及资格的需求已经明确,而且可用机组人员也已经确定.

表 6.2 为机组排班问题的基本概念并且该问题应满足如下七条输入参数:

(1)航段之间最小连接时间 40min;

(2)一次执勤飞行时长最多不超过 600min;

(3)执勤时长最多不超过 720min;

(4)相邻执勤之间的休息时间不少于 660min;

(5)排班周期单个机组人员任务环总时长不超过 14400min;

(6)连续执勤天数不超过 4 天;

(7)相邻两个任务环之间至少有 2 天休息.

解决下面的问题:

建立线性规划模型给航班分配机组人员(或者说给机组人员分配航班),在满足约束条件下,依编号次序满足目标:(1)尽可能多的航班满足机组配置;(2)尽可能少的总体乘机次数;(3)尽可能少使用替补资格.

表 6.2 机组排班问题基本概念

时间	由年月日时分组成,秒以下的精度不计. 所有时间均按单一指定时区定义(比如北京时区),相邻两天的时间分割点是给定时区的半夜零点
机场	航班的起飞和到达,及机组人员的出发和到达,都是以机场为节点
机组人员	包括正机长和副机长. 机组人员按主要资格或替补资格执行的任务都叫飞行任务,机组人员乘坐正常航班从一机场摆渡到另一机场去执行飞行任务的过程叫做乘机任务
航班	指飞机的一次起飞和降落,一个航班只有满足最低机组资格配置才能起飞
执勤	一次执勤由一连串航段(包括飞行任务和乘机任务)和间隔连接时间组成,相当于一次上班
任务环	任务环由一连串的执勤和休息时间组成,从自己的基地出发并最终回到自己的基地,相当于一次出差
排班计划及排班周期	每位机组人员在每个排班周期都有一个排班计划,这个计划由一系列的任务环和休假组成,任务环之间满足一定的休假天数

2. 问题分析

通过对题目所给的条件和数据信息及要求解的问题分析,整体上讲航空公司机组优化排班问题属于数据分析预处理和多目标的 0—1 规划和混合整数线性规划问题．首先对所给附件数据进行分析和处理，理清航班关系、各类机组人员数量、基地数、机场数等数据，理解题目中机组优化排班问题的各种概念，对整个机组优化问题进行一个剖析，理清整个问题的解题思路．特别要解决刻画飞行任务和乘机任务及双基地飞行的情况，并通过建立最优化模型的三要素，确定出解决该问题的决策变量、目标函数和约束条件，建立能否符合航班最低配置等要求的三目标线性规划模型．

3. 模型的假设与符号说明

模型假设见表 6.3，符号说明见表 6.4.

表 6.3　模型假设

全文假设	(1)假设航班规划阶段已经完成，机型分配已经结束，对机组人员数量及资格的需求已经明确，而且可用机组人员也已经确定； (2)假设具备正机长资格的飞行员其主要资格是正机长，否则其主要资格是副机长，部分正机长可以替补副机长执行飞行任务； (3)假设每个航班都是唯一的； (4)假设机组排班只考虑飞行员，而不考虑乘务员和乘警等； (5)假设只有一种机型一种机组配置，实际情况可以有所不同； (6)假设机组人员之间可以任意组合； (7)允许存在因无法满足最低机组资格配置而不能起飞的航班； (8)不满足最低机组资格配置的航班不能配置任何机组人员
问题的补充假设	(1)假设不考虑乘机人数限制； (2)假设不考虑机组人员的执勤时间和休息时间

表 6.4　符号说明

关键符号	符号说明
N	总航班数
m	正机长个数
n	副机长个数
w	正机长兼任副机长的替补机长个数
r	执勤次数
s	任务环个数
M	计划周期天数
SP_i	第 i 次飞行任务的出发地
DP_i	第 i 次飞行任务的到达地
ST_i	第 i 次飞行任务的出发时间
DT_i	第 i 次飞行任务的到达时间
T_i	第 i 次飞行任务的时间
t_i	第 i 次、第 $i+1$ 次飞行任务之间的连接时间
W_1	正机长每单位小时的执勤成本
W_2	副机长每单位小时的执勤成本
W_3	兼任正副机长每单位小时的执勤成本
W	机组人员每单位小时任务环成本

4. 数据分析与处理

1)机组排班人员数据的分析与处理

根据题中给出数据“机组排班 Data A-Crew”和“机组排班 Data B-Crew”,定义既能当正机长又能当副机长的机组人员为“全能机长”,只能当正机长的机组人员为“专职正机长”,只能当副机长的机组人员为“专职副机长”,通过汇总数据得出表 6.5 和表 6.6.

表 6.5　基地机组人员数量

<table>
<tr><th>数据</th><th>基地</th><th>全能机长</th><th>专职正机长</th><th>专职副机长</th><th>机组总人数</th></tr>
<tr><td>A 套</td><td>NKX</td><td>6</td><td>5</td><td>10</td><td>21</td></tr>
<tr><td rowspan="2">B 套</td><td>HOM</td><td>20</td><td>28</td><td>24</td><td rowspan="2">465</td></tr>
<tr><td>TGD</td><td>104</td><td>59</td><td>230</td></tr>
</table>

表 6.6　机组人员酬金

机组人员资格	允许乘机	每单位小时执勤成本,元	每单位小时任务环成本,元
全能机长	允许	640	20
专职正机长	允许	680	20
专职副机长	允许	600	20

从表 6.5 和表 6.6 中可以明显看出:各基地不同资格机组人员的数量分布以及不同资格机组人员的酬金区别. 于是假定飞行任务机组排班统一使用两人组排班,而不用三人组及四人组,因为在实际中,三人组及四人组大多用于执行特殊航班和长线国际航班,而国内常规航班如果排班合理,是可以仅用双人组完成所有飞行任务的,因为使用三人组或四人组实际是机组人员和飞行能力的浪费.

因此飞行任务中机组人员配置有以下三种搭配方式:专职正机长+专职副机长;专职正机长+全能机长(替补执行副机长职责);全能机长(执行正机长职责)+专职副机长.

2)机组排班飞行数据的分析与处理

(1)A 组飞行排班数据的分析.

通过对 A 组排班飞行数据分析发现:所有排班的飞行任务都是由同一个基地 NKX 与其余 6 个机场的往返航班构成,无其他特殊情况,航班分布如图 6.1 所示.

(2)B 组飞行排班数据的分析.

通过对 B 组排班飞行数据分析发现:所有排班的飞行任务都是基于两个基地 HOM 和 TGD 构成的,大致有以下三种情况,具体如图 6.2(彩图 6.2)所示.

①基地 HOM→仅与 HOM 通航的机场→基地 HOM;②基地 TGD→仅与 TGD 通航的机场→基地 TGD;③任一基地→能与两个基地通航的机场→任一基地.

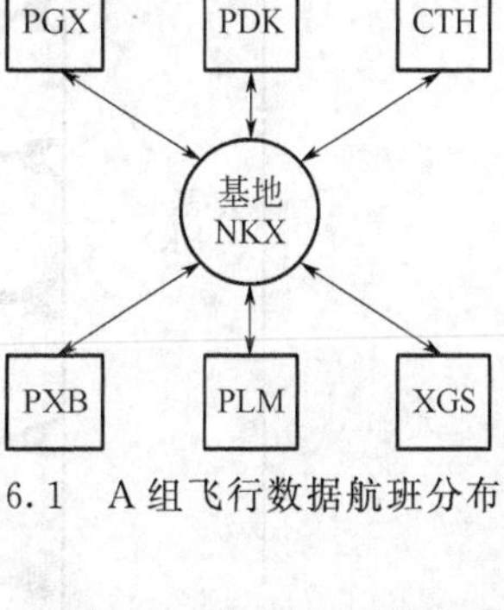

图 6.1　A 组飞行数据航班分布图

5. 模型的建立与求解

首先分别对 A 组数据和 B 组数据的基地排班数据进行整理;然后对飞行任务、乘机任务及双基地进行刻画;接着建立优化模型;最后针对模型特点,研究和设计求解算法.

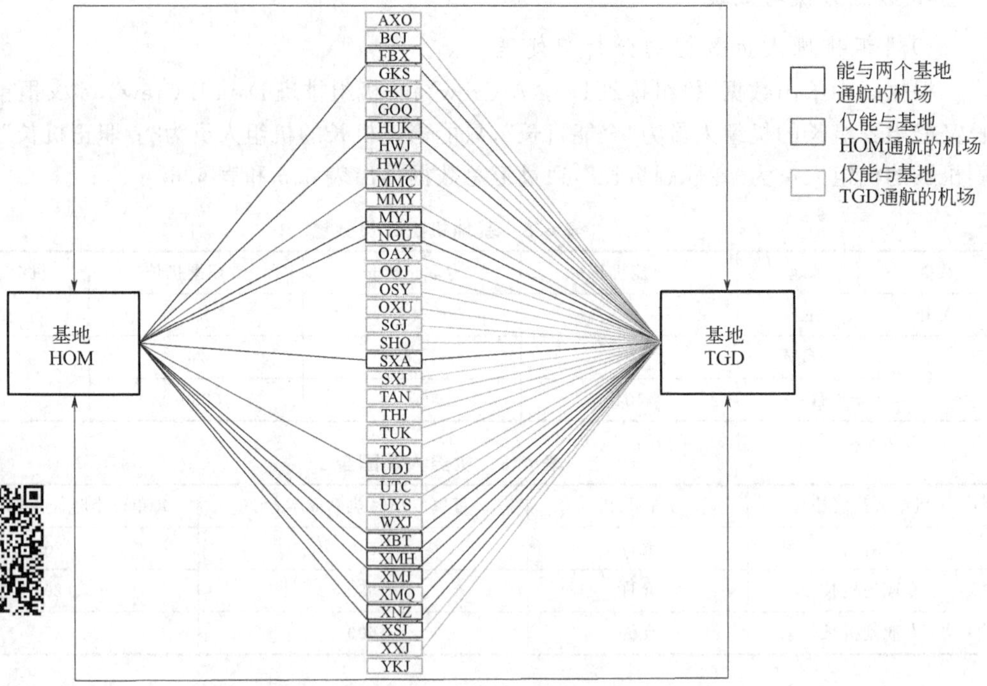

彩图6.2

图 6.2 B组飞行数据航班分布图

1)针对 A 组数据的单基地机组排班

按照上面的建模思路,问题的核心就是建立线性规划模型给航班分配机组人员,而且明确要建立的模型为多目标的线性规划模型.根据图 6.3 和问题所要求的结果数据进行决策变量的选取,确定是否符合最低配置,是否给航班分配正、副、替补机长的决策变量.经过数据分析后,以 A 组数据的单基地为基准建立三目标的 0—1 规划模型.之后,利用线性加权法将其转化为单目标 0—1 规划模型.最后利用隐枚举法,研究和设计转化后的单目标 0—1 规划模型的求解方法.

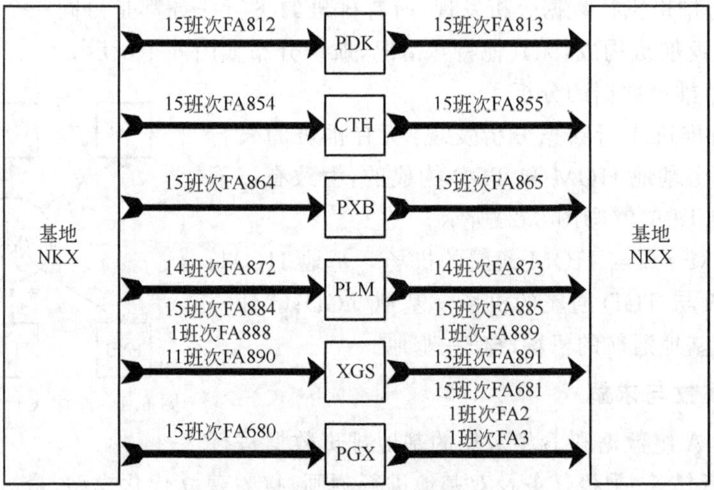

图 6.3 A组航班数量分布

2)针对B组数据的双基地机组排班

基于B组数据的建模求解,本质是对双基地的机组排班计划进行优化研究．目前已有的研究基本都是考虑单个基地的机组排班计划问题,但实际上,国内绝大多数航空公司都拥有多个机组基地,且各类资源并非均衡地分布在各个基地,每个基地的机组人员资源、机组结构和飞机资源等多个方面均存在一定的差异性,仅孤立地考虑单个基地,每个基地独立地进行排班计划编制工作,忽略了基地之间的相关影响,不能准确反映实际运营管理情况．综合考虑多个基地的机组资源和飞机资源,统一进行调度管理,能够有效提高机组人员的利用率和航空公司的运输组织效率,进而减少航空公司的运营管理成本．

对于B组数据的两基地而言,采用聚类思想,对基地HOM和基地TGD的机场进行集合划分,转化为单个基地的机组排班优化问题求解．然后利用解决A组数据的机组排班优化问题的思想和方法,分别对每个区域集合进行建模求和解,获得B组数据的机组排班优化策略．

3)基于0—1规划的多目标机组排班策略优化模型的建立

为了提高机组人员的运用效率和灵活性,同时为了避免因法规约束限制过于严格导致可能不存在可行解的情况发生,一般情况下允许最终的机组排班计划中存在乘机任务的情况．人们对于搭机情况的刻画常常通过将集合划分模型改为集合覆盖模型来实现．然而,仅仅简单地利用集合覆盖模型来允许乘机情况的发生存在较大的不足．

假设在最优解中,出现了一次乘机任务,则意味着一个航班在编制计划结果中出现了两次．但是,对于这两个航班,无法直接区分出哪一个是具体的飞行任务,哪一个是乘机任务．只有在计划编制完成后再通过进一步的筛选,才能得到明确的结果．这种做法可以解决对于乘机次数的限制问题,但对于多数情况下需要满足的乘机任务发生位置的限制仍然无能为力,因为通过这种“事后筛选”的策略得到的解很可能不满足乘机位置约束(乘机位置是指乘机任务在任务中所处的位置．一般而言,乘机任务最好发生在出乘航班或退乘航班,以便于管理)．因此,本文基于乘机情况发生在出乘航班和退乘航班以及问题的要求,利用最优化规划中的决策变量刻画乘机飞行,并综合考虑乘机任务和飞行任务情况对整个排班方案进行优化规划．

(1)确定决策变量．

$$x_i=\begin{cases}1,\text{第 } i \text{ 个航班符合最低配置；}\\0,\text{第 } i \text{ 个航班不符合最低配置．}\end{cases}\tag{6.90}$$

$$y_{ij}=\begin{cases}1,\text{给第 } i \text{ 个航班分配第 } j \text{ 个正机长；}\\0,\text{不给第 } i \text{ 个航班分配第 } j \text{ 个正机长．}\end{cases}\tag{6.91}$$

$$z_{ik}=\begin{cases}1,\text{给第 } i \text{ 个航班分配第 } k \text{ 个副机长；}\\0,\text{不给第 } i \text{ 个航班分配第 } k \text{ 个副机长．}\end{cases}\tag{6.92}$$

$$l_{ih}=\begin{cases}1,\text{给第 } i \text{ 个航班分配第 } h \text{ 个替补机长；}\\0,\text{不给第 } i \text{ 个航班分配第 } h \text{ 个替补机长．}\end{cases}\tag{6.93}$$

其中 $i=1,2,\cdots,N;j=1,2,\cdots,m;k=1,2,\cdots,n;h=1,2,\cdots,w$.

(2)确定目标函数．

目标1:满足机组配置的航班最多,即

$$\max Z_1 = \sum_{i=1}^{N} x_i. \tag{6.94}$$

目标 2:总体乘机次数最少,即

$$\min Z_4 = \sum_{i=1}^{N}\sum_{j=1}^{m}(1-y_{ij}) + \sum_{i=1}^{N}\sum_{k=1}^{n}(1-z_{ik}) + \sum_{i=1}^{N}\sum_{h=1}^{w}(1-l_{ih}). \tag{6.95}$$

目标 3:使用替补资格最少,即

$$\min Z_7 = \sum_{i=1}^{N}\sum_{h=1}^{w} l_{ih}. \tag{6.96}$$

(3)确定约束条件.

① 从基地出发的约束.

一个正机长至多执行一个飞行任务的约束,即

$$\sum_{j=1}^{m} y_{ij} \leqslant 1; i=1,2,\cdots,N. \tag{6.97}$$

一个副机长或替补机长至多执行一个飞行任务的约束,即

$$\sum_{k=1}^{n} z_{ik} + \sum_{h=1}^{w} l_{ih} \leqslant 1; i=1,2,\cdots,N. \tag{6.98}$$

② 航班的最少配置和起飞的约束.

$$\sum_{i=1}^{N}(y_{ij}+z_{ik}+l_{ih}) \geqslant 2, \tag{6.99}$$

其中 $j=1,2,\cdots,m; k=1,2,\cdots,n; h=1,2,\cdots,w.$

式(6.99)成立后,第 i 次航班就可以起飞,即 $x_i=1$ 的条件可等价表示为:

$$y_{ij}+z_{ik}=2 \text{ 或 } y_{ij}+l_{ih}=2, \tag{6.100}$$

为了方便计算,将此约束等价变形为:

$$y_{ij}+z_{ik}+l_{ih} \geqslant 2x_i,$$

其中 $i=1,2,\cdots,N; j=1,2,\cdots,m; k=1,2,\cdots,n; h=1,2,\cdots,w.$ (6.101)

③ 每个机组人员最终回到基地的约束.

将每个机组人员最终回到基地的约束转化为飞机经过一个计划周期后回到第一航线的出发地(即基地),即

$$DP_N x_N = SP_1 x_1. \tag{6.102}$$

④ 每个机组人员的下一次航段的起飞机场必须和上一航段的到达机场一致的约束:

$$x_i DP_i = x_{i+1} SP_{i+1}; i=1,2,\cdots,N-1. \tag{6.103}$$

⑤ 每个机组人员相邻两个航段之间的连接时间不小于 2/3h 的约束:

$$x_i ST_i - DT_{i-1} x_{i-1} \geqslant \frac{2}{3}; i=2,3,\cdots,N. \tag{6.104}$$

其中 SP_i, DP_i, ST_i, DT_i 表示第 i 次航班出发和到达的地点和时间,都是常量.

(4)建立的优化模型．

综上所述，建立的三目标 0—1 规划模型为式(6.105)：

$$\begin{cases}\max Z_1=\sum_{i=1}^{N}x_i,\\ \min Z_4=\sum_{i=1}^{N}\sum_{j=1}^{m}(1-y_{ij})+\sum_{i=1}^{N}\sum_{k=1}^{n}(1-z_{ik})+\sum_{i=1}^{N}\sum_{h=1}^{w}(1-l_{ih}),\\ \min Z_7=\sum_{i=1}^{N}\sum_{h=1}^{w}l_{ih},\end{cases}$$

$$\text{s.t.}\begin{cases}\sum_{j=1}^{m}y_{ij}\leqslant 1(i=1,2,\cdots,N),\\ \sum_{k=1}^{n}z_{ik}+\sum_{h=1}^{w}l_{ih}\leqslant 1(i=1,2,\cdots,N),\\ y_{ij}+z_{ik}+l_{ih}\geqslant 2x_i(i=1,2,\cdots,N;j=1,2,\cdots,m;k=1,2,\cdots,n;h=1,2,\cdots,w),\\ DP_N x_N=SP_1 x_1,\\ x_i DP_i=x_{i+1}SP_{i+1}(i=1,2,\cdots,N-1),\\ x_i ST_i-DT_{i-1}x_{i-1}\geqslant \frac{2}{3}(i=2,3,\cdots,N),\\ x_i=0\text{ 或 }1(i=1,2,\cdots,N),\\ y_{ij}=0\text{ 或 }1(i=1,2,\cdots,N;j=1,2,\cdots,m),\\ z_{ik}=0\text{ 或 }1(i=1,2,\cdots,N;k=1,2,\cdots,n),\\ l_{ih}=0\text{ 或 }1(i=1,2,\cdots,N;h=1,2,\cdots,w).\end{cases} \tag{6.105}$$

(5)化为单目标优化模型．

在本问题中，线性规划模型建立了三个目标函数，选取三个值 $0<\mu_i<1(i=1,2,3)$，作为这三个目标的线性加权系数，并且 $\mu_1+\mu_2+\mu_3=1$. 由于本问题中三个目标函数的量纲不同，因此需要归一化目标函数，对其进行无量纲化处理．此时目标函数分别通过式(6.106)至式(6.108)规范：

$$\alpha_1=\frac{Z_1-\min Z_1}{\max Z_1-\min Z_1}; \tag{6.106}$$

$$\alpha_4=\frac{Z_4-\min Z_4}{\max Z_4-\min Z_4}; \tag{6.107}$$

$$\alpha_7=\frac{Z_7-\min Z_7}{\max Z_7-\min Z_7}. \tag{6.108}$$

将此函数放大 100 倍，这样迭代时目标函数区分比较明显．该问题就从三目标优化模型转化为单目标数学规划问题，转化后的单目标模型可以写为：

$$\min z_{\bar{k}} = (\mu_2\alpha_4 + \mu_3\alpha_7 - \mu_1\alpha_1) \times 100,$$

$$\text{s.t.}\begin{cases}\sum_{j=1}^{m} y_{ij} \leqslant 1(i=1,2,\cdots,N),\\ \sum_{k=1}^{n} z_{ik} + \sum_{h=1}^{w} l_{ih} \leqslant 1(i=1,2,\cdots,N),\\ y_{ij} + z_{ik} + l_{ih} \geqslant 2x_i(i=1,2,\cdots,N; j=1,2,\cdots,m; k=1,2,\cdots,n; h=1,2,\cdots,w),\\ DP_N x_N = SP_1 x_1,\\ x_i DP_i = x_{i+1} SP_{i+1}(i=1,2,\cdots,N-1),\\ x_i ST_i - DT_{i-1} x_{i-1} \geqslant \frac{2}{3}(i=2,3,\cdots,N),\\ x_i = 0 \text{ 或 } 1(i=1,2,\cdots,N),\\ y_{ij} = 0 \text{ 或 } 1(i=1,2,\cdots,N; j=1,2,\cdots,m),\\ z_{ik} = 0 \text{ 或 } 1(i=1,2,\cdots,N; k=1,2,\cdots,n),\\ l_{ih} = 0 \text{ 或 } 1(i=1,2,\cdots,N; h=1,2,\cdots,w).\end{cases} \tag{6.109}$$

(6) 基于隐枚举法的模型求解方法．

将单目标 0—1 规划模型转化为标准型如式(6.110)：

$$\min z = c_0 + \sum_{\bar{i}}^{\bar{m}} \sum_{\bar{j}}^{\bar{n}} c_{\bar{i}\bar{j}} \overline{x_{\bar{i}\bar{j}}} \qquad (c_{\bar{i}\bar{j}} \geqslant 0),$$

$$\text{s.t.}\begin{cases}\sum_{\bar{i}}^{\bar{m}} \sum_{\bar{j}}^{\bar{n}} a_{\bar{i}\bar{j}l} \overline{x_{\bar{i}\bar{j}}} \leqslant b_{\bar{l}} \qquad (\bar{l}=1,2,\cdots,\bar{w}),\\ \overline{x_{\bar{i}\bar{j}}} = 0 \text{ 或 } 1 \qquad (\bar{i}=1,2,\cdots,\bar{m}; \bar{j}=1,2,\cdots,\bar{n}).\end{cases} \tag{6.110}$$

在 0—1 规划问题式(6.110)的求解过程中，始终保持 0—1 限制．对于一个活问题，逐次取一个变量，确定它取 0 或 1 来划分部分问题(即把相应的可行解集合分为两个子集)．对于一个部分问题的探查，先不考虑线性约束，直接根据目标函数表达式来确定使目标函数达到最优值的各自由变量的值，从而得出 n 个变量的一个 0—1 组合．然后验算该 0—1 组合是否满足线性约束．若满足，则得出该部分问题的最优解和最优值，它们分别是原问题的可行解和原问题最优值的一个上界．若该 0—1 组合不满足线性约束，且该部分问题属未探明的，则添加一个固定变量(即从自由变量中选取一个，令它取 0 或 1)用以划分该问题，得出两个新的部分问题．只要还存在活问题，就如此继续进行，直到没有活问题为止．

算法步骤：

步骤 1：令全部 $\overline{x_{\bar{i}\bar{j}}}$ 都是自由变量且取 0 值，即 $X_0=0$，检验该解是否可行．若可行，已得最优解；若不可行，转步骤 2.

步骤 2：将某一变量转为固定变量，令其取值为 1 或 0，使问题分成两个部分问题．令一个部分问题的自由变量都取 0 值，加上固定变量取值，组成此部分问题的解．

步骤 3：计算此解的目标函数值 $z_{\bar{k}}$，与现有最小值 z_{copt} 比较．如前者大，则不必检验其是否可行而停止计算,若部分问题都检验过,转步骤 7,否则转步骤 6;如前者小,转步骤 4.

步骤 4:检验解是否可行. 如可行,已得一个可行解,并分别修改现有最好解和现有最小值为 $X_{\bar{k}}$ 和 $z_{\bar{k}}$,停止分支. 若部分问题都检验过,转步骤 7,否则转步骤 6. 如不可行,转步骤 5.

步骤 5:如果有 $\sum\limits_{\bar{i}\in \overline{F}_{\bar{k}}}\sum\limits_{\bar{j}\in \overline{F}_{\bar{k}}}\min\{0,a_{\overline{ijl}}\}>b_{\bar{l}}-\sum\limits_{\bar{i}\in \overline{W}_{\bar{k}}^{+}}\sum\limits_{\bar{j}\in \overline{W}_{\bar{k}}^{+}}a_{\overline{ijl}}$,则 $v_{\bar{k}}$ 称为不可行解,不再往下分支. 否则,若部分问题都检验过,转步骤 7,否则转步骤 6.

步骤 6:定出尚未检验过的另一个部分问题的解,进行步骤 3 至步骤 5,若所有部分问题都检验过了,计算停止,这时现有最好解和现有最小值就是原问题的最优解和最优值;否则转步骤 7.

步骤 7:检查有无自由变量. 若有,转步骤 2;若没有,停止计算. 现有最好解和现有最小值就是原问题的最优解和最优值.

其求解流程图见图 6.4.

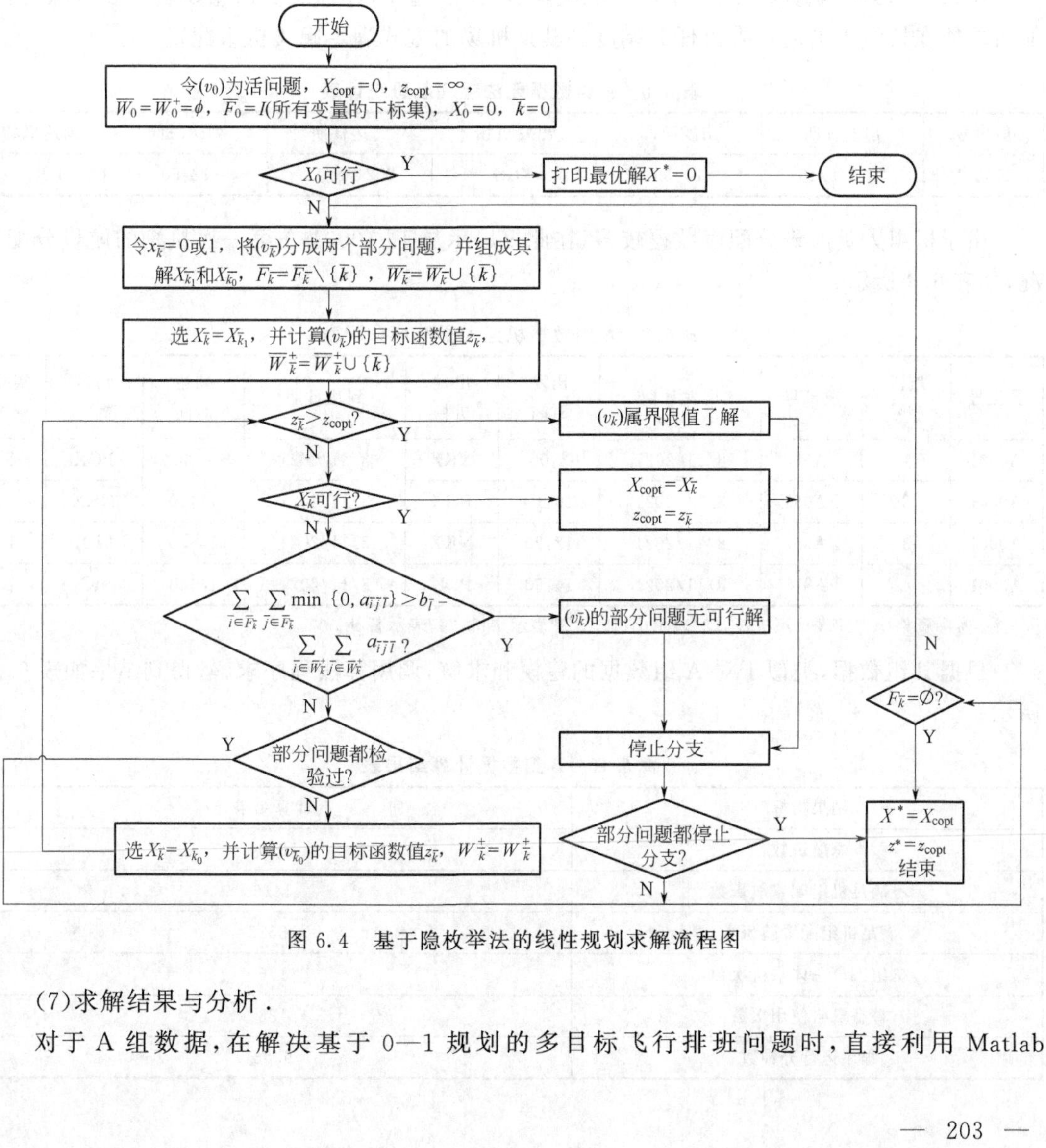

图 6.4 基于隐枚举法的线性规划求解流程图

(7)求解结果与分析.

对于 A 组数据,在解决基于 0—1 规划的多目标飞行排班问题时,直接利用 Matlab

R2023a 编制的程序，输入相关数据或参数求解即可；对于 B 组数据，先分别以 HOM 和 TGD 为基地，准备模型式(6.110)求解算法程序需要输入的相关数据或参数，然后分别类似于 A 组数据一样求解即可．

根据题目要求，通过前面的求解步骤，对模型求解的结果如表 6.7 所示．

表 6.7 A 组数据计算结果表

结果指标	计算结果
总航班数	206
不满足机组配置航班数	1
满足机组配置航班数	205
机组人员总体乘机次数	6
替补资格使用次数	0
程序运行分钟数	0.9

结果显示只有航班 FA891 不满足机组配置，无法起飞，详细航班信息如表 6.8 所示，其余航班均能在机组人员通过乘机任务调度到其余机场的方式满足起飞机组配置．

表 6.8 A 组数据无法起飞航班统计表

航班号	出发日期	出发时间	出发机场	到达日期	到达时间	到达机场
FA891	2021/8/15	10:30	XGS	2021/8/15	12:50	NKX

由于机组人员航班分配表数据较多，在此仅展示员工 A0001 在第一次执勤的航班分配情况，如表 6.9 所示．

表 6.9 A 组数据机组人员航班分配表

员工号	航段序号	航班号	出发日期	出发时间	出发机场	到达日期	到达时间	到达机场	实际资格
A0001	1	FA680	8/11/2021	8:00	NKX	8/11/2021	9:30	PGX	1
A0001	2	FA681	8/11/2021	10:10	PGX	8/11/2021	11:40	NKX	1
A0001	3	FA812	8/11/2021	12:20	NKX	8/11/2021	14:05	PDK	1
A0001	4	FA813	8/11/2021	14:50	PDK	8/11/2021	16:40	NKX	1

注：实际资格中，“1”表示正机长，“2”表示副机长，“3”表示乘机，“4”表示替补．

根据 B 组数据，类似于对 A 组数据的建模和求解，调用算法程序求解，得到结果如表 6.10 所示．

表 6.10 B 组数据计算结果表

结果指标	计算结果
总航班数	13954
不满足机组配置航班数	1416
满足机组配置航班数	12538
机组人员总体乘机次数	156
替补资格使用次数	186
程序运行分钟数	9.83

结果显示航班 FB8567 等 1416 个航班不满足机组配置,无法起飞,其余航班均能在机组人员通过乘机任务调度到其余机场的方式满足起飞机组配置,部分结果如表 6.11 所示.

表 6.11 B 组数据无法起飞航班统计表

航班号	出发日期	出发时间	出发机场	到达日期	到达时间	到达机场
FB8567	8/1/2019	0:35	XXJ	8/1/2019	2:25	SXA
FB8560	8/1/2019	6:35	SXA	8/1/2019	8:30	HOM
FB240	8/1/2019	7:00	FBX	8/1/2019	8:40	TGD
FB1200	8/1/2019	7:05	SXA	8/1/2019	8:40	FBX
FB292	8/1/2019	7:05	OOJ	8/1/2019	8:20	TGD
FB312	8/1/2019	7:10	OSY	8/1/2019	8:15	TGD
FB394	8/1/2019	7:10	UYS	8/1/2019	8:15	TGD
FB582	8/1/2019	7:25	MYJ	8/1/2019	8:55	TGD

由于机组人员航班分配表数据较多,在此仅展示员工 B0021 和 B0026 在第一次执勤周期内的航班分配情况,如表 6.12 所示.

表 6.12 B 组人员航班分配表

员工号	航段序号	航班号	出发日期	出发时间	出发机场	到达日期	到达时间	到达机场	实际资格
B0021	1	FB1000	8/1/2019	3:35	SXA	8/1/2019	5:55	TGD	1
B0021	2	FB671	8/1/2019	7:00	TGD	8/1/2019	8:25	THJ	1
B0021	3	FB674	8/1/2019	9:05	THJ	8/1/2019	10:25	TGD	1
B0021	4	FB395	8/1/2019	11:10	TGD	8/1/2019	12:10	UYS	1
B0026	1	FB541	8/1/2019	7:10	HOM	8/1/2019	8:20	XSJ	1
B0026	2	FB544	8/1/2019	9:05	XSJ	8/1/2019	10:15	HOM	1
B0026	3	FB22	8/1/2019	11:00	HOM	8/1/2019	12:15	TGD	1
B0026	4	FB65	8/1/2019	13:00	TGD	8/1/2019	14:35	NOU	1

注:实际资格中,“1”表示正机长,“2”表示副机长,“3”表示乘机,“4”表示替补.

练 习 题 6

1. 考察多目标规划问题:

$$v-\min F(\boldsymbol{X})=(f_1(x),f_2(x))^{\mathrm{T}},$$
$$\text{s. t. } -2\leqslant x\leqslant 4.$$

其中

$$f_1(x)=x^2,\quad f_2(x)=\begin{cases}-x+2,\ -2\leqslant x\leqslant 1,\\ 1,1<x\leqslant 2,\\ x-1,x>2.\end{cases}$$

试画出目标函数的图形,并求出 $R_1,R_2,R_{ab},R_{pa},R_{wp}$,这里 R_i 是 $\min\limits_{-2\leqslant x\leqslant 4} f_i(x)$的最优

解集.

2. 用线性加权法中的 α-法求解下述多目标规划问题：

$$\min f_1(x)=4x_1+6x_2,$$
$$\max f_2(x)=3x_1+3x_2,$$
$$\text{s. t.}\begin{cases}2x_1+4x_2\leqslant 14,\\ 6x_1+3x_2\leqslant 24,\\ x_1,x_2\geqslant 0.\end{cases}$$

3. 用线性加权求和法求解下述多目标规划问题,取 $\lambda_1=0.6,\lambda_2=0.4$.

$$v-\min F(\boldsymbol{X})=(x_1-3x_2,2x_1+x_2)^{\mathrm{T}},$$
$$\text{s. t.}\begin{cases}3x_1+2x_2\leqslant 6,\\ x_1+3x_2\leqslant 3,\\ 2x_1-x_2\leqslant 2,\\ x_1,x_2\geqslant 0.\end{cases}$$

4. 用平方和加权法求解多目标规划问题：

$$V-\min_{x\in D}[f_1(\boldsymbol{X}),f_2(\boldsymbol{X})]^{\mathrm{T}},$$

其中

$$f_1(\boldsymbol{X})=x_1,\quad f_2(\boldsymbol{X})=x_2,\quad D:\begin{cases}x_1-x_2\leqslant 4,\\ x_1+x_2\leqslant 8\\ x_1,x_2\geqslant 0.\end{cases},\quad \lambda_1=\frac{1}{3},\lambda_2=\frac{2}{3},$$

5. 用极小极大法和 Matlab 软件求解下述多目标规划问题：

$$v-\min F(\boldsymbol{X})=[(x_1-3)^2+x_2^2,x_1^2+(x_2-2)^2]^{\mathrm{T}},$$
$$\text{s. t.}\quad x_1+x_2\leqslant 2.$$

第 7 章　现代优化算法

前几章学习的优化理论和算法都是传统的解析方法，无论是最优性条件还是迭代算法都以原问题的局部最优解为目标进行研究．但这些传统方法解决具体问题时往往有一些缺陷，例如只能求得局部最优解，无法准确快速地求得全局最优解，或者是迭代步数过多，对下降方向和步长的计算较为复杂，计算代价大．这导致一些复杂的问题无法在可接受的时间内解决．特别是离散的组合优化问题，往往无法用传统的优化算法完善解决．而本章介绍的现代优化算法是以仿真、模拟等手段，快速地寻找全局最优解的多种方法，这些算法是求解多极值函数优化和组合优化问题的有效工具，这些算法在生产调度、机器学习、电路设计、图像处理和神经网络等领域取得了很大的成功．

7.1　现代优化算法概述

7.1.1　组合优化问题

1. 组合优化模型及特点

组合优化问题是在给定约束条件下，求出使目标函数极小(或极大)的变量组合问题．组合优化是通过对数学方法的研究去寻找离散事件的最优编排、分组、次序或筛选等，是运筹学的一个经典且重要的分支，所研究的问题涉及信息技术、经济管理、工业工程、交通运输、通信网络等诸多领域．该问题的数学模型为：

$$\begin{gathered}\min f(\boldsymbol{X}),\\ \text{s. t. } g(\boldsymbol{X}) \leqslant 0,\\ \boldsymbol{X} \in D.\end{gathered}$$

式中，$f(\boldsymbol{X})$为目标函数，$g(\boldsymbol{X})$为约束函数，$\boldsymbol{X}$ 为决策变量，D 为有限个点组成的集合．

组合优化问题的特点是可行解的集合为有限点集．由直观可知，只要将 D 中有限个点逐一判定是否满足 $g(\boldsymbol{X})$的约束和比较目标值的大小，该问题的最优解一定存在和可以得到．因为现实生活中的大量优化问题是从有限个状态中选取最好的，所以大量的实际优化问题是组合优化问题．

2. 经典组合优化问题

典型的组合优化问题有旅行商问题(traveling salesman problem，TSP)、加工调度问题(scheduling problem，如 flow-shop，job-shop)、0－1 背包问题(knapsack problem)、装箱问题(bin packing problem)、图着色问题(Graph Coloring Problem)、聚类问题(clustering problem)等．这些问题描述非常简单，并且有很强的工程代表性，但求最优解却很困难．下面介绍其中的几个．

1)装箱问题

经典的一维装箱问题(bin packing problem)是指，给定 n 件物品的序列 $L_n=(a_1,a_2,\cdots,$

a_n)，物品 a_i($1 \leqslant i \leqslant n$)的大小 $s(a_i) \in (0,1]$，要求将这些物品装入单位容量 1 的箱子 B_1，$B_2 \cdots, B_m$ 中，使得每个箱子中的物品大小之和不超过 1，并使所使用的箱子数目 m 最小．

2)0—1 背包问题

0—1 背包问题(0—1 knapsack problem)的定义为：设集合 $A=\{a_1, a_2, \cdots, a_n\}$ 代表 n 件物品，正整数 p_i, w_i 分别表示第 i 件物品的价值与质量，那么 0—1 背包问题是求 A 的子集，使得重量之和小于背包的容量 c，并使得价值和最大．数学模型为：

$$\max \sum_{i=1}^{n} p_i x_i,$$

$$\text{s.t.} \sum_{i=1}^{n} w_i x_i \leqslant c,$$

$$x_i \in \{0,1\}.$$

3)TSP 问题

TSP 问题也称旅行商问题或货郎担问题，可描述为：旅行商欲到 n 个城市推销商品，每两个城市 i, j 之间的距离为 d_{ij}．如何选择一条道路，使其为旅行商经过各城市且每个城市只经过一次的最短路径？

TSP 问题分为对称 TSP 问题($d_{ij}=d_{ji}$，其中 $i, j=1,2,\cdots,n$)和非对称 TSP 问题($d_{ij} \neq d_{ji}$，其中 $i, j=1,2,\cdots,n$)．

用图论的术语来说，假设有一个图 $G=(V,E)$，其中 V 是顶点集，E 是边集，设 $d=(d_{ij})$ 是由顶点 i 和顶点 j 之间的距离组成的距离矩阵，TSP 问题就是求出一条通过所有顶点且每个顶点只通过一次的具有最短距离的回路．基于图的 TSP 数学模型如下：

$$\min \sum_{i \neq j} d_{ij} x_{ij}, \tag{7.1}$$

$$\text{s.t.} \sum_{j=1}^{n} x_{ij}=1 \quad (i=1,2,\cdots,n), \tag{7.2}$$

$$\sum_{i=1}^{n} x_{ij}=1 \quad (j=1,2,\cdots,n), \tag{7.3}$$

$$\sum_{ij=1} x_{ij} \leqslant |S|-1, 2 \leqslant |S| \leqslant n-1, S \subset \{1,2,\cdots,n\}, \tag{7.4}$$

$$x_{ij} \in \{0,1\} \quad (i, j=1,2,\cdots,n, i \neq j).$$

式中　d_{ij}——城市 i 与城市 j 之间的距离；

$|S|$——集合 S 中元素的个数；

x_{ij}——1(走城市 i 和城市 j 之间的路径)或 0(不走城市 i 和城市 j 之间的路径)．

式(7.1)表示求总路径长度的最小，式(7.2)表示只从城市 i 出来一次，式(7.3)表示只走入城市 j 一次，式(7.4)表示在任意城市子集中不形成回路．

4)VRP 问题

VRP 问题也称车辆路径问题(vehicle routing problem)，是物流配送领域中的关键问题．通常提法为：已知有一批客户，各客户点的位置坐标和货物需求已知，供应商有若干可供派送的车辆，运载能力给定，每辆车都从起点出发，完成若干客户点的运送任务后再回到起点．如何以最少代价来完成货物的派送任务？

一般意义下的 VRP 可描述如下：在约束条件下，设计从一个或多个初始点出发，到多个不同位置的城市或客户点的最优送货巡回路径，即设计一个总耗费最小的路线集：

(1)每个城市或客户只被一辆车访问一次；

(2)所有车辆从起点出发再回到起点；

(3)满足某些约束．

最通常的约束包括容量限制、时间窗限制等．假设所有车辆都相同且容量相等，下面只给出 CVRP(车辆受容量限制，即任何一辆车在行驶路径上所提供的货物总量不能超出车辆的装载能力)的数学模型．

模型建立中，目标是设计一组车辆路线，使配送的运作费用最小．假设配送中心需要向 n 个客户点送货，每个客户的货物需求量是 g_i，每辆车的最大载重量是 q，c_{ij} 为从客户点 i 到客户点 j 的运输成本，它可以是距离、费用、时间等，一般根据实际情况而定．定义：

$$y_{ki}=\begin{cases}1,\text{点 } i \text{ 的任务由车辆 } k \text{ 完成},\\0,\text{否则}.\end{cases}$$

$$x_{ijk}=\begin{cases}1,\text{车辆 } k \text{ 从点 } i \text{ 行驶到点 } j,\\0,\text{否则}.\end{cases}$$

构建如下配送数学模型：

$$\min Z=\sum_i\sum_j\sum_k c_{ij}x_{ijk}, \tag{7.5}$$

$$\text{s.t.} \sum_i g_i y_{ki}\leqslant q \quad (i=1,2,\cdots,n,\forall k), \tag{7.6}$$

$$\sum_i y_{ki}=1 \quad (i=1,2,\cdots,n,\forall k), \tag{7.7}$$

$$\sum_i x_{ijk}=y_{ki} \quad (j=1,2,\cdots,n,\forall k), \tag{7.8}$$

$$\sum_j x_{ijk}=y_{ki} \quad (i=1,2,\cdots,n,\forall k), \tag{7.9}$$

$$x_{ijk}=0 \text{ 或 } 1 \quad (i,j=1,2,\cdots,n,\forall k),$$

$$y_{ki}=0 \text{ 或 } 1 \quad (i=1,2,\cdots,n,\forall k).$$

其中，式(7.5)是目标函数极小化，式(7.6)为车辆的容量约束，式(7.7)保证了每个客户的运输任务仅由 1 辆车完成，式(7.8)和式(7.9)限制了到达和离开某一客户的汽车有且仅有 1 辆．

7.1.2 邻域函数与局部搜索

邻域函数是优化中的一个重要概念，其作用就是指导如何由一个(组)解(也称为"状态")来产生一个(组)新的解．邻域函数的设计往往依赖于问题的特性和解的表达方式(编码)，这一点将在后文结合具体问题进行分析．

由于优化状态表征方式的不同，函数优化与组合优化中邻域函数的具体方式有着明显的差异．函数优化中邻域函数的概念比较直观，最常用的方式是利用距离的概念通过附加扰动来构造邻域函数，如 $\boldsymbol{X}'=\boldsymbol{X}+\lambda\cdot\xi$，其中 $\boldsymbol{X}'$ 为新解，$\boldsymbol{X}$ 为旧解，λ 为尺度参数，ξ 为满足某种概率分布的随机数或梯度信息等．

在组合优化中，传统的距离概念显然不再适用，但其基本思想仍是通过一个解产生另一个解．下面对邻域函数给出一般性定义并以 TSP 为例进行解释．

邻域函数：令(S,F,f)为一个组合优化问题，其中 S 为所有解(状态)构成的状态空间，F 为 S 上的可行域，f 为目标函数，则一个邻域函数可定义为一种映射，即 $N:S\to 2^S$．其含义是：对于

每个解 $i \in S$,一些"邻近"i 的解构成的邻域 $S_i \subset S$,而任意 $j \in S_i$ 称为 i 的邻域解或邻居.

通常,TSP 问题的解可用置换排列来表示,如排列(1,2,3,4)可表示 4 个城市 TSP 的一个解,即旅行顺序为 1,2,3,4,那么 k 个点的交换就可认为是一种邻域函数.例如,不考虑由解的方向性和循环性引起的重复性,上述排列的 2 点交换对应的邻域函数将产生新解(2,1,3,4),(3,2,1,4),(4,2,3,1),(1,3,2,4),(1,4,3,2),(1,2,4,3).

基于邻域函数的概念,就可以定义局部极小和全局最小.

若 $j \in S_i \cap F$,满足 $f(j) \geqslant f(i)$,则称 i 为 f 在 F 上的局部极小解;若 $j \in F$,满足 $f(j) \geqslant f(i)$,则称 i 为 f 在 F 上的全局最小解.

局部搜索算法是基于贪婪思想,利用邻域函数进行搜索的.它通常可描述为:从一个初始解出发,利用邻域函数持续地在当前解的邻域中搜索比它好的解.若能够找到符合的解,就把它作为新的当前解,然后重复上述过程;否则结束搜索过程,并以当前解作为最终解.

可见,局部搜索算法尽管具有通用易实现的特点,但搜索性能完全依赖于邻域函数和初始解.邻域函数设计不当或初始点选取不合适,则算法最终的性能将会很差,同时贪婪思想无疑将使算法丧失全局优化的能力,即算法在搜索过程中无法避免陷入局部极小.因此,若不在搜索策略上进行改进,那么要实现全局优化,局部搜索算法采用的邻域函数必须是"完全的",即邻域函数将导致解的完全枚举.而这在大多数情况下是无法实现的,而且穷举的方法对于大规模优化问题在搜索时间上是不允许的.

鉴于局部搜索算法的上述缺点,智能优化算法,如模拟退火算法、遗传算法和蚁群算法、粒子群算法等,从不同的角度利用不同的搜索机制和策略实现对局部搜索算法的改进,来取得较好的全局优化性能.

文本 7.1 禁忌搜索算法

禁忌搜索算法相关内容见文本 7.1.

7.2 模拟退火算法

模拟退火算法(simulated annealing,简记为 SA)的思想最早是由 Metropolis 等于 1953 年提出的,1983 年 Kirkpatrick 等将其用于组合优化.模拟退火算法是局部搜索算法的扩展,它不同于局部搜索之处是以一定概率从状态空间中选择最优解.从理论上讲,它是一个全局优化算法.

7.2.1 算法的原理

模拟退火算法的基本思想来源于物理退火过程,而基于 Metropolis 接受准则的最优化过程与物理退火过程存在一定的相似性.

物理退火是指将固体加热到足够高的温度,使分子呈随机排列状态,然后逐步降温使之冷却,最后分子以低能状态排列,固体达到某种稳定状态.

简单地讲,物理退火过程由以下三个部分组成:

(1)加温过程——增强粒子的热运动,消除系统原先可能存在的非均匀态;

(2)等温过程——对于与环境换热而温度不变的封闭系统,系统状态的自发变化总是朝自由能减少的方向进行,当自由能达到最小时,系统达到平衡态;

(3)冷却过程——使粒子热运动减弱并渐趋有序,系统能量逐渐下降,从而得到低能的晶体结构.

用固体退火模拟组合优化问题，将内能 E 模拟为目标函数值 f，温度 T 演化成控制参数 t，即得到解组合优化问题的模拟退火算法：由初始解 s 和控制参数初值 t 开始，对当前解重复"产生新解→计算目标函数差→接受或舍弃"的迭代，并逐步衰减 t 值，算法终止时的当前解即为所得近似最优解，这是基于蒙特卡罗迭代求解法的一种启发式随机搜索过程．退火过程由冷却进度表控制，包括控制参数的初值 t 及其衰减因子 Δt、每个 t 值时的迭代次数 L 和停止条件 P．优化问题与物理退火过程对应关系如表 7.1 所示．

表 7.1　物理退火与组合优化对应表

优化问题	解(状态)	最优解	目标函数	设定初始温度	Metropolis 抽样	温度的下降
物理退火	分子状态	能量最低状态	能量	熔解过程	等温过程	冷却过程

7.2.2　算法步骤及框图

模拟退火算法是一种随机寻优算法，在一定温度下，搜索从一个状态随机地变化到另一个状态；随着温度的不断下降直到最低温度，搜索过程依概率 1 停留在最优解．

标准模拟退火算法的一般步骤可描述如下：

步骤 1：设定初始温度 t_0，任选初始解 $\boldsymbol{X}=\boldsymbol{X}^{(0)}$．

步骤 2：内循环．

(1)从 $\boldsymbol{X}$ 的邻域中随机选一个解 $\boldsymbol{X}^{(t)}$，计算 $\boldsymbol{X}$ 和 $\boldsymbol{X}^{(t)}$ 对应目标函数值，如 $\boldsymbol{X}^{(t)}$ 对应目标函数值较小，则令 $\boldsymbol{X}=\boldsymbol{X}^{(t)}$；否则，若 $\exp[-(E(\boldsymbol{X}^{(t)})-E(\boldsymbol{X}))/(t)]>(0,1)$ 间的随机数，其中 $E(\boldsymbol{X}^{(t)})$ 为评价函数，则令 $\boldsymbol{X}=\boldsymbol{X}^{(t)}$．

(2)不满足内循环停止条件时，重复(1)．

步骤 3：外循环．

(1)按一定方法降温．

(2)如不满足外循环停止条件，则转步骤 2；否则算法停止．

图 7.1 给出了标准模拟退火算法的框图．

模拟退火算法求得的解与初始解状态 $\boldsymbol{X}^{(0)}$（即算法迭代的起点）无关；模拟退火算法具有渐近收敛性，已在理论上被证明是一种依概率 1 收敛于全局最优解的全局优化算法．

7.2.3　算法收敛性

在给定邻域结构后，模拟退火过程是从一个状态到另一个状态不断地随机游动，用马尔可夫链描述这一过程，当温度 t 为一确定值时，两个状态的转移概率定义为：

$$p_{ij}(t)=\begin{cases}G_{ij}(t)A_{ij}(t) & (\forall j\neq i),\\ 1-\sum\limits_{j=1,i\neq 1}^{|D|}G_{ij}(t)A_{ij}(t) & (j=i).\end{cases}\tag{7.10}$$

式中，$|D|$ 表示状态集合(解集合)中状态的个数；$G_{ij}(t)$ 表示在状态 i 时，状态 j 被选取的概率；如果在邻域 $N(i)$ 中等概率选取，则 j 被选中的概率为：

$$G_{ij}(t)=\begin{cases}1/\mid N(i)\mid & [j\in N(i)],\\ 0 & [j\notin N(i)].\end{cases}\tag{7.11}$$

$A_{ij}(t)$ 表示产生状态 j 时，j 被选中的概率：

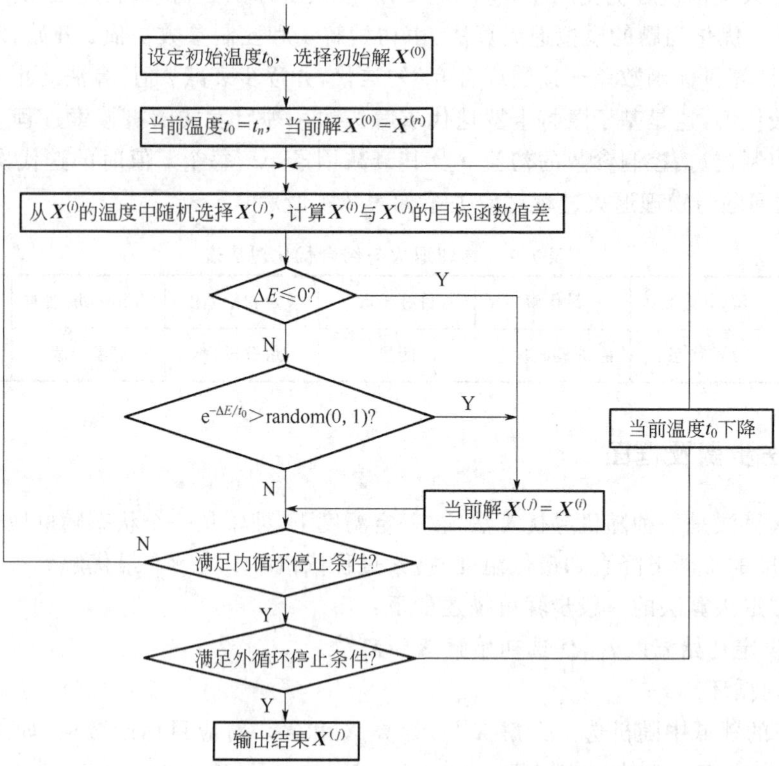

图 7.1　标准模拟退火算法框图

$$A_{ij}(t)=\begin{cases}1 & [E(i)\geqslant E(j)],\\ e^{\frac{-[E(j)-E(i)]}{i}} & [E(i)<E(j)].\end{cases}\tag{7.12}$$

式(7.10)、式(7.11)、式(7.12)为模拟退火算法的主要数学模型．

模拟退火算法主要可以分为两类：

第 1 类为时齐算法，在式(7.10)中对每一个固定的 t，计算对应的马尔可夫链，直至达到一个稳定状态，然后再使温度下降．

第 2 类是非时齐算法，由一个马尔可夫链组成，要求在两个相邻的转移中，温度 t 是下降的．

描述模拟退火过程的马尔可夫链应满足：

(1)可达性．无论起点如何，任何一个状态都可以到达；这样才有得到最优解的可能，否则从理论上无法达到最优解的算法是无法采用的．

(2)渐近不依赖起点．由于起点的选择有非常大的随机性，目的是达到全局最优，因此应渐近不依赖起点．

(3)分布稳定性．包含两个内容：一是当温度不变时，其马尔可夫链的极限分布存在；二是当温度渐近趋于 0 时，其马尔可夫链也有极限分布．

(4)收敛到最优解．当温度渐近趋于 0 时，最优状态的极限分布和为 1.

定理 7.1　当模拟退火算法中的参数取值适当时，可以保证模拟退火过程的马尔可夫链满足上面的四个条件，从而实现算法依概率 1 收敛到全局最优解．

7.2.4 应用实例

下面分别应用模拟退火算法解函数优化问题和组合优化问题.

1. TSP 问题

[**例 7.1**]求解中国 31 个城市的对称 TSP 问题.

城市坐标:$\boldsymbol{C}$=[1304 2312;3639 1315;4177 2244;3712 1399;3488 1535;3326 1556;3238 1229;4196 1004;4312 790;4386 570;3007 1970;2562 1756;2788 1491;2381 1676;1332 695;3715 1678;3918 2179;4061 2370;3780 2212;3676 2578;4029 2838;4263 2931;3429 1908;3507 2367;3394 2643;3439 3201;2935 3240;3140 3550;2545 2357;2778 2826;2370 2975].

目前 TSPLIB 公布的最短路径长度为 15404.

解:求解 TSP 的模拟退火算法模型可描述如下:

(1)解空间.

解空间 S 是遍访每个城市恰好一次的所有回路,是$\{1,2,\cdots,n\}$的所有循环排列的集合,S 中的成员记为$(w_1,w_2,\cdots\cdots,w_n)$,并记 $w_{n+1}=w_1$. 初始解 S_0 可选为$(1,2,\cdots,n)$. 这种构造解空间的方法称为路径编码,即直接采用城市在路径中的位置来构造用于优化的状态,如路径 5—4—1—7—9—8—6—2—3 对应的路径编码为(541798623).

(2)目标函数.

此时的目标函数即为访问所有城市的路径总长度,称为评价函数或目标函数:

$$f(w_1,w_2,\cdots,w_n)=\sum_{i=1}^{n}d(w_1,w_{i+1})+d(w_n,w_1).$$

要求解此评价函数的最小值.

(3)状态产生函数.

通过邻域的构造来产生新解,方式有多种. 对于基于路径编码的模拟退火状态产生函数操作,可将其设计为互换操作(SWAP),即随机交换解中两个不同城市序号的位置,比如状态为(541798623),若随机取第 2 位置和第 6 位置交换,则 SWAP 后的结果为(581794623).

(4)模拟退火状态接受函数的设计.

以 $\min\{1,e^{\frac{-\Delta f}{t}}\}>r$(其中 r 是(0,1)中的随机数)准则作为接受新解的条件,其中 Δf 为新旧解的目标值差,t 为温度.

(5)初温和初始状态.

初温取 $t_0=10$,初始状态 S_0 取 1 到 n 的随机排列.

(6)退温函数的设计.

可按线性函数设计,即 $t=\alpha\cdot t_0$,其中 α 取 0.9.

(7)算法终止准则的设计.

设置内循环最大迭代次数为 $5n$,最低温度为 0.01.

根据上面设计,可写出用模拟退火算法求解 TSP 问题的程序并运行,其中一次的运行结果如图 7.2 所示,最优值为 15445.

2. 函数最值问题

利用模拟退火算法求解函数优化问题与求解组合优化问题的区别主要在于编码和状态产

生函数的不同,其他操作基本类似.

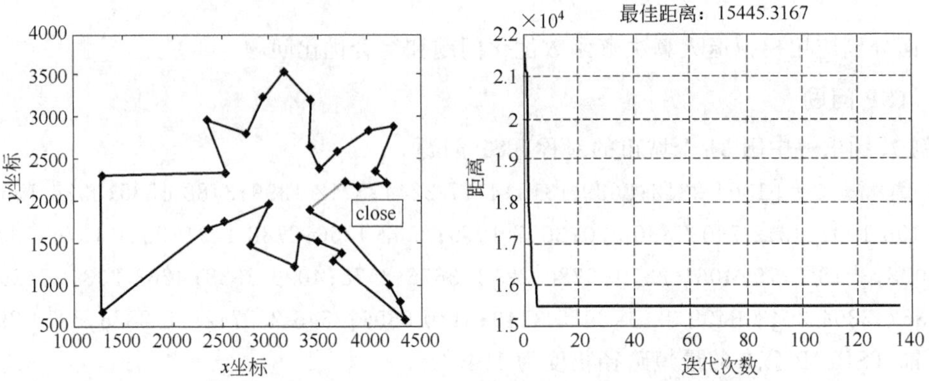

(a) 解示意图　　(b) 收敛曲线

图 7.2　中国 31 个城市的对称 TSP 问题的解示意图和收敛曲线

函数优化中最常用编码方案的是实数编码,即以实数来表示求解状态,至于状态产生函数,最常用的方案是

$$\boldsymbol{X}^{(k+1)}=\boldsymbol{X}^{(k)}+\eta\xi.$$

式中,η 为扰动幅度参数,ξ 为随机扰动变量.

[例 7.2]求 Rosenbrock's Function 函数最小值:$f(\boldsymbol{X})=100(x_2-x_1^2)^2+(1-x_1)^2$,$-2<x_1,x_2<2$,其最优解 $\boldsymbol{X}^*=(1,1)^{\mathrm{T}}$,最优值为 $f(\boldsymbol{X}^*)=0$,函数图形如图 7.3(a)所示.

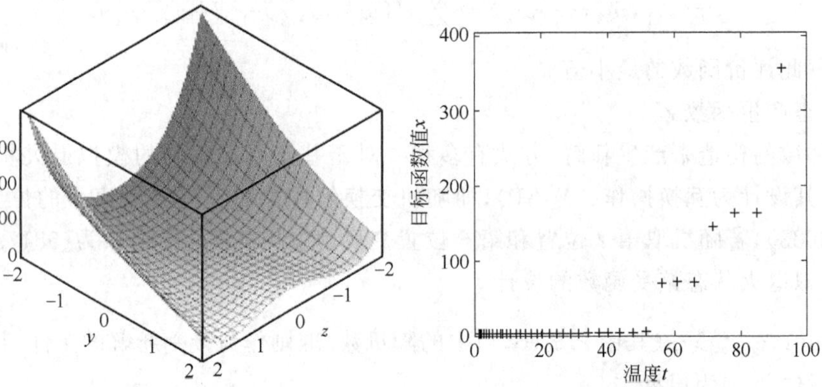

(a) 函数图形　　(b) 收敛曲线

图 7.3　Rosenbrock's Function 函数图形及其中一次迭代解的收敛曲线

解:求解 Rosenbrock's Function 函数最小值的模拟退火算法模型可描述如下:

(1)实数编码,初始解 $\boldsymbol{X}^{(0)}=(x_1,x_2)^{\mathrm{T}}$,其中 x_1,x_2 是(−2,−2)内的随机数.

(2)评价函数取目标函数.

(3)新解的产生,按照公式 $\boldsymbol{X}^{(k+1)}=\boldsymbol{X}^{(k)}+\eta\xi$,其中 $\eta=0.02$,ξ 取(−2,2)内的随机数.

(4)接受新解函数,如 $f(\boldsymbol{X}^{(k+1)})<f(\boldsymbol{X}^{(k)})$则令 $\boldsymbol{X}=\boldsymbol{X}^{(k+1)}$;否则若 $\mathrm{e}^{\frac{-[f(\boldsymbol{X}^{(k+1)})-f(\boldsymbol{X}^{(k)})]}{t}}$ 大于[0,1)间的随机数,则令 $\boldsymbol{X}=\boldsymbol{X}^{(k+1)}$.

(5)初始温度为 100,结束温度为 0.01,退温函数 $t=\alpha\cdot t_0$,其中 α 取 0.9;内循环次数 500.

按上述设计程序实现后独立运行 10 次后的计算结果见表 7.2.

表 7.2　模拟退火算法求解 Rosenbrock's Function 函数最小值的 10 次计算结果

$X^{(k)}$	1	2	3	4	5	6	7	8	9	10	
x_1	0.9942	0.9992	1.0009	0.9989	0.9996	1.0019	1.0030	0.9953	1.0012	1.0006	
x_2	0.9884	0.9984	1.0017	0.9978	0.9991	1.0039	1.0059	0.9907	1.0022	1.0012	
$f(X)$	0.3387	0.0136	0.0089	0.0118	0.0102	0.0707	0.1041	0.2438	0.0355	0.0094	$\times 10^{-4}$

从表 7.2 中可以看出，每次的运算结果还是比较好的.

7.2.5　算法的实现及参数控制问题

从算法结构和流程上看，模拟退火算法包括三函数两准则，即状态产生函数、状态接受函数、温度更新函数、内循环终止准则和外循环终止准则，这些环节的设计将决定模拟退火算法的优化性能. 此外，初温的选择对模拟退火算法性能也有很大影响.

理论上，模拟退火算法的参数只有满足算法的收敛条件，才能保证实现的算法依概率 1 收敛到全局最优解. 至今模拟退火算法的参数选择依然是一个难题，通常只能依据一定的启发式准则或大量的实验加以选取.

1. 解的形式

解的表示也称为解的编码，解的编码方法有多种，需根据不同的问题选择不同的方法. 比如路径编码是描述 TSP 解的最常用的一种策略，所谓路径编码，即直接采用城市在路径中的位置来构造用于优化的状态，如路径 5－4－1－7－9－8－6－2－3 对应的路径编码为(541798623). 这种编码形式自然直观，易于加入启发式信息，也有利于优化操作的设计，而函数最值问题中则常选用实数编码.

2. 模拟退火状态产生函数的设计

设计状态产生函数(邻域函数)的出发点应该是尽可能保证产生的候选解遍布全部解空间. 比如，对于 TSP 的基于路径编码的模拟退火状态产生函数操作，可将其设计为：

(1)互换操作(SWAP)，即随机交换解中两个不同城市序号的位置；

(2)逆序操作(INV)，即将解中两个不同随机位置的城市序号基串逆序；

(3)插入操作(INS)，即随机选择某个点插入到串中的不同随机位置.

例如状态为(541798623)，两随机位置为第 2 位和第 6 位，则 SWAP 的结果为(581794623)，INV 的结果为(589714623)，INS 的结果为(584179623). 而函数最值问题中，状态产生函数常用的方案为 $X^{(k+1)}=X^{(k)}+\eta\xi$，其中 η 为可变化的扰动幅度参数，ξ 为可服从柯西、高斯、均匀分布等的随机扰动变量.

3. 状态接受函数

状态接受函数一般以概率的方式给出，不同接受函数的差别主要在于接受概率的形式不同. 设计状态接受概率，应该遵循以下原则：

(1)在固定温度下，接受使目标函数值下降的候选解的概率要大于使目标函数值上升的候选解的概率；

(2)随温度的下降，接受使目标函数值上升的解的概率要逐渐减小；

(3)当温度趋于零时，只能接受目标函数值下降的解.

状态接受函数的引入是模拟退火算法实现全局搜索的最关键的因素，但实验表明，状态接受函数的具体形式对算法性能的影响不显著．因此模拟退火算法中通常采用 $\min\{1, e^{\frac{-\Delta E}{t}}\}$ 作为状态接受函数．

4. 初温

初始温度 t_0、温度更新函数、内循环终止准则和外循环终止准则通常被称为退火历程(annealing schedule)．实验表明，初温越大，获得高质量解的概率越大，但花费的计算时间将增加．因此，初温的确定应折中考虑优化质量和优化效率，常用方法包括：

(1)均匀抽样一组状态，以各状态目标值的方差为初温．

(2)随机产生一组状态，确定两两状态间的最大目标值差 $|\Delta_{\max}|$，然后依据差值，利用一定的函数确定初温．比如，$t_0 = -\Delta_{\max}/\ln P$，其中 P 为初始接受概率．若取 P 接近1，且初始随机产生的状态能够一定程度上表征整个状态空间时，算法将以几乎等同的概率接受任意状态，完全不受极小解的限制．

(3)利用经验公式给出．

5. 温度更新函数

温度更新函数，即温度的下降方式，用于在外循环中修改温度值．它也是模拟退火算法难以处理的问题之一．目前，常采用如下所示的降温方式：

$$t_{k+1} = \lambda t_k .$$

式中，$0 < \lambda < 1$ 且其大小可以不断变化，t_k 为第 k 次降温后的温度．

6. 内循环终止准则

内循环终止准则，或称 Metropolis 抽样稳定准则，用于决定在各温度下产生候选解的数目．常用的抽样稳定准则包括：

(1)检验目标函数的均值是否稳定；

(2)连续若干步的目标值变化较小；

(3)按一定的步数抽样．

7. 外循环终止准则

外循环终止准则，即算法终止准则，用于决定算法何时结束．设置温度终值 t_e，是一种简单的方法．模拟退火算法的收敛性理论中要求 t 趋于零，这显然是不实际的．通常的做法包括：

(1)设置终止温度的阀值；

(2)设置外循环迭代次数；

(3)算法搜索到的最优值连续若干步保持不变．

由于算法的一些环节无法在实际设计算法时实现，因此模拟退火算法往往得不到全局最优解，或算法结果存在波动性．许多学者试图给出选择“最佳”模拟退火算法参数的理论依据，但所得结论与实际应用还有一定距离，特别是对连续变量函数的优化问题．目前，模拟退火算法参数的选择仍依赖于一些启发式准则和待求问题的性质．模拟退火算法的通用性很强，算法易于实现，但要真正取得质量好、可靠性高、初值鲁棒性强的效果，克服计算时间较长、效率较低的缺点，并适用于规模较大的问题，尚需进行大量的研究工作．

7.2.6 算法的改进

在确保一定优化质量要求的基础上，提高模拟退火的搜索效率(时间性能)，是对模拟退火算法进行改进的主要内容．可行的方案包括：

(1)设计合适的状态产生函数，使其根据搜索进程的需要表现出状态的全空间分散性或局部区域性．

(2)设计高效的退火历程．

(3)避免状态的迂回搜索．

(4)采用并行搜索结构．

(5)为避免陷入局部极小，改进对温度的控制方式．

(6)选择合适的初始状态．

(7)设计合适的算法终止准则．

此外，对模拟退火算法的改进，也可通过增加某些环节而实现．主要的改进方式包括：

(1)增加升温或重升温过程．在算法进程的适当时机，将温度适当提高，从而可激活各状态的接受概率，以调整搜索进程中的当前状态，避免算法在局部极小解处停滞不前．

(2)增加记忆功能．为避免搜索进程中由于执行概率接受环节而遗失当前遇到的最优解，可通过增加存储环节，将"best so far"的状态记忆下来．

(3)增加补充搜索进程．在退火进程结束后，以搜索到的最优解为初始状态，再次执行模拟退火过程或局部性搜索．

(4)对每一当前状态，采用多次搜索策略，以概率接受区域内的最优状态，而非标准模拟退火的单次比较方式．

(5)结合其他搜索机制的算法，如遗传算法、混沌搜索等．

(6)上述各方法的综合应用．

7.3 遗传算法

遗传算法(genetic algorithm，简记为 GA)，是模拟达尔文的遗传选择和优胜劣汰的生物进化过程的计算模型，它是由 J. Holland 于 1975 年首先提出的．遗传算法作为一种新的全局优化搜索算法，具有简单通用、鲁棒性强、适于并行处理等显著特点．

7.3.1 基本原理

遗传算法的基本思想是模仿生物界遗传学的遗传过程．它把问题的参数用基因代表，把问题的解用染色体代表(在计算机里用二进制码表示)，从而得到一个由具有不同染色体的个体组成的群体．这个群体在问题特定的环境里生存竞争，适者有最好的机会生存和产生子代．子代随机地继承了父代的最好特征，并也在生存环境的控制支配下继续这一过程．群体的染色体都将逐渐适应环境，不断进化，最后收敛到一族最适应环境的类似个体，即得到问题最优的解．

由于遗传算法是由进化论和遗传学机理而产生的直接搜索优化方法，因此在这个算法中要用到各种进化和遗传学的概念．

首先给出遗传学概念、遗传算法概念和相应的数学概念三者之间的对应关系，如表 7.3 所示．

表 7.3　遗传学概念、遗传算法概念和相应的数学概念三者之间的对应关系

序号	遗传学概念	遗传算法概念	数学概念
1	个体	要处理的基本对象、结构	可行解
2	群体	个体的集合	被选定的一组可行解
3	染色体	个体的表现形式	可行解的编码
4	基因	染色体中的元素	编码中的元素
5	基因位	某一基因在染色体中的位置	元素在编码中的位置
6	适应值	个体对于环境的适应程度，或在环境压力下的生存能力	可行解所对应的适应度函数值
7	种群	被选定的一组染色体或个体	根据入选概率确定出的一组可行解
8	选择	从群体中选择优胜的个体，淘汰劣质个体的操作	保留或复制适应值大的可行解，去掉小的可行解
9	交叉	一组染色体上对应基因段的交换	根据交叉原则产生的一组新解
10	交叉概率	染色体对应基因段交换的概率(可能性大小)	闭区间[0,1]上的一个值，一般为 0.65～0.90
11	变异	染色体水平上基因变化	编码的某些元素被改变
12	变异概率	染色体上基因变化的概率(可能性大小)	开区间(0,1)内的一个值，一般为 0.001～0.01
13	进化、适者生存	个体进行优胜劣汰的进化，一代又一代地优化	目标函数取到最大值，最优的可行解

遗传算法计算优化的操作过程类似于生物学上生物遗传进化的过程，主要包括三个基本操作(或称为算子)：选择(selection)、交叉(crossover)、变异(mutation)．

遗传算法先把问题的解表示成“染色体”，在算法中可以是以二进制编码的串，在执行遗传算法之前，给出一群“染色体”，也就是假设的可行解．然后，把这些假设的可行解置于问题的“环境”中，并按适者生存的原则从中选择出较适应环境的“染色体”进行复制，再通过交叉、变异过程产生更适应环境的新一代“染色体”群．经过这样一代一代地进化，最后就会收敛到最适应环境的一个“染色体”上，它就是问题的最优解．

7.3.2　基本步骤及框图

遗传算法是一类随机优化算法，但它不是简单的随机比较搜索，而是通过对染色体的评价和对染色体中基因的操作，有效地利用已有信息来指导搜索有可能改善优化质量的状态．标准遗传算法的主要步骤可描述如下：

步骤 1：选择编码策略，把可行解集合转换成染色体结构空间．

步骤 2：定义适应度函数 $f(\boldsymbol{X})$．

步骤 3：确定遗传策略，包括选择群体规模 N，选择、交叉、变异方法以及确定交叉概率 P_c、变异概率 P_m 等遗传参数．

步骤 4：随机产生初始化群体 $pop(0)$．

步骤 5：计算群体中的每个个体 a_i 或染色体解码后的适应度值 $f(a_i)$．

步骤 6：按照遗传策略，运用选择、交叉和变异算子作用于群体 $pop(i)$，产生下一代群体 $pop(i+1)$．

步骤 7:判断群体性能是否满足某一指标或者是否已完成预定的迭代次数 K,若满足,停止运算,输出结果;否则,返回步骤 5,或者修改遗传策略再返回步骤 6.

遗传算法主要涉及六大要素:参数编码、初始群体的设定、适应度函数的设计、遗传操作的设计、控制参数的设定和迭代终止条件,每一要素都有很多种不同实现过程,以上给出的仅是标准遗传算法的主要步骤,其算法框图如图 7.4 所示.

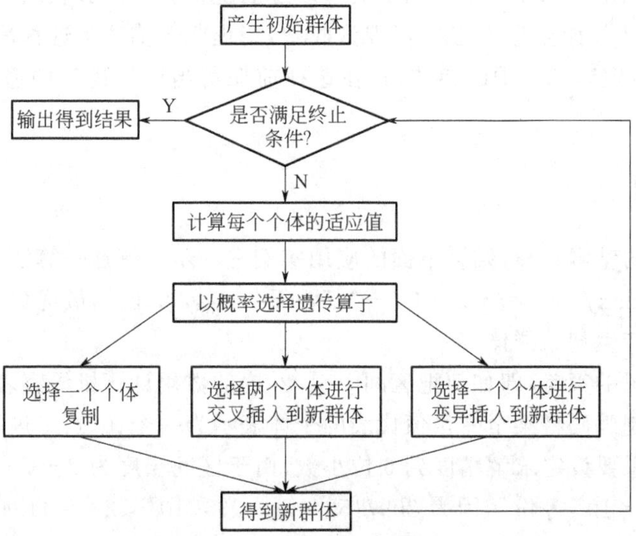

图 7.4 标准遗传算法框图

7.3.3 算法的收敛性

遗传算法中主要包括编码、适应度函数、选择、交叉和变异等主要操作,作为一种搜索算法,遗传算法通过对这些操作的适当设计和运行,可以实现兼顾全局搜索和局部搜索的所谓均衡搜索,具体实现如图 7.5 所示.

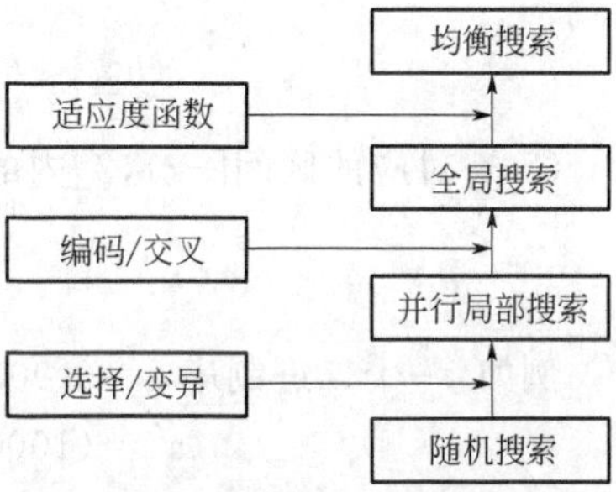

图 7.5 均衡搜索的具体实现图示

应该指出的是,遗传算法虽然可以实现均衡的搜索,并且在许多复杂问题的求解中往往能得到满意的结果,但是该算法的全局优化收敛性的理论分析尚待解决.目前普遍认为,标准遗传算法并不保证全局最优收敛.但是,在一定的约束条件下,遗传算法可以实现这一点.

定理 7.2 如果变异概率为 $P_m \in (0,1)$,交叉概率为 $P_c \in [0,1]$,同时采用轮盘赌选择法(按个体适应度占群体适应度的比例进行复制),则标准遗传算法的变换矩阵 $\boldsymbol{P}$ 是基本的.

定理 7.3 遗传算法(参数如定理 7.2)不能收敛至全局最优解.

由定理 7.3 可以知道,具有变异概率 $P_m \in (0,1)$,交叉概率为 $P_c \in [0,1]$ 以及按轮盘赌选择的标准遗传算法不能收敛至全局最优解.然而,只要对标准遗传算法做一些改进,就能够保证其收敛性.具体如下:对标准遗传算法做一定改进,即不按比例进行选择,而是采用最佳个体保存方法(elitist model),把群体中适应度最高的个体不进行配对交叉而直接复制到下一代中.采用此选择方法的优点是,进化过程中某一代的最优解可不被交叉和变异操作破坏.但是,这也隐含了一种危机,即局部最优个体的遗传基因会急速增加而使进化有可能限于局部解．也就是说，该方法的全局搜索能力差，它更适合在单峰性质的搜索空间搜索，而不是多峰性质的空间搜索．所以此方法一般都与其他选择方法结合使用．

定理 7.4　具有定理 7.2 中的参数，且在选择后保留当前最优值的遗传算法最终能收敛到全局最优解．

当然，在选择算子作用后保留当前最优解是一项比较复杂的工作，因为该解在选择算子作用后可能丢失．但是定理 7.4 至少表明了这种改进的遗传算法能够收敛至全局最优解．实际上只要在选择前保留当前最优解，就可以保证收敛，定理 7.5 描述了这种情况．

定理 7.5　具有定理 7.2 中的参数，且在选择前保留当前最优解的遗传算法可收敛于全局最优解．

7.3.4　应用实例

按照遗传算法的基本步骤，结合下面的应用实例进一步理解这一算法．

[例 7.3]　求 $\max f(x) = -x^2 + 2x + 0.5, x \in [-1,2]$. 已知最优解为 1，最优值为 1.5.

解：(1)编码和产生初始群体．

首先要确定编码的策略，即如何把区间$[-1,2]$内的数用计算机语言表示出来．

这里采用二进制编码将某个变量值代表的个体表示为一个{0,1}二进制串．当然，串长取决于解的精度．如果要设定求解精度到 6 位小数，由于区间长度为 $2-(-1)=3$，则必须将闭区间$[-1,2]$分为 3×10^6 等份．因为 $2097152 = 2^{21} < 3\times10^6 < 2^{22} = 4194304$，所以编码的二进制串至少需要 22 位．

将一个二进制串$(b_{21}b_{20}b_{19}\cdots b_1b_0)$转化为区间$[-1,2]$内对应的实数值很简单，只需采取以下两步：

① 将一个二进制串$(b_{21}b_{20}b_{19}\cdots b_1b_0)$代表的二进制数化为十进制数：

$$(b_{21}b_{20}b_{19}\cdots b_1b_2)_2 = \left(\sum_{i=0}^{21} b_i \cdot 2^i\right)_{10} = x'.$$

② x'对应的区间$[-1,2]$内的实数：

$$x = -1 + x' \frac{2-(-1)}{2^{22}-1}.$$

例如，一个二进制串 a=〈1000101110110101000111〉表示实数 0.637197.

$$x' = (1000101110110101000111)_2 = 2288967,$$

$$x = -1 + 2288967 \times \frac{3}{2^{22}-1} = 0.637197.$$

二进制串〈0000000000000000000000〉、〈1111111111111111111111〉，则分别表示区间的两个端点值-1和 2.

利用这种方法就完成了遗传算法的第一步——编码．

首先随机产生一个个体数为 4 的初始群体如下：

$pop(1) = \{$〈1101011101001100011110〉，〈1000011001010001000010〉，
〈0001100111010110000000〉，〈0110101001101110010101〉$\}$.

化成十进制的数分别为：$pop(1) = \{1.523032, 0.574022, -0.697235, 0.247238\}$，记为$\{a_1, a_2, a_3, a_4\}$.

(2)定义适应度函数和适应值．

由于给定的目标函数 $f(x)=-x^2+2x+0.5$ 在$[-1,2]$内的值有正有负，所以必须通过建立适应度函数与目标函数的映射关系，保证映射后的适应值非负，而且目标函数的优化方向应对应于适应值增大的方向，也为以后计算各个体的入选概率打下基础．

对于本题中的最大化问题，定义适应度函数 $g(x)$，采用下述方法：

$$g(x)=\begin{cases}f(x)-F_{\min}, \text{若 } f(x)-F_{\min}>0; \\ 0, \text{其他}.\end{cases}$$

式中，$F_{\min}$ 既可以是特定的输入值，也可以是当前所有代或最近 K 代中 $f(x)$的最小值，这里为了便于计算，将采用了一个特定的输入值．

若取 $F_{\min}=-1$，则当 $f(x)=1$ 时适应度函数 $g(x)=2$；当 $f(x)=-1.1$ 时适应度函数 $g(x)=0$.

由上述所随机产生的初始群体，可以先计算出目标函数值分别如下：

$$f[pop(1)]=\{1.226437, 1.318543, -1.380607, 0.933350\},$$

然后通过适应度函数计算出适应值分别如下：

$$F_{\min}=-1, g[pop(1)]=\{2.226437, 2.318543, 0, 1.933350\}.$$

(3)确定选择标准．

采用轮盘赌选择法，即用适应值的比例作为选择的标准，得到的每个个体的适应值比例称为入选概率．其计算公式如下：对于给定的规模为 n 的群体 $pop=\{a_1 a_2, a_3, \cdots, a_n\}$，个体 a_i 的适应值为 $g(a_i)$，则其入选概率为 $P_s(a_i)=\dfrac{g(a_i)}{\sum\limits_{i=1}^{n} g(a_i)}, i=1,2,3,\cdots,n$.

由上述给出的群体，可以计算出各个体的入选概率．

首先可得 $\sum\limits_{i=1}^{4} g(a_i)=6.478330$，然后分别用四个个体的适应值除以 $\sum\limits_{i=1}^{4} g(a_i)$，得

$$P(a_1)=2.226437/6.478330=0.343675,$$

$$P(a_2)=2.318543/6.478330=0.357892,$$

$$P(a_3)=0/6.478330=0,$$

$$P(a_4)=1.933350/6.478330=0.298433.$$

(4)产生种群．

计算入选概率后，将入选概率大的个体选入种群，淘汰概率小的个体，并用入选概率最大的个体补入种群，得到与原群体大小同样的种群．

由初始群体的入选概率淘汰掉 a_3，再加入 a_2 补成与群体规模相同的新种群 $newpop(1)$ 如下：

$$newpop(1)=\{\langle 1101011101001100011110\rangle, \langle 1000011001010001000010\rangle, \langle 1000011001010001000010\rangle, \langle 0110101001101110010101\rangle\}.$$

(5)交叉．

交叉是将一组染色体上对应基因段进行交换得到新的染色体，然后得到新的染色体组，组成新的群体．

把之前得到的 $newpop(1)$的四个个体两两组成一对，重复的不配对，进行交叉(可以在任一位进行交叉).

〈110101110 1001100011110〉　　　〈1101011101010001000010〉,

交叉得:

〈100001100 1010001000010〉　　　〈100001100 1001100011110〉;

〈10000110010100 01000010〉　　　〈1000011001010010010101〉,

交叉得:

〈01101010011011 10010101〉　　　〈01101010011011 01000010〉.

通过交叉得到了四个新个体,得到新的群体 *crosspop*(1)如下:

$$crosspop(1)=\{\langle 1101011101010001000010\rangle,\langle 1000011001001100011110\rangle,\langle 1000011001010010010101\rangle,\langle 0110101001101101000010\rangle\}.$$

这里采用的是单点交叉的方法,当然还有多点交叉的方法等.

(6)变异.

变异是通过一个小概率改变染色体位串上的某个基因. 比如把得到的 *crosspop*(1)中第 3 个个体中的第 9 位进行变异,得到新的群体 *newpop*(2)如下:

$$newpop(2)=\{\langle 1101011101010001000010\rangle,\langle 1000011001001100011110\rangle,\langle 100001101\mathbf{1}1010010010101\rangle,\langle 0110101001101101000010\rangle\}.$$

然后重复上述的选择、交叉、变异,直到满足终止条件为止.

(7)终止条件.

采用设定最大(遗传)代数的方法,这里设定为 50 代.

在上述设计方案基础上,在产生新种群时引入最佳个体保存方法,即把群体中适应度最高的个体不进行配对交叉而直接复制到下一代中. 种群规模取 $N=10$,变异的概率 $P_m=0.01$,*Gen* 表示遗传的代数,也就是终止程序时的代数 $Gen=50$. 某一次计算过程如图 7.6 所示,得到的最佳解为 0.9687,对应最佳值为 1.4990,与真实最优解和最优值较接近.

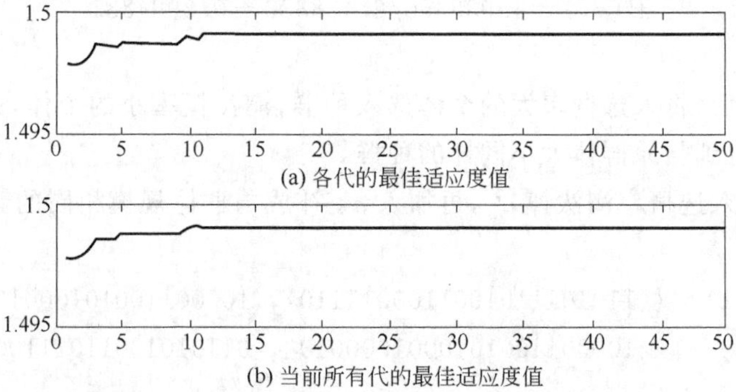

图 7.6　适应度值收敛曲线

[例 7.4]基于遗传算法求解 TSP 的算法实现.

解:(1)编码与适应度函数. 以 n 个城市的遍历次序作为遗传算法的编码,适应度函数取为路径长度的倒数.

(2)选择标准．用随机方法产生初始种群．按适应度比例选择、保留一个最好的父串的群体构造方式，产生新一代种群．

(3)交叉方法．随机在串中选择一个交叉区域，如两父串及交叉区域选定为：

$$A=1\,2\mid 3\,4\,5\,6\mid 7\,8\,9,$$

$$B=9\,8\mid 7\,6\,5\,4\mid 3\,2\,1.$$

将B的交叉区域加到A的前面或后面，A的交叉区域加到B的前面或后面得到：

$$A'=7\,6\,5\,4\mid 1\,2\,3\,4\,5\,6\,7\,8\,9,$$

$$B'=3\,4\,5\,6\mid 9\,8\,7\,6\,5\,4\,3\,2\,1.$$

在A′中自交叉区域后依次删除与交叉区相同的城市码，得到最终的两子串为：

$$A'=7\,6\,5\,4\,1\,2\,3\,8\,9,$$

$$B'=3\,4\,5\,6\,9\,8\,7\,2\,1.$$

(4)“进化逆转”操作．

引入“进化逆转”操作的主要目的是改善遗传算法的局部搜索能力．在针对TSP问题的遗传算法中，“逆转”是一种常见的“变异”技术．这里使用的“进化逆转”是一种单方向的(朝着改进的方向)和连续多次的“逆转”操作，即对于给定的串，若“逆转”使串(可行解)的适应度提高，则执行逆转换作，如此反复，直至不存在这样的逆转操作为止．这一操作实际上使给定的串改良到它的局部极点，这种局部爬山能力与基本遗传算法的全局搜索能力相结合，在实验中显示了较好的效果．

(5)变异．

采取连续多次对换的变异技术，使可行解在排列顺序上能有较大的变化，以抑制“进化逆转”的同化作用．变异操作发生的概率取得比较小(1%左右)，一旦变异操作发生，则用随机方法产生交换次数K，对所需变异操作的串进行K次对换(对换的两个码位也是随机产生的)．

在求解中国31个城市的对称TSP问题实验中，群体规模定为100，交叉概率为0.9，变异概率为0.01，最大迭代次数5000，初始可行解群体由随机法产生．经过多次实验，其中的一个较好的最短路径长度为15417，图7.7为迭代收敛曲线和优化得到的最佳路径．

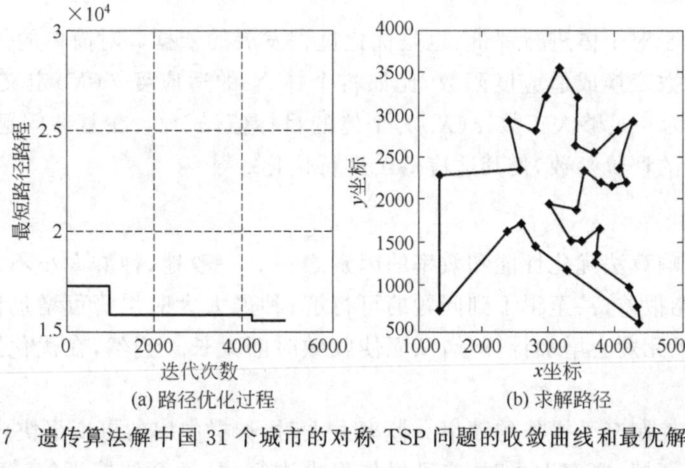

图7.7 遗传算法解中国31个城市的对称TSP问题的收敛曲线和最优解示意图

7.3.5 遗传算法中的实现及参数设置

一般地，遗传算法的设计是按以下步骤进行的：

(1)确定问题的编码方案．

(2)确定适应度函数．

(3)遗传算子的设计．

(4)算法参数的选取，主要包括种群数目、交叉与变异概率、进化代数等．

(5)确定算法的终止条件．

下面对关键参数与操作的设计作简单介绍．

1. 编码

编码就是将问题的解用一种码来表示从而将问题的状态空间与 GA 的码空间相对应，编码方式很大程度上依赖于问题的特点并影响遗传操作的设计．由于 GA 的优化过程不是直接作用在问题参数本身，而是在一定编码机制对应的码空间上进行的，因此编码的选择是影响算法性能与效率的重要因素．

编码时要注意以下三个原则：

(1)完备性：问题空间中所有点(潜在解)都能成为 GA 编码空间中的点(染色体位串)的表现型；

(2)健全性：GA 编码空间中的染色体位串必须对应问题空间中的某一潜在解；

(3)非冗余性：染色体和潜在解必须一一对应．

例 7.3 中的二进制编码的方法完全符合上述的编码的三个原则．

函数优化中，编码方法和编码长度对问题求解的精度与效率有很大影响．二进制编码将问题的解用一个二进制串来表示，十进制编码将问题的解用一个十进制串来表示，显然码长将影响算法的精度，而且实现算法将付出较大的存储量．实数编码将问题的解用一个实数来表示，解决了编码对算法精度和存储量的影响，利于优化中引入问题的相关信息，它在高维复杂优化问题中得到广泛应用．

组合优化中，由于问题本身的性质，编码方式需要特殊设计，如 TSP 问题中基于置换排列的路径编码、0－1 矩阵编码等．

2. 适应度函数

适应度函数用于对个体进行评价，也是优化过程发展的依据．对简单的优化问题，通常可以直接利用目标函数变换成适应度函数，比如将个体 X 的适应度 $f(X)$ 定义为 $M-c(X)$ 或 $e^{-a\cdot c(X)}$，其中 M 为一足够大正数，$c(X)$ 为个体的目标值，$a>0$．在复杂问题的优化过程中，往往需要构造合适的评价函数，使其适应 GA 进行优化．

3. 算法参数

种群规模是影响算法优化性能和效率的因素之一．一般地，种群太小不能提供足够的采样点，以致算法性能很差，甚至得不到问题的可行解；种群太大时尽管可增加优化信息以阻止早熟现象的发生，但无疑会增加计算量，从而使收敛时间太长．当然，在优化过程中种群数目是允许变化的．

交叉概率用于控制交叉操作的频率．概率太大时，种群中串的更新很快，进而会使高适应度的个体很快被破坏掉；概率太小时，交叉操作很少进行，从而会使搜索停滞不前．概率一般为 0.65～0.90.

变异概率是加大种群多样性的重要因素．基于二进制编码的 GA 中，通常一个较低的变异率便足以防止整个群体中任一位置的基因一直保持不变．但是，概率太小则不会产生新个体,概率太大则使 GA 成为随机搜索．概率一般为 0.001～0.01.

由此可见,确定最优参数是一个极其复杂的优化问题,要从理论上严格解决这个问题是十分困难的,它依赖于 GA 本身理论研究的进展．

4. 遗传算子

优胜劣汰是设计 GA 的基本思想．它在选择、交叉、变异等遗传算子中得以体现,并影响算法效率与性能．

复制操作可以避免优良基因的损失,使高性能的个体以更大的概率生存,从而提高全局收敛性和计算效率,常用的方法是比例复制和基于排名的复制,前者以正比于个体适应值的概率来选择相应的个体,后者则基于个体在种群中的排名来选择相应的个体．至于种群的替换方案可以是部分个体的替换也可以是整个群体的替换．

交叉操作用于产生新个体,从而实现在解空间中进行有效搜索．二进制编码中,单点交叉随机确定一个交叉位置,然后对换相应的子串;多点交叉随机确定多个交叉位置,然后对换相应的子串．比如,父串为{(1 0 1 1 0 0 1),(0 1 1 0 0 1 0)},若单点交叉位置为 4,则子代为{(1 0 1 0 0 0 1),(0 1 1 1 0 1 0)};若多点交叉位置为 2 和 6,则子代为{(1 1 1 1 0 1 1),(0 0 1 0 0 0 0)}．十进制编码也类似．实数编码则可采用算术交叉,即 $x'=\alpha x_1+(1-\alpha)x_2$, $x_2'=\alpha x_2+(1-\alpha)x_1$,其中 $\alpha\in(0,1)$, x_1, x_2 为父代个体, x_2', x_1' 为子代个体．组合优化中,交叉操作有部分映射交叉、次序交叉、循环交叉等．

当交叉操作产生的子代评价值不再改善且没有达到最优时,即算法早熟．产生早熟的根源在于有效基因的缺损,而变异操作一定程度上克服了这种情况,有利于增加种群的多样性．二进制或十进制编码中通常采用替换式变异,即用另一种基因替换某位置原先的基因;实数编码中通常采用扰动式变异,即对原先个体附加一定机制的扰动来实现变异;组合优化问题中通常采用互换式、逆序式、插入式变异,这在介绍 SA 时已说明．

5. 算法的终止条件

GA 的收敛理论说明了 GA 依概率 1 收敛的极限性质,因此需要追寻的是提高算法的收敛速度,这与算法操作设计和参数选取有关．然而,实际应用 GA 时是不允许让它无休止地迭代下去的,而且通常问题的最优解也未必知道,因此需要有一定的条件来终止算法的进程．

常用的遗传算法终止条件有两种:(1)采用设定最大(遗传)代数的方法;(2)根据个体的差异来判断,最佳优化值是否连续若干步没有明显变化等．

7.4 蚁群算法

蚁群算法(ant colony optimization,简记为 ACO),又称蚂蚁算法,是对自然界蚂蚁的觅食方式进行模拟而得出的一种仿生算法．此方法由 Marco Dorigo 于 1992 年在他的博士论文中提出,其灵感来源于蚂蚁在寻找食物过程中发现最短路径的行为．蚁群算法就是根据蚁群觅食活动的规律,建立的一个利用群体智能进行优化搜索的模型．

7.4.1 蚁群算法基本原理

1. 蚂蚁觅食过程

为了说明蚁群算法的原理,先要介绍一下蚂蚁觅食的具体过程．

在蚂蚁觅食时，它们总能找到一条从食物到巢穴之间的最优路径．这是因为蚂蚁在觅食的过程中会在路径上释放一种特殊的信息素(pheromone)，当它们碰到一个还没有走过的路口时，就随机地挑选一条路径前行．与此同时释放出与路径长度有关的信息素，路径越长，释放的信息素浓度越低，当后来的蚂蚁再次碰到这个路口的时候，选择信息素浓度较高路径概率就会相对较大．这样就形成了一个正反馈．最短路径上的信息素浓度越来越大，而其他的路径上的信息素浓度却会随着时间的流逝而减少，最终整个蚁群会找出最优路径．不仅如此，蚂蚁还能适应环境的变化，当蚁群运动的路线上突然出现障碍物时，蚂蚁能很快地重新找到最优路径．这个过程和前面所描述的方式是一致的．

蚂蚁个体之间就是通过这种间接的通信机制达到协同搜索食物最短路径的目的，它们作为一个群体所表现出来的行为是一种自催化(autocatalytic)行为，整个过程具有正反馈的特征．

用下面例子来进一步说明蚂蚁群体的路径搜索原理和机制：如图 7.8 所示，假设蚂蚁在食物源 A 和巢穴 E 之间运动，每单位时间内爬行单位距离，图中 d 为距离，且每单位时间内各有 30 只蚂蚁从巢穴和食物源出发[图 7.8(a)]．

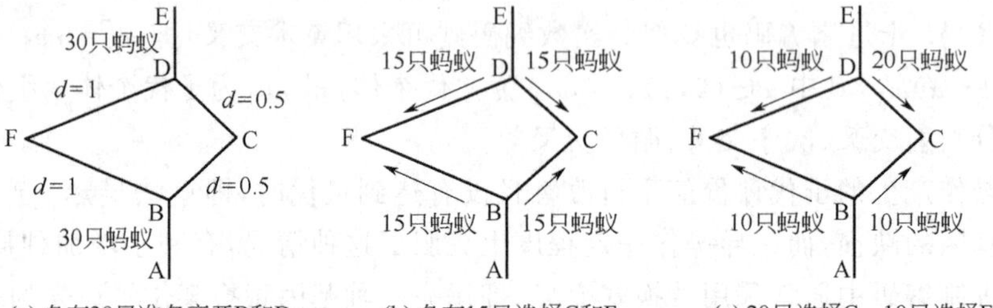

图 7.8　蚁群觅食行为示意图

假设 $T=0$ 时，有 30 只蚂蚁在点 B 和点 D[图 7.8(b)]．由于此时路上无信息素，蚂蚁就以相同的概率走两条路中的一条，因而在点 B 和点 D 各有 15 只蚂蚁选择往 C，其余 15 只选择往 F. $T=1$ 时，经过 C 的路径被 30 只蚂蚁爬过，而路径 BF 和 DF 只被 15 只蚂蚁爬过，从而 BCD 上的信息素的浓度是 BFD 的 2 倍．此时，又有 30 只蚂蚁离开 B(和 D)，于是有 20 只蚂蚁选择往 C，另外 10 只蚂蚁选择往 F，这样更多的信息素被留在更短的路径 BCD 上．这样一来，较短路径 BCD 上的信息素变得更浓，越来越多的蚂蚁选择这条短路径．整个选路过程如此往复，即实现了随机选择到自适应行为的过程．

2. 蚁群算法原理

蚁群中的蚂蚁以"信息素"为媒介的间接联系方式是蚁群算法的最大特点．蚁群优化算法吸收了蚂蚁的行为特性(内在搜索机制)，它设计虚拟的"人工蚂蚁(artificial ants)"，让它们搜索不同路线，并留下会随时间逐渐消失的虚拟"信息素"，根据"信息素较浓的路线更近"的原则，即可选出最佳路线．蚁群算法中使用的人工蚂蚁绝不是对实际蚂蚁的一种简单模拟，而是经过改进的蚂蚁，在某些行为上与真实蚂蚁略有不同，它融入了人类的智能：人工蚂蚁有一定的记忆，它能够记忆已经访问过的节点；人工蚂蚁在选择下一条路径时并不是完全盲目的，而是按照一定的算法有意识地寻找最短路径，比如在 TSP 问题中，蚂蚁可以预先知道下一个节点的距离．

蚁群算法最初随机地选择搜索路径，随着对解空间的"了解"，搜索变得有规律，并逐渐逼近直至最终达到全局最优解．蚁群算法对搜索空间的"了解"是通过观察蚁群觅食活动中建立的机制而得到的．由蚂蚁觅食的过程可以看出，其协作方式的本质是：

(1)信息素越浓的路径，被选中的概率越大，即路径概率选择机制；

(2)路径越短，它上面的信息素浓度增长得越快，即信息素更新机制；

(3)蚂蚁之间通过信息素进行通信，即协同工作机制．

7.4.2 基于 TSP 的蚁群算法

1. 基于 TSP 的蚁群算法模型

这里以旅行商问题(TSP)为例来说明基本蚁群算法的模型和实现步骤．TSP 的问题空间可以用一个静态图来描述，并且可以用距离矩阵 $D=\{d_{ij}\}$ 来描述问题空间本身的特征．在 TSP 问题中，城市数目称为该问题的规模．

为了模拟实际蚂蚁的行为，首先引入如下符号：

$d_{ij}(i,j=1,2,\cdots,n)$——城市 i 和城市 j 之间的距离(欧式空间的距离)；

$\eta=1/d_{ij}$——边(i,j)上的自启发量，也称能见度，表示由城市 i 转移到城市 j 的期望程度；

M——蚁群中蚂蚁的数量；

$\tau_{ij}(t)$——t 时刻边(i,j)上的信息素浓度，初始时刻各条路径上的信息素浓度相等，设 $\tau_{ij}(0)=C$(C 为常数).

令 t 时刻在边(i,j)上的轨迹浓度为 $\tau_{ij}(t)$，则 t 时刻在城市 i 的蚂蚁 $k(k=1,2,\cdots,M)$ 选择城市 j 的概率：

$$p_{ij}^{k}(t)=\begin{cases}\dfrac{[\tau_{ij}(t)]^{\alpha}[\eta_{ij}]^{\beta}}{\sum\limits_{i\notin labu_k}[\tau_{il}(t)]^{\alpha}[\eta_{il}]^{\beta}}, & j\notin tabu_k, \\ 0, & \text{其他}.\end{cases} \tag{7.13}$$

式中，$tabu_k(k=1,2,\cdots,M)$用以记录蚂蚁 k 当前所走过的城市，集合 $tabu_k$ 随着进化过程作动态调整．$j\notin tabu_k$ 表示蚂蚁 k 的禁忌列表中不包含城市节点 j，代表城市 j 是允许蚂蚁 k 选择的城市节点，α 和 β 是两个可以调整的参数，分别表示蚂蚁在运动过程中所积累的信息素和自启发量在蚂蚁选择路径中所起作用的权重，称为信息素启发因子和自启发量因子．

在基本蚁群算法中，蚂蚁选择下一个城市节点按下式进行：

$$j=\begin{cases}\arg\max\left\{[\tau_{ij}(t)]^{\alpha}[\tau_{ij}]^{\beta}\right\}, & q<q_0, j\notin tabu; \\ j, & \text{其他}.\end{cases} \tag{7.14}$$

式中，q 是一个在[0,1]间均匀分布的随机变量，q_0 是一个事先给定的在[0,1]之间的常数，若 $q\geqslant q_0$，j 按照式(7.13)计算概率，此时蚂蚁采取类似于遗传算法中“轮盘赌”的方法选择下一个城市节点．随着时间的推移，以前留下的信息素逐渐挥发，用参数 ρ 表示信息素的残留程度，则参数 $1-\rho$ 表示信息素的挥发程度．

蚁群算法的信息素更新主要有两种方式：在线更新和离线更新．在线更新方式是蚂蚁每移动一步，立即对所走的边上的信息素进行更新；离线更新方式是蚂蚁完成一次遍历，再对所走过的边上的信息素进行更新．经过 l 个时刻，蚂蚁完成一次循环(即找到了一条遍历所有城市节点的回路)后，信息素按下式更新：

$$\tau_{ij}(t+l)=\rho\tau_{ij}(t)+\Delta\tau_{ij}(t), \tag{7.15}$$

$$\Delta\tau_{ij}(t)=\sum_{k=1}^{M}\Delta\tau_{ij}^{k}(t). \tag{7.16}$$

式中 $\Delta\tau_{ij}^{k}(t)$表示第 k 只蚂蚁 t 时刻在城市 i 和 j 之间留下的信息素增量，对第 k 只蚂蚁来说，它在所走过的边上引起的信息素增量可按照下式计算：

$$\Delta\tau_{ij}^{k}(t)=\begin{cases}\dfrac{Q}{L_k},\text{若蚂蚁 } k \text{ 在本次循环中经过边}(i,j)；\\ 0,\text{其他}.\end{cases} \tag{7.17}$$

式中，Q 称为总信息量，为一个给定的常数；若采用在线更新方式，则 L_k 为第 k 只蚂蚁到目前所走过路径的长度；若采用离线更新方式，则 L_k 为第 k 只蚂蚁遍历所有城市节点后得到的回路的距离．

M. Dorigo 曾给出三种不同模型，分别称为蚁环系统（ant－cycle system）、蚁量系统（ant－quantity system）和蚁密系统（ant－density system）．它们的差别在于式(7.17)的不同．

在蚁量系统模型中：

$$\Delta\tau_{ij}^{k}(t)=\begin{cases}\dfrac{Q}{d_{ij}},\text{若蚂蚁 } k \text{ 在时刻 } t \text{ 和 } t+1 \text{ 之间经过边}(i,j)；\\ 0,\text{其他}.\end{cases} \tag{7.18}$$

在蚁密系统模型中：

$$\Delta\tau_{ij}^{k}(t)=\begin{cases}Q,\text{若蚂蚁 } k \text{ 在时刻 } t \text{ 和 } t+1 \text{ 之间经过边}(i,j)；\\ 0,\text{其他}.\end{cases} \tag{7.19}$$

这三种模型的区别在于后两种模型中利用的是局部信息，而前者利用的是全局信息，经过实验对比，在求解 TSP 问题时蚁环模型性能较好．

2. 基本蚁群算法步骤及框图

基本蚁群算法实现步骤如下：

步骤 1：初始化．设置路径(i,j)上的初始信息量 $\tau_{ij}(0)=C$（C 为常数），$\Delta\tau_{ij}^{k}(0)=0$，将 M 只蚂蚁随机放置在 n 个城市，同时为每只蚂蚁建立禁忌列表 $tabu_k$，将初始节点置入禁忌列表，为 α、β、ρ、Q 参数设定初始值；设定算法迭代次数 nc＝0.

步骤 2：迭代过程（用伪代码的形式更能清楚说明迭代过程）.

```
while not 结束条件 do
    for i＝1 to n－1 do（遍历所有城市）
      for k＝1 to M do（对 M 只蚂蚁循环）
        for j＝1 to n do（对 n 个城市循环）
    根据式(7.13)和式(7.14)，蚂蚁 k 选择下一个城市 j，将蚂蚁 k 移动到城市 j，把城市 j 置入禁忌列表 tabu_k；
        end
      end
    end
    计算所有蚂蚁求得的回路距离，根据式(7.15)、式(7.16)和式(7.17)更新路径(i,j)上的信息素；
      nc＝nc＋1；
end while
```

步骤 3:输出结果,结束算法.

基本蚁群算法的框图如图 7.9 所示.

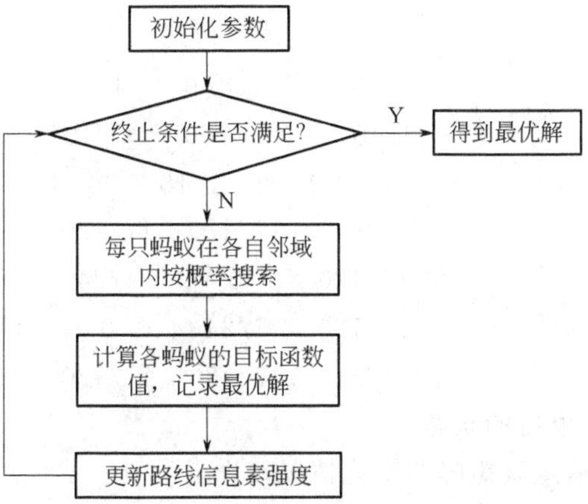

图 7.9　基本蚁群算法框图

[**例 7.5**]四个城市的对称 TSP 问题,距离矩阵为:

$$\boldsymbol{D}=(d_{ij})\begin{bmatrix}0&1&2&1\\1&0&5&4\\2&5&0&3\\1&4&3&0\end{bmatrix}.$$

分析基本蚁群算法求解此问题过程中信息素矩阵的变化,其中信息素初值 $\tau_{ij}(0)=1/12$ ($i\neq j$,因为共有 12 条边),自启发量 $\eta_{ij}=1/d_{ij}$,蚂蚁数目 $m=2$,假定所有蚂蚁都从同一城市 A 出发,$\alpha=1$、$\beta=2$、$\rho=0.5$、$Q=1$.

解:初始禁忌表 $tabu_k=\varnothing(k=1,2)$,初始信息素表和自启发表为:

$$\boldsymbol{\tau}(0)=(\tau_{ij}(0))=\begin{bmatrix}0&1/2&1/12&1/12\\1/12&0&1/12&1/12\\1/12&1/12&0&1/12\\1/12&1/12&1/12&0\end{bmatrix},\quad \boldsymbol{\eta}=(\eta_{ij})=\begin{bmatrix}\infty&1&1/2&1\\1&\infty&1/5&1/4\\1/2&1/5&\infty&1/3\\1&1/4&1/3&\infty\end{bmatrix}.$$

按转移概率式(7.13)计算出每只蚂蚁从 A 出发选下一目的地 A、B、C 和 D 的路径概率为 $\left[0,\frac{4}{9},\frac{1}{9},\frac{4}{9}\right]$,于是选 B 或 C 作为下一到达点.

假设蚂蚁的选择行走路线分别如下.

第 1 只 W_1:A→B;第 2 只 W_2:A→C.

则可设计 $\boldsymbol{tabu}=\begin{bmatrix}A&B\\A&C\end{bmatrix}$,矩阵中的两行分别表示两只蚂蚁走过的城市.

接下来按式(7.13)分别计算第 1 只蚂蚁从 B 出发选 A、B、C 和 D 的概率为 $\left[0,0,\frac{16}{41},\frac{25}{41}\right]$,第 2 只蚂蚁从 C 出发选 A、B、C 和 D 的概率为 $\left[0,\frac{9}{34},0,\frac{25}{34}\right]$,所以蚂蚁的选择行走路线分别为:第 1 只 W_1:A→B→D;第 2 只 W_2:A→C→D.

最后路线为:第 1 只 W_1:A→B→D→C→A,路线长度为 10;第 2 只 W_2:A→C→D→B→A

路线长度为 10.

按信息素更新规则 $\tau_{ij}(1)=\rho\tau_{ij}(0)+\Delta\tau_{ij}(0)$，信息素增量按照式(7.17)计算，得到更新矩阵：

$$\Delta\boldsymbol{\tau}(0)=\begin{bmatrix} 0 & 1/10 & 1/10 & 0 \\ 1/10 & 0 & 0 & 1/10 \\ 1/10 & 0 & 0 & 1/10 \\ 0 & 1/10 & 1/10 & 0 \end{bmatrix}.$$

$$\boldsymbol{\tau}(1)=(\tau_{ij}(1))=\begin{bmatrix} 0 & 17/120 & 17/120 & 1/24 \\ 17/120 & 0 & 1/24 & 17/120 \\ 17/120 & 1/24 & 0 & 17/120 \\ 1/24 & 17/120 & 17/120 & 0 \end{bmatrix}.$$

这是第一次外循环结束后的状态.

重复循环，即可看到信息素矩阵的变化情况.

7.4.3 蚁群算法的应用实例

1. 中国 31 个城市的 TSP 问题

对于中国 31 个城市问题，在基本蚁群算法中选取的算法参数为：$\alpha=1,\beta=2,\rho=0.8,Q=100$，算法每次循环次数为 200 次，选取蚂蚁数量等于城市数目，算法独立运行 10 次，获得的实验结果见表 7.4.

表 7.4 蚁群算法实验结果

次数	1	2	3	4	5	6	7	8	9	10
最优值	16568	15836	16025	15534	16114	15751	15778	16025	16632	17101

图 7.10、图 7.11 分别给出了用基本蚁群算法解决中国 31 个城市问题得到的最佳路线子图(多次实验中的一个图)和收敛曲线以及稳定性图. 从表 7.4 中可以看出，基本蚁群算法能较好地解决 TSP 问题.

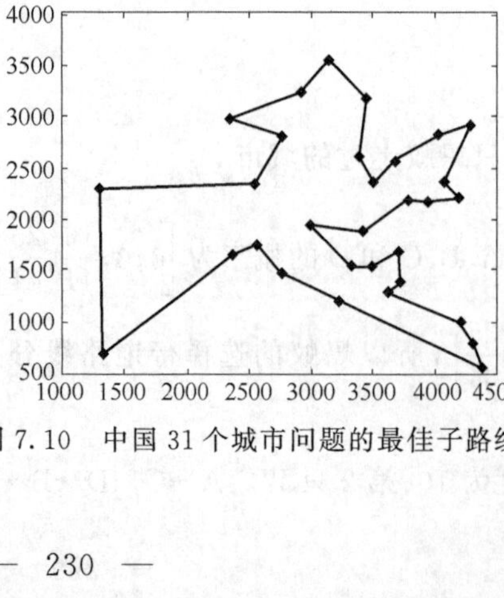

图 7.10 中国 31 个城市问题的最佳子路线图

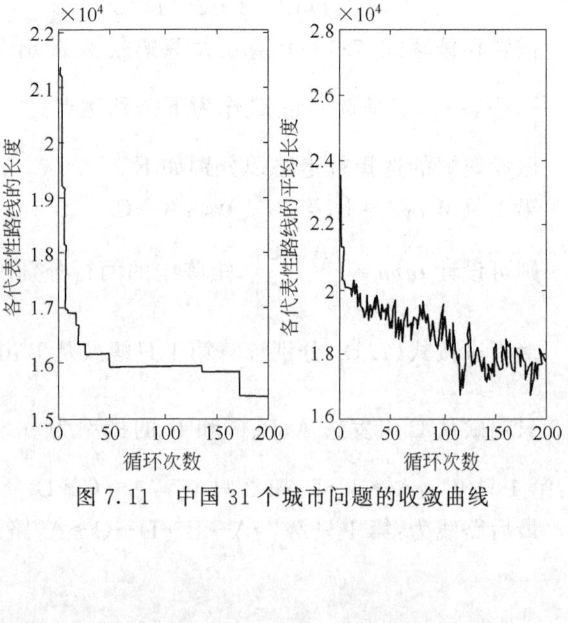

图 7.11 中国 31 个城市问题的收敛曲线

2. 连续函数优化

连续函数优化问题的解空间是一种区域性的表示，而不是以离散的点集方式表示的．所以蚁群在解空间的优化方式不应是在离散空间点集之间跳变进行，而应是一种微调式的行进方式．且信息素对当前蚁群所处点集做出影响的同时，对这此点的周围区域也应有所影响．由于连续空间求解的蚁群信息留存及影响范围是区域性的，而非点状分布，所以在连续空间寻优问题求解中，蚁群选择行进方式的依据不是各点或点集上的信息素大小，而是某个区域信息素对该蚂蚁的影响．因此函数优化蚁群算法将离散蚁群算法的细节进行了修改．

1)算法设计

首先，将蚁群按一定的方式分布于问题所对应的连续区间内(一般选择均匀分布方式)．根据问题的定义域，决定合适的蚁群规模，然后将问题的定义域进行相应地等分，并在等分后的每小区间内各放置一个蚂蚁，按照既定原则确定蚂蚁所处的位置，记为 x_i．然后，根据具体问题求解的要求，按相应的标准设定合适的信息素，称为此区域蚂蚁的邻域吸引强度．在式(7.13)表示的转移概率中，能见度 η_{ij} 取优化函数在第 i 个小区域与第 j 个小区域的差值，即 $\eta_{ij}=f(x_i)-f(x_j)$．

然后，使所有蚂蚁都从自己的初始位置开始，按照转移概率选择自己的移动方向，当 $\eta_{ij}\geqslant 0$ 时，第 i 个小区域的蚂蚁转移至第 j 个小区域，到达该区域后依据更新式(7.15)、式(7.16)、式(7.17)更新该区域的邻域吸引强度，并将该位置对应的 x_i 赋予优化函数值 $f(x_i)$；若 $\eta_{ij}<0$，第 i 个小区域内的蚂蚁依据合适的寻优步长，在此区域内作局部搜索以确定局部优化函数值，并与已知的优化函数值比较，若更优则取代，反之放弃．当所有的蚂蚁都选择完一遍后，重新改变蚂蚁在起始小区间的位置，重复上述过程进行类似的搜索．

由以上描述可见，只要蚂蚁数量足够大，搜索半径足够小，这种寻优方式相当于一群蚂蚁对定义域做穷尽的搜索，最终逐渐收敛到问题的全局最优解．上述的函数优化思想较之经典搜索方法中从一个孤立的初始点出发进行寻优的过程，具有明显的优越性和稳定性，且不受优化函数是否连续或可微等限制．

2)连续函数优化问题蚁群算法的步骤

步骤 1：初始化．蚂蚁个数 m，邻域吸引强度(信息素)τ_{ij}，能见度 τ_{ij}，最大迭代步数或搜索次数 N，m 只蚂蚁置于各自的初始邻域，并按一定的分布确定在该邻域中的位置 $x_i(i=1,2,\cdots,m)$．

步骤 2：每个蚂蚁按转移概率 P_{ij} 移动或邻域搜索，计算得到的优化函数值，与已知的优化函数值进行比较，小于则替换，反之放弃．

步骤 3：按照吸引强度更新方程修正该小区域的邻域吸引强度，$N_c=N_c+1$．

步骤 4：若 $N_c<N$，改变所有蚂蚁在起始邻域中的位置，转至步骤 2，否则输出得到的优化函数值以及相应的解．

算法中的邻域设定可根据具体问题来定，如一维问题就是直线搜索，二维问题可定义为圆等．搜索半径的大小与所要得到的最优解的精度有关．

[**例 7.6**]Rastrgin 第五函数．

$$\min f(\boldsymbol{X})=10n+\sum_{i=1}^{n}\left[x_i^2-10\cos(2\pi x_i)\right]\qquad(i=1,\cdots,n).$$

此处 $n=2$，$-5<x_1,x_2<5$，目标函数是一个多极值函数，其最优解 $\boldsymbol{X}^*=(0,0)^{\mathrm{T}}$，最优值

为 $f(\boldsymbol{X}^*)=0$. 它的图像如图 7.12 所示 .

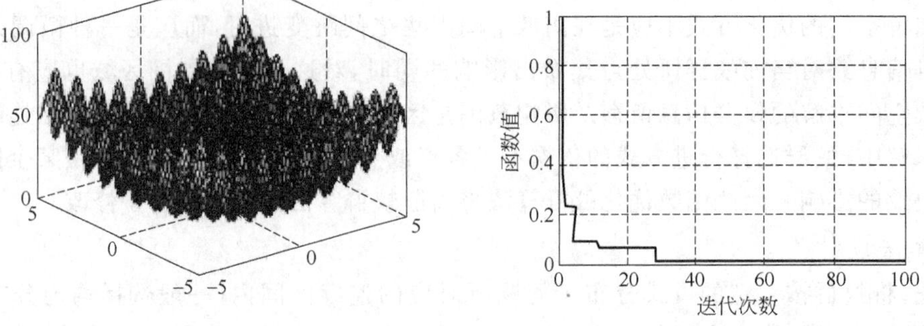

(a) 图形　　(b) 迭代曲线

图 7.12　Rastrgin 第五函数图形及其中一次迭代解的收敛曲线

按上述步骤设计程序,算法参数的选取为:$m=20,N_c=100,\alpha=1,\beta=2,\rho=0.85,Q=1$,运行 10 次的计算结果如表 7.5 所示 .

表 7.5　蚁群算法求解 Rastrgin 第五函数最小值的 10 次计算结果

	1	2	3	4	5	6	7	8	9	10
x_1	−0.0020	0.0001	−0.0003	−0.0004	0.0010	0.0006	0.0009	0.0004	0.0007	0.0001
x_2	−0.0020	0.0001	−0.0003	−0.0004	0.0010	0.0006	0.0009	0.0004	0.0007	0.0001
$f(\boldsymbol{X})$	0.0016	0.0000	0.0000	0.0001	0.0004	0.0001	0.0003	0.0001	0.0002	0.0000

由于 Rastrgin 函数的多极值性,用前几章讲的优化方法很难求得最优值,而用模拟退火算法等其他现代优化算法却可以实现 . 如表 7.5 所示,在 10 次独立运算中,有 3 次获得了比较接近最优值,当然如果蚂蚁数目和迭代次数再增加,精度将会更高,但消耗时间较长 .

7.4.4　蚁群算法中的参数设置

1. 蚂蚁数量 M 对算法的影响

蚁群算法是一种随机搜索算法,与遗传算法一样,通过多个候选解(可行解的一个子集)组成的群体的进化过程来寻求最优解,在该过程中既需要每个个体的自适应能力,更需要群体的相互协作 . 蚁群在搜索过程中之所以表现出复杂而有序的行为,个体之间的信息交流与相互协作起着至关重要的作用 .

对于旅行商问题,单只蚂蚁在一次循环中所经过的路径,表现为问题可行解集中的一个解,M 只蚂蚁在一次循环中所经过的路径,则表现为问题解集中的一个子集 . 显然,子集越大(即蚂蚁数量多)越可以提高蚁群算法的全局搜索能力以及算法的稳定性;但蚂蚁数目增大后,会使大量的曾被搜索过的解(路径)上的信息素的变化比较平均,信息正反馈的作用不明显,搜索的随机性虽然得到了加强,但收敛速度减慢;反之,子集较小(即蚁群数量少),特别是当要处理的问题规模比较大时,会使那些从未被搜索到的解(路径)上的信息素减小到接近于 0,搜索的随机性减弱,虽然收敛速度加快了,但会使算法的全局性能降低,算法的稳定性差,容易出现过早停滞现象 .

尽管增加蚂蚁的数量对算法的搜索是有利的,但当蚂蚁数目 M 远远大于问题规模时,虽然搜索的稳定性和全局性得到提高，可是算法的收敛速度减慢，且过大的蚂蚁数量对算法的寻优性能提高不多，只是徒增算法的运行时间．

关于蚁群算法中蚂蚁数量的选择，应该综合考虑算法的全局搜索能力和收敛速度两项指标，针对具体问题的应用条件和实际要求做出合理的选择．在蚁群算法中蚂蚁数量的选择一般可取 $M=\sqrt{n}\sim n/2$ 之间的整数(其中 n 为问题的规模)．当然，在计算机硬件允许的情况下，M 越大越好，足够大的 M 可以提高算法的收敛性能，通常选取与城市数目相同即可．

2. 参数 q_0

根据式(7.14)可以看出，当 $q<q_0$ 时，算法是采用确定性搜索，此时蚂蚁以概率 q_0 选择距离最短的路径．这其实是一种盲目的搜索过程，它按照预定的控制策略进行搜索，在搜索过程中获得的中间信息不用来改进控制策略．由于搜索总是按照预先规定的路线进行，没有考虑到问题本身的特性，所以这种搜索具有盲目性，效率不高，不便于复杂问题求解．当 $q\geqslant q_0$ 时，算法等同于随机搜索，此时蚂蚁以概率 $1-q_0$ 随机选择路径．如果选取较大的初始值，算法将以较大的概率进行确定性搜索，这样可以充分利用问题本身的特征(两点间距离)，加快寻找局部较优路径的速度，但若参数值 q_0 选取过大(如接近 1)，则多数蚂蚁易选择信息量最大的边，这样在搜索过程中容易出现多数蚂蚁搜索到相同的路径，使得搜索的空间较小，不利于发现全局最优解，算法容易收敛到局部最优解．如果选取较小的值，就增大了随机搜索的概率，从而扩大了搜索空间，有利于发现质量更好的解，但若参数值 q_0 选取过小(如接近 0)，则信息素最大的边被选择的概率小，其他边被选择的概率大，能扩大搜索的空间，但搜索呈现一定的盲目性，不容易收敛，将使算法的收敛速度受到很大的影响．所以，在具体算法实现时，通常让 q_0 取 0～1 之间的随机数．

3. 总信息量 Q

总信息量 Q 为蚂蚁循环一次(即遍历所有城市一次)在经过的路径上所释放的信息素总量，在蚁群算法模型中它为一常量．一般来说，总信息量 Q 越大，则在蚂蚁已经走过的路径上信息素的累积越快，可以加强蚁群搜索时的正反馈作用，有助于算法的快速收敛．由于在蚁群算法中各个参数的作用实际上是紧密联系的，其中对算法性能起着主要作用的是信息素启发因子 α、自启发量因子 β 和信息素挥发系数 ρ 这三个参数．总信息量 Q 对算法性能的影响有赖于上述三个参数的选取，以及算法模型的选取，如在 ant-cycle 模型和 ant-quantity 模型中总信息量 Q 所起的作用显然是有很大差异的．即便在 ant-cycle 模型中随着问题规模的不同，其影响程度也将不同．

M. Dorigo 经过大量的实验，给出了 α 及 β 取值的经验范围，如图 7.13 所示．

4. 信息素挥发因子 ρ 对算法的影响

在蚁群算法中，信息素残留系数 ρ 是一个 0～1 之间的数，表示信息素残留程度，而 $1-\rho$ 就是信息素挥发程度，它的大小从另一个侧面反映了蚂蚁群体中个体之间影响的强弱．环境中存在的信息素受到蚂蚁行为得到的解的影响，同时这种影响又只能持续一段时间，参数 ρ 就反映了这个持续时间的长短．蚁群算法采用的信息素更新方式是在一个循环结束(即蚂蚁构造得到一个解)之后进行更新．由于信息素残留系数 ρ 的存在，当要处理的问题规模比较大时，会使那些从来未被搜索到的路径(可行解)上的信息素减小到接近 0，因而降低了算法的全局搜索能力．由式(7.15)、式(7.16)、式(7.17)可以看出，ρ 的值越大，信息素在环境中存在的时间就越长，对后来的蚂蚁影响就越大，以前搜索过的路径被再次选择的可能性过大，会影响到算法的随机性能和全局搜索能力．同时，ρ 的值越大，环境中各条路径上的信息素浓度的差别就越小，突现行为就更难以发生，也就是说算法系统向着最优解的演化就很慢．反之，较小的 ρ 值虽然可以提高算法的随机性能和全局搜索能力，却不可避免地带来解的质量的降低，即过快的信息素挥发可能忽略个体之间可能发生的相互影响，使算法远离了问题的最优解．实验表明，ρ 的取值为 0.5～0.9 效果较好．

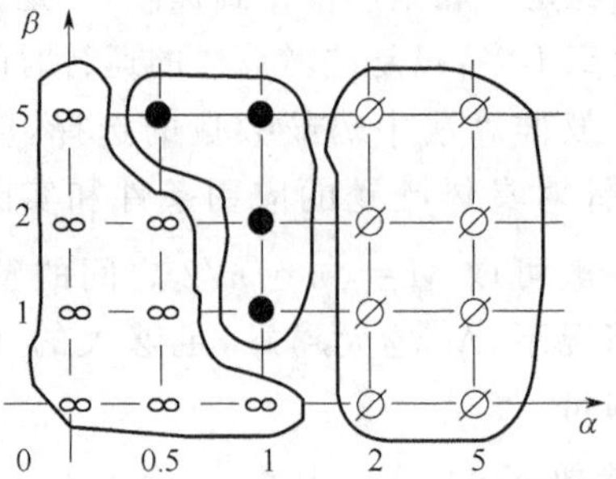

图 7.13　参数 α 及 β 不同取值组合对求解性能的影响

●—α 及 β 的取值能获得好的搜索结果取值区域；

∅—α 及 β 的取值获得差的搜索结果且出现早熟停滞取值区域；

∞—α 及 β 的取值获得差的搜索结果但不出现早熟停滞取值区域

7.4.5　算法特征

1. 蚁群算法的优点

(1)蚁群算法是一种自组织的算法．自组织就是在没有外界作用下系统从无序到有序的变化过程．蚁群算法充分体现了这个过程，以蚂蚁群体优化为例进行说明．当算法开始的初期，单个的人工蚂蚁无序地寻找解，算法经过一段时间的演化，人工蚂蚁间通过信息素的作用，自发地越来越趋向于寻找到接近最优解的一些解，这就是一个无序到有序的过程．

(2)蚁群算法是一种本质上并行的算法．每只蚂蚁搜索的过程彼此独立，仅通过信息素进行通信．所以蚁群算法在问题空间的多点同时开始进行独立的搜索，不仅增加了算法的可靠性，也使得算法具有较强的全局搜索能力．

(3)蚁群算法是一种正反馈的算法．从真实蚂蚁的觅食过程中不难看出，蚂蚁能够最终找到最短路径，直接依赖于最短路径上信息素的累积，而信息素的累积却是一个正反馈的过程．对蚁群算法来说，初始时刻在环境中存在完全相同的信息素，给予系统一个微小扰动，使得各个边上的轨迹浓度不相同，蚂蚁寻找的解就存在了优劣，算法采用的反馈方式是在较优的解对应经过的路径上留下更多的信息素，而更多的信息素又吸引了更多的蚂蚁，这个正反馈的过程使得初始的不同得到不断的扩大，同时又引导整个系统向最优解的方向进化．因此，正反馈是蚂蚁算法的重要特征，它使得算法演化过程得以进行．

(4)蚁群算法具有较强的鲁棒性．相对于其他算法，蚁群算法对初始路线要求不高，即蚁群算法的求解结果不依赖于初始路线的选择，而且在搜索过程中不需要进行人工的调整．其次，蚁群算法的参数数目少，设置简单，易于蚁群算法应用到其他组合优化问题的求解．

2. 蚁群算法的缺陷

(1)算法需要较长的搜索时间．蚁群中各个体的运动是随机的，虽然通过信息素交换能够向着最优路径进化，但是当群体规模较大时，很难在较短的时间内从大量杂乱无章的路径中找出一条较好的路径．这是因为在进化的初期，各个路径上的信息素差别不大，通过信息正反馈，使得较好路径上的信息素逐渐增大，经过较长一段时间，才能使得较好路径上的信息素明显高于其他路径，随着这一过程的进行，差别越来越明显，从而最终收敛．

(2)蚁群算法容易出现早熟停滞现象．在蚁群算法中，蚁群的转移是由各条路径上留下的信息素浓度和城市间距离来引导的，蚁群运动的路径总是趋向于信息素最多的路径．但是由于各路径上的初始信息素相同，蚁群创建第一条路径的引导信息主要是城市间的距离信息，这样蚁群在所经过的路径上留下的信息素就不一定能反映出最优路径的方向，不能保证蚁群创建的第一条路径能引导蚁群走向全局最优路径．随着算法的重复执行，信息素都积累在这条局部最优的路径上，使该条路径上的信息素浓度远远大于其他路径上的信息素浓度，导致所有的蚂蚁都集中到这条局部最优的路径上，出现停滞现象．

基于上述不足，有许多改进的蚁群算法被提出，比如把模拟退火算法、遗传算法、禁忌搜索算法等算法相结合而构造的各种混合算法．

7.5 粒子群算法

粒子群算法，也称为粒子群优化算法(particle swarm optimization，PSO)，是一种进化计算技术(evolutionary algorithm，EA)，1995 年由 J. Kennedy 和 R. C. Eberhart 提出．该算法最初是受到鸟群捕食和飞行等活动的规律性启发，进而利用群体智能建立的一个简化模型．粒子群算法在对动物集群活动行为观察基础上，利用群体中的个体对信息的共享，使整个群体的运动在问题求解空间中产生从无序到有序的演化过程，从而获得最优解．

事实上，以遗传算法、蚁群算法、粒子群算法等为代表的现代优化算法的基本思想都不同于传统的基于微积分和穷举法的优化算法，这类算法在搜索最优解时，模仿了生物的行为．其实生物的繁殖、觅食、运动等种种行为都是在寻求最优解，这类寻优的过程经过大自然千百年甚至上亿年的演变，已经形成了一套成熟的具有高鲁棒性和广泛适用性的全局优化方法，具有自组织、自适应、自学习的特性．模仿这类生物的行为来搜索最优解，其实就利用了自然演变过程中的无数次迭代，所以构造出的算法能够不受问题性质的限制，有效地处理传统优化算法难以解决的复杂问题．

7.5.1 粒子群算法的原理

20 世纪 70 年代，生物学家 C. W. Reynold 通过模拟鸟群群体飞行后提出了 Boids 模型．该模型指出，群体中每个个体的行为只受到它周围邻近个体行为的影响，且每个个体需遵循三条规则：(1)避免与其邻近的个体相碰撞；(2)与其邻近个体的平均速度保持一致；(3)移动方向为邻近个体的平均位置．通过多组仿真实验发现处在初始态的鸟通过自组织能力聚集成一个个小的群体，并且以相同的速度向着同一方向运动，之后几个小的群体又会聚集成一个大的群体，大的群体在之后的运动过程又可能分散为几个小的群体．这些仿真实验的结果和现实中鸟群的飞行过程基本一致．

粒子群算法的基本思想就受到对鸟群的种群行为进行建模与仿真得到的结果的启发．鸟群在觅食过程中，有时候需要分散地寻找，有时候需要鸟群集体搜寻，即时而分散时而群集．对于整个鸟群来说，它们在找到食物之前会从一个地方迁徙到另一个地方．在这个过程中总有一只鸟对食物的所在地较为敏感，对食物的大致方位有较好的侦察力，从而，这只鸟也就拥有食源的较为准确信息．在鸟群搜寻食物的过程中，它们一直都在互相传递各自掌握的食源信息，特别是这种较为准确的信息．所以在这种“较准确消息”的吸引下，鸟群都集体飞向食源，在食源的周围群集，最终达到寻找到食源的结果．粒子群算法初始化为一群随机粒子(随机解);然后通过迭代找到最优解．在每一次迭代中,粒子通过跟踪两个“极值”来更新自己．第一个就是粒子本身所找到的最优解,这个解叫做个体极值 **pBest**;另一个极值是整个种群目前找到的最优解,这个极值是全局极值 **gBest**. 另外也可以不用整个种群而只是用其中一部分作为粒子的邻居,那么在所有邻居中的极值就是局部极值．

7.5.2 粒子群算法的模型

1. 粒子的速度和位置

粒子群算法通过设计一种无质量的粒子来模拟鸟群中的鸟,粒子仅具有两个属性:速度和位置,其中速度代表移动的快慢,位置代表移动的方向．这些粒子位于 n 维空间,粒子 i 在 n 维空间的位置表示为向量$\boldsymbol{X}_i=(x_1,x_2,\cdots,x_n)$,飞行速度表示为向量$\boldsymbol{V}_i=(v_1,v_2,\cdots,v_n)$. 每个粒子都有一个由目标函数决定的适应值(fitness value),并且知道自己到目前为止发现的最好位置(**pBest**)和现在的位置$\boldsymbol{X}_i$,这个可以看作是粒子自己的飞行经验．除此之外,每个粒子还知道到目前为止整个群体中所有粒子发现的最好位置(**gBest**),其中 **gBest** 是 **pBest** 中的最好值,这个可以看作是粒子同伴的经验．粒子就是通过自己的经验和同伴中最好的经验来决定下一步的运动．

2. 速度和位置的更新

在找到 **gBest** 和 **pBest** 这两个最优值后,粒子通过式(7.20)和式(7.21)来更新自己的速度和位置:

$$\boldsymbol{v}_i^{(t+1)}=\boldsymbol{v}_i^{(t)}+c_1\times rand\times(\mathbf{pBest}_i-\boldsymbol{x}_i^{(t)})+c_2\times rand\times(\mathbf{gBest}_i-\boldsymbol{x}_i^{(t)}),\tag{7.20}$$

$$\boldsymbol{x}_i^{(t+1)}=\boldsymbol{x}_i^{(t)}+\boldsymbol{v}_i^{(t)}.\tag{7.21}$$

式中,$i=1,2,\cdots,n$,n 是此群中的粒子总数,v_i 是粒子速度,最大值为 $v_{\max}$,$rand$ 是介于(0,1)之间的随机数,$\boldsymbol{x}_i$ 是粒子的位置,c_1 和 c_2 是学习因子,通常都取 2.

在式(7.20)中,第一项 $\boldsymbol{v}_i^{(t)}$ 称为记忆项,表示第 t 步迭代时的速度;第二项 $c_1\times rand\times(\mathbf{pBest}_i-\boldsymbol{x}_i^{(t)})$称为自身认知项,是从当前点指向粒子自身最好点的一个向量,表示粒子的动作来源于自己经验的部分;第三项 $c_2\times rand\times(\mathbf{gBest}_i-\boldsymbol{x}_i^{(t)})$称为群体认知项,是一个从当前点指向种群最好点的向量,反映了粒子间的协同合作和知识共享．

可以在式(7.20)中引入惯性因子,进一步调整全局和局部的搜索能力:

$$\boldsymbol{v}_i^{(t+1)}=\omega^{(t)}\boldsymbol{v}_i^{(t)}+c_1\times rand\times(\mathbf{pBest}_i-\boldsymbol{x}_i^{(t)})+c_2\times rand\times(\mathbf{gBest}_i-\boldsymbol{x}_i^{(t)}).\tag{7.22}$$

式中 $\omega^{(t)}$ 称为惯性权重因子,需满足 $\omega^{(t)}\geqslant 0$,惯性权重的作用是保持粒子运动的惯性,平衡算法的全局搜索和局部搜索能力．若惯性权重较大,则全局搜索能力强,局部搜索能力弱,算法的收敛速度较快,但是寻优精度不高;若惯性权重较小,则局部搜索能力强,全局搜索能力弱,算法的收敛速度较慢,寻优精度较好但易陷入局部最优．由此可见,惯性权重值调整得是否合理直接影响到算法的性能．因此,如何设置合适的惯性权重使得算法收敛性和算法精度达到平衡,引起了很多学者的关注．通过一些学者的研究,目前已取得不少的成果,总结起来可以分为线性策略和非线性策略．在具体求解过程中,可以动态调整 ω 的值以取得更好的寻优结果．

1)线性递减惯性权重(linearly decreasing weight,LDW)策略

目前采用较多的是如下的线性递减惯性权重策略:

$$\omega^{(t)}=(\omega_{ini}-\omega_{end})(T-t)/T+\omega_{end}. \tag{7.23}$$

式中 T 为最大迭代次数，t 为当前迭代的次数，ω_{ini} 为初始惯性因子，ω_{end} 为迭代至最大进化代数时的惯性因子，一般取 $\omega_{ini}=0.9$，$\omega_{end}=0.4$. 可以看出式(7.23)是线性表达式，惯性因子 $\omega^{(t)}$ 随迭代次数增加，由 ω_{ini} 线性减小到 ω_{end}. 这说明在寻优迭代的初期，需要加强全局寻优能力；在后期接近最优解时，需加强局部寻优的能力．这种典型线性递减惯性权重策略现在应用比较广泛，使用较大的初始惯性权重值可以快速地定位最优解的大致位置，随着惯性权重的减小，粒子速度减慢，开始精细搜索，此时可以加快收敛速度，提高了算法的性能．但这种策略也有其缺点，如果在迭代开始阶段未能搜索到较好的点，随着惯性权重的不断减小，全局搜索能力变弱，局部搜索能力增强，就很容易使算法陷入局部最优．

2)线性微分递减策略

由于典型线性递减惯性权重策略存在着局限性，为了克服上述缺点，惯性权重的更新公式为：

$$\frac{d\omega^{(t)}}{dt}=2\,\frac{(\omega_{ini}-\omega_{end})}{T^2}\times t. \tag{7.24}$$

在这种线性微分递减策略中，迭代初期惯性权重减小的速度缓慢，全局搜索能力较强，有利于快速找到最优解的大致范围，在迭代后期惯性权重减小的速度较快，如果在迭代初期已经找到了好的解，可以加快算法收敛，能在一定程度上避免典型线性递减惯性权重策略的局限，提高算法的性能．

3)先增后减非线性惯性权重策略

同样为了改进线性递减惯性权重策略存在的缺陷，2007 年提出了一种非线性惯性权重策略——先增后减策略，改进后的惯性权重公式为：

$$\omega^{(t)}=\begin{cases}\dfrac{t}{T}+0.4 & \left(0\leqslant\dfrac{t}{T}\leqslant 0.5\right);\\[2mm] -\dfrac{t}{T}+1.4 & \left(0.5\leqslant\dfrac{t}{T}\leqslant 1\right).\end{cases} \tag{7.25}$$

这种先增后减策略使得前期收敛速度快，后期局部搜索能力增强，在一定程度上继承了递减和递增两种策略的优点，并克服了两种策略的缺点，从而提高了算法的性能．

4)带阀值的非线性递减惯性权重策略

在线性递减惯性权重策略基础上进一步改进，得到了一种带阀值的非线性递减惯性权重策略，此策略中引入了递减指数和迭代阀值概念，其惯性权重的更新公式为：

$$\omega^{(t)}=\omega_{ini}-\left(\frac{t-1}{T_0-1}\right)^{\lambda}(\omega_{ini}-\omega_{end}). \tag{7.26}$$

在这种非线性惯性权重策略中，迭代初期惯性权重较大，粒子可以在整个搜索空间进行快速搜索，以最快速度找到最优值大致范围．随着惯性权重值的非线性减小，大部分粒子的搜索范围减小且集中在最优值的邻域中．当迭代次数达到阀值 T_0 时，$\omega^{(t)}=\omega^{(T_0)}=\omega_{end}$，粒子保持一定的速度在最优值的邻域内进行搜索．这种策略使得算法的搜索速度和搜索精度都有显著提高．

5)带控制因子的非线性递减惯性权重策略

2007 年提出了一种带控制因子的非线性递减惯性权重策略，其惯性权重公式为：

$$\omega^{(t)}=(\omega_{\text{ini}}-\omega_{\text{end}}-d_1)e^{-\frac{1}{1+\frac{t}{T}d_2}}. \tag{7.27}$$

式中 d_1, d_2 为控制因子，目的是控制惯性权重在 ω_{ini} 与 ω_{end} 之间．学者们大量的研究表明：当控制因子 $d_1=0.2, d_2=0.7$ 时，算法的性能得到最大程度的提高．

3. 粒子群的算法步骤和框图

经过前面的讨论，不妨以一般的线性递减惯性权重策略为例，得到粒子群算法的速度和空间位置的迭代更新公式为：

$$\begin{cases} \boldsymbol{v}_i^{(t+1)}=\omega^{(t)}\boldsymbol{v}_i^{(t)}+c_1 rand\times(\mathbf{pBest}_i-\boldsymbol{x}_i^{(t)})+c_2 rand\times(\mathbf{gBest}_i-\boldsymbol{x}_i^{(t)}), \\ \boldsymbol{x}_i^{(t+1)}=\boldsymbol{x}_i^{(t)}+\boldsymbol{v}_i^{(t)}, \\ \omega^{(t)}=(\omega_{\text{ini}}-\omega_{\text{end}})(T-t)/T+\omega_{\text{end}}. \end{cases} \tag{7.28}$$

那么，根据这个迭代公式，粒子群算法的一般步骤可描述如下(图 7.14)：

步骤 1：初始化一群微粒(群体规模为 n)，包括随机位置和速度；

步骤 2：评价每个微粒的适应度；

步骤 3：对每个微粒，将其适应值与其经过的最好位置 **pBest** 做比较，如果较好，则将其作为当前的最好位置 **pBest**；

步骤 4：对每个微粒，将其适应值与其经过的最好位置 **gBest** 做比较，如果较好，则将其作为当前的最好位置 **gBest**；

步骤 5：根据式(7.28)调整微粒速度和位置；

步骤 6：若未达到结束条件则转步骤 2.

迭代终止条件根据具体问题一般选为最大迭代次数 T 或(和)微粒群迄今为止搜索到的最优位置满足预定最小适应阈值．

粒子群算法的 Matlab 代码见文本 7.2.

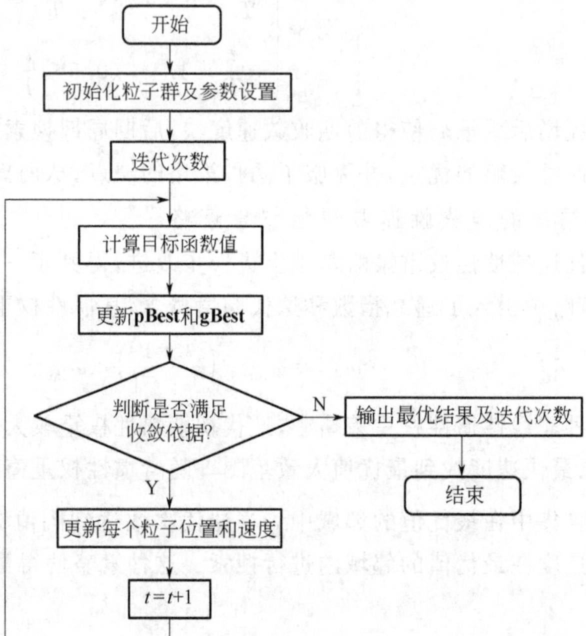

文本 7.2　粒子群算法 Matlab 代码

图 7.14　粒子群算法框图

4. 学习因子的改进

在粒子群算法中,学习因子 c_1 和 c_2 的值决定了个体历史信息和种群历史信息对粒子运动轨迹的影响程度,反映了粒子向自身历史最优位置和全局历史最优位置运动的加速权重,设置不合理的 c_1 和 c_2 不利于粒子群的寻优．若设置的学习因子过大,粒子可以迅速向目标区域运动,但可能很快跳出最优区域;若设置的学习因子过小,粒子可能在远离目标的区域震荡,因此设置恰当的学习因子对于粒子群算法寻优有很重要的意义．在标准粒子群算法中,一般将两个学习因子都取为 2. 近年来,一些研究表明学习因子的改进有利于提高算法效率．

目前,学习因子的改进主要有两种策略:同步策略和异步策略．顾名思义,同步策略就是两个学习因子朝着相同的方向改变,而异步策略则是两个学习因子改变的方向不同．

1)同步线性递增惯性权重策略

该策略随着迭代的进行不断地提高学习因子的大小,学习因子更新公式为:

$$c_1=c_2=c_{\min}+\frac{t}{T}\times(c_{\max}-c_{\min}). \tag{7.29}$$

但是通过实验证明这种同步线性递增改进学习因子的策略取得的效果不如预期．

2)异步线性改变学习因子策略

根据迭代次数的增加,学习因子 c_1 不断减小,学习因子 c_2 不断增加．这种策略的思想是在搜索前期,每个粒子主要根据自身的经验去改变飞行方向和速度,确保全局搜索能力较强;在搜索后期,粒子主要依据整个种群的经验去改变飞行方向和速度,这样保证有较强的局部搜索能力,使得后期加快收敛．学习因子的更新公式如下:

$$\begin{cases} c_1=c_{1s}+\dfrac{t}{T}\times(c_{1e}-c_{1s}), \\ c_2=c_{2s}+\dfrac{t}{T}\times(c_{2e}-c_{2s}). \end{cases} \tag{7.30}$$

其中,$c_{1s}=2.5$,$c_{1e}=0.5$,$c_{2s}=0.5$,$c_{2e}=2.5$. 该策略能够寻得较好的最优值,但是也存在着粒子早熟的缺点,因为在搜索前期粒子在全局范围内徘徊,但是在搜索后期粒子缺乏多样性,导致易收敛于局部极值．

3)反余弦改进学习因子策略

反余弦改进学习因子策略属于异步策略,该策略的基本思想是在搜索前期快速改变两个学习因子的大小,让算法快速地进入到局部搜索阶段;搜索后期则通过较大的学习因子使得算法更加注重整个种群信息的影响,保持粒子的多样性,使算法不易陷入局部最优．因此,利用凹函数和反余弦调整学习因子策略,并通过实验证明了该种调整策略效果较好．反余弦改进学习因子策略中学习因子的更新公式如下:

$$\begin{cases} c_1=c_{1s}+\left(1-\dfrac{\arccos\left((1-2\dfrac{t}{T}\right)}{\pi}\right)\times(c_{1e}-c_{1s}), \\ c_2=c_{2s}+\left(1-\dfrac{\arccos\left(1-2\dfrac{t}{T}\right)}{\pi}\right)\times(c_{2e}-c_{2s}). \end{cases} \tag{7.31}$$

其中,c_{1s} 和 c_{1e} 表示学习因子 c_1 的初始迭代值和终止迭代值,c_{2s} 和 c_{2e} 表示学习因子 c_2 的初始迭代值和终止迭代值．

练 习 题 7

1. 用禁忌搜索算法解 TSP 问题.

2. 在模拟退火算法求函数极值过程中,试用数值实验的方法分析算法中参数的改变对最优解搜索过程的影响.

3. 用遗传算法和粒子群算法求解 0−1 背包问题.

4. 试用蚁群算法解具有容量限制的 VRP 问题.

5. 在十维空间中,超正方体中心位于原点且各边均平行于坐标轴. 若该超正方体边长为 20,求超正方体上距离点(20,0,0,0,20,0,0,0,20,0)最近的点的坐标. 利用粒子群算法解决.

提示,该问题的模型为:

$$\min_{-10\leqslant x_i\leqslant 10}\left[(x_1-20)^2+(x_5-20)^2+(x_9-20)^2+x_2^2+x_3^2+x_4^2+x_6^2+x_7^2+x_8^2+x_{10}^2\right].$$

第 8 章　机器学习中的优化算法

8.1　机器学习及代价函数

8.1.1　机器学习的概念

关于机器学习(machine learning),目前还没有统一的定义,通常认为,机器学习是一门关于数据学习的技术,它能帮助机器从现有的复杂数据中学习规律,以预测未来的行为结果和趋势．例如:当在网上商城购物时,机器学习算法会根据客户购买历史为他们推荐可能会喜欢的其他产品,以提升产品购买概率．

机器学习专门研究计算机怎样模拟或实现人类的学习行为,以获取新的知识或技能,重新组织已有的知识结构使之不断改善自身的性能．它是人工智能的核心,是使计算机智能的根本途径．人工智能包含机器学习,机器学习又包含了深度学习．图 8.1 分别给出了机器学习和深度学习的过程简图．模型学习过程中的权重(或参数)学习本质上是最优化问题求解过程．

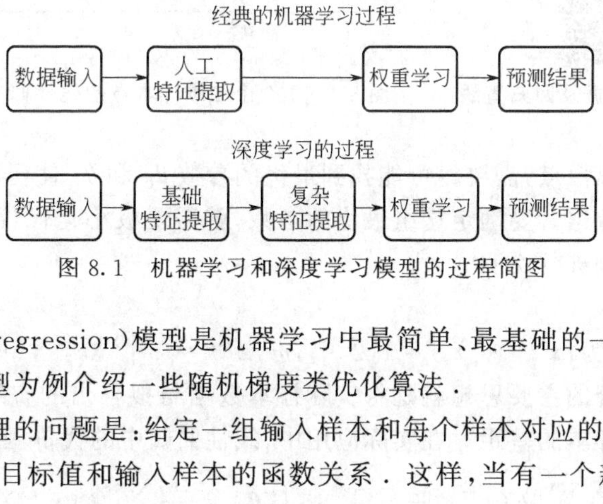

图 8.1　机器学习和深度学习模型的过程简图

线性回归(linear regression)模型是机器学习中最简单、最基础的一类有监督学习模型．本章将以线性回归模型为例介绍一些随机梯度类优化算法．

线性回归主要处理的问题是:给定一组输入样本和每个样本对应的目标值,需要在特定条件下,找到(或学习到)目标值和输入样本的函数关系．这样,当有一个新的样本输入时,可以预测其对应的目标值．

8.1.2　机器学习中的代价函数

在深度学习或机器学习中,经常出现损失函数、代价函数、目标函数三个概念,三者的定义如下:

定义 8.1　损失函数(loss function)是定义在单个样本上的,它计算的是一个样本的误差．

定义 8.2　代价函数(cost function)是定义在整个训练集上的,是所有样本误差的平均,也就是损失函数的平均．

定义 8.3　目标函数(object function)为最终需要优化的函数．通常情况下,等于代价函数或其与正则化项的和).

寻找机器学习模型中的一组参数 $\boldsymbol{\theta} \in \mathbf{R}^n$，它能显著地降低代价函数 $J(\boldsymbol{\theta})$，该代价函数通常包括整个训练集上的性能评估，如

$$\underset{\boldsymbol{\theta}}{\operatorname{argmin}} J(\boldsymbol{\theta})$$

机器学习是一个高度依赖经验的迭代过程，通过最小化代价函数的过程训练诸多模型，然后在诸多模型中确定一个合适的模型，而优化算法是快速训练模型的有效方法．

[**例 8.1**]已知数据集由 100 个二维数据点组成，且按式：

$$y = 2 + 3x + r$$

分布，其中 $x \in (0,2)$，$r \in (0,1)$为随机数．下面需要找到接近最优参数 $\theta_0 = 2$，$\theta_1 = 3$ 的一组参数值，进而确定拟合直线 $y = \theta_0 + \theta_1 x$，如图 8.2 所示．

其引例数据及回归直线见文本 8.1.

文本 8.1　引例数据及回归直线

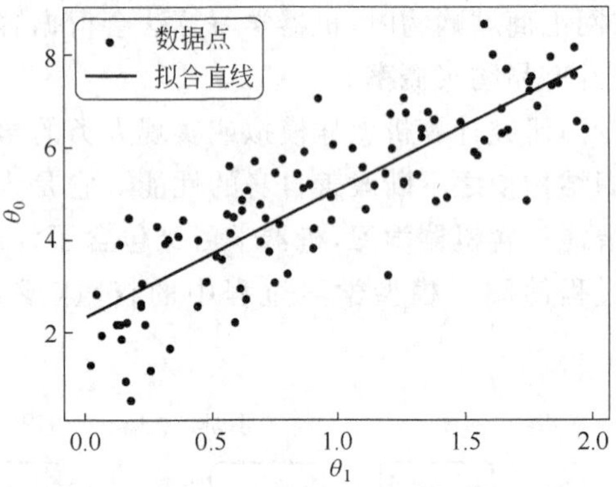

图 8.2　100 个二维样本点的线性回归问题

想要拟合图中的离散点，需要尽可能找到最优的参数 θ_0 和 θ_1 使得回归直线 $y = \theta_0 + \theta_1 x$ 可以更好地代表所有数据．要确定这组最优的参数，就需要极小化代价函数来获得．下面以平方误差代价函数为例进行说明．

一般地，设数据集为$\{\boldsymbol{x}^{(i)}, y_i\}$，$i = 1, 2, \cdots, m$，$\boldsymbol{x}^{(i)} = (x_1^{(i)}, x_2^{(i)}, \cdots, x_n^{(i)})^{\mathrm{T}} \in \mathbf{R}^n$，$y_i \in \mathbf{R}$，平方误差代价函数拟合的主要思想就是将实际样本数据与拟合出的直线的对应值作差，求出拟合出的直线与实际样本的差距．在实际应用中，线性回归中的代价函数表达式常为：

$$J(\boldsymbol{\theta}) = \frac{1}{2}\sum_{i=1}^{m}[h(\boldsymbol{x}^{(i)}) - y_i]^2 \text{ 或 } J(\boldsymbol{\theta}) = \frac{1}{2m}\sum_{i=1}^{m}[h(\boldsymbol{x}^{(i)}) - y_i]^2. \tag{8.1}$$

其中

$$h(\boldsymbol{x}) = \theta_0 + \sum_{i=1}^{n}\theta_i x_i.$$

那么最优解 $\boldsymbol{\theta}^* = (\theta_0^*, \theta_1^*, \cdots, \theta_n^*)^{\mathrm{T}} \in \mathbf{R}^{n+1}$ 为使代价函数式(8.1)最小化的解．

8.1.3　梯度下降法步骤

梯度下降是机器学习中常见的优化算法之一，梯度下降的目的是最小化一个目标函数 $J(\boldsymbol{\theta})$，以给定数据集的负梯度为基础，通过迭代更新每个参数 $\boldsymbol{\theta}$. 实施梯度下降法的算法框架

由以下步骤构成：

步骤 1：选择一个学习率(即迭代步长)η_0.

步骤 2：选择初始参数值 $\boldsymbol{\theta}_0$ 作为起点.

步骤 3：更新训练数据集梯度的所有参数，即计算第 t 次迭代更新 $\boldsymbol{\theta}_t=\boldsymbol{\theta}_{t-1}-\eta_t \nabla J(\boldsymbol{\theta})$.

步骤 4：重复步骤 3，直到达到最小.

梯度下降不一定能够找到目标函数的全局最优解，有可能是一个局部最优解. 当然，如果损失函数是凸函数，梯度下降法得到的解一定是全局最优解.

8.2 固定学习率优化算法

8.2.1 批量梯度下降法

1. 原理与迭代公式

批量梯度下降法(batch gradient descent，BGD)是在整个数据集$\{\boldsymbol{x}^{(i)}, y_i\}, i=1,2,\cdots, m, \boldsymbol{x}^{(i)}=(x_1^{(i)}, x_2^{(i)}, \cdots, x_n^{(i)})^{\mathrm{T}} \in \mathbf{R}^n, y_i \in \mathbf{R}$ 上求出目标函数 $J(\boldsymbol{\theta})$ 对参数 $\boldsymbol{\theta}=(\theta_0, \theta_1, \cdots, \theta_n)^{\mathrm{T}}$ 的梯度$\nabla J(\boldsymbol{\theta})$，再按照下式进行迭代：

$$\boldsymbol{\theta} \leftarrow \boldsymbol{\theta}-\eta \nabla J(\boldsymbol{\theta}), \tag{8.2}$$

其中步长 $\eta>0$(η 也称为学习率).

仍以线性回归问题为例说明 BGD 算法的过程. 设回归函数为

$$h_{\boldsymbol{\theta}}(x_1, x_2, \cdots, x_n)=\theta_0+\theta_1 x_1+\cdots+\theta_n x_n. \tag{8.3}$$

式中，$\theta_i, x_i(i=0,1,2, \cdots, n)$分别为模型参数和样本特征. BGD 迭代步骤如下：

步骤 1：确定优化模型的回归函数及代价函数. 对于回归函数 h，代价函数为

$$J(\boldsymbol{\theta})=\frac{1}{2m} \sum_{i=0}^{m}\left[h_{\boldsymbol{\theta}}(x_0^{(i)}, x_1^{(i)}, \cdots, x_n^{(i)})-y_i\right]^2. \tag{8.4}$$

步骤 2：相关参数初始化. 初始化 $\boldsymbol{\theta}$，学习率 $\eta>0$，精度 $\varepsilon>0$.

步骤 3：迭代计算. 计算当前迭代步中代价函数的梯度，即$\nabla J(\boldsymbol{\theta})$，由式(8.2)更新参数向量 $\boldsymbol{\theta}$.

步骤 4：判断是否终止. 确定是否$\|\nabla J(\boldsymbol{\theta})\|<\varepsilon$，如果是，则算法终止；否则转入步骤 1.

[**例 8.2**]为了测定刀具的磨损速度，做了一个这样的实验：经过一定时间(如每隔一小时)，测量一次刀具的厚度，得到一组试验数据如表 8.1 所示.

表 8.1 刀具厚度试验数据

顺序编号 i	0	1	2	3	4	5	6	7
时间 t_i(h)	0	1	2	3	4	5	6	7
刀具厚度 y_i(mm)	27.0	26.8	26.5	26.3	26.1	25.7	25.3	24.3

试根据上面的试验数据建立 y 和 t 之间的经验公式.

解：直观上，数据 y_i 与 t_i 大致呈线性关系. 设这种关系为 $y=\theta_1 t+\theta_0$，其中 θ_0, θ_1 为待定参数. 下面确定最优的参数 $\boldsymbol{\theta}=(\theta_0, \theta_1)^{\mathrm{T}}$.

设代价函数为

$$J(\boldsymbol{\theta})=\frac{1}{8}\sum_{i=0}^{7}[(\theta_1 t_i+\theta_0)-y_i]^2,$$

则

$$\boldsymbol{g}=\nabla J(\boldsymbol{\theta})=\frac{1}{4}\left(\sum_{i=0}^{7}[(\theta_1 t_i+\theta_0)-y_i],\sum_{i=0}^{7}[(\theta_1 t_i+\theta_0)-y_i]t_i\right)^{\mathrm{T}}.$$

若用解析的方法，令 $J(\boldsymbol{\theta})=0$，则可求得 $\theta_0=27.125$，$\theta_1=-0.3036$.

下面用 BGD 数值求解，其中 $\boldsymbol{\theta}^{(0)}=(0.1,2)^{\mathrm{T}}$，$\eta=0.05$，$\varepsilon=0.1$.

第一次迭代：

$$\boldsymbol{g}_0=\frac{1}{4}\begin{pmatrix}[(2\times0+0.1)-27.0]+[(2\times1+0.1)-26.8]+\cdots\\+[(2\times7+0.1)-24.3]\\[(2\times0+0.1)-27.0]\times0+[(2\times1+0.1)-26.8]\times1+\cdots\\+[(2\times7+0.1)-24.3]\times7\end{pmatrix}$$

$$=\begin{pmatrix}-37.800\\-107.675\end{pmatrix}$$

则

$$\boldsymbol{\theta}^{(1)}=\boldsymbol{\theta}^{(0)}-\eta\boldsymbol{g}_0=\begin{pmatrix}0.1\\2\end{pmatrix}-0.05\begin{pmatrix}-37.800\\-107.675\end{pmatrix}=\begin{pmatrix}1.990\\7.384\end{pmatrix},$$

此时，$J(\boldsymbol{\theta}^{(1)})=386.143\gg\varepsilon$.

第二次迭代：

$$\boldsymbol{g}_1=\frac{1}{4}\begin{pmatrix}[(7.384\times0+1.990)-27.0]+[(7.384\times1+1.990)-26.8]+\cdots\\+[(7.384\times7+1.990)-24.3]\\[(7.384\times0+1.990)-27.0]\times0+[(7.384\times1+1.990)-26.8]\times1+\cdots\\+[(7.384\times7+1.990)-24.3]\times7\end{pmatrix}$$

$$=\begin{pmatrix}3.666\\98.936\end{pmatrix}.$$

则

$$\boldsymbol{\theta}^{(2)}=\boldsymbol{\theta}^{(1)}-\eta\boldsymbol{g}_1=\begin{pmatrix}1.990\\7.384\end{pmatrix}-0.05\begin{pmatrix}3.666\\98.936\end{pmatrix}=\begin{pmatrix}1.807\\2.684\end{pmatrix},$$

此时，$J(\boldsymbol{\theta}^{(2)})=317.038\gg\varepsilon$.

重复此迭代过程，直到收敛或达到固定迭代次数，实际上，$\boldsymbol{\theta}^{(150)}=(26.879,-0.278)^{\mathrm{T}}$，此时 $J(\boldsymbol{\theta}^{(150)})=0.091<\varepsilon$. 迭代可以停止 .

图 8.3 给出了此例回归直线及算法收敛曲线 . 在图 8.3 中，该算法收敛到接近 $\boldsymbol{\theta}^{(200)}=(27.132,-0.329)^{\mathrm{T}}$，这也是产生本例中的样本的一组参数 . 本例计算代码见文本 8.2.

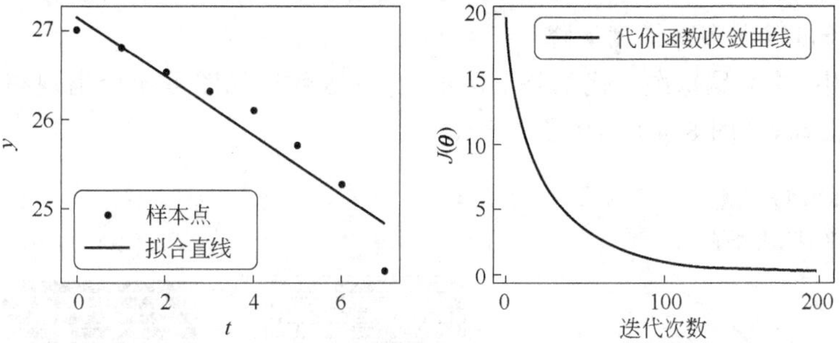

图 8.3　拟合直线及代价函数收敛曲线

文本 8.2　例 8.2 计算代码

2. 特点

在 BGD 中，每次更新参数向量时都需要在整个数据集上求出代价函数关于参数的偏导数. 因此 BGD 的下降速度会比较慢，甚至对于较大的、内存无法容纳的数据集，该方法都无法被使用．同时，梯度下降法不能以“在线”的形式更新模型，也就是不能在算法运行中加入新的样本进行运算．

1)优点

(1)在训练过程中，使用固定的学习率，不必设计学习率衰减．

(2)由全体数据集确定的方向能够更好地代表样本总体，从而更准确地朝向极值所在的方向搜索．当目标函数为凸函数时，一定能收敛到全局最小值；如果目标函数非凸则收敛到局部最小值．

(3)它对梯度的估计是无偏的．样例越多，标准差越低．

(4)一次迭代是对所有样本进行计算，此时利用向量化进行操作，可以实现并行运算．

2)缺点

(1)尽管在计算过程中，使用了向量化计算，但是遍历全部样本仍需要大量时间，尤其是当数据集很大时(几百万甚至上亿).

(2)每次的更新都是在遍历全部样本之后发生的，这时才会发现一些样本可能是多余的且对参数更新没有太大的作用．

8.2.2　小批量梯度下降法

1. 原理

批量梯度下降法是每次把整个样本集用来训练，当样本集非常大时，处理速度很慢．这时，可以把样本集分割为小一点的子样本集，这些子集被取名为 mini-batch. 对于每一个 mini-batch 来说，梯度下降过程和 BGD 相同，只不过是样本数量变少了，称这种算法为小批量梯度下降法(mini-batch gradient descent，MGD). 执行完整个样本集的训练称为进行了 1 个“epoch”的训练，意味着遍历了整个训练集．

小批量梯度下降法在每次更新时使用 k 个小批量训练样本，参数更新公式记为：

$$\boldsymbol{\theta} \leftarrow \boldsymbol{\theta} - \eta \cdot \nabla J(\boldsymbol{\theta}; \boldsymbol{x}^{(i+1:i+k)}, y_{(i+1:i+k)}),$$

其中 mini-batch 的大小为 k，$\boldsymbol{x}^{(i+1:i+k)}$，$y_{(i+1:i+k)}$ 分别表示第 $i+1, i+2, \cdots, i+k$ 个样本及其对应值．

如果有一个较大的数据集,那么 MGD 比 BGD 运行地更快. BGD 一次遍历只做一次梯度下降,而 MGD 一次遍历可以做多次梯度下降.

MGD 在迭代过程中,并不是每次迭代都是下降的,目标函数迭代图可能会出现整体趋势是下降的,但是会出现波动,如图 8.4 所示(彩图 8.4).

彩图8.4

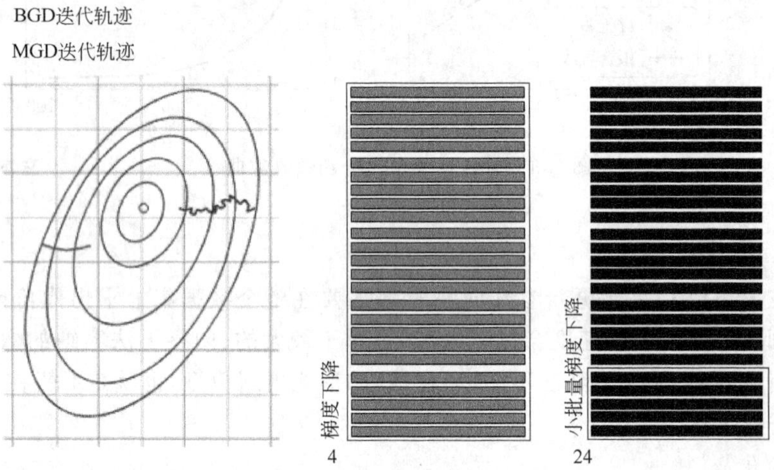

图 8.4 BGD 与 MGD(数据集共 15 个样本,mini-batch 取 5)求解 $J(\theta_0,\theta_1)$ 迭代过程动态演示

2. mini-batch 大小

在使用 MGD 时,mini-batch 大小对算法收敛有一定影响,mini-batch 太大会使得训练更快,但泛化能力下降;每次训练抓取的样本数(batch-size)越大,估计的梯度越可靠,需要迭代的步数也越小. 而太小的 mini-batch 会使梯度估计值的方差非常大,因此需要非常小的学习率来维持稳定性,如果学习速率过大,则导致步长的变化剧烈. 由于需要降低学习速率,因此需要消耗更多的迭代次数来训练,虽然每一轮迭代中计算梯度估计值的时间大幅度降低了,但是总的运行时间还是非常大的.

特殊地,如果 mini-batch 的取值与样本大小 m 相等,则 MGD 退化为 BGD;如果 mini-batch 的大小为 1,即为后文将介绍的随机梯度下降法. 实际上选择的 mini-batch 大小在二者之间,如果训练集较小(小于 2000 个样本),直接使用 batch 梯度下降法. 一般的 mini-batch 大小取 $2^n, n\in\mathbf{N}^+$.

3. MGD 的特点

小批量梯度下降法在每轮迭代中仅仅计算一个 mini-batch 的梯度,不仅计算效率高,而且收敛较为稳定. 目前常将该方法与其他方法相结合用于训练机器学习或深度学习模型.

1)优点

(1)计算速度比 BGD 快,因为只遍历部分样例就可执行更新.

(2)随机选择样例有利于避免重复多余的样例和对参数更新较少贡献的样例.

(3)每次使用一个 batch 可以大大减小收敛所需要的迭代次数,同时可以使收敛到的结果更加接近梯度下降的效果.

2)缺点

(1)在迭代的过程中,因为噪声的存在,学习过程会出现波动. 因此,它在最小值的区域徘徊,不会收敛.

(2)学习过程会有更多的振荡，为更接近最小值，需要增加学习率衰减项，以降低学习率，避免过度振荡．

(3)batch size 的不当选择可能会带来一些问题．

4. Python 实现 MGD

下面应用 python 实现 MGD 算法并求解本章中的例 8.1(文本 8.3).

首先根据 MGD 算法步骤实现 Mini-Batch Gradient Descent 类，然后调用 Mini-Batch Gradient Descent 类实现对例 8.1 中数据的回归．

文本 8.3 MGD 求解例 8.1

8.2.3 随机梯度下降法

1. 算法迭代公式

随机梯度下降(stochastic gradient descent，SGD)是一种经常用于机器学习的梯度类下降算法．在 SGD 中，初始化参数向量后，每次迭代仅使用一个样本点并沿梯度下降方向进行搜索来更新参数向量．

随机梯度下降法根据每一条训练样本 $\boldsymbol{x}^{(i)}$ 和标签 y_i 更新参数：

$$\boldsymbol{\theta} \leftarrow \boldsymbol{\theta} - \eta \cdot \nabla_{\theta} J(\boldsymbol{\theta}; \boldsymbol{x}^{(i)}; y_i).$$

式中 η 为学习率，是用来确定每次迭代的步长．学习率过大，步长可能超过最佳值．学习率太小可能需要多次迭代才能达到局部最小．初始学习率通常取为 0.1，并根据需要在迭代过程中进行调整．

2. 算法步骤

不同于批量梯度下降算法，SGD 在每次迭代中，只计算一个训练样本的梯度．SGD 的步骤如下：

步骤 1：给定学习率 η 和初始参数值 $\boldsymbol{\theta}^{(0)}$，令 $t=0$.

步骤 2：从数据集随机选择一个训练样本 $\{\boldsymbol{x}^{(i)}, y_i\}$ 并计算梯度 $\boldsymbol{g}_t = \nabla J(\boldsymbol{\theta}^{(t)}; \boldsymbol{x}^{(i)}, y_i)$.

步骤 3：更新参数 $\boldsymbol{\theta}^{(t+1)} = \boldsymbol{\theta}^{(t)} - \eta \boldsymbol{g}_t$.

步骤 4：令 $t=t+1$，重复步骤 3，直到达到局部最小．

通过计算每次迭代的一个数据集的梯度，SGD 向局部最小值走了一条较不直接的路线．但是，SGD 的优势是，当新的训练样本可行时，SGD 能够以最低成本递增地更新目标 $J(\boldsymbol{\theta})$．图 8.5 显示了随机梯度下降法求解凸函数 $J(\theta_1, \theta_2)$ 的迭代过程．

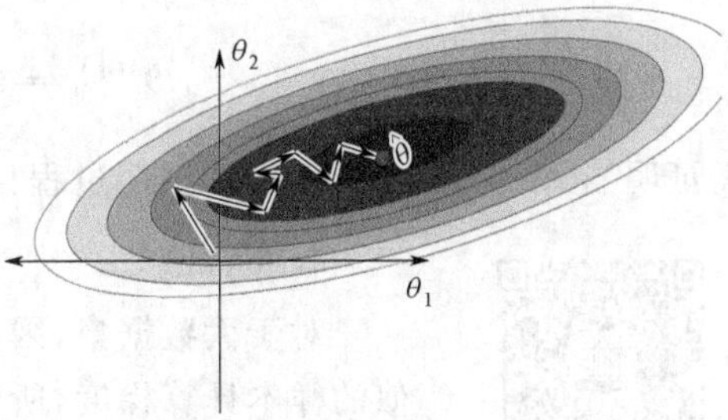

图 8.5　随机梯度下降法求解 $J(\theta_1, \theta_2)$ 迭代过程

[**例 8.3**]考虑只有 6 个数据点，一个简单的二维数据集 (x_1, x_2)，每个数据点均有标签值 y，数据点如表 8.2 所示．试确定其线性回归模型中的参数。

表 8.2　二维数据集及标签

i	1	2	3	4	5	6
x_1	4	2	1	3	1	6

续表

i	1	2	3	4	5	6
x_2	1	8	0	2	4	7
y	2	−14	1	−1	−7	−8

解:(1)模型概述．这里只采用线性回归模型 $\hat{y}=\theta_1 x_1+\theta_2 x_2+\theta_0$,其中 θ_1 和 θ_2 是参数,θ_0 是一个常数．模型的目标是根据数据集找到 θ_1,θ_2 和 θ_0.

(2)损失函数的定义．本例中,损失函数是 l_2 范数,即 $L=(\hat{y}-y)^2$.

(3)初始化参数．给定线性回归模型的初始参数 $\boldsymbol{\theta}^{(0)}=(\theta_0,\theta_1,\theta_2)^{\mathrm{T}}=(0,-0.044,-0.042)^{\mathrm{T}}$.

(4)梯度计算和参数更新．模型的更新完全依赖于梯度值．为了尽量减少过程中的损失,模型需要确保梯度是不同的,以便它能够最终收敛到全局最优点,则迭代式如下:

$$\boldsymbol{\theta}^{(1)}=\boldsymbol{\theta}^{(0)}-\eta\nabla L=\boldsymbol{\theta}^{(0)}-\eta\begin{pmatrix}\dfrac{\partial L}{\partial \hat{y}}\dfrac{\partial \hat{y}}{\partial \theta_0}\\ \dfrac{\partial L}{\partial \hat{y}}\dfrac{\partial \hat{y}}{\partial \theta_1}\\ \dfrac{\partial L}{\partial \hat{y}}\dfrac{\partial \hat{y}}{\partial \theta_2}\end{pmatrix}=\begin{pmatrix}\theta_0-\eta\left[2(\hat{y}-y)\cdot 1\right]\\ \theta_1-\eta\left[2(\hat{y}-y)\cdot x_1\right]\\ \theta_2-\eta\left[2(\hat{y}-y)\cdot x_2\right]\end{pmatrix}.$$

式中模型中的学习率 η 设为 0.05.

第 1 次迭代:使用第一个数据点 $[x_1,x_2]=[4,1]$,其对应的 $\hat{y}$ 给出的模型应该是 −0.2. 现在 $\hat{y}$ 更新后新的参数为 $\boldsymbol{\theta}^{(1)}=[0.222,0.843,0.179]^{\mathrm{T}}$.

第 2 次迭代:下一个数据点 $[x_1,x_2]=[2,8]$ 和标签 $y_2=-14$. 估算得 $\hat{y}$ 为 3.3,应用新的 $\hat{y}$ 再一次迭代,则参数 $\boldsymbol{\theta}^{(2)}=[1.513,-2.625,-13.696]^{\mathrm{T}}$.

3. SGD 收敛性分析

下面证明在特定条件下,SGD 算法是收敛的．由 SGD 的迭代方式:

$$\boldsymbol{\theta}^{(t+1)}=\boldsymbol{\theta}^{(t)}-\eta_t \boldsymbol{g}_t,$$

其中学习率 η_t 满足 $\eta_1\geqslant\eta_2\geqslant\cdots\geqslant\eta_T\geqslant\cdots>0$,而 $\boldsymbol{g}_t=\nabla J(\boldsymbol{\theta}^{(t)})$. 可以发现从 $\boldsymbol{\theta}^{(t)}$ 到 $\boldsymbol{\theta}^{(t+1)}$ 是一个累加的更新过程,即

$$\boldsymbol{\theta}^{(t+1)}=\boldsymbol{\theta}^{(1)}-\sum_{j=1}^{t}\eta_j \boldsymbol{g}_j.$$

只需证明当 $t\to\infty$ 时,$\boldsymbol{\theta}^{(t)}\to\boldsymbol{\theta}^*$. 证明过程见文本 8.4.

文本 8.4 SGD 收敛性证明

4. 特点

对于大数据集,因为批量梯度下降法在每一个参数更新之前,会对相似的样本计算梯度,所以在计算过程中会有冗余．而 SGD 在每一次更新中只执行一次,从而消除了冗余．因而,通常 SGD 的运行速度更快,同时,可以用于"在线"学习．SGD 以高方差频繁地更新,导致目标函数出现如图 8.6 所示的剧烈波动．

与梯度下降法的收敛会使得损失函数陷入局部最小相比,由于 SGD 的波动性,一方面,波动性使得 SGD 可以跳到新的和潜在更好的局部最优．另一方面,虽然已经证明当缓慢减小学习率有助于降低 SGD 的波动性,但仍很难保证最终收敛到

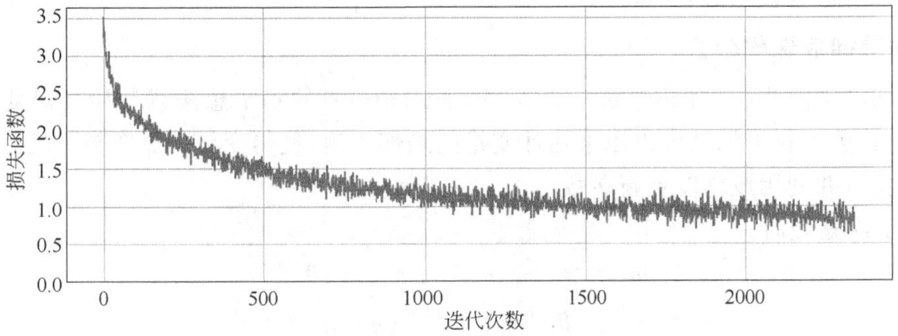

图 8.6　随机梯度下降法迭代过程中出现剧烈波动

特定最小值.

1)优点

(1)算法收敛速度较快(在 BGD 算法中,每轮会计算很多相似样本的梯度,实际上这部分是冗余的);

(2)可以在线更新,即可以实时加入新的数据;

(3)对于非凸的目标函数,算法有可能跳出一个局部最优解而收敛到一个更好的局部最优解甚至是全局最优解的能力.

2)缺点

对于非凸的目标函数,容易收敛到局新最优解,并且容易陷入鞍点.

图 8.7(彩图 8.7)显示了批量梯度、小批量梯度和随机梯度三种下降算法针对凸函数极小化的迭代过程.

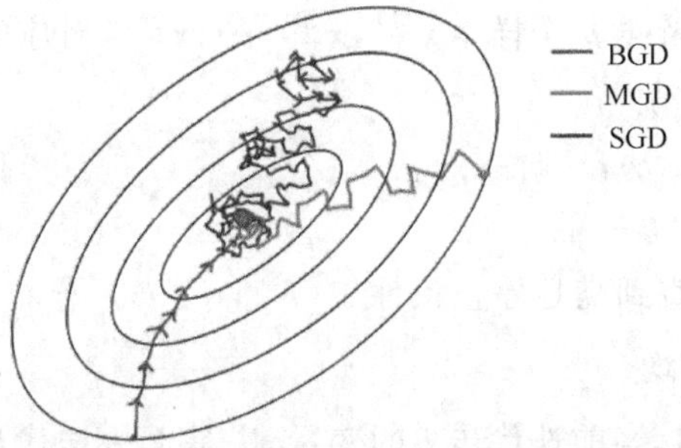

图 8.7　BGD、MGD 和 SGD 三种算法迭代过程对比

彩图 8.7

5. Python 实现 SGD 类

下面应用 Python 实现 SGD 算法并求解例 8.1.

首先根据 SGD 算法步骤实现 SGD 类,然后调用 SGD 类实现对例 8.1 中数据的回归(文本 8.5).

文本 8.5　SGD 代码

8.2.4　动量梯度下降法

在 SGD 算法中,为防止目标函数在迭代过程中出现较大波动,通常需要使用一个较小的学习率,而较小的学习率将导致较多的迭代才能达到最小值. 因此提出了动量梯度下降法,其收敛速度几乎总是快于 SGD 算法．

1. 动量梯度迭代公式

动量梯度下降法(gradient descent with momentum)的基本想法就是计算梯度的指数加权平均数(指数加权平均数可以用来估计变量的局部均值，使得变量的更新与一段时间内的历史取值有关)，并利用该梯度更新参数．

在第 t 次迭代时：

$$\boldsymbol{m}_t=\gamma\boldsymbol{m}_{t-1}+(1-\gamma)\nabla J(\boldsymbol{\theta}^{(t)}),$$
$$\boldsymbol{\theta}^{(t)}=\boldsymbol{\theta}^{(t-1)}-\eta\boldsymbol{m}_t.$$

上式中有两个超参数，即学习率 η 和 γ(γ 控制着指数加权平均数，最常用的值是 0.9)．当 $\gamma=0$ 时，动量梯度迭代公式(也称 Momentum 迭代公式)退化为随机梯度迭代公式．图 8.8(彩图 8.8)展示了动量梯度下降法与批量梯度下降法针对凸二次函数的迭代过程．

彩图 8.8

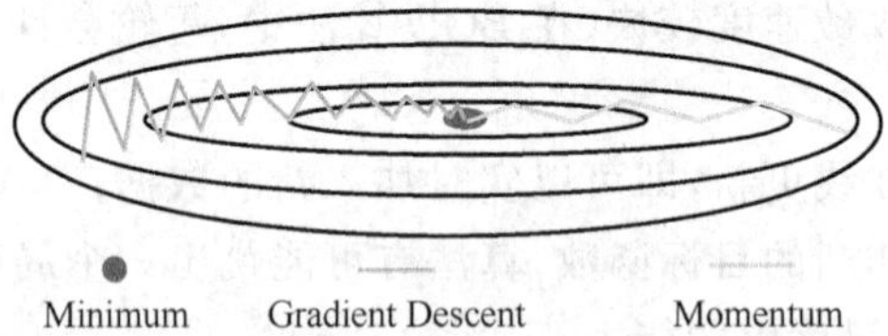

图 8.8　动量梯度下降算法与 BGD 算法针对凸二次函数的迭代过程

2. 算法步骤

通常情况下多使用小批量动量法，其算法流程如下：

步骤 1：初始化数 $\boldsymbol{\theta}$，动量 $\boldsymbol{m}$，γ，学习率 η.

步骤 2：从训练集中采样 p 个样本 $\boldsymbol{x}^{(1)},\boldsymbol{x}^{(2)},\cdots,\boldsymbol{x}^{(p)}$，对应的标签为 y_i．计算梯度 $\boldsymbol{g}=\nabla J(\boldsymbol{\theta};\boldsymbol{x}^{(i+1:i+p)},y_{(i+1:i+p)})$.

步骤 3：动量更新 $\boldsymbol{m}\leftarrow\gamma\boldsymbol{m}-(1-\gamma)\boldsymbol{g}$.

步骤 4：参数更新 $\boldsymbol{\theta}\leftarrow\boldsymbol{\theta}-\eta\boldsymbol{m}$.

步骤 5：重复步骤 3 直到满足停止条件．

3. 指数加权移动平均

给定超参数 $0\leqslant\gamma<1$，当前迭代步 t 的变量 $\boldsymbol{m}_t$ 是上一迭代步 $t-1$ 的变量 $\boldsymbol{m}_{t-1}$ 和当前迭代步另一变量 $\boldsymbol{g}_t$ 的线性组合

$$\boldsymbol{m}_t=\gamma\boldsymbol{m}_{t-1}+(1-\gamma)\boldsymbol{g}_t.$$

对 $\boldsymbol{m}_t$ 展开：

$$\begin{aligned}\boldsymbol{m}_t&=(1-\gamma)\boldsymbol{g}_t+\gamma\boldsymbol{m}_{t-1}\\&=(1-\gamma)\boldsymbol{g}_t+(1-\gamma)\cdot\gamma\boldsymbol{g}_{t-1}+\gamma^2\boldsymbol{m}_{t-2}\\&=(1-\gamma)\boldsymbol{g}_t+(1-\gamma)\cdot\gamma\boldsymbol{g}_{t-1}+(1-\gamma)\cdot\gamma^2\boldsymbol{g}_{t-2}+\gamma^3\boldsymbol{m}_{t-3}\\&=\cdots\\&=(1-\gamma)\sum_{i=0}^{t}\gamma^i\boldsymbol{g}_{t-i},\end{aligned}$$

例如，当 $\gamma=0.95$ 时，

$$m_t \approx 0.05\sum_{i=0}^{19} 0.95^i g_{t-i}.$$

在实际中，常将m_t看作是对最近$\frac{1}{1-\gamma}$个迭代步的g_t值的加权平均．由$0.95^{20}\approx\frac{1}{e}$得到：

当$\gamma=0.95$时，m_t可以看作对最近20个迭代步的g_t值的加权平均；

当$\gamma=0.9$时，m_t可以看作对最近10个迭代步的g_t值的加权平均．

而且，与当前迭代步t越近的g_t值获得的权重越大(越接近1).

[**例 8.4**]比较SGD和带动量的SGD极小化函数：

$$y=0.3x^4-0.1x^3-2x^2-0.8x.$$

解：(1)不带动量的SGD法．

利用随机梯度下降求解这个目标函数，取$x_0=-2.8$，学习率$\eta=0.05$，迭代公式如下：

$$g_t=1.2x_{t-1}^3-0.3x_{t-1}^2-4x_{t-1}-0.8,$$

$$x_t=x_{t-1}-\eta g_t.$$

给出最终的解$x=-1.59, y=-1.46$.

图8.9显示了SGD收敛到局部最小值，而非全局最小值．图中光滑曲线表示目标函数曲线，折线显示每个迭代的点轨迹．表8.3列出了每次迭代的数值．

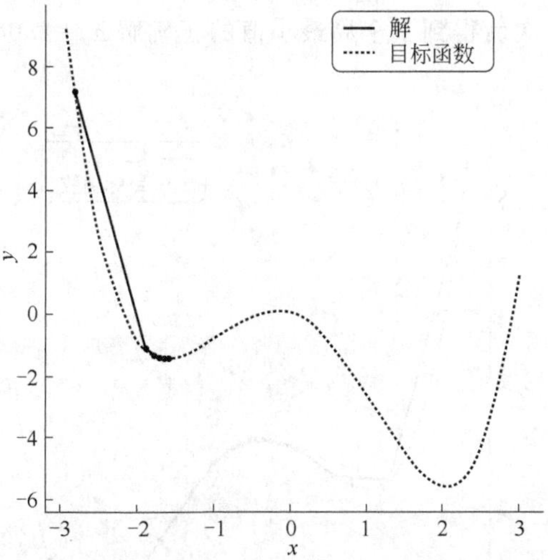

图8.9　不带动量的SGD法迭代轨迹

表8.3　SGD迭代过程

t	1	2	3	4	5	…	99
x	−2.800	−1.885	−1.766	−1.702	−1.663	…	−1.586
y	7.194	−1.140	−1.354	−1.421	−1.446	…	−1.464

(2)带动量SGD.

取$\gamma=0.7$，学习率和初始点同上，即$\eta=0.05, x_0=-2.8$．迭代公式如下：

$$g_t=\nabla_{x_t} f_t(x_{t-1})=1.2x_{t-1}^3-0.3x_{t-1}^2-4x_{t-1}-0.8$$

$$m_t=\gamma m_{t-1}+g_t$$

$$x_t=x_{t-1}-\eta m_t,$$

$\boldsymbol{m}_t$ 的值使用以前迭代的动量和信息．

在第 1 次迭代中，$\boldsymbol{m}_0=0$，因此，第 1 次迭代将具有与 SGD 相同的解．表 8.4 列出了前 4 次迭代过程中的 $\boldsymbol{g}_t$，$\boldsymbol{m}_t$，x_t 的值．

表 8.4　前 4 次迭代过程的 $\boldsymbol{g}_t$，$\boldsymbol{m}_t$，x_t 值

t	$\boldsymbol{g}_t$	$\boldsymbol{m}_t$	x_t
1	−18.2943999999999	0	−1.88527999999999
2	−2.366141336368740	−15.1722213363687	−1.12666893318156
3	1.609651754221803	−9.01090318123631	−0.67612377411974
4	1.396449498127179	−9.22410543733093	−0.21491850225320

需要注意的是，如果动量值小于 0.7，则无法跳出局部最小值．表 8.5 列出了初始点 $x_0=-2.8$ 的每次迭代结果：

表 8.5　初始点 $x_0=-2.8$ 的迭代结果

t	1	2	3	4	…	99
x	−2.800	−1.885	−1.126	−0.676	…	2.042
y	7.194	−1.140	−1.011	−0.279	…	−5.608

利用动量法，迭代 99 次后得到了全局最小值的正确解 $x=2.04$ 和 $y=-5.61$，如图 8.10 所示．

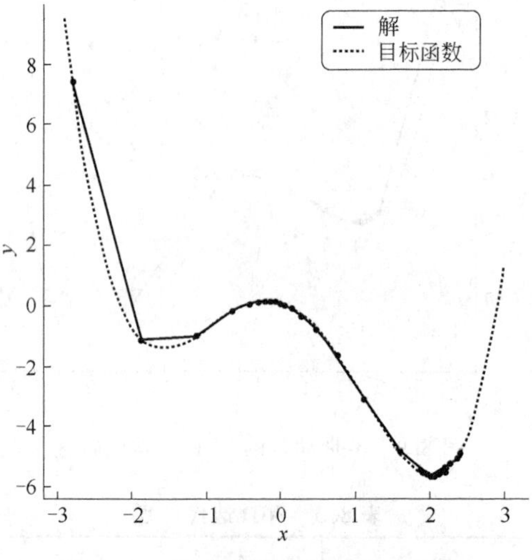

图 8.10　带动量的 SGD 法迭代轨迹

可以发现，通过增加动量项，算法能够跳出局部最小值收敛于全局最大值．

4. 动量梯度下降法的改进——Nesterov 加速法

上面的动量梯度下降法，每一步都是由前面下降方向的一个累积和当前梯度方向组合而成．Nesterov 加速法是在动量梯度下降法的基础上进行了修改以加速算法收敛．

Nesterov 加速法（Nesterov accelerated gradient，NAG）和动量梯度法的区别在于二者分别使用了不同点的梯度，动量梯度法采用的是前一点 $\boldsymbol{\theta}^{(t-1)}$ 处的梯度方向，而 Nesterov 加速

方法则是从 $\boldsymbol{\theta}^{(t-1)}$ 向着$\boldsymbol{m}_{t-1}$ 往前一步．也就是 NAG 是按照历史梯度往前搜索一小步，按照前面一小步位置的“超前梯度”来做梯度合并．

算法在第 t 次迭代时参数的更新公式为：

$$\boldsymbol{m}_t = \gamma \boldsymbol{m}_{t-1} + \nabla J(\boldsymbol{\theta}^{(t-1)} - \gamma \boldsymbol{m}_{t-1}),$$
$$\boldsymbol{\theta}^{(t)} = \boldsymbol{\theta}^{(t-1)} - \eta \boldsymbol{m}_t.$$

式中 γ 代表衰减率，η 代表学习率．

NAG 法相对于动量梯度法多了一个本次梯度相对上次梯度的变化量，这个变化量本质上是对目标函数二阶导的近似．由于利用了二阶导的信息，NAG 算法才会具有更快的收敛速度．

5. Python 实现 Momentum

下面应用 Python 分别实现 Momentum 和 NAG 算法并求解例 8.1.

首先根据动量梯度下降法步骤实现 Momentum 类和 Nesterov 类，然后再分别调用 Momentum 类和 Nesterov 类实现对例 8.1 中数据的回归(文本 8.6).

文本 8.6　Python 实现 Momentum 和 Nesterov

8.3　自适应学习率优化算法

上述算法在每次更新所有的参数时，每一个参数都使用相同的学习率．而自适应学习率优化算法是对算法中的学习率根据迭代信息进行自动调整．除迭代公式外，自适应学习率优化算法的算法步骤与固定学习率算法基本相同，故不再赘述其算法步骤．

8.3.1　AdaGrad 算法

AdaGrad 算法在不同迭代对每一个参数使用了不同的学习率，它是由 Duchi 等人于 2011 年提出．

1. 迭代公式

首先介绍 AdaGrad 对每一个参数的更新，然后对其向量化．为了简洁，令 $\boldsymbol{g}_t$ 为在第 t 次迭代时目标函数关于参数 $\boldsymbol{\theta}$ 的梯度：

$$\boldsymbol{g}_t = \nabla J(\boldsymbol{\theta}^{(t)}),$$

那么，在迭代 t，基于对计算过的历史梯度，AdaGrad 修正了对每一个参数的学习率：

$$\boldsymbol{\theta}^{(t+1)} = \boldsymbol{\theta}^{(t)} - \frac{\eta}{\sqrt{\mathrm{diag}(G_t) + \varepsilon I}} \cdot \boldsymbol{g}_t$$

其中

$$G_t = \sum_{i=0}^{t} \boldsymbol{g}_t \boldsymbol{g}_t^{\mathrm{T}}$$

式中，G_t 为其对角线上的第 k 个元素 $G_{t,k}$，是到迭代 t 为止，参数 $\boldsymbol{\theta}_i$ 的累积梯度平方和，也表示为 $\boldsymbol{g}_t \odot \boldsymbol{g}_t$，也可视为“二阶动量”.

AdaGrad 的更新公式中，矫正的学习率 $\frac{\eta}{\sqrt{G_{t,i}+\varepsilon}}$ 也随着 t 和 i 而变化，也就是所谓的“自适应”．其中分母加了一个小的平滑项 ε 是为了防止分母为 0. 可以看出 $\frac{\eta}{\sqrt{G_{t,k}+\varepsilon}}$ 是恒大于 0

的，而且参数更新越频繁，二阶动量就越大，学习率 $\frac{\eta}{\sqrt{G_{t,k}+\varepsilon}}$ 就越小，所以在稀疏的数据情况下表现比较好．

[例 8.5]数据集是随机生成的且满足由线性关系 $y=20x+\varepsilon$ 的样本点 x,y 组成，其中 ε 是随机的噪声．前 5 个样本点见表 8.6.

表 8.6　样本点

i	1	2	3	4	5	…	n
x_i	0.39	0.10	0.30	0.35	0.85	…	…
y_i	9.83	2.27	5.10	6.32	15.50	…	…

代价函数的定义为：

$$J(a,b)=\frac{1}{N}\sum_{i=1}^{n}[(a+bx_i)-y_i]^2.$$

为计算简单，每次迭代只取一个样本点，那么对第 t 步损失函数的观测值表示为

$$J_t(a,b)=[(a+bx_t)-y_t]^2.$$

式中 x_t,y_t 从样本集中取样．

最后，针对所取样本，梯度由以下因素决定：

$$\boldsymbol{g}_t=\begin{pmatrix}2[(a_t+b_tx_t)-y_t]\\2x_t[(a_t+b_tx_t)-y_t]\end{pmatrix}.$$

取学习率 $\eta=5$，初始参数 $a_1=b_1=0$ 及 $x_1=0.39,y_1=9.84$.

对于第一次迭代，

$$\boldsymbol{g}_1=\begin{pmatrix}2([0+0\times0.39]-9.84)\\2\times0.39([0+0\times0.39]-9.84)\end{pmatrix}=\begin{pmatrix}-19.68\\-7.68\end{pmatrix},$$

对应的 G_t 为：

$$G_1=\sum_{t=1}^{1}\boldsymbol{g}_1\boldsymbol{g}_1^{\mathrm{T}}=\begin{pmatrix}-19.68\\-7.68\end{pmatrix}(-19.68\quad -7.68)=\begin{pmatrix}387.30 & 151.14\\151.14 & 58.98\end{pmatrix}.$$

因此，第一个参数的更新计算如下：

$$\begin{pmatrix}a_2\\b_2\end{pmatrix}=\begin{pmatrix}0\\0\end{pmatrix}-\begin{pmatrix}5\times\frac{1}{\sqrt{387.30}}\\5\times\frac{1}{\sqrt{58.98}}\end{pmatrix}\odot\begin{pmatrix}-19.68\\-7.68\end{pmatrix}=\begin{pmatrix}5\\5\end{pmatrix}.$$

重复此迭代过程，直到收敛或达到固定迭代次数 T. 图 8.11（彩图 8.11）给出了此例的 AdaGrad 法参数更新轨迹示例．图 8.11 中，该算法收敛到接近 $\begin{pmatrix}a\\b\end{pmatrix}=\begin{pmatrix}0\\20\end{pmatrix}$，这是产生本例中的样本的一组参数．

2. 特点

AdaGrad 算法的一个主要优点是无须手动调整学习率．在大多数的应用场景中，通常采用常数．

AdaGrad 算法的一个主要缺点是它在分母中累加梯度的平方：由于每次增加的项都非负，因此在整个训练过程中，累加的和会持续增长．这会导致学习率变小以至于最终变得无限

小，在学习率无限小时，AdaGrad 算法将无法取得额外的信息．

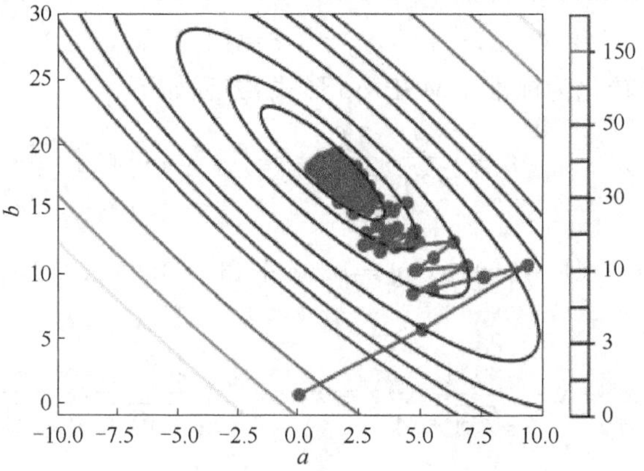

图 8.11　AdaGrad 法参数更新轨迹

彩图 8.11

3. Python 实现 AdaGrad 类

下面应用 Python 实现 AdaGrad 算法并求解例 8.1.

首先根据 AdaGrad 算法步骤实现 AdaGrad 类，然后调用 AdaGrad 类实现对例 8.1 中数据的回归(文本 8.7).

文本 8.7　Python 实现 AdaGrad 类

8.3.2　RMSProp 算法

RMSProp(root mean square prop)算法是 AdaGrad 算法的改进，修改 AdaGrad 以在非凸条件下效果更好，解决了 AdaGrad 所面临的问题．RMSProp 主要思想是使用指数加权移动平均的方法计算累积梯度，以丢弃较早迭代的梯度历史信息(让距离当前越远的梯度的缩减学习率的权重越小).

1. 迭代公式

在 AdaGrad 算法中，参数变量 $\boldsymbol{\theta}$ 是截至迭代步 t 所有小批量随机梯度 $\boldsymbol{g}_t$ 按元素平方和，而 RMSProp 算法则是将这些梯度按元素平方做指数加权移动平均．具体来说，给定超参数 $0<\gamma<1$，RMSProp 算法在迭代步 t 计算

$$\boldsymbol{s}_t=\gamma \boldsymbol{s}_{t-1}+(1-\gamma)\boldsymbol{g}_{t-1}\odot \boldsymbol{g}_{t-1}.$$

和 AdaGrad 算法一样，RMSProp 算法将目标函数自变量中每个元素的学习率通过元素运算重新调整，然后更新自变量

$$\boldsymbol{\theta}^{(t)}=\boldsymbol{\theta}^{(t-1)}-\frac{\eta}{\sqrt{\boldsymbol{s}_t+\varepsilon}}\odot \boldsymbol{g}_{t-1}.$$

式中 η 是学习率；$\varepsilon>0$，是为了维持数值稳定性而添加的常数，如 10^{-6}．因为 RMSProp 算法的状态变量 s_t 是对平方项 $\boldsymbol{g}_{t-1}\odot \boldsymbol{g}_{t-1}$ 的指数加权移动平均，所以可以看作是最近 $\frac{1}{1-\gamma}$ 个迭代步的小批量随机梯度平方项的加权平均．因此，自变量每个元素的学习率在迭代过程中就不再一直降低(或不变).

RMSProp 算法也将学习速率除以平方梯度的指数衰减平均值．建议 $\gamma=0.9$，而学习速

率 $\eta=0.001$.

[**例 8.6**]应用 RMSProp 算法求解 $\min f(\boldsymbol{x})=0.1x_1^2+2x_2^2$,其中参数 η 和 γ 分别取 0.1 和 0.9,初始迭代点 $\boldsymbol{x}^{(0)}=(-2,-1)^{\mathrm{T}}$,$s_0=0$,$\varepsilon=10^{-6}$.

解:将优化问题转化为标准 RMSProp 形式,方程如下:

$$\boldsymbol{g}=\left[\frac{\partial f}{\partial x_1},\frac{\partial f}{\partial x_2}\right]^{\mathrm{T}}=[0.2x_1,4x_2]^{\mathrm{T}},$$

则

$$\boldsymbol{s}\leftarrow 0.9\boldsymbol{s}+(1-0.9)\boldsymbol{g}\odot\boldsymbol{g}=0.9\boldsymbol{s}+(1-0.9)\left[(0.2x_1)^2,(4x_2)^2\right]^{\mathrm{T}},$$

那么

$$\boldsymbol{x}\leftarrow\boldsymbol{x}-\frac{0.1}{\sqrt{\boldsymbol{s}+\varepsilon}}\odot\boldsymbol{g}=\boldsymbol{x}-0.1\left[\frac{0.2x_1}{\sqrt{s_1+\varepsilon}},\frac{4x_2}{\sqrt{s_2+\varepsilon}}\right]^{\mathrm{T}}.$$

第 1 次迭代:

$$\boldsymbol{g}_0=\begin{pmatrix}0.2\times(-2)\\4\times(-1)\end{pmatrix}=\begin{pmatrix}-0.4\\-4\end{pmatrix},$$

则

$$\boldsymbol{s}_1=0.9\boldsymbol{s}_0+(1-0.9)\boldsymbol{g}_0\odot\boldsymbol{g}_0=0.9\times\begin{pmatrix}0\\0\end{pmatrix}+(1-0.9)\times\begin{pmatrix}0.4^2\\4^2\end{pmatrix}=\begin{pmatrix}0.016\\1.6\end{pmatrix},$$

$$\boldsymbol{x}^{(1)}=\boldsymbol{x}^{(0)}-0.1\begin{bmatrix}\dfrac{g_{0,1}}{\sqrt{s_{1,1+\varepsilon}}}\\\dfrac{g_{0,2}}{\sqrt{s_{1,2+\varepsilon}}}\end{bmatrix}=\begin{pmatrix}-2\\-1\end{pmatrix}-0.1\times\begin{bmatrix}\dfrac{-0.4}{\sqrt{0.016+10^{-6}}}\\\dfrac{-4}{\sqrt{1.6+10^{-6}}}\end{bmatrix}=\begin{pmatrix}-1.68\\-0.68\end{pmatrix}.$$

然后进行第 2 次迭代.表 8.7 给出了迭代 30 次的结果,图 8.12 为 RMSProp 迭代轨迹,代码见文本 8.8.

表 8.7 迭代结果

迭代	1	2	3	4	5	…	30
x_1	−1.6837	−1.4738	−1.3087	−1.1698	−1.0489	…	−0.0116
x_2	−0.6837	−0.4988	−0.3691	−0.2728	−0.1997	…	0.0000

文本 8.8 迭代轨迹代码

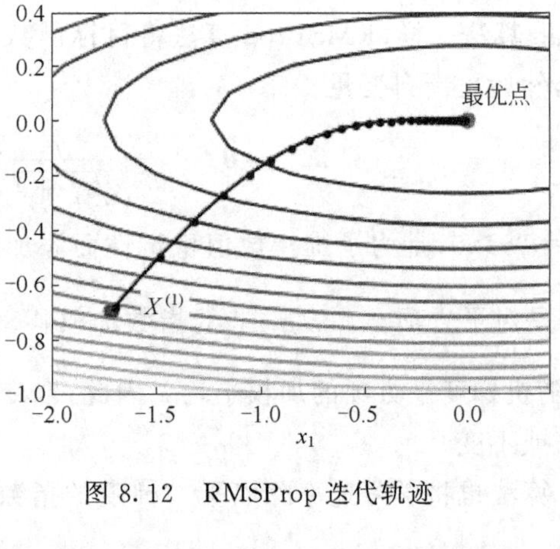

图 8.12 RMSProp 迭代轨迹

2. 特点

RMSProp 算法能够自动调整学习率,使得模型的收敛速度更快. 它可以避免学习率过大或过小的问题,能够更好地解决学习率调整问题. 实现方式上看它较为简单,适用于各种优化问题. 但也存在如下缺点,它在处理稀疏特征时可能不够优秀. 此外,它需要调整超参数,如衰减率和学习率,这需要一定的经验. 另外,收敛速度可能不如其他优化算法,例如 Adam 算法.

3. Python 实现 RMSProp 类

下面应用 Python 实现 RMSProp 算法并求解例 8.1.

首先根据 RMSProp 算法步骤实现 RMSProp 类. 然后调用 RMSProp 类实现对例 8.1 中数据的回归(文本 8.9).

文本 8.9 Python 实现 RMSProp 类

8.3.3 自适应估计算法

1. 迭代公式

自适应矩估计(adaptive moment estimation,Adam)算法是另一种自适应学习率的算法,Adam 对每一个参数都计算自适应的学习率. Adam 算法结合了动量梯度下降法和 RMSProp 算法,并且是一种极其常用的学习算法,除了像 RMSProp 一样存储一个指数衰减的历史梯度平方的平均$\boldsymbol{v}_t$,Adam 同时还保存一个梯度历史的指数衰减均值$\boldsymbol{m}_t$.

计算历史的下降平均值和历史梯度的平方公式为:

$$\boldsymbol{m}_t = \beta_1 \boldsymbol{m}_{t-1} + (1-\beta_1)\boldsymbol{g}_t;$$
$$\boldsymbol{v}_t = \beta_2 \boldsymbol{v}_{t-1} + (1-\beta_2)\boldsymbol{g}_t \odot \boldsymbol{g}_t.$$

式中,$\boldsymbol{m}_t$ 和 $\boldsymbol{v}_t$ 分别是对梯度的一阶矩(均值)和二阶矩(非确定的方差)的估计.

根据指数移动平均的思想,例如计算二阶矩的$\boldsymbol{v}_t = \beta_2 \boldsymbol{v}_{t-1} + (1-\beta_2)\boldsymbol{g}_t \odot \boldsymbol{g}_t$ 可以写成如下的形式:

$$\boldsymbol{v}_t = (1-\beta_2)\sum_{i=1}^{t}\beta_2^{t-i}(\boldsymbol{g}_i \odot \boldsymbol{g}_i).$$

目的是求得指数移动平均$\mathbb{E}[\boldsymbol{v}_t]$和二阶矩$\mathbb{E}[\boldsymbol{g}_t \odot \boldsymbol{g}_t]$之间的关系,推导如下:

$$\begin{aligned}\mathbb{E}[\boldsymbol{v}_t] &= \mathbb{E}\left[(1-\beta_2)\sum_{i=1}^{t}\beta_2^{t-i}(\boldsymbol{g}_i \odot \boldsymbol{g}_i)\right] \\ &= \mathbb{E}[\boldsymbol{g}_t \odot \boldsymbol{g}_t] \cdot (1-\beta_2)\sum_{i=1}^{t}\beta_2^{t-i} + \zeta \\ &= \mathbb{E}[\boldsymbol{g}_t \odot \boldsymbol{g}_t] \cdot (1-\beta_2^t) + \zeta.\end{aligned}$$

式中 ζ 为一常数.

最后得出

$$\mathbb{E}[\boldsymbol{g}_t \odot \boldsymbol{g}_t] = \frac{\mathbb{E}[\boldsymbol{v}_t] - \zeta}{(1-\beta_2^t)}.$$

通常可以忽略常数 ζ. 因此得出偏差校正项

$$\hat{\boldsymbol{v}}_t = \frac{\boldsymbol{v}_t}{1-\beta_2^t}.$$

类似地,可以推得

$$\hat{\boldsymbol{m}}_t=\frac{\boldsymbol{m}_t}{1-\beta_1^t}.$$

通过计算偏差校正的一阶矩和二阶矩估计来抵消偏差．因此构建了 Adam 的更新规则：

$$\boldsymbol{\theta}^{(t+1)}=\boldsymbol{\theta}^{(t)}-\frac{\eta}{\sqrt{\hat{\boldsymbol{v}}_t}+\varepsilon}\hat{\boldsymbol{m}}_t,$$

式中超参数学习率 η 的取值对迭代结果有较大的影响，需要经常调试其取值，而 β_1,β_2 常用缺省值 0.9 和 0.999，ε 取 10^{-8}．

[例 8.7]下面是一组人的体重(kg)和身高(inch)的样本数据(表 8.8)．需要根据给定的体重来预测一个人的身高．

表 8.8　样本数据

1	2	3	4	5	6	7	8	9	10	11	12	13	14	15	16
重量(x_i)	60	76	85	76	50	55	100	105	45	78	57	91	69	74	112
高度(y_i)	76	72.3	88	60	79	47	67	66	65	61	68	56	75	57	76

回归函数是 $f(\boldsymbol{\theta},x)=\theta_0+\theta_1 x$，则代价函数是

$$J(\theta)=\frac{1}{2}\sum_{i=1}^{n}[f(\boldsymbol{\theta},x_i)-y_i]^2.$$

需要找到最小化下面的目标(代价)函数

$$\underset{\theta}{\operatorname{argmin}}\frac{1}{n}\sum_{i}^{n}[f(\boldsymbol{\theta},x_i)-y_i]^2$$

的参数值．而代价函数关于参数 $\boldsymbol{\theta}$ 的梯度

$$\boldsymbol{g}=\begin{pmatrix}\dfrac{\partial J(\boldsymbol{\theta})}{\partial\theta_0}\\[2ex]\dfrac{\partial J(\boldsymbol{\theta})}{\partial\theta_1}\end{pmatrix}=\begin{pmatrix}f(\boldsymbol{\theta},x)-y\\ [f(\boldsymbol{\theta},x)-y]x\end{pmatrix}$$

取参数初始值 $\boldsymbol{\theta}^{(0)}=[\theta_0,\theta_1]^{\mathrm{T}}=[10,1]^{\mathrm{T}}$，$\boldsymbol{m}_0=\boldsymbol{0}$，学习率 $\eta=0.01$，并设定超参数 $\beta_1=0.94$，$\beta_2=0.9878$ 以及 $\varepsilon=10^{-6}$．

第 1 次迭代．从第一个数据样本开始，梯度是：

$$\boldsymbol{g}_0=\begin{pmatrix}10+1\times60-76\\(10+1\times60-76)\times60\end{pmatrix}=\begin{pmatrix}-6\\-360\end{pmatrix},$$

这里$\boldsymbol{m}_0$ 和 $\boldsymbol{v}_0$ 的初始值均设为 0，则

$$\boldsymbol{m}_1=0.94\times\begin{pmatrix}0\\0\end{pmatrix}+(1-0.94)\times\begin{pmatrix}-6\\-360\end{pmatrix}=\begin{pmatrix}-0.36\\-21.6\end{pmatrix},$$

$$\boldsymbol{v}_1=0.9878\times\begin{pmatrix}0\\0\end{pmatrix}+(1-0.9878)\times\begin{pmatrix}-6^2\\-360^2\end{pmatrix}=\begin{pmatrix}0.4392\\1581.12\end{pmatrix}.$$

新的偏置修正值$\boldsymbol{m}_1$ 和 $\boldsymbol{v}_1$ 是

$$\hat{\boldsymbol{m}}_1=\begin{pmatrix}-0.36\\-21.6\end{pmatrix}\frac{1}{1-0.94^1}=\begin{pmatrix}-6\\-360\end{pmatrix},$$

$$\hat{\boldsymbol{v}}_1=\begin{pmatrix}0.4392\\1581.12\end{pmatrix}\frac{1}{1-0.9878^1}=\begin{pmatrix}36\\129600\end{pmatrix}.$$

最后，参数更新为

$$\theta_0=10-0.01\times\frac{-6}{\sqrt{36}+10^{-6}}=10.01,$$

$$\theta_1=1-0.01\times\frac{-360}{\sqrt{129600}+10^{-6}}=1.01.$$

2. 特点

Adam 算法是一种基于“动量”思想的随机梯度下降优化方法，通过迭代更新之前每次计算梯度的一阶矩和二阶矩，并计算移动平均值，后用来更新当前的参数．这种思想结合了 AdaGrad 算法处理稀疏型数据的优点，又结合了 RMSProp 算法可以处理非稳态的数据的优点. Adam 算法在传统的凸优化问题和深度学习优化问题中，取得了非常好的测试性能．它还具有以下特点：

(1)对内存需求较小；

(2)为不同的参数计算不同的自适应学习率；

(3)也适用于大多非凸优化，适用于大数据集和高维空间．

3. Python 实现 Adam 类

下面应用 Python 实现 Adam 算法并求解本章中的例 8.1.

首先根据 Adam 算法步骤实现 Adam 类，然后调用 Adam 类实现对例 8.1 中数据的回归(文本 8.10).

文本 8.10 Python 实现 Adam 类

8.4 算法总结与比较及调用 tensorflow 实现数据回归

8.4.1 机器学习中优化算法异同

表 8.9 给出机器学习中几种优化算法的比较．

表 8.9 优化算法比较

算法	优点	缺点	适用情况
牛顿法	收敛速度快	靠近极小值时收敛速度减慢，求解 Hessian 矩阵的逆矩阵复杂，容易陷入鞍点	不适用于高维数据
拟牛顿法	收敛速度快，不用计算二阶导数，低运算复杂度	存储正定矩阵，内存消耗大	不适用于高维数据
批量梯度下降	目标函数为凸函数时，可以找到全局最优值	收敛速度慢，需要用到全部数据，内存消耗大	不适用于大数据集，不能在线更新模型
随机梯度下降	避免冗余数据的干扰，收敛速度加快，能够在线学习	更新值的方差较大，收敛过程会产生波动，可能落入极小值，选择合适的学习率比较困难	适用于需要在线更新的模型，适用于大规模训练样本情况
小批量梯度下降	降低更新值的方差，收敛较为稳定	选择合适的学习率比较困难	
动量梯度下降	能够在相关方向加速 SGD，抑制振荡，从而加快收敛	需要人工设定学习率	适用于有可靠的初始化参数的模型

续表

算法	优点	缺点	适用情况
Nesterov	梯度在大的跳跃后,再进行计算需对当前梯度进行校正	需要人工设定学习率	
AdaGrad	不需要对每个学习率手工调节	仍依赖于人工设置一个全局学习率,学习率设置过大,对梯度的调节太大.中后期,梯度接近于0,使得训练提前结束	训练复杂网络时需要快速收敛;适合处理稀疏梯度
RMSProp	解决 AdaGrad 激进的学习率缩减问题	依然依赖于全局学习率	训练复杂网络时需要快速收敛;适合处理非平稳目标,对于 RNN 效果很好
Adam	对内存需求较小,为不同的参数计算不同的自适应学习率		训练复杂网络时需要快速收敛;善于处理稀疏梯度和处理非平稳目标,也适用于大多非凸优化.适用于大数据集和高维空间

本章只是基于简单的机器学习模型——线性回归模型介绍了随机梯度类算法,更多的机器学习模型或深度学习模型如多层感知器、深度神经网络等,均可使用这类算法进行训练.Matlab 2018a 及以后版本均提供了深度学习工具箱,其中给出了各种梯度类训练算法.Matlab 深度学习工具箱是一款强大的深度学习工具,它为用户提供了完整的深度学习解决方案,包括数据处理、模型选择、训练和测试等环节.Python 3.18 软件的 Pytorch 里实现的算法有 SGD,AdaGrad,Adam,Nesterov,RMSProp 等;tensorflow 里实现的算法则有 SGD,AdaGrad,Momentum,Adam 和 Centered RMSProp 等.

8.4.2 调用 tensorflow 实现数据回归

文本 8.11 调用 tensorflow 线性回归

有多个 Python 工具包可以实现数据的回归分析,下面只使用 tensorflow 2.0 工具实现对例 8.1 中数据进行回归(文本 8.11).

练习题 8

1. 针对以下数据,分别用 BGD、带动量 SGD、RMSProp、Adam 用随机梯度下降法求解线性回归参数,并做对比分析.

i	1	2	3	4	5	6
x	1	2	3	4	5	6
y	2.2	3.8	6.3	7.5	11	12.5

2. 分别用 SGD、带动量 SGD、RMSProp、Adam 求解 $f(\boldsymbol{x})=0.1x_1^2+2x_2^2$ 的极小值,其中各算法中的学习率 $\eta=0.4$,初始点 $\boldsymbol{x}^{(0)}=(-4,-6)^{\mathrm{T}}$,$\gamma=0.9$,迭代 5 次.

3. 对比本章学习的几种优化算法求函数 $f(x,y)=\dfrac{1}{10}x^2+y^2-0.4xy$ 的极小值,各 SGD 中的学习率 $\eta=0.4$,其他算法中 $\eta=1.5$,初始点 $\boldsymbol{x}^{(0)}=(-7,2)^{\mathrm{T}}$,其他参数取缺省值.迭代 5 次.

4. 考虑 l_0 范数优化问题的罚函数形式：

$$\min \frac{1}{2}\|A\boldsymbol{x}-\boldsymbol{b}\|^2+\lambda\|\boldsymbol{x}\|_0.$$

式中 $A\in\mathbf{R}^{m\times n}$，$m<n$ 为实矩阵，$\|\cdot\|_0$ 为 l_0 范数，即非零元素的个数．试针对 l_0 范数优化问题形式化推导具有两个变量($m=2$)的 Adam 算法迭代公式．

5. 岭回归(Ridge regression)是一种改进的最小二乘估计法，它的优化目标函数是在平方误差的基础上增加了正则项，即

$$J(\boldsymbol{\theta})=\sum_{i=1}^{n}(y_i-\sum_{j=0}^{p}\theta_j x_{ij})^2+\lambda\sum_{j=0}^{p}\theta_j^2,$$

式中 x_{ij}，y_i 分别为第 i 个样本数据的第 j 个特征(或分量)和其对应的值，$\lambda>0$ 为惩罚因子，θ_j 为待确定的参数．

(1)应用经典解析方法，给出目标函数极小解的解析表达式．

(2)构造一组不少于 20 个具有两个特征的共线性数据(是指输入的自变量之间存在较高的线性相关度)，并用动量梯度下降法和 RMSProp 算法进行求解．

第9章　综合应用案例

9.1　稠油蒸汽吞吐区块全流程优化模型及应用

稠油油藏蒸汽吞吐开发进入中后期，会出现如油藏能量逐渐降低、热采效益逐渐减少等诸多问题．这时油田开发规划所面临的首要问题就是要降低成本，提高开采效益．传统做法以油藏为核心，依次设计注气系统和举升系统，没有考虑整个蒸汽吞吐区块效益最优，存在改进空间．另外，现有文献中对蒸汽吞吐技术进行优化时，多数基于油藏数值模拟方法对注采参数和井网方式的局部优化，受计算量的限制，并不能对各个参数进行较多取值，在一定程度上限制了优化结果的准确性．

9.1.1　优化模型的建立

在开展蒸汽吞吐区块全流程优化之前，首先需要明确决策变量、目标函数和约束条件．

1. 决策变量

净现值（NPV）是指按行业的基准折现率或设定的折现率，将项目计算期内各年净现金流量折现到建设期初的现值的代数和．它是考察项目在计算期内盈利能力的一个动态评价指标．对于油气生产行业而言，直接影响 NPV 的有油价、年产液量和含水率等因素，但本文将油价作为一个已知的输入参数，而不作为变量，并且年产液量和含水率的值都随其影响因素发生变化．因此，基于现场数据与物理机理融合驱动下建立的油藏系统的区块年产液量和含水率最优预测模型，并考虑输汽管线隔热材质和井筒隔热材质对年产液量和含水率的影响，选取如下变量为决策变量：

$$X'=(X_1,X_2,X_3,\cdots,X_{10}). \tag{9.1}$$

其中，$X_i=(x_{i1},x_{i2},x_{i3},x_{i4},x_{i5},x_{i6})$，$i=1,2,\cdots,10$.

式中　X'——所有决策变量；

X_i——第 i 年的决策变量；

x_{i1}——第 i 年的平均锅炉出口蒸汽压力，MPa；

x_{i2}——第 i 年的平均锅炉出口蒸汽干度，%；

x_{i3}——第 i 年的注汽量，t；

x_{i4}——第 i 年的平均注汽速度，kg/s；

x_{i5}——第 i 年输汽管线隔热材质导热系数，W/(m·℃)；

x_{i6}——第 i 年井筒隔热材质导热系数，W/(m·℃).

x_{i5} 和 x_{i6} 对应于三种不同隔热材料，因此取值是离散的，需要借助 0－1 变量对其进行转化形成统一的模型，这里不做详述．

2. 目标函数

结合国内某油田的稠油蒸汽吞吐生产情况、现场数据与物理机理融合驱动的油藏系统的区块年产液量和含水率预测模型，以该油田稠油蒸汽吞吐开发区块 10 年评价期的 NPV 最大

为目标函数，即

$$\max NPV=\sum_{i=1}^{10}\left[\widehat{P}_i\widehat{s}y_{i1}(1-y_{i2})-C_{ig}-C_{ijs}\right]/(1+\widehat{r}_i)^i. \tag{9.2}$$

式中 $\widehat{P}_i$——第 i 年油的单价，元/t；

$\widehat{s}$——商品率，%；

y_{i1}——第 i 年的产液量，t；

y_{i2}——第 i 年的含水率，%；

C_{ig}——第 i 年的注汽成本，包括燃料成本、水电成本、输汽管线成本、保温材料成本、人工成本等，元；

C_{ijs}——第 i 年的举升成本，包括人工成本、水电成本等，元；

$\widehat{r}_i$——折现率，%.

3. 约束条件

油藏系统的区块年产液量和含水率与其对应的影响因素之间的关联关系是最重要的约束条件，即状态方程约束．除此之外，还有产油量约束、成本约束以及决策变量约束，具体如下：

1)状态方程约束

$$\begin{cases}y_{i1}=f_{i1}(X';\theta),\\ y_{i2}=f_{i2}(X';\theta).\end{cases} \tag{9.3}$$

式中 θ——最优预测模型对应的最佳特征中除决策变量外的所有参数．

2)产油量约束

$$\overline{Q_i}\leqslant y_{i1}(1-y_{i2}). \tag{9.4}$$

式中 $\overline{Q_i}$——第 i 年要求的最低产油量，t.

3)成本约束

$$\begin{cases}0\leqslant C_{ig}\leqslant C_{ig\max},\\ 0\leqslant C_{ijs}\leqslant C_{ijs\max}.\end{cases} \tag{9.5}$$

式中 $C_{ig\max}$——第 i 年注汽成本的最大值，元；

$C_{ijs\max}$——第 i 年举升成本的最大值，元．

4)决策变量约束

$$X_{(i,\widetilde{n})\min}\leqslant X_{(i,\widetilde{n})}\leqslant X_{(i,\widetilde{n})\max},\widetilde{n}\in\{1,2,3,4,5,6\}. \tag{9.6}$$

式中 $X_{(i,\widetilde{n})\min}$——第 i 年第 $\widetilde{n}$ 个决策变量的最小值；

$X_{(i,\widetilde{n})}$——第 i 年第 $\widetilde{n}$ 个决策变量值；

$X_{(i,\widetilde{n})\max}$——第 i 年第 $\widetilde{n}$ 个决策变量的最大值．

综上，建立的蒸汽吞吐区块全流程优化模型为

$$\max NPV=\sum_{i=1}^{10}\left[\widehat{P}_i\widehat{s}y_{i1}(1-y_{i2})-C_{ig}-C_{ijs}\right](1+\widehat{r}_i)^i,$$

$$
\text{s. t.}\begin{cases}y_{i1}=f_{i1}(X';\theta),\\ y_{i2}=f_{i2}(X';\theta),\\ \overline{Q}_i\leqslant y_{i1}(1-y_{i2}),\\ 0\leqslant C_{ig}\leqslant C_{ig\max}\\ 0\leqslant C_{ijs}\leqslant C_{ijs\max},\\ X_{(i,\widetilde{n})\min}\leqslant X_{(i,\widetilde{n})}\leqslant X_{(i,\widetilde{n})\max},\widetilde{n}\in\{1,2,3,4,5,6\}.\end{cases} \tag{9.7}
$$

9.1.2 优化模型的求解

1. 将约束优化问题转化为无约束优化问题

9.1.1 建立的蒸汽吞吐区块全流程优化模型式(9.7)属于约束优化问题，在求解之前，首先需要将其转化为无约束优化问题，常用的方法有增广拉格朗日函数法、罚函数法等．下面利用罚函数法进行转化，为了保证解的逼近质量，无约束优化问题的目标函数为原约束优化问题的目标函数加上与约束项有关的惩罚项．惩罚项会使无约束优化问题的解落在可行域内．具体做法是：对于可行域外的点，惩罚项为正，即对该类点进行惩罚．反之，对于可行域内的点，惩罚项为 0，即不做任何惩罚．

通过罚函数法，将优化模型式(9.7)转化为如下的无约束优化问题：

$$
\min F(X,\zeta)=-NPV+\zeta\times\left[\sum_{l=1}^{J}g_l^2(X)+\sum_{l=1}^{K}\{\max[0,-\widehat{g}_l(X)]\}^2\right]. \tag{9.8}
$$

式中 ζ——罚因子，为极大的正数；

J,K——优化模型式(9.7)中等式约束条件、不等式约束条件的数量；

$g_l(X)$、$\widehat{g}_l(X)$——优化模型式(9.7)中等式约束条件、不等式约束条件．

2. 基于仿生学的群体智能算法的无约束优化问题求解

由于无约束优化问题式(9.8)中的区块年产液量和含水率来自现场数据与物理机理融合驱动的油藏系统指标预测模型的输出，没有具体的解析表达式．同时，由于输汽管线材质和井筒隔热材质对应的变量是非连续的，使得该模型是一个复杂的非线性混合整数规划模型．因此，传统优化算法(梯度法、内点法等)不再适用于求解无约束优化问题式(9.8).

近年来，受人类智能、生物群体社会性和自然规律的启发，研究者们提出了许多基于仿生学的群体智能算法．与基于梯度的优化方法不同，群体智能算法是随机优化问题，优化过程从随机解开始，不需要计算搜索空间的导数来找到最优解．除此之外，与传统的优化算法相比，群体智能算法具有更好地避免局部最优的能力．仿生学的群体智能算法代表就是蚁群算法和粒子群算法，下面的应用案例采用粒子群算法进行了计算．

9.1.3 应用实例

选取国内某油田蒸汽吞吐开发的 S2 稠油区块作为算例，设置油价为 3650 元/t(约为 65 美元/桶，国内油价根据国际油价会有微小的浮动)，对这个区块 10 年评价期的 NPV 进行优化．S2 区块是该油田投产最早的蒸汽吞吐区块之一，油藏埋深 1100～1250m，油层有效厚度 40～55m，原油黏度 5000～15000mPa·s，具有活跃的边底水．S2 区块储层物性较好，在开发初期单井初产 21.7～108t/d，但随着边底水的入侵，开采效果逐渐变差，因此需要建立优化模型对其注汽方案进行优化．首先，根据 9.1.1，仍然以 10 年评价期的 *NPV* 最大为目标函数，决策变量不变；其次，在建立产油量和含水率的机器学习预测模型式(9.3)时，输入因素里需要考虑边底水的影响，其他参数和约束条件式(9.4)至式(9.6)则由工程师根据现场实际情况来设定．最终优化模型的形式与式(9.7)一致．利用粒子群优化算法进行求解后，得到 S2 区块优化前后的结果，如表 9.1 所示．

表 9.1　某油田 S2 区块优化前后结果对比

	年份	平均注汽速度(kg/s)	平均锅炉出口蒸汽压力(MPa)	平均锅炉出口蒸汽干度(%)	年注汽量(t)	输汽管线隔热材质	井筒隔热材质	年产液量(t)	含水率(%)	*NPV*(万元)
优化前	1	3.6	15.4	69	38393	硅酸铝	硅酸铝	21168	76	−2376
	2	3.9	17.8	58	14675	硅酸铝	硅酸铝	8470	79	
	3	3.9	18	56	18940	硅酸铝	硅酸铝	11261	80	
	4	4.6	18.9	66	16258	硅酸铝	硅酸铝	8979	78	
	5	6.1	17.5	69	8401	硅酸铝	硅酸铝	10585	91	
	6	4.3	17.2	63	17823	硅酸铝	硅酸铝	9193	77	
	7	6.1	18.4	68	8394	硅酸铝	硅酸铝	5327	86	
	8	4.3	13.9	72	7602	硅酸铝	硅酸铝	4382	78	
	9	3.2	13.6	75	7617	硅酸铝	硅酸铝	3940	77	
	10	2.8	13.2	77	5650	硅酸铝	硅酸铝	2622	81	
优化后	1	4.6	13.1	76	20000	钛陶瓷	硅酸铝	7929	58	−1948
	2	4.7	17.4	77	20190	钛陶瓷	硅酸铝	7634	56	
	3	4.8	14.8	78	24287	钛陶瓷	硅酸铝	8767	56	
	4	4.7	16.5	78	22919	钛陶瓷	硅酸铝	8393	60	
	5	4.8	16.1	76	23254	钛陶瓷	硅酸铝	9760	63	
	6	4.7	15.6	77	24225	钛陶瓷	硅酸铝	10486	64	
	7	4.7	14.6	75	26031	钛陶瓷	硅酸铝	11156	66	
	8	4.7	17.4	79	25553	钛陶瓷	硅酸铝	12827	72	
	9	4.9	16.7	77	28119	钛陶瓷	硅酸铝	15453	77	
	10	5.1	14.2	78	25947	钛陶瓷	硅酸铝	16171	78	

由表 9.1 可知，优化后 S2 稠油区块的 *NPV* 提高了 428 万元，证明了建立的蒸汽吞吐区块全流程优化模型的有效性．而使 *NPV* 提升的根本原因在于优化前后注汽参数、输汽管线隔热材质、井筒隔热材质、年产液量和含水率的变化．优化前后各变量的变化如图 9.1 至图 9.6 所示．

根据图 9.1 至图 9.6 可以看出：S2 区块的平均锅炉出口蒸汽压力优化后前几年都有一些降低，后几年略有上升．优化后的年注汽量整体来看比之前有所提升，上升幅度较大．优化后的含水率得到了不同程度的改善.

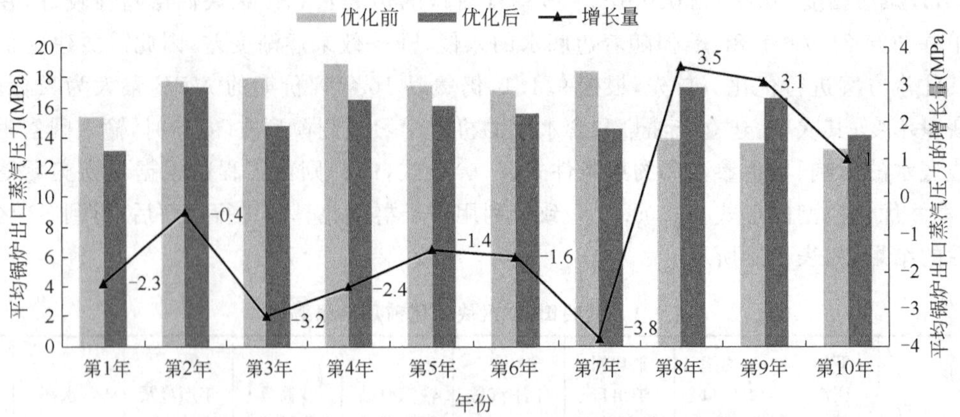

图 9.1 S2 区块平均锅炉出口蒸汽压力优化前后结果对比

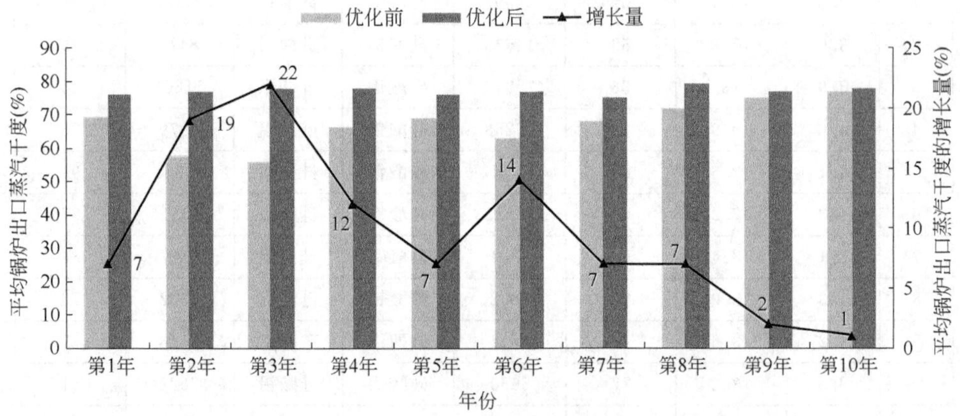

图 9.2 S2 区块平均锅炉出口蒸汽干度优化前后结果对比

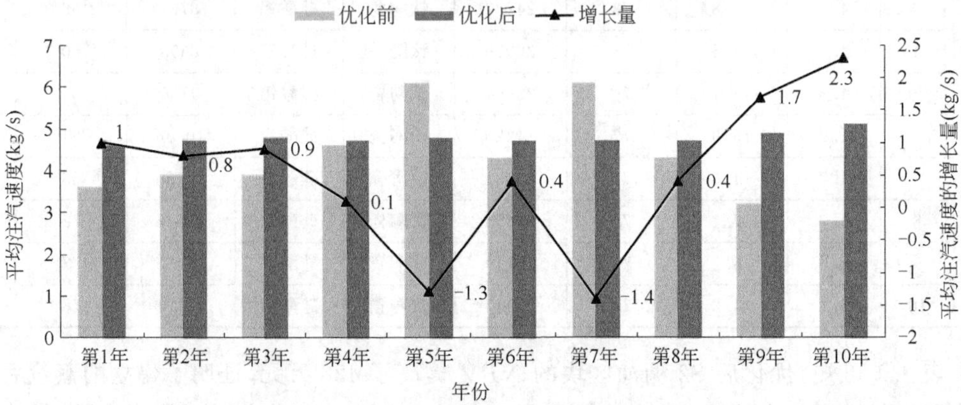

图 9.3 S2 区块平均注汽速度优化前后结果对比

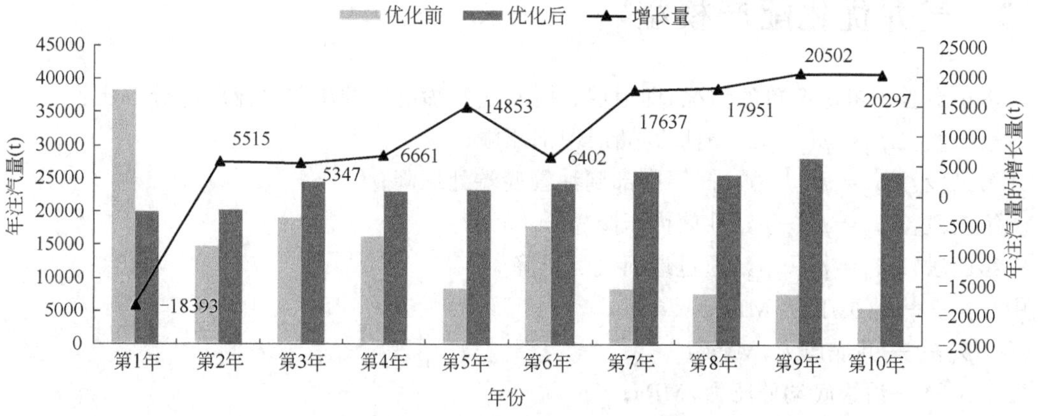

图 9.4　S2 区块年注汽量优化前后结果对比

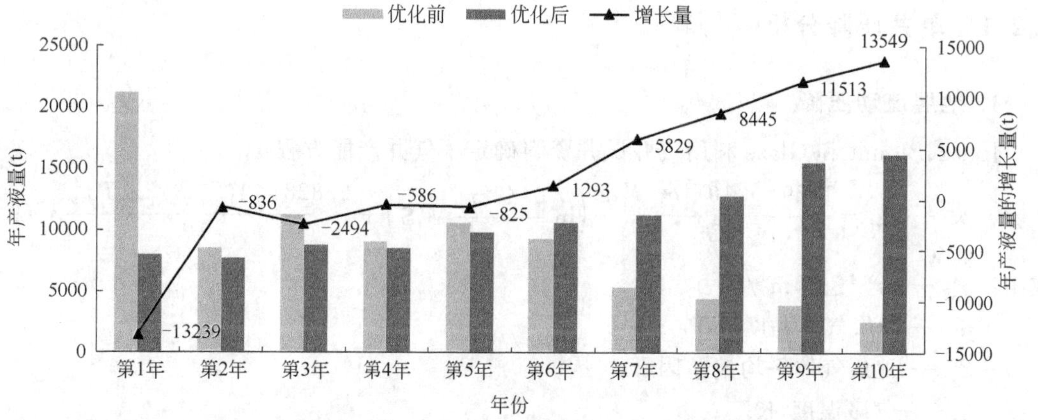

图 9.5　S2 区块年产液量优化前后结果对比

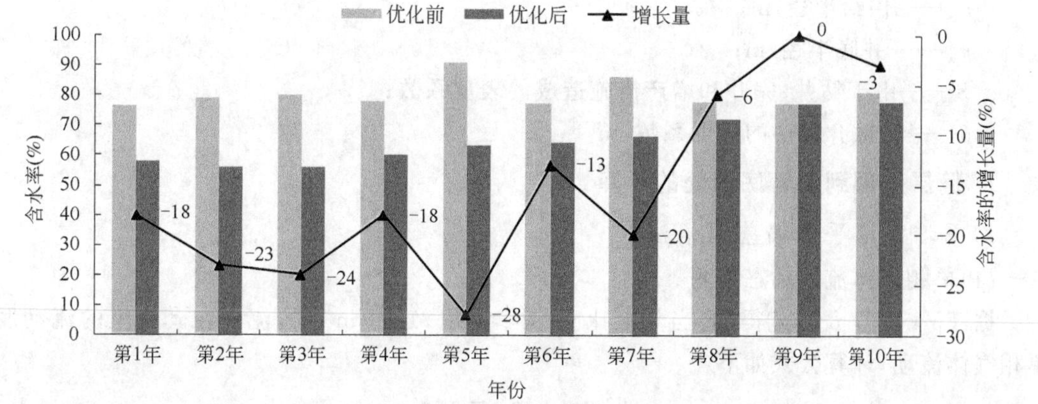

图 9.6　S2 区块含水率优化前后结果对比

9.2 气井优化配产模型

本小节首先考虑简单的情况，即地层、井筒、过气嘴各段的单井气流压降分解压：

第一段：$\Delta p_1 = p_r - p_{wf}$，地层到储层中部压降；

第二段：$\Delta p_2 = p_{wf} - p_1$，产层中部到油管底端处压降；

第三段：$\Delta p_3 = p_1 - p_2$，井筒内压降；

第四段：$\Delta p_4 = p_2 - p_3$，通过地面气嘴压降．

式中 p_r——地层压力，MPa；

p_{wf}——井底压力，MPa；

p_1——油管底端处压力，MPa；

p_2——井口压力，MPa；

p_3——地面气嘴出口处压力，MPa.

9.2.1 单井压降分析

1. 地层流动压降

Jones、Blount 和 Glaze 利用气井试井资料确定了气井产能方程：

$$p_r^2 - p_{wf}^2 = \frac{1.291 \times 10^{-3} q_{sc} T\overline{\mu}\overline{Z}}{Kh}\left(\ln \frac{0.472 r_e}{r_w} + S\right) + \frac{2.828 \times 10^{-21} \beta \gamma_g \overline{Z} T q_{sc}^2}{r_w h^2}. \tag{9.9}$$

式中 q_{sc}——产气量，m^3/d；

$\overline{\mu}$——地层气体黏度，mPa · s；

$\overline{Z}$——地层气体平均偏差因子；

T——气藏温度，K；

K——地层有效渗透率，mD；

h——气层有效厚度，m；

r_e——供给半径，m；

r_w——井底半径，m；

S——由于钻井、完井和增产措施造成的表皮系数；

β——孔隙介质中的速度系数，m^{-1}.

2. 储层中部到油管底端处的压降

1）平均温度平均偏差因子法

（1）单相气体流动动态预测．

据 Turner 等人研究得知：当气液比 $GLR \geqslant 178571 m^3/m^3$ 时，流体在套管里的流动属于单相气体流动，计算公式如下：

$$p_{wf}^2 - a_1 p_1^2 = a_2 q_{sc}^2, \tag{9.10}$$

$$a_1 = e^{2S_1},$$

$$a_2 = \frac{1.324 \times 10^{-18} f (\overline{T}\,\overline{Z})^2 (e^{2S_1} - 1)}{d_1^5},$$

$$S_1=\frac{0.03415\gamma_g H_1}{\overline{T}\,\overline{Z}},$$

其中
$$\frac{1}{\sqrt{f}}=1.14-2\lg\left(\frac{e}{d_1}+\frac{21.25}{Re^{0.9}}\right),$$

$$Re=1.776\times10^{-2}\frac{q_{sc}\gamma_g}{d_1\mu_g}.$$

式中 p_{wf}——井底流动压力,MPa;

p_1——油管底端处的压力,MPa;

$\overline{T}$——储层中部到油管底端处平均温度,K;

d_1——套管直径,m;

H_1——储层中部到油管底端处的深度,m;

f——Moody 摩阻系数;

$\frac{e}{d_1}$——相对粗糙度,为管子绝对粗糙度 e 与套管直径 d_1 的比值;

Re——气流雷诺数;

μ_g——气体黏度,mPa·s.

(2)多相流体流动动态预测.

大多数气井,气流中都含少许凝析油和水,井筒中流动实属气液两相流,经 Turner 等人研究得知,当气液比满足条件:$1400\text{m}^3/\text{m}^3\leqslant GLR<178571\text{m}^3/\text{m}^3$,流态属于多相流中的雾状流,为简化起见,视这类多相流的气井为假想的单相流气井,称拟单相流.在进行压降计算时,仍用单相气体流动的预测方法计算,但必须对相对密度、偏差因子、产量进行修正.修正方法如下:

① 复合气体相对密度 γ_{mix} 的计算:

$$\gamma_{mix}=\frac{GLR\gamma_g+830\gamma_L}{GLR+24040\gamma_L/M_L},\tag{9.11}$$

$$\gamma_L=\frac{Q_o\gamma_o+Q_w\gamma_w}{Q_o+Q_w},$$

$$M_L=\frac{44.29\gamma_L}{1.03-\gamma_L}.$$

式中 GLR——地面总生产气液比,m^3/m^3;

M_L——液体的平均相对分子质量;

γ_o——凝析油的相对密度;

γ_L——液体的相对密度.

② 复合气体偏差因子 Z 的计算:

用复合气体的相对密度 γ_{mix} 计算气的临界参数,再按常规方法确定复合气偏差因子 Z.

③ 总气量 Q_t 的计算:

$$Q_t=Q_g+Q_o\times\frac{22040\gamma_o}{M_o}+Q_w\times1315.41.\tag{9.12}$$

式中 Q_t——总气量,m^3/d;

Q_g——干气产量,m^3/d;

Q_w——水产量,m^3/d;

Q_o——凝析油产量，m^3/d；

M_o——凝析油的平均相对分子质量．

2)Beggs-Brill 方法

当气井生产一段时间后，产水量逐渐上升，使得气液比变低，当气液比低于 $1400m^3/m^3$ 时，套管中的流动不再是雾状流，前面所讨论的方法已不适于这种井的压力计算．此时，常采用的方法是 Beggs-Brill 方法，其计算公式为

$$\frac{\Delta p}{\Delta H}=\frac{\left(\rho_m g+\frac{f_m V_m^2 \rho_n}{2d_1}\right)\times 10^{-6}}{1-\frac{\rho_m V_m V_{sg}}{\bar{p}\times 10^6}}. \tag{9.13}$$

式中 Δp——储层中部到油管底端处的压降，MPa；

ΔH——储层中部到油管底端处的深度，m；

ρ_m——气液混合物密度，kg/m^3；

ρ_n——无滑脱气液混合物密度，kg/m^3；

g——重力加速度，m/s^2；

f_m——两相摩阻系数；

V_m——气液混合物速度，m/s；

V_{sg}——气体速度，m/s；

d_1——套管直径，m；

$\bar{p}$——ΔH 内的平均压力，MPa.

3. 井筒内压降

井筒内压降与储层中部到油管底端处的压降 Δp_2 的计算公式和计算方法完全一样，只是在计算过程中将套管直径 d_1 换成油管直径 d，储层中部到油管底端处的深度 H_1 换成油管深度(井口到油管底端处的深度)H 即可．

4. 通过地面气嘴的压降

地面气嘴压降 Δp_4 计算方法如下：

当 $\frac{p_4}{p_{tf}}<\left(\frac{2}{K+1}\right)^{\frac{K}{K-1}}$ 时，有

$$p_{tf}^2=a_{13}q_{sc}^2, \tag{9.14}$$

$$a_{13}=\frac{\gamma_g T_{tf} Z_{tf}}{(4.066\times 10^3)\left(\frac{K}{K-1}\right)\left[\left(\frac{2}{K+1}\right)^{\frac{2}{K-1}}-\left(\frac{2}{K+1}\right)^{\frac{K+1}{K-1}}\right]}.$$

式中 T_{tf}，Z_{tf}——地面气嘴入口端温度和压缩因子．

当 $\frac{p_4}{p_{tf}}\geqslant\left(\frac{2}{K+1}\right)^{\frac{K}{K-1}}$ 时，有

$$p_{tf}^2\left(\frac{p_4}{p_{tf}}\right)^{\frac{1}{K}}\left[\left(\frac{p_4}{p_{tf}}\right)^{\frac{1}{K}}-\left(\frac{p_4}{p_{tf}}\right)\right]=a_{14}q_{sc}^2, \tag{9.15}$$

$$a_{14}=\frac{\gamma_g T_{tf} Z_{tf}}{(4.066\times 10^3)^2}\left(\frac{K-1}{K}\right).$$

从单井动态分析与预测出发，在研究目标、决策变量与约束条件的基础上，可建立以下优化模型.

9.2.2 最优的气嘴模型

根据原始地层压力（或输入的目前地层压力）、气嘴出口压力、配产产量确定最优的气嘴尺寸：

$$\mathrm{OPT}\quad R(p_R, r_e, r_w, p_2, q_{sc}),$$

$$p_R^2 - p_{wf}^2 = aq_{sc} + bq_{sc}^2, \tag{9.16}$$

$$p_{wf}^2 - a_1 p_1^2 = a_2 q_{sc}^2, \tag{9.17}$$

$$p_1^2 - a_3 p_{tf}^2 = a_4 q_{sc}^2. \tag{9.18}$$

当$\dfrac{p_2}{p_{tf}} \geqslant \left(\dfrac{2}{K+1}\right)^{\frac{K}{K-1}}$时，有

$$p_{tf}^2 \left(\frac{p_2}{p_{tf}}\right)^{\frac{1}{K}} \left[\left(\frac{p_2}{p_{tf}}\right)^{\frac{1}{K}} - \left(\frac{p_2}{p_{tf}}\right)\right] = a_5 q_{sc}^2. \tag{9.19a}$$

当$\dfrac{p_2}{p_{tf}} < \left(\dfrac{2}{K+1}\right)^{\frac{K}{K-1}}$时，有

$$p_{tf}^2 = a_6 q_{sc}^2, \tag{9.19b}$$

$$q_{sc} \geqslant q_{min}, \tag{9.20}$$

$$q_{sc} \geqslant q_k, \tag{9.21}$$

$$q_{sc} < q'_{sc}, \tag{9.22}$$

$$q_{sc} \leqslant Q_c, \tag{9.23}$$

$$p_R(t) = \frac{p_i}{Z_i} Z\left(1 - \frac{a_t q_{sc} \cdot t \cdot N}{G}\right). \tag{9.24}$$

式中，p_i，p_R，p_{wf}，p_1，p_{tf}，p_2 分别为地层原始压力、地层平均压力、井底流压、油管底端处压力、井口流压、地面气嘴出口处压力；a，b 为二项式系数，a_1，a_2，a_3，a_4，a_5，a_6 为参数（参见文献[40]）；G，r_e，r_w 分别为地质储量、供给半径、井底半径；q_{min} 为最小携液速度；q'_{sc}为管壁冲蚀速度；q_k 为计划规定日产量；Q_c 为速敏速度.

式(9.16)为地层流动压降约束；式(9.17)为储层中部到油管底端处的压降约束；式(9.18)为井筒内压降约束；式(9.19)为地面气嘴压降约束；式(9.20)为最小携液速度约束；式(9.21)为计划规定日产量约束；式(9.22)为管壁冲蚀速度约束；式(9.23)为速敏速度约束；式(9.24)为地层压力随时间变化关系.

9.2.3 产量最大优化模型

根据原始地层压力（或输入的目前地层压力）、地面气嘴出口压力以及给定的稳产时间，求出最大的日配产量.

$$\max q_{sc}(p_R, r_e, r_w, p_2, t),$$

$$p_R^2 - p_{wf}^2 = aq_{sc} + bq_{sc}^2, \tag{9.25}$$

$$p_{wf}^2 - a_1 p_1^2 = a_2 q_{sc}^2, \tag{9.26}$$

$$p_1^2 - a_3 p_{tf}^2 = a_4 q_{sc}^2. \tag{9.27}$$

当$\frac{p_2}{p_{tf}} \geqslant \left(\frac{2}{K+1}\right)^{\frac{K}{K-1}}$时,有

$$p_{tf}^2 \left(\frac{p_2}{p_{tf}}\right)^{\frac{1}{K}} \left[\left(\frac{p_2}{p_{tf}}\right)^{\frac{1}{K}} - \left(\frac{p_2}{p_{tf}}\right)\right] = a_5 q_{sc}^2. \tag{9.28a}$$

当$\frac{p_2}{p_{tf}} < \left(\frac{2}{K+1}\right)^{\frac{K}{K-1}}$时,有

$$p_{tf}^2 = a_6 q_{sc}^2, \tag{9.28b}$$

$$q_{sc} \geqslant q_{min}, \tag{9.29}$$

$$q_{sc} \geqslant q_k, \tag{9.30}$$

$$q_{sc} < q'_{sc}, \tag{9.31}$$

$$q_{sc} \leqslant Q_c, \tag{9.32}$$

$$p_R(t) = \frac{p_i}{Z_i} Z \left(1 - \frac{a_t q_{sc} \cdot t \cdot N}{G}\right). \tag{9.33}$$

9.2.4 稳产时间最长优化模型

根据原始地层压力(或输入的目前地层压力)、地面气嘴出口压力对给定的配产量找出最长的稳产时间.

$$\max T(p_R, r_e, r_w, p_2, q_{sc}),$$

$$p_R^2 - p_{wf}^2 = a q_{sc} + b q_{sc}^2, \tag{9.34}$$

$$p_{wf}^2 - a_1 p_1^2 = a_2 q_{sc}^2, \tag{9.35}$$

$$p_1^2 - a_3 p_{tf}^2 = a_4 q_{sc}^2. \tag{9.36}$$

当$\frac{p_2}{p_{tf}} \geqslant \left(\frac{2}{K+1}\right)^{\frac{K}{K-1}}$时,有

$$p_{tf}^2 \left(\frac{p_2}{p_{tf}}\right)^{\frac{1}{K}} \left[\left(\frac{p_2}{p_{tf}}\right)^{\frac{1}{K}} - \left(\frac{p_2}{p_{tf}}\right)\right] = a_5 q_{sc}^2. \tag{9.37a}$$

当$\frac{p_2}{p_{tf}} < \left(\frac{2}{K+1}\right)^{\frac{K}{K-1}}$时,有

$$p_{tf}^2 = a_6 q_{sc}^2, \tag{9.37b}$$

$$q_{sc} \geqslant q_{min}, \tag{9.38}$$

$$q_{sc} \geqslant q_k, \tag{9.39}$$

$$q_{sc} < q'_{sc}, \tag{9.40}$$

$$q_{sc} \leqslant Q_c, \tag{9.41}$$

$$p_R(t) = \frac{p_i}{Z_i} Z \left(1 - \frac{a_t q_{sc} \cdot t \cdot N}{G}\right). \tag{9.42}$$

9.2.5 累计产量最大优化模型

根据原始地层压力(或输入的目前地层压力)、地面气嘴出口压力,求出不同稳产时间的日

产量,再按时间累积获得最大可采出量、对应的日配产量及稳产时间.

$$\max\{T\cdot\max q_{sc}(p_R, r_e, r_w, p_2)\},$$

$$p_R^2 - p_{wf}^2 = aq_{sc} + bq_{sc}^2, \tag{9.43}$$

$$p_{wf}^2 - a_1 p_1^2 = a_2 q_{sc}^2, \tag{9.44}$$

$$p_1^2 - a_3 p_{tf}^2 = a_4 q_{sc}^2. \tag{9.45}$$

当$\dfrac{p_2}{p_{tf}} \geqslant \left(\dfrac{2}{K+1}\right)^{\frac{K}{K-1}}$时,有

$$p_{tf}^2\left(\frac{p_2}{p_{tf}}\right)^{\frac{1}{K}}\left[\left(\frac{p_2}{p_{tf}}\right)^{\frac{1}{K}} - \left(\frac{p_2}{p_{tf}}\right)\right] = a_5 q_{sc}^2. \tag{9.46}$$

当$\dfrac{p_2}{p_{tf}} < \left(\dfrac{2}{K+1}\right)^{\frac{K}{K-1}}$时,有

$$p_{tf}^2 = a_6 q_{sc}^2, \tag{9.47}$$

$$q_{sc} \geqslant q_{\min}, \tag{9.48}$$

$$q_{sc} \geqslant q_k, \tag{9.49}$$

$$q_{sc} < q'_{sc}, \tag{9.50}$$

$$q_{sc} \leqslant Q_c, \tag{9.51}$$

$$p_R(t) = \frac{p_i}{Z_i} Z\left(1 - \frac{a_t q_{sc}\cdot t\cdot N}{G}\right). \tag{9.52}$$

9.2.6 优化配产模型的求解算法

第一个优化模型的求解算法,如图 9.7 所示.

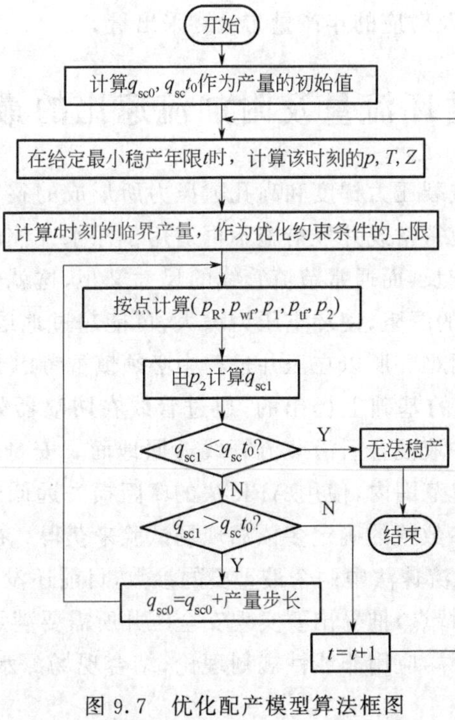

图 9.7 优化配产模型算法框图

算法步骤：

步骤1：
$$\text{input } p_0, i=0, q_{sc}(0);$$

步骤2：
$$p_{wf}=(p_R^2-a_1q_{sc}(i)-a_2q_{sc}^2(i))^{\frac{1}{2}},$$
$$p_1=\left[\frac{1}{a_3}(p_{wf}^2-a_4q_{sc}^2(i))\right]^{\frac{1}{2}},$$
$$p_2=\left[\frac{1}{a_5}(p_1-a_6q_{sc}^2(i))\right]^{\frac{1}{2}};$$

步骤3：
$$\text{input } p;$$

步骤4：
$$\widetilde{q}_{sc}(i)=\frac{0.408p_2d^2}{\sqrt{r_gT_{tf}Z_{tf}}}\sqrt{\frac{K}{K-1}\left[\left(\frac{p_{tf}}{p_2}\right)^{\frac{2}{K}}-\left(\frac{p_{tf}}{p_2}\right)^{\frac{K-1}{K}}\right]};$$

步骤5：
if $\widetilde{q}_{sc}(i)<q_{sc}(0)$,打印“无法达到稳产年限”,

else $q_{sc}(i+1)=q_{sc}(i)+$步长,Go to 步骤1；

步骤6：
$$\widetilde{q}_{sc}(i+1)=\frac{0.408p_2d^2}{\sqrt{r_gT_{tf}Z_{tf}}}\sqrt{\frac{K}{K-1}\left[\left(\frac{p_{tf}}{p_2}\right)^{\frac{2}{K}}-\left(\frac{p_{tf}}{p_2}\right)^{\frac{K-1}{K}}\right]};$$

步骤7：
if $\widetilde{q}_{sc}(i)>\widetilde{q}_{sc}(i+1)$ $(i=i+1)$,

$q_{sc}(i+1)=q_{sc}(i)+$步长,

Go to 步骤1,

else 记录 $q_{sc}(i)$ 为最大产量．

最后再对满足稳产年限的各年进行循环得到各年的最大产量,打印输出表格,并比较得到最终采出量最大的稳产年限及对应的年产量与最终采出量．

9.3 附加流速法循环流量及附加流速比的最优规划

在深水钻井中,低地层破裂压力梯度和高孔隙压力所形成的狭窄钻井液密度“操作窗口”以及节流管线的摩阻损失,使得常规井控措施不再适用于深水井控的要求．深水钻井时井口大多安装在海底,节流管线较长,而通常节流管线的尺寸又小,这就使得在井控过程中钻井液通过节流管线时会产生很高的摩阻,使环空压力增大,可能超过地层的破裂压力,压裂地层造成井漏,给井控造成很大的困难．所以在压井过程中必须慎重考虑节流管线摩阻,而附加流速法(AFR)正是在考虑此问题的基础上提出的,通过管线在防喷器处注入一种密度小且稀的(非黏性)液体,与环空的钻井液混合后沿节流管线返回地面．安哥拉的 Girassol 油田现场试验结果表明,在一个宽的流速范围内,使用 AFR 法的摩阻损失远低于 SCR(慢循环流速)法的摩阻损失．但是 AFR 法各参数值的确定多依靠现场试验来获得．在实际操作中,循环流量和附加流速比(AFR 比)是附加流速法中两个最重要的参数,目前还没有文献给出两者的优化算法．本部分针对深水井控的特点,推导出要实现安全压井所需要满足的不等式方程,并在此基础上建立目标函数和约束条件,应用非线性规划理论,结合现场深水井实例,给出最优循环流速及附加流速比的计算方法．

9.3.1 压井过程中约束方程的建立

1. 循环开始时刻

附加流速法与常规的司钻法类似:第1循环周排出溢流,第2循环周用加重钻井液顶替原钻井液.压井刚开始时,节流管线内充满AFR的低密度流体,与环空上返的钻井液混合,泥线以下为环空上返的钻井液.因节流管线及环空摩阻的存在,循环开始后套压会下降,但降低到大气压后,便不能再降低,因此存在一个最小值.考虑到现场实际操作要求,应保证套压最小值在0.2~0.3MPa,即

$$p_{ai}-p_{af}-p_{cf}\geqslant 0.2. \tag{9.53}$$

式中 p_{ai}——节流管线中替换为AFR低密度流体后关井套压,MPa;

p_{af}——泥线以下环空摩阻,MPa;

p_{cf}——节流管线中充满AFR低密度流体时的摩阻,MPa.

其中泥线以下环空的摩阻由下式确定:

$$p_{af}=K_a\rho_m^{0.8}Q_m^{1.8}, \tag{9.54}$$

$$K_a=\sum_i^n\frac{1.2336\gamma^{0.2}L_{ai}}{(D_{Hi}-D_{pi})^3(D_{Hi}+D_{pi})^{1.8}}. \tag{9.55}$$

式中 ρ_m——钻井液密度,g/cm³;

Q_m——钻井液流量,L/s;

γ——钻井液塑性黏度,mPa·s;

D_{Hi}——环空内径,cm;

D_{pi}——环空内钻具外径,cm;

L_{ai}——第i段环空长度,m;

n——环空总段数.

Adam T,Bourgoyne Jr 等研究表明,使用范宁方程计算节流管线内摩阻与实际测量的值吻合很好.

$$p_{cf}=K_c\rho_{AFR}Q_R^2, \tag{9.56}$$

$$K_c=\frac{320f}{\pi^2d^5}l. \tag{9.57}$$

式中 ρ_{AFR}——AFR低密度流体密度,g/cm³;

Q_R——节流管线内的流量,L/m;

f——范宁阻力因子;

d——节流管线直径,cm;

l——节流管线长度,m.

其中阻力因子由Colebrook函数来确定:

$$\frac{1}{\sqrt{f}}=-4\times\lg\left(0.269\varepsilon+\frac{1.225}{Re\sqrt{f}}\right). \tag{9.58}$$

式中 ε——节流管线的相对粗糙度;

Re——雷诺数.

节流管线中AFR(附加)流体的流量可由下式确定:

$$Q_R = (1+R)Q_m, \tag{9.59}$$

$$R = \frac{Q_{AFR}}{Q_m}. \tag{9.60}$$

式中 R——AFR 比，它表示附加流体流量与钻井液流量的比值；

Q_{AFR}——泵入附加流体的流量，L/s.

由式(9.53)得：

$$p_{ai} - 0.2 - K_a \rho_m^{0.8} Q_m^{1.8} - K_c \rho_{AFR} (1+R)^2 Q_m^2 \geqslant 0. \tag{9.61}$$

2. 气体前缘到达套管鞋时刻

在排除溢流过程中，随气体上升，套管鞋处环空压力逐渐增大，当气体前缘到达套管鞋处时，此处环空压力最大．为保证压井过程套管鞋处安全，有

$$p_{frac} > p_{ai} - p_{af} - p_{cf2} + \beta + 0.00981\rho_m H_{shoe} + 0.00981\rho_{AFR} H_m. \tag{9.62}$$

式中 p_{frac}——套管鞋处的破裂压力，MPa；

p_{cf2}——节流管线中充满混合流体时的摩阻，MPa；

H_{shoe}——泥线以下套管鞋的深度，m；

H_m——海水深度，m；

β——气体上升过程中在套管鞋处所引起的过压值，MPa.

节流管线中充满混合流体时摩阻可用下式求解：

$$p_{cf2} = K_c \rho_R Q_R^2 = K_c (\rho_m + R\rho_{AFR})(1+R) Q_m^2. \tag{9.63}$$

β 的求解可考虑最危险的情况，假设发生气侵时气体全部在井底．气体顶部达到套管鞋时所引起的过压值，可用下式求解：

$$\beta = 0.00981\rho_R \left(\frac{p_b Z T}{p_{shoe} Z_b T_B} - 1 \right) H_g, \tag{9.64}$$

$$p_{shoe} = p_b - 0.00981\rho_R (H - H_{shoe} - H_g) + \beta. \tag{9.65}$$

式中 p_{shoe}——气体到达套管鞋处时该处环空压力，MPa；

ρ_R——节流管线中混合流体密度，g/cm^3；

p_b——压井过程中井底压力，MPa；

H——泥线以下井深，m；

H_g——当量溢流高度，m；

Z——套管鞋处压力为 p_{shoe} 时天然气压缩因子；

Z_b——天然气在井底时的压缩因子；

T——套管鞋处温度，K；

T_B——井底温度，K.

β 的具体求解过程为：

(1)假设 β 的初值 $\beta^{(0)}$，利用式(9.65)得到 $p_{shoe}^{(1)}$.

(2)利用 $p_{shoe}^{(1)}$ 求得压缩因子 $Z^{(1)}$，然后把 $p_{shoe}^{(1)}$ 和 $Z^{(1)}$ 代入式(9.64)，再求得 $\beta^{(1)}$.

(3)比较 $\beta^{(0)}$ 与 $\beta^{(1)}$ 是否满足 $|\beta^{(0)} - \beta^{(1)}| \leqslant \varepsilon$，$\varepsilon$ 为预先设定的误差．如果满足误差要求，则 β 的值即为 $\beta^{(1)}$；如果不满足误差要求，把 $\beta^{(1)}$ 代入式(9.66)重复以上步骤，直到符合要求．

由式(9.62)得

$$p_{am}+K_a\rho_m^{0.8}Q_m^{1.8}+K_c(\rho_m+R\rho_{AFR})(1+R)Q_m^2\geqslant 0, \tag{9.66}$$

$$p_{am}=p_{frac}-p_{ai}-\beta-0.00981\rho_m H_{shoe}-0.00981\rho_{AFR}H_m. \tag{9.67}$$

3. 加重钻井液到达防喷器时刻

在第 2 循环周中，加重钻井液到达钻头后，套压会再次持续下降．当加重钻井液达到防喷器时，附加流速法压井即可结束，此时套压也降到最低．同样在此过程中套压也有个最小值．由此得

$$p'_{am}-K_a\rho_{md}^{0.8}Q_m^{1.8}-K_c(\rho_m+R\rho_{AFR})(1+R)Q_m^2-0.00981\rho_R H_m\geqslant 0. \tag{9.68}$$

其中

$$p'_{am}=p_{ai}+0.00981\rho_{AFR}H_m-0.00981H_{shoe}(\rho_{md}-\rho_m)-0.00981\rho_m H_g-0.2. \tag{9.69}$$

式中　ρ_{md}——压井钻井液的密度，g/cm^3．

4. 附加流速法的基本要求

现场试验证明，使用附加流速法在很宽的范围内能明显降低节流管线摩阻，但随着循环流速和 AFR 比的升高，附加流速法便失去了优势．因此使用附加流速法的一个基本要求是其节流管线中的压降要低于 SCR 法的，即

$$K_c\rho_m Q_m^2-K_c(\rho_m+R\rho_{AFR})(1+R)Q_m^2\cdot 0.00981\frac{R(\rho_m-\rho_{AFR})}{1+R}H_m\geqslant 0. \tag{9.70}$$

9.3.2 循环流量和 AFR 比的最优规划

附加流速法的压井总时间为

$$t=\frac{2V_a}{Q_m}+\frac{V_c}{(1+R)Q_m}+\frac{V_p}{Q_m}. \tag{9.71}$$

式中　V_a——泥线以下环空容积，L；

V_c——节流管线容积，L；

V_p——钻杆内容积，L；

t——附加流速法压井总时间，s．

压井过程时间越长风险越大，而且也不经济，应该在保证安全的情况下尽可能使压井时间缩短，即

$$\min f(\boldsymbol{X})=\min\left[\frac{2V_a}{Q_m}+\frac{V_c}{(1+R)Q_m}+\frac{V_p}{Q_m}\right]. \tag{9.72}$$

式中　$\boldsymbol{X}$——向量$\{R,Q_m\}$．

另外，如果想把整个压井时间控制在某个预期的时间 T_0 左右，那么可得下面的约束条件：

$$\frac{2V_a}{Q_m}+\frac{V_c}{(1+R)Q_m}+\frac{V_p}{Q_m}-T_0\geqslant 0. \tag{9.73}$$

若追求压井时间最短，则 $T_0=0$；若把压井时间控制在 T_0 左右，则 T_0 为预期时间值．但所选取预期时间值应大于整个压井时间的最小值，否则此约束条件将不再起作用，循环流量和 AFR 比的最优规划问题可用下面的非线性规划问题来描述：

$$
\begin{cases}
\min f(\boldsymbol{X}) = \min\left[\dfrac{2V_{\mathrm{a}}}{Q_{\mathrm{m}}} + \dfrac{V_{\mathrm{c}}}{(1+R)Q_{\mathrm{m}}} + \dfrac{V_{\mathrm{p}}}{Q_{\mathrm{m}}}\right], \\
p_{\mathrm{ai}} - 0.2 - K_{\mathrm{a}}\rho_{\mathrm{m}}^{0.8}Q_{\mathrm{m}}^{1.8} - K_{\mathrm{c}}\rho_{\mathrm{AFR}}(1+R)^2 Q_{\mathrm{m}}^2 \geqslant 0, \\
p_{\mathrm{am}} + K_{\mathrm{a}}\rho_{\mathrm{m}}^{0.8}Q_{\mathrm{m}}^{1.8} + K_{\mathrm{c}}(\rho_{\mathrm{m}} + R\rho_{\mathrm{AFR}})(1+R)Q_{\mathrm{m}}^2 \geqslant 0, \\
p'_{\mathrm{am}} - K_{\mathrm{a}}\rho_{\mathrm{md}}^{0.8}Q_{\mathrm{m}}^{1.8} - K_{\mathrm{c}}(\rho_{\mathrm{m}} + R\rho_{\mathrm{AFR}})(1+R)Q_{\mathrm{m}}^2 - 0.00981\rho_{\mathrm{R}}H_{\mathrm{m}} \geqslant 0, \\
K_{\mathrm{c}}\rho_{\mathrm{m}}Q_{\mathrm{m}}^2 - K_{\mathrm{c}}(\rho_{\mathrm{m}} + R\rho_{\mathrm{AFR}})(1+R)Q_{\mathrm{m}}^2 - 0.00981\,\dfrac{R(\rho_{\mathrm{m}} - \rho_{\mathrm{AFR}})}{1+R}H_{\mathrm{m}} \geqslant 0, \\
\dfrac{2V_{\mathrm{a}}}{Q_{\mathrm{m}}} + \dfrac{V_{\mathrm{c}}}{(1+R)Q_{\mathrm{m}}} + \dfrac{V_{\mathrm{p}}}{Q_{\mathrm{m}}} - T_0 \geqslant 0.
\end{cases} \tag{9.74}
$$

把式(9.61)、式(9.66)、式(9.68)、式(9.70)和式(9.73)分别记为 $g_1(\boldsymbol{X})\geqslant 0, g_2(\boldsymbol{X})\geqslant 0, g_3(\boldsymbol{X})\geqslant 0, g_4(\boldsymbol{X})\geqslant 0, g_5(\boldsymbol{X})\geqslant 0$,可表示为:

$$
\begin{cases}
\min f(\boldsymbol{X}), \\
g_i(\boldsymbol{X}) \geqslant 0 \quad (i=1,2,3,4,5).
\end{cases} \tag{9.75}
$$

此非线性规划可采用罚函数法来求解其最优解.构造罚函数如下:

$$
P(\boldsymbol{X}, M) = f(\boldsymbol{X}) + M\sum_{j=1}^{5}[g_j(\boldsymbol{X})]^2 \mu_j[g_j(\boldsymbol{X})], \tag{9.76}
$$

$$
\mu_j[g_j(\boldsymbol{X})] = \begin{cases} 0, & \text{当 } g_j(\boldsymbol{X}) \geqslant 0; \\ 1, & \text{当 } g_j(\boldsymbol{X}) < 0. \end{cases} \tag{9.77}
$$

式中,M 为惩罚因子;$\mu_j[g_j(\boldsymbol{X})]$为阶跃函数.

下面给出应用罚函数法求解式(9.75)的迭代步骤:

(1)取第 1 个罚因子 $M_1>0$(如 $M_1=1$),允许误差为 $\varepsilon>0$,并令 $k=1$.

(2)求解无约束极值问题式(9.76)的最优解,设其极小值为 $\boldsymbol{X}^{(k)}$.$\boldsymbol{X}^{(k)}$ 可采用梯度法迭代求解,其具体步骤如下:

① 给定初始点 $\boldsymbol{X}^{(0)}$ 和允许的误差 $\varepsilon_2>0$,令 $k_2=1$.

② 计算 $P(\boldsymbol{X}^{(k)})$ 和 $\nabla P(\boldsymbol{X}^{(k)})$,若 $\|\nabla P(\boldsymbol{X}^{(k)})\|^2 \leqslant \varepsilon_2$,停止迭代,得近似极小值点 $\boldsymbol{X}^{(k)}$ 和近似极小值 $P(\boldsymbol{X}^{(k)})$;否则,转入下一步.

③ 令

$$
\lambda_{\mathrm{k}} = \frac{\nabla P(\boldsymbol{X}^{(k)})^{\mathrm{T}}\,\nabla P(\boldsymbol{X}^{(k)})\,\|\nabla P(\boldsymbol{X}^{(k)})\|}{\nabla P(\boldsymbol{X}^{(k)})^{\mathrm{T}}\,\nabla^2 P(\boldsymbol{X}^{(k)})\,\nabla P(\boldsymbol{X}^{(k)})},
$$

并计算 $\boldsymbol{X}^{(k+1)} = \boldsymbol{X}^{(k)} - \lambda_k \nabla P(\boldsymbol{X}^{(k)})$,然后令 $k_2=k_2+1$,转到第②步.

(3)若存在某一个 $j\,(1\leqslant j\leqslant 4)$,有

$$
-g_j(\boldsymbol{X}^{(k)}) > \varepsilon,
$$

取 $M_{k+1}>M_k$,同时令 $k=k+1$,转到第(2)步继续.

否则,停止迭代,得到所要的点 $\boldsymbol{X}^{(k)}$:$\boldsymbol{X}^{(k)}=\{R^{(k)}, Q_{\mathrm{m}}^{(k)}\}$,也就得到了循环流量和 AFR 比的最优解 $R^{(k)}$ 和 $Q_{\mathrm{m}}^{(k)}$.

9.3.3 计算结果

某深水井,钻头在水面以下 4000m,ϕ244mm 套管下至水面以下 3500m,ϕ127mm 钻具平均

内径为 110mm、ϕ215.9mm 钻头；钻井液密度 1.1g/cm^3，塑性黏度 25mPa·s；正常钻进时的排量为 63L/s；地层压力 45.6MPa；海底温度 4℃，进入地层后的温度梯度 3℃/100m；地层破裂当量密度 1.27g/cm^3；溢流后钻井液池增量为 1.5m^3；节流管线内径 101.6mm.

表 9.2 给出了计算过程中的参数值．计算结果为：$Q_m=14.8$L/s，$R=0.42$，$t=202.9$min. 如果预定压井时间为 300min，即 $t_0=300$min，则计算结果为：$Q_m=9.9$L/s，$R=0.48$，$t=300$min.

表 9.2 计算过程中的参数值

K_a	K_c	p_{ai}	p_{am}	p'_{am}	V_a	V_c	V_p
0.0085	0.0046	5.2	2.3	18.9	66800	12200	38000

9.3.4 结论

(1)在对附加流速法压井过程深入研究的基础上，推导出要实现成功压井所需要满足的约束条件.

(2)以压井时间最短建立目标函数，应用非线性规划理论，给出最优循环流速及附加流速比的计算方法，为深水井控的压井施工提供理论依据.

(3)在实际计算中的惩罚因子 M 的取值难以把握，太小起不到惩罚作用，太大则由于误差的影响会导致错误．可先取较小的正数 M，求出 $f(\boldsymbol{X},M)$ 的最优解 $\boldsymbol{X}^{(k)}$．当 $\boldsymbol{X}^{(k)}$ 不满足有约束最优化问题的约束条件时，放大 M 重复进行，直到 $\boldsymbol{X}^{(k)}$ 满足有约束最优化问题的约束条件时为止.

(4)附加流速法是一种能够很好适用于深水井控的压井方法，但高循环流速情况使用此方法反而会使摩阻增加．因此使用前首先要对循环流速和附加流速比进行优化计算.

9.4 石油钻机微电网混合储能系统容量优化模型及应用

石油钻井行业是一个工况复杂、高耗能的行业，石油钻机打钻的过程就是钻井工具反复上提和下放的过程．其中在上提过程中发电机传递电能到电动机，转换成势能拉动钻具；而在下放过程中电动机被钻具带动进入发电工作模式，从而产生再生制动能量．对于这部分能量，目前的做法是通过制动电阻以热能的形式消耗掉，并没有有效回收利用．已有研究表明：如果将储能系统接入钻井系统的供电单元，可在一定程度上提升接纳波动性电源出力并改善电能质量．因此将钻具下放过程中产生的电能储存到储能系统中，使其有效地重复利用，具有很大的工业实际价值.

因为钻井环境复杂，钻具不会平稳上提或下放，在工作过程中经常出现跳钻和溜钻等现象形成冲击载荷，从而对储能系统产生损害，因此对钻机配备的储能系统要求较高，单一的储能装置无法满足，所以采用混合储能装置来回收这部分能量．目前常用的储能元件为蓄电池和超级电容．蓄电池为能量型储能元件，其特点是能量密度大，但其缺点为功率密度小，充放电效率低，使用寿命短．超级电容器为功率型储能元件，其特点是功率密度大、响应速度快、循环寿命长，其缺点为能量密度低．基于蓄电池和超级电容器完全互补的储能特性，采用蓄电池—超级电容构成的混合储能，在其钻具下放时，通过储能单元储存产生的制动能量，从而避免了能量的浪费；同时在电动机启动或加速时，提供部分功率支撑，以减小电网侧的输出功率．虽然储能单元可减少负载引起的功率波动，稳定直流母线电压，但储能单元的接入增加了微网系统的成本，如果其容量选择偏小，则无法储存微网中发电系统发出的过剩电量及再生制动能量；如果选择偏大，不仅增加储能系统的成本，还使得各个储能装置长期处于亏电状态，从而大大降低了储能装置的使用寿命，因此储能系统的容量配置就变得非常重要．下面以系统的全生命周期费用 LCC(life cost cycle)最小为优化目标，采用算法合理配置蓄电池和超级电容的数量，从而提高石油钻机微电网储能系统的经济性．

9.4.1 石油钻机微电网混合储能结构模型

图 9.8 为石油钻机微电网系统结构图，图 9.8 中蓄电池—超级电容器作为储能装置，其动力源为柴油发电机，用电负荷为绞车、顶驱等电动机系统以及其他小电动机、照明等辅助负荷，其中绞车、顶驱、转盘、钻井泵、辅助负荷等属于交流负载．

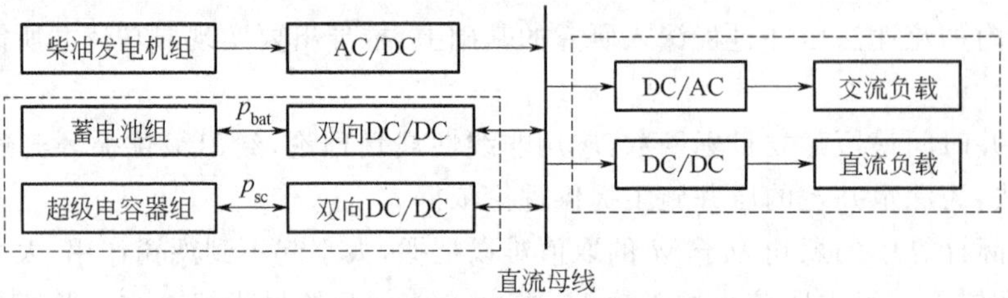

图 9.8 石油钻机微电网系统结构

1. 柴油发电机单元

柴油发电机运行成本包括燃料成本 $f_{\text{fuel},i}^{\text{DI}}(p)$、维护成本 $f_{\text{main},i}^{\text{DI}}(p)$和启停成本 $f_{\text{sw},i}^{\text{DI}}(p)$三部分($i$ 为柴油发电机编号)．$f_{\text{fuel},i}^{\text{DI}}(p)$可用二次函数形式表示，$f_{\text{main},i}^{\text{DI}}(p)$用一次函数形式表示，$f_{\text{sw},i}^{\text{DI}}(p)$与柴油发电机的启停情况有关，即

$$F_G = f_{\text{fuel},i}^{\text{DI}}(p) + f_{\text{main},i}^{\text{DI}}(p) + f_{\text{sw},i}^{\text{DI}}(p), \tag{9.78}$$

$$f_{\text{fuel},i}^{\text{DI}}(p) = a_i + b_i p + c_i p^2, \tag{9.79}$$

$$f_{\text{main},i}^{\text{DI}}(p) = d_i p, \tag{9.80}$$

$$f_{\text{sw},i}^{\text{DI}}(p) = U_{\text{up},i}^{\text{DI}} B_{\text{up},i}^{\text{DI}}(p) + U_{\text{down}}^{\text{DI}} B_{\text{down},i}^{\text{DI}}(p). \tag{9.81}$$

式中，p 为柴油发电机的功率；$i=1,2,\cdots,n$，n 为柴油发电机台数；a_i, b_i, c_i 为第 i 台柴油发电机燃料成本二次函数的系数；d_i 为柴油发电机维护成本的系数；$U_{\text{up},i}^{\text{DI}}$，$U_{\text{down}}^{\text{DI}}$ 分别为柴油发电机的单次启动费用和停机费用；$B_{\text{up},i}^{\text{DI}}(p)$，$B_{\text{down},i}^{\text{DI}}(p)$分别为柴油发电机的启、停机标志变量．

2. 蓄电池组模型

假定蓄电池组由 m 个蓄电池组成，则总储能量 E_b(单位：MW·h)为

$$E_b = mC_bU_b/10^6. \tag{9.82}$$

当蓄电池的最大放电深度为 DOD 时，则最小剩余储能量 $E_{b,\min}$ 为

$$E_{b,\min} = mC_bU_b(1-\text{DOD})/10^6. \tag{9.83}$$

式中 U_b, C_b——单个蓄电池的额定电压和额定容量．

3. 超级电容器组模型

由于单个超级电容只能存储有限的能量，且不能承受过高的电压，因此需要对超级电容的能力进行扩展．假定每 x 个超级电容串联成一组，y 组超级电容并联，其等效容量为

$$C=\frac{y}{x}C_f, \tag{9.84}$$

存储的能量 E_c 为

$$\begin{aligned}E_c&=0.5C(U_{\max}^2-U_{\min}^2)=0.5\left(\frac{y}{x}C_f\right)[(xU_{s,\max})^2-(xU_{s,\min})^2]\\&=0.5x^2C(U_{s,\max}^2-U_{s,\min}^2).\end{aligned} \tag{9.85}$$

式中　C_f——单个超级电容的电容量；

$U_{s,\max}$，$U_{s,\min}$——超级电容 C 的最高和最低工作电压．

4. 供电的可靠性指标

负荷缺电率(loss of power supply probability，LPSP)为发电系统供电可靠性的重要指标，其定义为负荷的缺电量 E_{lps} 与负荷总需求量 E_{l} 的比值，即

$$f_{\mathrm{LPSP}}=\sum_{t=1}^{T}E_{\mathrm{lps}}(t)/\sum_{t=1}^{T}E_{\mathrm{l}}(t), \tag{9.86}$$

$$\Delta E=E_{\mathrm{gen}}(t)\eta_c-E_{\mathrm{l}}(t). \tag{9.87}$$

式中，$E_{\mathrm{gen}}(t)$和 $E_{\mathrm{l}}(t)$分别为 t 时刻柴油发电机和负荷的电量；η_c 为逆变器的转换效率．当发电量满足负荷需求，即 $\Delta E>0$ 时，缺电量 $E_{\mathrm{lps}}=0$，储能装置充电；当发电量不足，即 $\Delta E<0$ 时，装置放电补充电源功率的缺额，$E_{\mathrm{lps}}=-\Delta E$.

9.4.2 储能系统容量优化模型的建立

1. 决策变量

为了优化混合储能系统的容量，其模型的决策变量为蓄电池的数目 m 和超级电容器的数目 n.

2. 目标函数

石油钻机微电网优化配置的目标是在保证负载供电可靠性和系统使用寿命的前提下，使系统的 LCC 最小，其费用包括购买费用 C_{I}、运行费用 C_{O}、维护费用 C_{M}、处理费用 C_{D} 以及柴油发电机的运行成本 F_{G}，其中目标函数是关于自变量蓄电池和超级电容的个数 m 和 n 的连续函数，即

$$\begin{aligned}\min C&=C_{\mathrm{I}}+C_{\mathrm{O}}+C_{\mathrm{M}}+C_{\mathrm{D}}+F_{\mathrm{G}}\\&=(1+f_{\mathrm{ob}}+f_{\mathrm{mb}}+f_{\mathrm{db}})k_{\mathrm{ab}}mP_{\mathrm{b}}+(1+f_{\mathrm{oc}}+f_{\mathrm{mc}}+f_{\mathrm{dc}})k_{\mathrm{dc}}nP_{\mathrm{c}}+F_{\mathrm{G}}.\end{aligned} \tag{9.88}$$

式中，P_{b} 和 P_{c} 分别为蓄电池、超级电容器的单价；f_{ob}，f_{mb}，f_{db} 分别为蓄电池的运行系数、维护系数和处理系数；f_{oc}，f_{mc}，f_{dc} 分别为超级电容器的运行系数、维护系数和处理系数；k_{ab}，k_{dc} 分别为蓄电池和超级电容器的年折旧值．

3. 约束条件

(1)功率平衡约束：

$$P_{\mathrm{sc}}+P_{\mathrm{bat}}+P_{\mathrm{gen}}=P_{\mathrm{load}}. \tag{9.89}$$

式中，$P>0$ 表示储能放电；$P<0$ 表示储能充电．

(2)储能系统的容量约束：

$$\begin{cases} E_{b,\min} \leqslant E_b(m) \leqslant E_{b,\max}(m), \\ E_{c,\min} \leqslant E_c(n) \leqslant E_{c,\max}(n). \end{cases} \tag{9.90}$$

(3)荷电状态的约束：

$$\begin{cases} S_{b,\min} \leqslant S_b \leqslant S_{b,\max}, \\ S_{c,\min} \leqslant S_c \leqslant S_{c,\max}. \end{cases} \tag{9.91}$$

(4)柴油发电机的功率约束：

$$0 \leqslant P_{\text{gen}} \leqslant P_{\text{gen},\max}. \tag{9.92}$$

(5)负荷缺电率约束：

$$f_{\text{LPSP}} \leqslant f_{\text{LPSP},\max}. \tag{9.93}$$

9.4.3 优化模型的求解

混合储能系统在进行容量优化的过程中通常采用两种方法，即确定性与随机性方法，这两种方法的共性是在一定的可行域范围内寻找目标函数的最优解，但确定性方法易陷入局部收敛．而随机性方法有着比较好的寻优效果，从而用来解决函数的最优问题．常见的随机优化算法有遗传算法、微分进化算法和粒子群算法(PSO)等．下面采用粒子群算法求解．

基于粒子群算法的储能容量配置的步骤如下：

(1)初始化粒子群，在储能容量的范围内，每个粒子随机取值，初始化个体极值 P_{best} 和全局极值 G_{best}.

(2)更新粒子中蓄电池和超级电容器的数目.

(3)计算每个粒子中储能部分的电量，检测是否满足约束条件，如果满足，计算目标函数，并且与粒子的个体极值和全局极值比较，更新最优值.

(4)判断是否收敛.如果达到最大迭代次数 $k_{\max}$ 则优化结束，输出最优解，否则转步骤(2).

其流程图如图 9.9 所示.

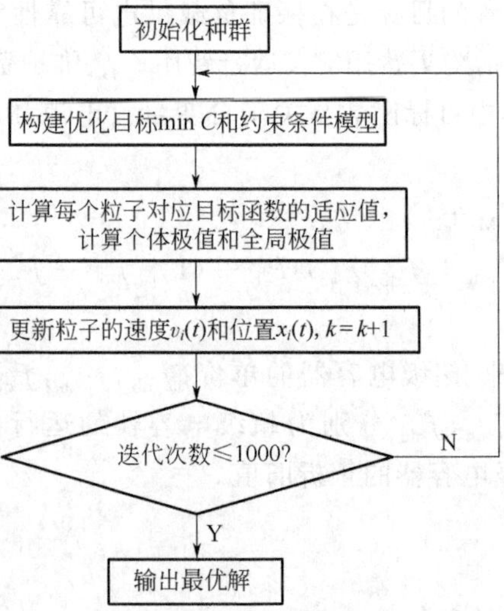

图 9.9　算法流程图

9.4.4 应用实例

1. 问题描述

以 ZJDB50S 石油钻机为例，由于石油钻机绞车作业工况复杂，有轻载、重载、最大负载三种工况，不同工况下对应的钻具重量不同．因此将最大可回收能量作为目标，来配置所需的储能单元．

(1)工况一：轻载重量为 130t，轻载下放速度为 $v=1\text{m/s}$，轻载下放高度为 $h=10\text{m}$.

总位能：

$$mgh=130\times10^3\times9.8\times10=12.74(\text{MJ}).$$

钻具下放消耗的动能：

$$\frac{1}{2}mv^2=\frac{1}{2}\times130\times10^3\times1=0.065(\text{MJ}).$$

(2)工况二：重载重量为 180t，重载下放速度为 $v=0.2\text{m/s}$，重载下放高度为 $h=10\text{m}$.

总位能：

$$mgh=180\times10^3\times9.8\times10=17.64(\text{MJ}).$$

钻具下放消耗的动能：

$$\frac{1}{2}mv^2=\frac{1}{2}\times180\times10^3\times0.04=0.0036(\text{MJ}).$$

(3)工况三：最大负载为 315t，最大负载下放速度为 $v=0.1\text{m/s}$，最大负载下放高度为 $h=10\text{m}$.

总位能：

$$mgh=315\times10^3\times9.8\times10=30.87(\text{MJ}).$$

钻具下放消耗的动能：

$$\frac{1}{2}mv^2=\frac{1}{2}\times315\times10^3\times0.01=0.0016(\text{MJ}).$$

绞车在下放钻具作业时，电动机会反向旋转，此时位能减小产生再生能量，这部分能量回馈到直流母线上储存到储能装置中．表 9.3 为蓄电池和超级电容器的参数．表 9.4 为不同工况下的能量情况，其中能量的利用率可达 70%．在本实例中，为使蓄电池和超级电容器组的端电压相等，由表中的参数可知超级电容器组的串联数 $x=4$.

表 9.3 蓄电池和超级电容器的参数

蓄电池参数	数值	超级电容的参数	数值
额定电压(V)	12	额定电压(V)	2.7
额定容量(AH)	100	电容(F)	3500
充电效率	0.75	充放电效率	0.98
放电效率	0.85	最大工作电流(A)	1500
放电深度	0.4	最小工作电压(V)	0.8
运行系数	0.1	运行系数	0.01
维护系数	0.02	维护系数	0
处理系数	0.08	处理系数	0.04

续表

蓄电池参数	数值	超级电容的参数	数值
拆旧系数	0.11	拆旧系数	0.006
循环寿命(次)	1500	循环寿命(次)	500000
单价(元)	400	单价(元)	350

表 9.4　绞车起升系统不同工况的能量情况

负载重量(T)	下放速度(m/s)	总位能(MJ)	总动能(MJ)	可回收能量(MJ)
130	1.0	12.74	0.0650	8.9
180	0.2	17.64	0.0036	12.3
315	0.1	30.87	0.0016	21.6

2. 求解结果与分析

根据优化目标函数式(9.87),并结合约束条件式(9.88)至式(9.92)和各项参数,利用加速因子改进的 PSO 算法对石油钻机微电网混合储能的容量进行优化配置．本实例所采用的算法与标准 PSO 算法在成本和计算时间方面的比较数值见表 9.5,图 9.10 是分别采用标准 PSO 算法和改进 PSO 算法的优化过程曲线,图 9.11 和图 9.12 分别是采用标准 PSO 算法和改进 PSO 算法的蓄电池和超级电容的荷电状态(SOC).

表 9.5　两种算法的优化结果

方法	蓄电池(个)	超级电容(个)	最小费用(元)	迭代次数(次)
标准 PSO	2145	3934	121910	170
改进 PSO	2049	3674	116270	50

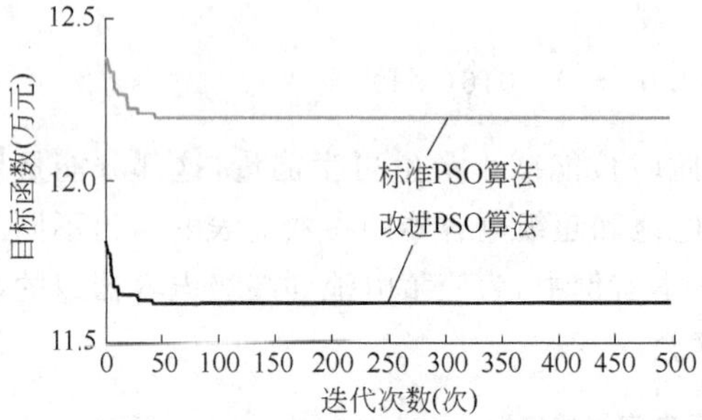

图 9.10　标准 PSO 算法和改进 PSO 算法的优化过程

从表 9.4 可以得出相比于标准 PSO 算法,改进 PSO 算法在成本及计算时间方面都要优于前者．采用标准 PSO 算法时,大约需要 170 次达到收敛,其混合储能的费用为 121910 元;采用改进 PSO 算法时,大约 50 次就达到收敛,其混合储能的费用为 116270 元;两者相比系统全生命周期费用减少了 4.85%,配置的蓄电池的个数减少了 4.69%. 从图 9.10 可以看出,在确保其结果收敛的前提下,改进 PSO 算法比标准 PSO 算法收敛得更快,从而验证了其优化模型和算法的正确性和有效性．图 9.11 和图 9.12 相比,虽然蓄电池荷电状态(SOC)的变化趋势类似,但图 9.12 中蓄电池的荷电状态(SOC)变化趋势相较而言变化较为平坦,说明在优化过程中同时也优化了蓄电池的工作状态,从而提高了蓄电池的使用寿命．基于以上分析,通过优化加速因子改进了粒子群算法,合理配置了石油钻机微电网储能系统的容量,从而实现了能量的存储及再利用,提高了石油钻机微电网系统的经济性．

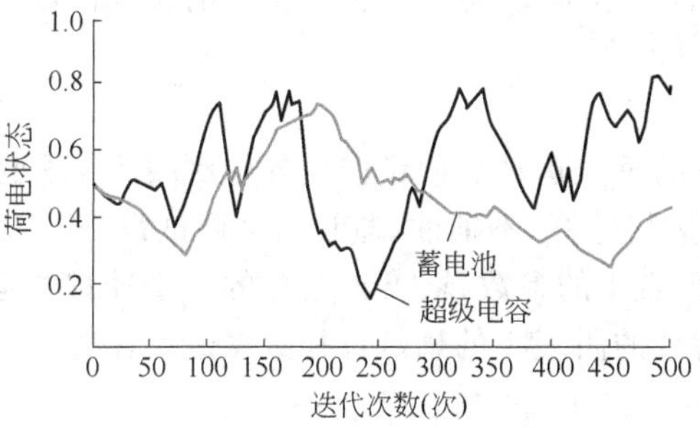

图 9.11 采用标准 PSO 算法的蓄电池和超级电容的 SOC

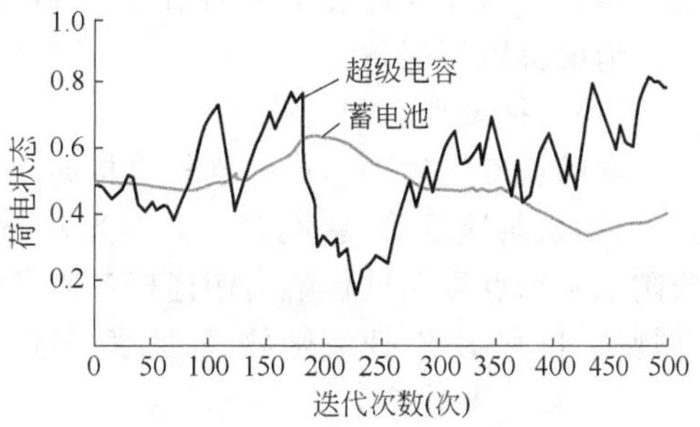

图 9.12 采用改进 PSO 算法的蓄电池和超级电容的 SOC

练习题 9

有杆抽油系统的数学建模及诊断

(2013 年全国研究生数学建模竞赛题)

目前,开采原油广泛使用的是有杆抽油系统(垂直井,附图 1).电动机旋转运动转化为抽油杆上下往返周期运动,带动设置在杆下端的泵的两个阀相继开闭,从而将地下上千米深处蕴藏的原油抽到地面上来.

钢制抽油杆由很多节连接而成,具有相同直径的归为同一级,级数从上到下按 1,2,…进行编号,可多达 5 级,从上端点到下端点可能长达上千米.描述抽油杆中任意一水平截面(为表述方便,下面把杆水平截面抽象称为"点")处基本信息的通用方法是示功图.示功图以该点随时间 t 而变化的荷载(合力,向下为正)数据作为纵坐标,以该点垂直方向上随时间 t 而变化的位置相对于 $t=0$ 时刻该点位置的位移数据作为横坐标.函数关系表现为位移—荷载关于时间 t 的参数方程.一个冲程(冲程的说明见附录)中示功图是一条封闭的曲线.构成示功图的数据称为示功数据.

抽油杆上端点称为悬点,附图 4 示意了悬点 E 的运动过程.在一个冲程期间,仪器以一系列固定的时间间隔测得悬点 E 处的一系列位移数据和荷载数据,据此建立悬点 E 的示功图称为悬点示功图.附表 1、附表 2 中的位移—荷载数据是某油田某井采油工作时采集的悬点处原始示功数据.

泵是由柱塞、游动阀、固定阀、部分油管等几个部件构成的抽象概念(附图 2),泵中柱塞处的示功图称为泵功图.因为受到诸多因素的影响,在同一时刻 t,悬点处的受力(荷载)与柱塞的受力是不相同的;同样,在同一时刻 t,悬点处的相对位移与柱塞的相对位移也不相同.因此悬点示功图与泵功图是不同的.附图 5 给出了理论悬点示功图和理论泵功图.示功图包含了很多信息,其中就有有效冲程,泵的有效冲程是指泵中柱塞在一个运动周期内真正实现从出油口排油的那段冲程.工程上一般根据示功图形状与理论示功图进行对比来判断抽油机工作状态.

通过悬点示功图可以初步诊断该井的工作状况,如产量、气体影响、阀门漏液、砂堵等.要精确诊断油井的工作状况,最好采用泵功图.然而,泵在地下深处,使用仪器测试其示功数据实现困难大、成本高.因此,通过数学建模,把悬点示功图转化为杆上任意点的示功图(统称为地下示功图)，并最终确定泵功图，以准确诊断该井的工作状况，是一个很有价值的实际问题．

请解决以下问题：

(1)光杆悬点运动规律．

电动机旋转运动通过四连杆机构转变为抽油杆的垂直运动．假设驴头外轮廓线为部分圆弧，电动机匀速运动，悬点E下只挂光杆(光杆下不接其他杆，不抽油，通常用来调试设备)．请按附录4悬点运动过程给出四连杆各段尺寸，利用附表1的参数，求出悬点E的一个冲程的运动规律：位移函数、速度函数、加速度函数；并与有荷载的附表1的悬点位移数据进行比较．

(2)泵功图计算．

1966年，Gibbs给出了悬点示功图转化为地下示功图的模型，由于受计算机速度的限制，直到近些年才得以被重新重视．请使用Gibbs模型，给出由悬点示功图转化为泵功图的详细计算过程，包括：原始数据的处理、边界条件、初始条件、求解算法；附表1是只有一级杆的某油井参数和悬点示功数据，附表2是有三级杆的另一油井参数和悬点示功数据，利用它们分别计算出这两口油井的泵功图数据；并分别绘制出两油井的悬点示功图和泵功图(每口井绘一张图，同一井的悬点示功图与泵功图绘在同一张图上，请标明坐标数据)．

(3)泵功图的应用．

① 建立两个不同的由泵功图估计油井产量的模型，其中至少一个要利用“有效冲程”；并利用附表1和附表2的数据分别估算两口油井一天(24h)的产液量(单位：t，这里的液体是指从井里抽出来的混合液体)．

② 附图5(c)的泵功图表示泵内有气体，导致泵没充满．请建立模型或算法，由计算机自动判别某泵功图数据是否属于泵内有气体的情况；并对附表1、附表2对应的泵功图进行计算机诊断，判断其是否属于泵内充气这种情况．

(4)深入研究的问题．

① 请对Gibbs模型进行原理分析，发现它的不足．在合理的假设下，重新建立抽油系统模型或对现有模型进行改进；并给出由悬点示功图转化为泵功图的详细计算过程，包括：原始数据的处理、边界条件、初始条件、求解算法；利用附表1、附表2的数据重新进行计算；将计算结果与问题2的计算结果进行比较，分析模型的优缺点．

② Gibbs模型在数学上可简化为“波动方程”：$\frac{\partial^2 u}{\partial t^2}=a^2\frac{\partial^2 u}{\partial x^2}-c\frac{\partial u}{\partial t}$．其中$a$为已知常数，$c$为阻尼系数，鉴于大多数的阻尼系数公式是做了诸多假设后推出的，并不能完整地反映实际情况．如果能从方程本身和某些数据出发用数学方法估计参数c，贡献是很大的．对此，请进行研究，详细给出计算c的理论推导过程并尽可能求出c．如果需要题目之外的数据，请用字母表示之并给出计算c的推导过程．

附　录

1. 有杆抽油系统实图及名词解释

(1)有杆抽油系统实图如附图1所示．

(2)名词解释．

① 前臂、后臂是对应的是同一个部件，称为游梁，游梁与驴头固定连接．

② 钢缆固定在驴头上部．

③ 悬点是钢缆与光杆的连接点．

④ 光杆是第一节抽油杆，长度比系统的理论冲程稍长．光杆上接钢缆，下接其他抽油杆，由于光杆有时与空气接触有时与油接触，环境较恶劣，所以材质较好，做得也比较光滑．

附图 1　有杆抽油系统地面实图

光杆与第一级抽油杆粗细相同，计算时把光杆与第一级抽油杆同等看待，长度也计入了第一级．

2．有杆抽油系统的工作原理

有杆抽油系统工作原理如附图 2 所示．

上冲程：抽油杆带着柱塞向上运动，柱塞上的游动阀受管内液柱压力而关闭．此时，柱塞下面的泵腔容积增大，压力降低，固定阀在其上下压差下打开，原油吸入泵中．如果油管内被液体充满，上冲程将在出油口排出相当于柱塞冲程长度的一段液体．原来作用在固定阀上的油管内的液柱压力将从油管转移到柱塞上，从而引起抽油杆柱的伸长和油管的缩短．上冲程是泵内吸入液体，而井口排出液体的过程．

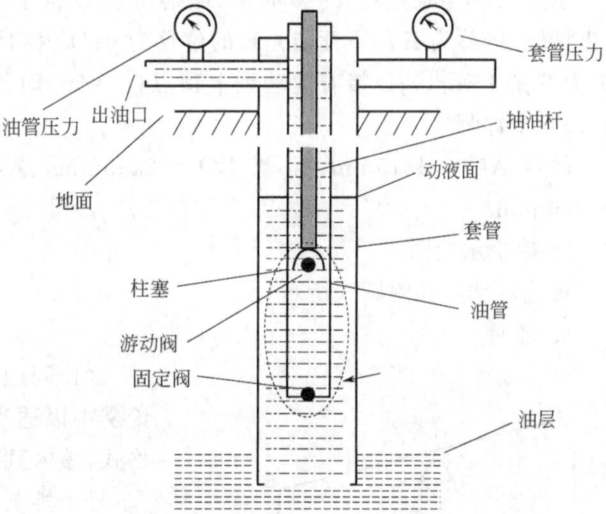

附图 2　有杆抽油系统工作原理图

下冲程：抽油杆带着柱塞向下运动，柱塞压缩固定阀和游动阀之间的液体．当泵内压力增大到一定程度时，固定阀先关闭，当泵内压力增大到大于柱塞以上的液柱压力时，游动阀被顶开，柱塞下面的液体通过游动阀进入柱塞上部．原来作用在柱塞以上的液体重力转移到固定阀上，因此引起抽油杆柱的缩短和油管的伸长．

柱塞向上向下活动一次称为一个冲程，冲程还表示物体在一个运动周期内的最大位移．每分钟完成冲程的次数称为冲次．

3．泵的抽汲循环及阀门开闭

泵的抽汲循环及阀门开闭如附图 3 所示．

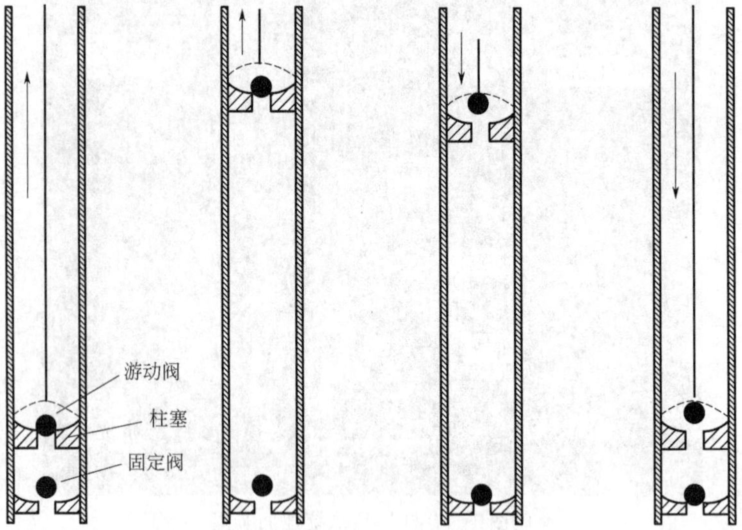

(a) 柱塞接近下死点处上行　(b) 柱塞上行接近上死点　(c) 柱塞接近上死点处下行　(d) 柱塞下行接近下死点

附图 3　泵的抽汲循环及阀门开闭示意图

4. 悬点运动过程

抽油机四连杆机构如附图 4 所示.

悬点 E 的运动过程：$t=0$ 时刻，曲柄滑块 D 位于上顶点（$\phi=0$），AB 平行于水平面，E 对应坐标原点（称为 E 的下死点），E 的位移为 0；D 运动到下顶点（$\phi=\pi$）时，E 的位移到达最大（称为 E 的上死点）；D 接着运动到上顶点（$\phi=2\pi$）时，E 又回到位移为 0 的位置，完成一个周期（即一个冲程）.

前臂 AO = 4315mm，后臂 BO = 2495mm，连杆 BD = 3675mm，曲柄半径 O′D = R = 950mm.

5. 理论示功图

理论示功图如附图 5 所示.

6. 说明

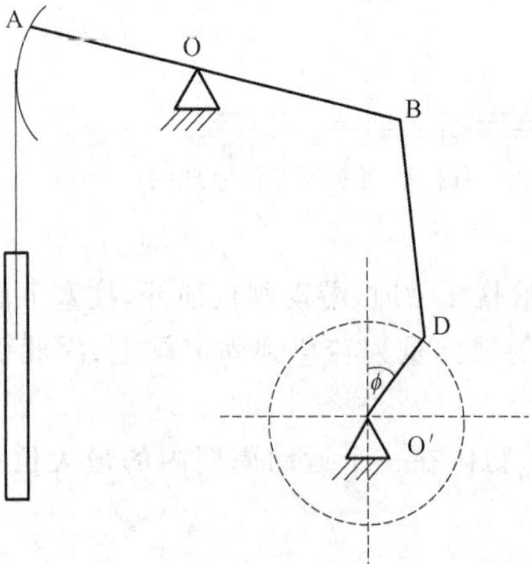

附图 4　抽油机四连杆机构简图

(1)问题二得到的泵功图数据（位移，荷载）请在论文中以适当的方式表达；同时，按照附录所给数据格式，填入到“提交数据. xls”中，并将该文件名换为：“学号＋姓名. xls”.

(2)本题所有抽油杆均为钢制，密度为 $8456\mathrm{kg/m^3}$，弹性模量为 2.1×10^{11} Pa.

(3)因为悬点功图数据是自动测试的，附表 1、附表 2 所给数据的第一对并不一定刚好是一个冲程的起点. 上行和下行用的时间也不一定完全相等，请自行判断哪些数据属于上冲程、哪些数据属于下冲程.

(4)本题所有抽油机的油管是锚定的，因此本题不必考虑抽油管的长度变化（伸缩）.

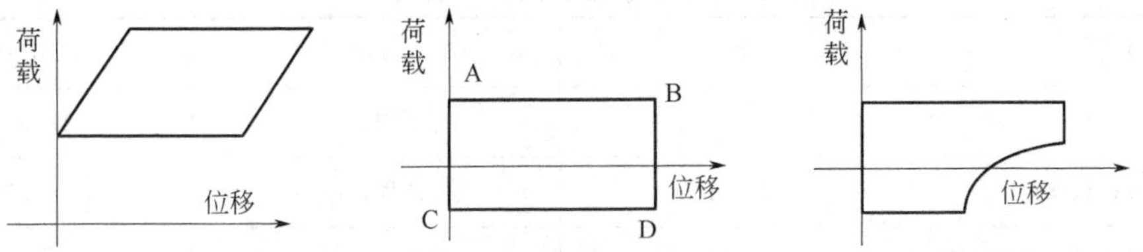

(a) 理论悬点示功图形状　(b) 理论泵功图形状　(c) 泵内充气理论泵功图形状

附图 5　理论示功图

附表 1　油井参数和悬点示功数据 1

井号	7#	日期	2012.5.30
泵径(mm)	70	泵深(m)	793
一级杆杆长(m)	792.5	冲程(m)	3.2
二级杆杆长(m)	无	冲次(1/min)	7.6
三级杆杆长(m)	无	套压(MPa)	0.2
四级杆杆长(m)	无	含水率(%)	98
一级杆杆径(mm)	22	油压(MPa)	0.3
二级杆杆径(mm)	无	地面原油密度(g/cm^3)	0.864
三级杆杆径(mm)	无	地面原油黏度(mPa·s)	30
四级杆杆径(mm)	无	原油体积系数	1.025
悬点功图位移(m)	2.518,2.512,2.504,2.495,2.484,2.472,2.459,2.444,2.427,2.41,2.391,2.372,2.351,2.329,2.305,2.281,2.256,2.229,2.201,2.172,2.142,2.111,2.079,2.046,2.011,1.975,1.938,1.9,1.86,1.82,1.778,1.735,1.69,1.645,1.598,1.55,1.501,1.451,1.399,1.347,1.294,1.239,1.184,1.129,1.072,1.015,0.958,0.901,0.844,0.786,0.729,0.673,0.618,0.563,0.51,0.459,0.409,0.361,0.315,0.272,0.231,0.193,0.158,0.127,0.098,0.074,0.052,0.034,0.02,0.01,0.003,0,0,0.004,0.012,0.023,0.037,0.054,0.074,0.097,0.123,0.152,0.183,0.216,0.251,0.289,0.328,0.369,0.412,0.456,0.501,0.548,0.596,0.645,0.694,0.745,0.797,0.849,0.901,0.954,1.008,1.062,1.116,1.17,1.225,1.279,1.334,1.388,1.442,1.496,1.55,1.603,1.655,1.707,1.758,1.808,1.858,1.906,1.953,1.999,2.043,2.086,2.127,2.167,2.205,2.241,2.275,2.307,2.337,2.365,2.391,2.414,2.435,2.454,2.471,2.485,2.497,2.507,2.515,2.52,2.524,2.525,2.524,2.522		
悬点功图荷载(kN)	39.7,39.665,39.665,38.131,31.822,30.184,28.372,27.047,26.385,23.806,19.17,16.765,14.988,13.245,11.885,14.221,17.114,19.693,20.808,22.446,23.422,21.087,18.996,16.451,15.545,13.698,13.001,14.465,16.277,18.159,17.183,17.323,17.288,16.521,15.371,14.709,15.057,14.43,14.256,14.36,14.534,14.709,14.883,14.778,14.813,14.709,14.953,15.266,15.406,15.301,15.51,16.242,16.73,17.253,17.671,18.612,19.031,19.344,20.146,20.808,21.784,21.959,22.69,23.213,23.492,23.353,23.388,23.806,24.12,24.538,24.886,25.339,28.546,31.16,33.251,35.412,37.957,40.78,46.148,50.4,53.99,55.942,56.883,57.092,57.545,58.103,58.138,58.242,58.347,58.068,58.068,58.242,58.661,58.905,59.462,60.02,60.891,61.205,61.344,60.891,61.275,61.066,60.752,59.811,59.497,58.87,58.033,57.615,57.232,56.465,55.524,55.036,54.408,53.955,53.502,53.537,53.049,53.223,52.7,52.247,52.178,52.247,51.481,50.783,50.33,49.807,49.041,48.274,47.298,46.74,45.834,45.59,45.207,44.963,44.684,44.405,44.196,43.917,43.603,43.115,42.732,41.965,40.85,40.257		

附表 2　油井参数和悬点示功数据 2

井号	1#	日期	2010.12.1
泵径(mm)	44	泵深(m)	1819.56
一级杆杆长(m)	523.61	冲程(m)	4.2
二级杆杆长(m)	664.32	冲次(1/min)	4
三级杆杆长(m)	618.35	套压(MPa)	0.2
四级杆杆长(m)	无	含水率(%)	91.2
一级杆杆径(mm)	25	油压(MPa)	0.3
二级杆杆径(mm)	22	地面原油密度(g/cm^3)	0.864
三级杆杆径(mm)	19	地面原油黏度(mPa・s)	30
四级杆杆径(mm)	无	原油体积系数	1.025
油层中深(m)	1893.1		
悬点功图位移(m)	0.24,0.19,0.15,0.11,0.08,0.05,0.03,0.01,0.00,0,0.00,0.01,0.02,0.04,0.07, 0.10,0.14,0.18,0.23,0.28,0.34,0.40,0.47,0.53,0.61,0.68,0.76,0.84,0.92,1.01, 1.09,1.18,1.27,1.36,1.46,1.55,1.65,1.74,1.84,1.93,2.03,2.12,2.22,2.31,2.41, 2.50,2.60,2.69,2.78,2.87,2.96,3.05,3.14,3.22,3.31,3.39,3.47,3.55,3.63,3.71, 3.78,3.85,3.92,3.99,4.06,4.12,4.18,4.24,4.30,4.35,4.40,4.45,4.49,4.54,4.58, 4.61,4.65,4.68,4.71,4.73,4.76,4.77,4.79,4.79,4.80,4.80,4.80,4.79,4.77,4.75, 4.73,4.70,4.67,4.63,4.58,4.53,4.48,4.42,4.35,4.29,4.21,4.14,4.05,3.97,3.89, 3.80,3.71,3.61,3.52,3.42,3.32,3.22,3.12,3.01,2.91,2.80,2.70,2.59,2.48,2.37, 2.26,2.16,2.05,1.94,1.84,1.73,1.63,1.53,1.43,1.33,1.23,1.14,1.05,0.96,0.87, 0.79,0.71,0.63,0.55,0.48,0.42,0.35,0.30		
悬点功图荷载(kN)	48.50,48.14,47.96,47.35,46.85,46.99,46.67,46.81,47.46,48.61,50.01,52.84, 52.98,53.2,53.56,53.42,52.77,55.46,57.08,59.02,60.67,61.46,62.28,63.07, 64.4,67.2,69.78,71.94,74.2,75.21,76.68,76.64,74.42,71.87,70.04,68.67,67.49, 67.42,67.45,68.89,70.97,72.58,73.05,73.23,72.87,72.08,70.90,69.96,68.10, 67.31,67.63,68.24,68.42,69.17,70.50,71.26,71.47,71.01,70.29,69.53,68.85, 68.17,67.99,67.63,67.88,68.6,69.21,69.75,69.78,70.04,70.07,69.64,69.03, 68.28,67.77,67.31,67.27,67.38,67.74,68.13,68.6,68.71,68.67,68.17,67.85, 67.31,66.81,65.73,65.15,64.72,63.61,63.25,62.82,62.57,62.46,62.68,62.50, 61.71,60.92,59.45,58.19,56.97,55.10,53.59,51.55,49.83,47.46,44.73,42.25, 39.63,38.98,40.6,43.44,45.48,47.24,48.78,49.68,49.75,49.07,47.31,44.73, 43.22,42.43,42.29,42.50,43.47,45.55,46.13,47.74,48.25,48.07,47.53,46.49, 45.27,44.58,43.76,43.65,44.05,44.87,46.06,46.67,48.14,48.53		

参考文献

[1] 张干宗．线性规划[M].2 版．武汉:武汉大学出版社,2004.

[2] 党耀国,李帮义,朱建军,等．运筹学[M]. 北京:科学出版社,2009.

[3] 刘强．运筹学 MBA[M]. 北京:石油工业出版社,2001.

[4] Wayne L. Winston. 运筹学:数学规划[M].3 版．北京:清华大学出版社,2003.

[5] 周志诚．运筹学教程[M]. 上海:立信会计出版社,1988.

[6] 吴祈宗,郑志勇,邓伟,等．运筹学与最优化 MATLAB 编程[M]. 北京:机械工业出版社,2009.

[7] 曹卫华,郭正．最优化技术方法及 MATLAB 的实现[M]. 北京:化学工业出版社,2005.

[8] 唐焕文,秦学志．实用最优化方法[M].3 版．大连:大连理工大学出版社,2007.

[9] 解可新,韩健,林友联．最优化方法(修订版)[M]. 天津:天津大学出版社,1996.

[10] 黄平,孟永钢．最优化理论与方法[M]. 北京:清华大学出版社,2009.

[11] 《运筹学》教材编写组．运筹学[M]. 北京:清华大学出版社,2005.

[12] 唐焕文,贺明峰．数学模型引论[M]. 北京:高等教育出版社,2001.

[13] 阳明盛,罗长童．最优化原理、方法及求解软件[M]. 北京:科学出版社,2006.

[14] 魏权龄．多目标规划讲义[M]. 北京:中国人民大学出版社,1982.

[15] 胡毓达．实用多目标最优化[M]. 上海:上海科技出版社,1990.

[16] 郭耀煌．运筹学原理与方法[M]. 成都:西南交通大学出版社,1994.

[17] 党耀国,李帮义,朱建军,等．运筹学[M]. 北京:科学出版社,2009.

[18] 刑文训,谢金星．现代优化计算方法[M].2 版．北京:清华大学出版社,2005.

[19] 王凌．智能优化算法及其应用[M]. 北京:清华大学出版社,2001.

[20] 陈宝林．最优化理论与算法[M]. 北京:清华大学出版社,1989.

[21] 陈开明．非线性规划[M]. 上海:复旦大学出版社,1991.

[22] 姜启源．数学模型[M]. 北京:高等教育出版社,1987.

[23] 王莲芬,许树柏．层次分析法引论[M]. 北京:中国人民大学出版社,1990.

[24] 俞玉森．数学规划的原理和方法[M]. 武汉:华中工学院出版社,1985.

[25] 朱凤石,赵瑞安．求函数极小值的变尺度法[M]. 计算机应用数学,1975.

[26] 马仲蕃．线性规划最新进展[M]. 北京:科学出版社,1994.

[27] H. P. 威廉斯．数学规划模型建立与计算机应用[M]. 孟国璧,等译．北京:国防工业出版社,1991.

[28] 张建中,许绍吉．线性规划[M]. 北京:科学出版社,1990.

[29] 李修睦,李为政．数学规划引论[M]. 武汉:华中师范大学出版社,1988.

[30] 管梅谷,郑汉鼎．线性规划[M]. 济南:山东科学技术出版社,1983.

[31] 林同曾．运筹学[M]. 北京:机械工业出版社,1986.

[32] 朱道立．大系统优化理论与应用[M]. 上海:上海交通大学出版社,1987.

[33] 华罗庚．优选学[M]. 北京:科学出版社,1981.

[34] 海宁,吐尔．最优化方法[M]. 北京:机械工业出版社,1982.

[35] 王才经．现代应用数学[M]. 东营:石油大学出版社,2004.

[36] 胡运权．运筹学教程[M]．2 版．北京:清华大学出版社,2003.
[37] 王志远,孙宝红,高永海,等．附加流速法循环流量及附加流速比的最优规划[J]．石油钻采工艺,2008,30(5):60-63.
[38] 钟仪华,冯利娟,王君,等．利用多约束水平线性规划方法建立油田开发产量分配优化模型[J]．石油规划设计,2007,18(6).
[39] 王勇,宋军,白海燕．动态规划方法在气田管理中的应用[J]．油气田地面工程,1999,18(2).
[40] 刘志斌,卢立泽,赵金洲等．气井动态仿真与优化配产模型研究及应用[J]．天然气工业,2005,(3).
[41] 马永驰,刘志斌．基于新鲜度函数的油气产量组合预测方法[J]．石油学报,2005,(1).
[42] 殷建成,刘志斌．天然气需求自适应优化组合预测模型研究[J]．天然气工业,2004,(11).
[43] 赵金洲,卢立泽,刘志斌,等．气田开发规划产量分配优化模型及其应用[J]．天然气工业,2004,(9).
[44] 谢祥俊,刘志斌．油田开发规划措施结构优化模型及其应用[J]．西南石油学院院报,2004,(2).
[45] 刘志斌,张锦良．油田开发规划多目标产量分配优化模型及其应用[J]．运筹与管理,2004,(1).
[46] 刘志斌,丁辉,高珉,等．油田开发规划产量构成优化模型及其应用[J]．石油学报,2004,(1).
[47] 凡哲元,刘志斌．油田开发规划优化决策系统研究[J]．油藏地质与采收率,2003,(6).
[48] 龚纯,王正林．精通 MATLAB 最优化计算[M]．北京:电子工业出版社,2009.
[49] Dantzig G B. Maximization of a linear function of variables subject to linear Inequalities[J]. Activity Analysis of Production and Allocation,1951:339-347.
[50] Dantzig G B. Linear programming and extensions[M]. Princeton:Princeton University Press,1963.
[51] Saaty T L. The analytical hierarchy process[M]. New York:Mc Graw-Hill,1980.
[52] Gill P E,Muray,Wright M H. Practical optimization[M]. London:Academic Press,1987.
[53] Fletcher R. Practical methods of optimization[M]. Chichester:John Wiley and Sons,1980.
[54] Powell M J D. Nonlinear optimization[M]. London:Academic Press,1982.
[55] Powell M J D. How bad are the BFGS and DFP methods when the objective function is quadratic[J]. Math. Prog. ,1986,(34):34-37.
[56] Rockafellar R T. The multiplier method of hestenes and powell applied to convex programming[J]. J. Optimization Theory & Application,1973,(12).
[57] Rockafellar R T. A dual approach to solving nonlinear programming problems by unconstrained programming by unconstrained optimization[J]. Math. Prog. ,1973,(5).
[58] Eletcher R. An ideal penalty function for constrained[M]. J. of the institute of Math and its Appl. ,1975,(15).
[59] Mukai H,Polak E. A quadratically convergent primal-dual algorithm with global conver-

gence properties[M]. Math. Prog. ,1975(9).
[60] Glad T,Polak E. A multiplier method with automatic limitation of penalty grown[J]. Math. Prog. ,1979(17).
[61] Bellman R. Dynamic programming[M]. Princeton:Princeton University Press,1957.
[62] Bellman R. Applied dynamic programming[M]. Princeton:Princeton University Press,1962.
[63] Avignon B,Simondin A. Deep water drilling performance. SPE 77356.
[64] Christman S A. Deep water well control:circulate with both C&K lines. IADC/SPE 52762.
[65] Botrel T,Isambourg P. Offsetting kill and choke lines friction losses,a new method for deep water well control. IADC/SPE 67813.
[66] Isambourg P,Simondin A. Offsetting kill and choke lines friction losses for deep-water well control:the field test. IADC/SPE 74470.
[67] Bertin D,Lassus-Dessus J,Lopez B. Well control guidelines for girasol. IADC/SPE 52763.
[68] Adam T Bourgyne J,William R H. An experimental study of well control procedure for deep water drilling operators[J]. JPT,1985:1244-1245.
[69] 王鸿勋,张琪 . 采油工艺原理[M]. 北京:石油工业出版社,1985.
[70] 万仁溥 . 采油工程手册[M]. 北京:石油工业出版社,2000.
[71] Gibbs S G , Neely A B. Computer Diagnosis of Downhole Condition in Sucker Rod Pumping Wells[J]. J. Pet. Tech. ,1966.
[72] 袁亚湘,孙文瑜. 最优化理论与方法[M]. 北京:科学出版社,1997.
[73] 邓琪,高建军,葛冬冬,等. 现代优化理论与应用[J]. 中国科学:数学,2020,50(7).
[74] 刘浩洋,户将,李勇锋,等. 最优化:建模、算法与理论[M]. 北京:高等教育出版社,2020.
[75] 陈宝林. 最优化理论与算法[M]. 北京:清华大学出版社,2005.
[76] 倪勤. 最优化方法与程序设计[M]. 北京:科学出版社,2009.
[77] 马昌凤. 最优化方法及其 Matlab 程序设计[M]. 北京:科学出版社,2010.
[78] Jorge Nocedal, Wright S, Nocedal. Numerical Optimization[M]. 科学出版社,2006.
[79] 韩中耕. 运筹学及其工程应用[M]. 北京:清华大学出版社,2014.
[80] 陈宝林. 最优化理论与算法习题解答[M]. 北京:清华大学出版社,2012.
[81] 刘宝碇,赵瑞清,王纲. 不确定规划及其应用[M]. 北京:清华大学出版社,2006. 8.
[82] 尤翠莲,马红艳,苏珂. 运筹学基础教程[M]. 北京:机械工业出版社,2017.
[83] M. Zinkevich. Online convex programming and generalized infinitesimal gradient ascent[C]. The proceedings of the 20th international conference on machine learning (ICML-03), 2003: 928-936.
[84] Diederik P. Kingma, Jimmy Lei Ba. Adam: A method for Stochastic Optimization[J]. CORR 2014.